编委会

顾问　吴文俊　王志珍　谷超豪　朱清时
主编　侯建国
编委　（按姓氏笔画为序）

王　水　　史济怀　　叶向东　　伍小平
刘　兢　　刘有成　　何多慧　　吴　奇
张家铝　　张裕恒　　李曙光　　杜善义
杨培东　　辛厚文　　陈　颙　　陈　霖
陈初升　　陈国良　　周又元　　林　间
范维澄　　侯建国　　俞书勤　　俞昌旋
姚　新　　施蕴渝　　胡友秋　　骆利群
徐克尊　　徐冠水　　徐善驾　　翁征宇
郭光灿　　钱逸泰　　龚　昇　　龚惠兴
童秉纲　　舒其望　　韩肇元　　窦贤康

当代科学技术基础理论与前沿问题研究丛书

中国科学技术大学
校友文库

稻田生态系统 CH_4 和 N_2O 排放

Methane and Nitrous Oxide Emissions from Rice-based Ecosystems

蔡祖聪
徐　华　著
马　静

中国科学技术大学出版社

内 容 简 介

水稻是世界上最重要的粮食作物之一。由于水稻在特定的生长阶段需要淹水,水稻生产也成为大气温室气体 CH_4 的重要来源之一,同时此过程还排放另一种重要的大气温室气体——N_2O。本书结合国内外最新研究进展,总结了中国科学院南京土壤研究所过去 16 年对稻田生态系统 CH_4 和 N_2O 排放的研究成果。全书共分 8 章,分别介绍了全球变化的最新研究进展,稻田土壤中 CH_4 和 N_2O 产生、转化和传输的基本过程,稻田 CH_4 和 N_2O 排放的研究方法,稻田 CH_4 和 N_2O 排放的影响因素,水稻生长过程中 CH_4 和 N_2O 排放基本过程的变化规律,排放量的时间和空间变化规律,宏观尺度的排放量估算以及减排措施。

本书可供从事陆地生态系统碳、氮循环与温室气体排放研究的科技工作者、该领域研究生、涉及全球变化的政府相关部门的决策者等参考。本书有助于关注温室气体排放与全球变化问题的读者了解水稻生产与全球变化的关系。

图书在版编目(CIP)数据

稻田生态系统 CH_4 和 N_2O 排放 / 蔡祖聪,徐华,马静著. —合肥:中国科学技术大学出版社,2009.2
(当代科学技术基础理论与前沿问题研究丛书:中国科学技术大学校友文库)
"十一五"国家重点图书
ISBN 978-7-312-02259-3

Ⅰ.稻… Ⅱ.①蔡…②徐…③马… Ⅲ.①稻田—生态系统—甲烷—释放 ②稻田—生态系统——氧化二氮—释放 Ⅳ.S511.06 S161.9

中国版本图书馆 CIP 数据核字(2009)第 011256 号

出版	中国科学技术大学出版社 安徽省合肥市金寨路 96 号,邮编:230026 网址:http://press.ustc.edu.cn
印刷	合肥晓星印刷有限责任公司
发行	中国科学技术大学出版社
经销	全国新华书店
开本	710 mm×1000 mm 1/16
印张	24.5
字数	439 千
版次	2009 年 2 月第 1 版
印次	2009 年 2 月第 1 次印刷
印数	1—2000 册
定价	68.00 元

总　　序

侯建国

（中国科学技术大学校长、中国科学院院士、第三世界科学院院士）

大学最重要的功能是向社会输送人才。大学对于一个国家、民族乃至世界的重要性和贡献度，很大程度上是通过毕业生在社会各领域所取得的成就来体现的。

中国科学技术大学建校只有短短的五十年，之所以迅速成为享有较高国际声誉的著名大学之一，主要就是因为她培养出了一大批德才兼备的优秀毕业生。他们志向高远、基础扎实、综合素质高、创新能力强，在国内外科技、经济、教育等领域做出了杰出的贡献，为中国科大赢得了"科技英才的摇篮"的美誉。

2008年9月，胡锦涛总书记为中国科大建校五十周年发来贺信，信中称赞说：半个世纪以来，中国科学技术大学依托中国科学院，按照全院办校、所系结合的方针，弘扬红专并进、理实交融的校风，努力推进教学和科研工作的改革创新，为党和国家培养了一大批科技人才，取得了一系列具有世界先进水平的原创性科技成果，为推动我国科教事业发展和社会主义现代化建设做出了重要贡献。

据统计，中国科大迄今已毕业的5万人中，已有42人当选中国科学院和中国工程院院士，是同期（自1963年以来）毕业生中当选院士数最多的高校之一。其中，本科毕业生中平均每1 000人就产生1名院士和七百多名硕士、博士，比例位居全国高校之首。还有众多的中青年才俊成为我国科技、企业、教育等领域的领军人物和骨干。在历年评选的"中国青年五四奖章"获得者中，作为科技界、科技创新型企业界青年才俊代表，科大毕业生已连续多年榜上有名，获奖总人数位居全国高校前列。

鲜为人知的是,有数千名优秀毕业生踏上国防战线,为科技强军做出了重要贡献,涌现出二十多名科技将军和一大批国防科技中坚。

为反映中国科大五十年来人才培养成果,展示毕业生在科学研究中的最新进展,学校决定在建校五十周年之际,编辑出版《中国科学技术大学校友文库》,于2008年9月起陆续出书,校庆年内集中出版50种。该《文库》选题经过多轮严格的评审和论证,入选书稿学术水平高,已列为"十一五"国家重点图书出版规划。

入选作者中,有北京初创时期的毕业生,也有意气风发的少年班毕业生;有"两院"院士,也有IEEE Fellow;有海内外科研院所、大专院校的教授,也有金融、IT行业的英才;有默默奉献、矢志报国的科技将军,也有在国际前沿奋力拼搏的科研将才;有"文革"后留美学者中第一位担任美国大学系主任的青年教授,也有首批获得新中国博士学位的中年学者……在母校五十周年华诞之际,他们通过著书立说的独特方式,向母校献礼,其深情厚意,令人感佩!

近年来,学校组织了一系列关于中国科大办学成就、经验、理念和优良传统的总结与讨论。通过总结与讨论,我们更清醒地认识到,中国科大这所新中国亲手创办的新型理工科大学所肩负的历史使命和责任。我想,中国科大的创办与发展,首要的目标就是围绕国家战略需求,培养造就世界一流科学家和科技领军人才。五十年来,我们一直遵循这一目标定位,有效地探索了科教紧密结合、培养创新人才的成功之路,取得了令人瞩目的成就,也受到社会各界的广泛赞誉。

成绩属于过去,辉煌须待开创。在未来的发展中,我们依然要牢牢把握"育人是大学第一要务"的宗旨,在坚守优良传统的基础上,不断改革创新,提高教育教学质量,早日实现胡锦涛总书记对中国科大的期待:瞄准世界科技前沿,服务国家发展战略,创造性地做好教学和科研工作,努力办成世界一流的研究型大学,培养造就更多更好的创新人才,为夺取全面建设小康社会新胜利、开创中国特色社会主义事业新局面贡献更大力量。

是为序。

2008年9月

序

在 20 世纪 80 年代末和 90 年代初,水稻生产排放的 CH_4 成为全球气候变化的热点问题。当时,国际上都认为我国稻田排放的 CH_4 远高于世界其他国家。这样的观点以及人们对全球气候变化的关注给我国的水稻生产带来了很大的压力。水稻生产中排放的 CH_4,产生于土壤,排放到大气中。中国科学院南京土壤研究所是土壤科学的专门研究机构,对水稻土有长期的研究积累,取得了丰硕的成果,对于可能关系到水稻生产命运的稻田 CH_4 排放问题自然不能袖手旁观。于是,当时我作为研究所所长,在 1992 年组织了以中国科学院南京土壤研究所土壤圈物质循环开放研究实验室蔡祖聪、邢光熹等科研人员为主的专门研究队伍,对稻田生态系统 CH_4 排放进行系统的研究。

令人欣慰的是,当时的决策在今天有了收获。这支研究队伍经过十余年的研究,积累了大量的田间实测数据和温室、实验室培养试验结果,取得了一系列创新性的研究成果:发现了非水稻生长期土壤水分是影响水稻生长期 CH_4 排放量的关键因素,为国际上改变对稻田 CH_4 排放量不切实际的过高估算做出了独特的贡献;明确了稻田也是重要的 N_2O 排放源,但是单位氮肥的 N_2O 排放量小于旱地;证明稻田 CH_4 与 N_2O 排放存在相互消长关系。这些成果有的被写入政府间气候变化专门委员会(IPCC)的评估报告,有的成为 IPCC《国家温室气体清单指南》的一部分。以这些研究成果为基础的《中国湿地生态系统温室气体(CH_4 和 N_2O)排放规律研究》已经被国家科技部提名为 2008 年国家自然科学奖二等奖。通过对稻田 CH_4 和 N_2O 排放的系统研究，我们对稻田土壤中碳、氮循环及其 CH_4 和 N_2O 气体生成、转化和传输规律有了进一步的认识，我们的研究队伍不断壮大，在国际上产生了一定的影响。

由蔡祖聪、徐华、马静著作的《稻田生态系统 CH_4 和 N_2O 排放》一书是中国科学院南京土壤研究所过去十余年对稻田 CH_4 和 N_2O 排放研究成果的总结。陆地生态系统碳、氮循环与温室气体排放已经成为土壤科学的重要研究内容，也是全球变化研究的重要内容。这一领域的研究不仅关系到人类社会的生存环境和发展，而且关系到各国的发展空间。全球变化的成因、发展趋势及其对人类社会发展的影响是全社会关注的热点和国际环境外交谈判的焦点。稻田生态系统 CH_4 和 N_2O 排放研究是全球变化研究领域取得实质性进展的少数事例。该书的出版将对促进陆地生态系统碳、氮循环与温室气体排放研究产生积极的影响。

中国科学院院士，南京土壤研究所原所长

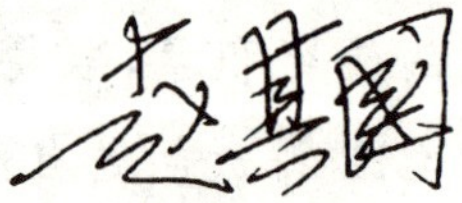

赵其国

2008 年 9 月 16 日

前　言

在中国科学院南京土壤研究所的安排下,我从1992年开始研究稻田生态系统CH_4和N_2O排放问题。经过十余年的努力,有了一些发现和体会,于是就萌发了将这些发现和体会整理成书的想法,并列出了写作提纲。由于忙于科研任务及其他各种社会事务,这一想法始终未能付诸实施。今年恰逢中国科学技术大学五十周年校庆,约其校友出版专著,作为向学校五十华诞的献礼。徐华博士作为中国科学技术大学的校友在受邀之列,而且接受了邀请,并推荐我担任该书的第一作者。今年3月完成初稿,但没有时间对书稿进行认真修改和补充。上个月我的日本朋友和合作者八木一行博士让我到他工作的日本国立农业环境技术研究所访问一个月,没有给我安排任何具体的任务,才有时间完成了对书稿的最后定稿。

该项研究从一开始就在与日本国立农业环境技术研究所的合作之下进行,阳捷行博士(曾任该研究所所长)、鹤田治雄博士和八木一行博士为该项研究提供了大量帮助,无偿提供分析仪器和大量耗件。国家自然科学基金委员会自开始至今一直资助该项研究,中国科学院和设在日本的亚洲、太平洋地区全球变化研究网络(APN)也曾给予经费上的资助,该项研究还曾被列入国家科技部"973计划"项目课题。国际合作和国内各政府部门的经费资助为项目的顺利进行和取得成果提供了保障。

大量的国内外学者参加了该项研究。中国科学院南京土壤研究所邢光熹研究员始终负责该项目中关于稻田生态系统N_2O排放方面的研究，为明确稻田生态系统是大气 N_2O 的重要排放源，但 N_2O 排放系数小于旱地这一重要结论做出了卓越的贡献。日本国立农业环境技术研究所阳捷行博士、鹤田治雄博士和八木一行博士与我们合作研究至今。美国农业部土壤与植物营养研究室的 Arvin Mosier 博士及设立于泰国 Chulalongkorn 大学的东南亚 START 地区中心、菲律宾国际水稻研究所的科研工作者曾一起参与研究。颜晓元、康国定、贾仲君、王连峰等作为博士研究生参与了该项研究，书中大量地引用了他们博士论文的内容和以博士论文内容发表的论文中的结果。今天仍然有一支包括硕士和博士研究生的研究队伍在继续进行着研究。如果没有他们贡献的聪明才智，就不可能有该书的大量第一手资料。衷心地感谢他们为该项研究做出的贡献。

该书大量地引用了国内外研究组在稻田生态系统 CH_4 和 N_2O 排放研究中取得的成果和他们文章中的图、表，在此一并致谢。

在国内外科研工作者的共同努力之下，稻田生态系统 CH_4 和 N_2O 排放研究取得了很大的进展，改变了二十年前形成的一些不正确的观点。但是，在宏观尺度上的研究还没有取得实质性突破，为决策者提供清晰、明了的决策依据还有很长的路要走。本书以介绍本项目组的研究成果为主，尽可能多地结合国内外其他研究者在这一领域中取得的研究成果。受限于专业背景，加上成书于仓促之间，书中难免还存在着错误和不如意之处，如有读者发现，敬请指正。

蔡祖聪
定稿于日本筑波观音台
2008 年 9 月 15 日

目　次

总序 ·· i
序 ·· iii
前言 ··· v
第1章　全球气候变化 ··· 1
　1.1　全球气候变暖 ·· 1
　　1.1.1　气候变化 ·· 2
　　1.1.2　全球气候变暖的事实 ·· 3
　　1.1.3　全球气候变暖的影响 ·· 4
　　1.1.4　全球气候变暖的原因 ·· 7
　1.2　温室气体 ··· 9
　　1.2.1　温室效应 ·· 10
　　1.2.2　温室气体 ·· 11
　　1.2.3　大气中主要温室气体的浓度变化 ·· 13
　　1.2.4　温室气体对全球变暖的贡献 ··· 15
　　1.2.5　《京都议定书》 ··· 16
　1.3　大气 CO_2、CH_4 以及 N_2O 的源和汇 ·· 17
　　1.3.1　大气 CO_2 收支 ·· 17
　　1.3.2　大气 CH_4 的源和汇 ··· 19
　　1.3.3　大气 N_2O 的源和汇 ··· 28
第2章　稻田生态系统 CH_4 和 N_2O 排放的基本过程 ···························· 33
　2.1　稻田生态系统 CH_4 排放的基本过程 ·· 33

  2.1.1 CH_4 的产生过程 ……………………………………………… 34
  2.1.2 CH_4 的氧化过程 ……………………………………………… 35
  2.1.3 CH_4 的传输过程 ……………………………………………… 39
 2.2 稻田生态系统 N_2O 排放的基本过程 ……………………………… 40
  2.2.1 N_2O 的产生过程 ……………………………………………… 41
  2.2.2 N_2O 的转化过程 ……………………………………………… 47

第3章 稻田生态系统 CH_4 和 N_2O 排放的研究方法 58

 3.1 稻田 CH_4 和 N_2O 排放通量测定方法 …………………………… 58
  3.1.1 箱法 ………………………………………………………… 59
  3.1.2 微气象学方法 ……………………………………………… 66
  3.1.3 土壤空气浓度分析法 ……………………………………… 68
 3.2 稻田 CH_4 生成能力测定方法 ……………………………………… 68
  3.2.1 N_2 连续冲洗法 …………………………………………… 69
  3.2.2 抽真空法 …………………………………………………… 69
 3.3 稻田 CH_4 产生途径相对贡献研究方法 …………………………… 70
  3.3.1 碳同位素示踪技术 ………………………………………… 71
  3.3.2 甲烷产生途径抑制剂方法 ………………………………… 72
  3.3.3 稳定性碳同位素法 ………………………………………… 72
 3.4 稻田 CH_4 氧化率研究方法 ………………………………………… 78
  3.4.1 甲烷产生—排放差值法 …………………………………… 78
  3.4.2 甲烷氧化抑制剂法 ………………………………………… 80
  3.4.3 稳定性碳同位素自然丰度方法 …………………………… 81
 3.5 土壤反硝化势和硝化势的测定方法 ……………………………… 84
  3.5.1 反硝化势的测定方法 ……………………………………… 84
  3.5.2 硝化势的测定方法 ………………………………………… 85
 3.6 硝化和反硝化作用对 N_2O 排放相对贡献的研究方法 ………… 86
  3.6.1 硝化和反硝化抑制剂法 …………………………………… 87
  3.6.2 ^{15}N 示踪法 ……………………………………………… 88
  3.6.3 气压过程区分方法 ………………………………………… 89
 3.7 稻田 CH_4 和 N_2O 传输途径研究方法 ………………………… 90
  3.7.1 植株通气组织排放 CH_4 和 N_2O 的测定方法 ………… 91
  3.7.2 气泡途径 CH_4 和 N_2O 排放量的测定方法 …………… 92

3.7.3 水稻生长期液相扩散途径 CH_4 和 N_2O 排放量的测定方法 …… 92
3.8 土壤溶解和闭蓄态 CH_4 和 N_2O 的采样方法 …… 92
　　3.8.1 注射器采样 …… 93
　　3.8.2 土壤溶液采样器采样 …… 93
　　3.8.3 土柱采样 …… 94
3.9 气体样品 CH_4 和 N_2O 浓度分析方法 …… 95
　　3.9.1 气体样品中 CH_4 浓度的气相色谱分析方法 …… 95
　　3.9.2 气体样品中 N_2O 浓度的气相色谱分析方法 …… 96

第4章 稻田生态系统 CH_4 和 N_2O 排放的影响因素 …… 105

4.1 稻田 CH_4 排放的影响因素 …… 106
　　4.1.1 土壤性质 …… 106
　　4.1.2 土壤水分管理 …… 116
　　4.1.3 耕作轮作制 …… 121
　　4.1.4 有机肥的施用 …… 123
　　4.1.5 氮肥的施用 …… 130
　　4.1.6 大气 CO_2 浓度增加 …… 136
　　4.1.7 气候因素 …… 140
　　4.1.8 水稻植株生长及品种 …… 142
4.2 水稻土 CH_4 氧化能力的影响因素 …… 144
　　4.2.1 CH_4 浓度 …… 145
　　4.2.2 氧的供应 …… 146
　　4.2.3 水稻植株 …… 147
　　4.2.4 氮肥施用 …… 149
　　4.2.5 土壤水分含量 …… 151
　　4.2.6 土壤温度 …… 154
4.3 稻田 N_2O 排放的影响因素 …… 155
　　4.3.1 土壤通气性 …… 155
　　4.3.2 土壤水分状况 …… 156
　　4.3.3 氮肥的施用 …… 161
　　4.3.4 有机肥的施用 …… 168
　　4.3.5 种植制度 …… 173

4.3.6　脲酶/硝化抑制剂施用 …………………………………………… 174
　　4.3.7　土壤类型和质地 ……………………………………………… 180
　　4.3.8　作物种植 …………………………………………………… 181
　　4.3.9　土壤pH值 …………………………………………………… 183
　　4.3.10　土壤温度 …………………………………………………… 184

第5章　稻田生态系统CH_4和N_2O排放基本过程的变化规律 ………… 205
5.1　稻田土壤CH_4产生能力的时间变化 ………………………………… 205
5.2　稻田土壤CH_4产生途径的季节变化 ………………………………… 209
5.3　稻田CH_4氧化率的季节变化 ………………………………………… 215
5.4　稻田CH_4和N_2O的传输规律 ……………………………………… 221
　　5.4.1　水稻植株通气组织 ……………………………………………… 222
　　5.4.2　气泡 …………………………………………………………… 226
　　5.4.3　液相扩散 ……………………………………………………… 227

第6章　稻田生态系统CH_4和N_2O排放的时空变化 …………………… 233
6.1　CH_4和N_2O排放的昼夜变化 ……………………………………… 233
　　6.1.1　CH_4排放通量的昼夜变化 ……………………………………… 234
　　6.1.2　N_2O排放通量的昼夜变化 ……………………………………… 240
　　6.1.3　测定时间的选择和排放通量的校正 …………………………… 243
6.2　CH_4和N_2O排放的季节变化 ……………………………………… 245
　　6.2.1　常年淹水稻田CH_4排放通量的季节变化 ……………………… 245
　　6.2.2　非水稻生长期排水稻田CH_4排放通量的季节变化 …………… 249
　　6.2.3　水稻生长期N_2O排放通量的季节变化 ………………………… 255
　　6.2.4　非水稻生长期N_2O排放通量的季节变化 ……………………… 259
6.3　CH_4和N_2O排放的年际变化 ……………………………………… 261
6.4　CH_4和N_2O排放的空间变化 ……………………………………… 263
　　6.4.1　试验小区或田块尺度CH_4排放的空间变化 …………………… 264
　　6.4.2　全国尺度CH_4排放的空间变化 ………………………………… 267
　　6.4.3　N_2O排放的空间变化 …………………………………………… 270
6.5　CH_4和N_2O排放的相互消长规律 ………………………………… 276

第7章　稻田生态系统CH_4和N_2O排放量估算 ………………………… 287
7.1　稻田生态系统CH_4和N_2O排放量估算方法 ……………………… 287
　　7.1.1　IPCC稻田CH_4排放量估算 …………………………………… 288

7.1.2　以田间测定数据为基础的面积扩展方法 ·················· 292
　　7.1.3　采用转化系数估算稻田 CH_4 和 N_2O 排放量 ·············· 294
　　7.1.4　模型估算 ··· 300
　　7.1.5　全球和中国稻田 CH_4 排放量估算值 ······················ 305
7.2　中国稻田生态系统 CH_4 排放量及其时空变化 ····················· 310
　　7.2.1　WinSM 模型 ··· 310
　　7.2.2　全国稻田 CH_4 排放量时间变化 ····························· 318
　　7.2.3　全国稻田 CH_4 排放量空间分布 ····························· 322
7.3　中国稻田生态系统 N_2O 排放量估算 ································ 327
　　7.3.1　区域面积扩展法 ··· 329
　　7.3.2　单位氮肥 N_2O 排放系数法 ··································· 330
　　7.3.3　模型估算 ··· 333
7.4　研究展望 ··· 334

第8章　稻田生态系统 CH_4 和 N_2O 排放的减缓对策　346
8.1　水分管理 ··· 348
　　8.1.1　水稻生长期水分管理 ······································· 348
　　8.1.2　非水稻生长期水分管理 ···································· 353
8.2　肥料管理 ··· 356
　　8.2.1　沼气发酵 ··· 356
　　8.2.2　秸秆还田方式 ··· 357
　　8.2.3　秸秆还田时间 ··· 358
　　8.2.4　无机肥管理 ·· 359
8.3　农学措施 ··· 361
　　8.3.1　常年淹水稻田垄作 ·· 361
　　8.3.2　耕作强度和轮作 ··· 363
　　8.3.3　种植技术 ··· 364
　　8.3.4　水稻品种 ··· 364
8.4　研制和应用抑制剂 ·· 365
　　8.4.1　甲烷抑制剂 ·· 365
　　8.4.2　脲酶抑制剂和硝化抑制剂 ································· 366
8.5　研究展望 ··· 367

第 1 章 全球气候变化

水稻生产是世界上最重要的粮食生产之一,也是一种最可持续的农业利用方式(Greenland,1998)。考古发现我国种植水稻的历史至少可以追溯到公元前四千年(丁金龙,2004)。然而,随着全球气候变化的日益加剧,20 世纪 80 年代初,研究发现稻田生态系统是大气温室气体 CH_4 的重要来源,由此引发了在世界范围内对稻田生态系统 CH_4 排放的研究。随后发现,稻田生态系统也是大气温室气体 N_2O 的重要排放源(Cai et al.,1997)。所以,在讨论稻田生态系统 CH_4 和 N_2O 排放之前,首先概要地介绍全球气候变化及其成因、对生态系统和人类社会发展的影响及人类为减缓全球气候变化所采取的措施。

1.1 全球气候变暖

人类自诞生之日起,就生活在两个世界里:一个是由土地、空气、水和动植物组成的自然世界,这个世界在人类出现前几十亿年就已经存在了,人类出现以后也成为其中的一个组成部分;另一个是人类用双手建立起来的社会结构和物质文明的世界。在后一个世界里,人类用自己制造的工具和机器、自己的科学发明以及自己的设想,来创造一个符合人类理想和意愿的环境(芭芭拉·沃德,1997)。

然而,在这个人类用双手建立起来的物质文明的世界里,由于资源的不合理开发利用或进行大型工程建设,自然环境和资源遭到了各种各样的破坏,进而引起了一系列环境问题,如植被破坏引起的水土流失、过度放牧引起的草原退化、乱采滥捕造成的珍稀物种灭绝等。由此造成的环境问题给人类社会的持续发展带来了很大的威胁。这些问题的解决往往需要很长的时间,有的甚至不可逆转(曲格平,1999)。工业革命之后,人与自然环境的关系进一步发生巨大变化,特别是在第二次世界大战后短短的几十年历程中,环境问题迅速从地区性问题发展成为波及世界各国的全球性问题,从而成为国际社会关注的热点,如全球气候变暖、臭氧层破坏、森林破坏与生物多样性减少、大气及酸雨污染、土地荒漠化、国际水域与海洋污染、有毒化学品污染和有害废物越境转移等。

在上述各种全球性问题中,气候变暖是一个最典型的全球尺度的环境问题。20世纪70年代,科学家把气候变暖作为一个全球环境问题提了出来。到了80年代,随着对人类活动和全球气候关系认识的深化,以及几百年来最热天气的出现,这一问题开始成为国际政治和外交谈判的议题。1992年6月3日,联合国在巴西的"里约中心"组织召开联合国环境与发展大会,通过并开放签署《气候变化框架公约》。从此,全球气候变暖问题直接涉及经济发展方式及能源利用的结构与数量,正在成为深刻影响21世纪全球发展的一个重大国际问题。

1.1.1 气候变化

从狭义上讲,气候通常是指天气的平均状况,也可以更严格地表述为:在某个时期内,对相关量的均值和变率做出的统计描述。这里,一个时期的长度可以从几个月到几十年或者更长,世界气象组织(WMO)通常将这一时期的长度定义为30年。相关量一般指地表变量,如温度、降水和风等。从广义上讲,气候就是气候系统的状态,包括统计上的描述(IPCC,2007a)。

所谓气候变化是指气候状态的变化,我们可以通过其特征的平均值和/或变率的变化对气候状态是否发生变化加以判别(如运用统计检验),气候状态的变化能够持续一段时期,通常为几十年或更长的时间。其原因可能是由于自然界的内部过程或外部强迫,或是由于人类活动所造成的大气成分和土地利用的变化。《联合国气候变化框架公约》(UNFCCC)第一条将气候变化定义为"在特定时期内所观测到的在自然气候变率之外的直接或间接归因于人类活动改变全球大气成分所导致的气候变化"。因此,UNFCCC将可归因于人类活动改变大气成分后的"气候变化"与可归因于自然原因的"气候变率"明确地区分开来(IPCC,2007a)。

1.1.2 全球气候变暖的事实

由于人类活动和自然变化的共同影响,全球气候正经历一场以变暖为主要特征的显著变化,已引起了国际社会和科学界的高度关注。

1988年11月,世界气象组织(WMO)和联合国环境规划署(UNEP)联合建立了政府间气候变化专门委员会(IPCC),就气候变化问题进行科学评估。IPCC分别于1990年、1996年、2001年和2007年出版了4次气候变化评估报告。

2007年2月2日,IPCC第一工作组(IPCC WG Ⅰ)在巴黎发布的第四次评估报告《气候变化2007:自然科学基础》(Climate Change 2007: The Physical Science Basis)指出:最近100年(1906～2005年)全球平均地表温度上升了0.74℃(0.56～0.92℃),比2001年第三次评估报告给出的100年(1901～2000年)上升0.6℃(0.4～0.8℃)有所提高;自1850年以来最暖的12个年份中有11个出现在近期的1995～2006年(1996年除外),过去50年的气温升高速率几乎是过去100年的2倍。从图1.1可以看出,最近的时间段越短,斜线段的倾斜度就越大,这表明温度正在加速上升。2001～2005年与1850～1899年相比,总的温度升高了0.76℃(0.57～0.95℃)

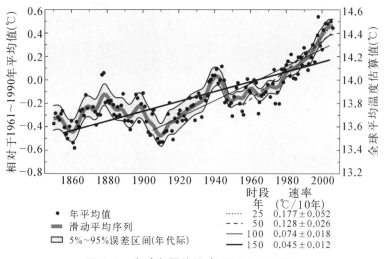

图1.1 全球年平均温度(IPCC,2007a)

注:左轴表示与1961～1990年平均值相比的矩平,右轴显示的是全球平均温度估算值(℃);图中,25年、50年、100年和150年的线性趋势拟合分别对应于1981～2005年、1956～2005年、1906～2005年和1856～2005年。

(图1.1)。从以上这些数据可以看出气候系统的变暖已经毋庸置疑(IPCC，2007a)。

在全球变暖的背景下，我国的地表温度也发生了明显的变化，最近100年来，我国地表温度升高幅度为0.5~0.8℃，比同期全球升温幅度的平均值略高。最近50年的温度增加趋势尤其明显，且主要发生在20世纪80年代中后期。在最近的50年，全国年平均地表温度增加1.1℃，平均每10年的增加速率为0.22℃，明显高于全球或北半球同期平均增加速率。同时，我国的北方地区和青藏高原的增温趋势要比其他地区更为显著(丁一汇等，2006)。

1.1.3 全球气候变暖的影响

气候无疑是影响人类和地球上其他生物生命活动的重要自然因素，气候变暖对人类和生态系统的影响主要体现在以下几个方面(IPCC，2007b)。

1.1.3.1 淡水资源及其管理

气候变暖将会使得降水的地区、时间以及年际分布更加不平衡，使许多已经受到水资源胁迫的国家变得更加困难。据统计，世界上六分之一的人口生活在冰川或溶雪供水的江河流域。在全球变暖的背景下，生活在这些地区的人口将受到冰川和积雪储水量减少及其引发的径流量下降的影响。在高纬度地区和一些潮湿的热带地区，包括人口密集的东亚和东南亚地区，其地面径流量和可以利用的水量很可能会增加，而许多目前面临着缺水压力的中纬度和干燥的热带地区的地面径流量和可以利用的水量可能会减少。另外，许多干旱和半干旱地区，如地中海流域、美国西部、非洲南部、巴西东北部、澳大利亚南部和东部等，将会受到水资源减少的威胁。

全世界约有20%的人口生活在河流流域。据预测，受气候变暖的影响，到21世纪80年代，这些河流流域受洪灾影响的程度将会加剧。全球变暖引起的海平面上升还将导致地下水和河口被盐碱化的地区进一步扩大，从而使得海岸地区生态系统和居民的可用淡水资源减少。此外，由于水温上升、降水强度增加、低流量期延长等因素的影响，包括水体沉积物、致病菌、农药和热污染等多种形式的水污染，将会对生态系统、人体健康和水系统的可靠性和运营成本带来影响。

1.1.3.2 生态系统

虽然生态系统对全球变暖具备一定的自然适应能力，但是这种适应能力现今遇到了前所未有的挑战。

气候变暖可能会使得某些本已濒临灭绝的物种的生存环境更加恶化，并对野生动植物的分布、数量、密度和行为产生直接的影响。此外，由于人类社会对土地的占用，生态系统无法进行自然的迁移，将使原生态系统内的物种出现重大损失。陆地上的苔原、北方森林、山区和地中海类型生态系统，海岸地区的红树林和盐沼，以及海洋中的珊瑚礁和海冰生物群落等生态系统在面临全球变暖威胁的时候表现得最为脆弱，很可能产生物种灭绝和生物群落变化等后果。

据预测，如果全球平均温度升高 2℃，高纬度地区生态系统净初级生产力将会有所增加，而低纬度地区的生态系统净初级生产力将很可能下降。如果全球增温小于 2℃，北美以及欧亚大陆的森林面积将会发生扩张，而热带森林将可能遭受生物多样性减少及其他损失。如果全球平均温度升高超过 3℃，亚马逊森林、中国针叶林、西伯利亚苔原和加拿大苔原生态系统将会出现巨大变化。

海洋生态系统受全球变暖的影响更大。海水温度变化以及某些洋流型的潜在变化，可能引起涌升流发生区和鱼类聚集地的变化。某些渔场可能会消失，而另一些渔场则可能扩大。预测表明，如果全球平均温度增加大约 1.5～3℃，副热带海洋中生产力较低的区域面积将会扩大 5%（北半球）和 10%（南半球），而生产力较高的海冰生物群落很可能会收缩 40%（北半球）和 20%（南半球）。海冰生物群落的缩小会导致依赖其生存的极地物种，包括企鹅、海豹和北极熊等食肉动物面临栖息地状况恶化和破坏的危险。

此外，受气候变暖的影响，全球范围内野火的发生频率将会有所提高，发生范围将会扩大。全球降雨变率也会增大，这将使得降雨的时间、时长和水位的高低发生波动从而危及内陆和沿海湿地物种。

1.1.3.3 农林及其相关产业

农林业与自然环境密切相关，对于气候变化的反应也最为敏感。由于降水、温度等因素都会在气候变暖的作用下发生变化，农林业生产都会因此而受到影响。实地模拟结果表明，在温带地区，适度的气候变暖有利于提高谷物作物和草场的产量，但是在低纬度地区，特别是季节性干旱地区和热带地区，气候即使发生很微小的变暖也会导致作物产量的下降。据估算，如果全球温度升高大约 3℃，全球粮食生产潜力可能会有所增加，但是如果温度升高超过 3℃，粮食生产潜力可能会随之变小。

气候变暖还将引起全球范围内林业生产发生变化，从长期来看，预计林业产量增长较快的地区将很可能在短期内从低纬度向高纬度和其他地区转移。

气候变化将导致粮食和林业贸易增长,大多数发展中国家将更加依赖粮食进口。温带国家对热带国家的粮食出口很可能会增加,而热带国家向温带国家出口的林业产品量有可能提高。

1.1.3.4 海岸带和低洼地区

海岸带面临着气候变暖和海平面上升带来的威胁,人类活动的加剧将会增加这一威胁。海岸珊瑚群面对全球变暖将承受巨大的考验。预测结果表明,除非珊瑚具备热适应能力或者说能够适应新的环境,如果海面温度上升 $1\sim3℃$,将会导致珊瑚白化和大面积死亡的现象发生得更为频繁。受全球变暖的影响,海岸带湿地,包括盐沼和红树林也显得十分脆弱,如果到 21 世纪 80 年代,海平面上升 36 cm,预计全球将损失 33% 的海岸带湿地,且这些损失很可能发生在美洲的太平洋和墨西哥湾沿海、地中海、波罗的海和小岛屿地区。

受海平面上升等因素的影响,沿海低洼地区发生洪水的风险将会显著提高。具体的风险程度取决于海平面上升情况、未来社会经济发展状况以及人类的适应程度等因素。据估计,如果人类不采取适当的适应措施,到 21 世纪 80 年代,全球每年遭受因海平面上升所引起的海岸带洪水威胁的人数将会突破 1 亿。

人类适应力较低和暴露风险较高的自然低洼海岸带地区受全球变暖和海平面上升的影响最大,这些地区包括:① 三角洲地区,特别是位于亚洲的大三角洲,例如恒河—布拉马普特拉河三角洲;② 低洼的沿海城市地区,特别是那些容易发生由自然或人为因素引起的地面沉降的地区以及热带风暴登陆频繁的地区,例如新奥尔良和上海;③ 小岛屿,特别是低洼的环状珊瑚岛,例如马尔代夫。

1.1.3.5 人类工业、人居环境和社会

世界上绝大部分人口生活在人类聚集的环境中,许多人依靠工业、服务和基础设施来获取工作、谋得福祉和实现流动。全球气候变暖对可持续发展事业带来新的挑战。

总的来说,气候变暖给全球工业、人居环境和社会带来的影响因地点和气候变暖程度而异。在温带和极地地区,气候变暖可能会带来某些有利的影响,但是在其他地区,气候变暖所造成的影响多数情况下可能是不利的。

气候变暖程度较大或速度较快所带来的影响也是较为不利的。

风险性较高的区域,如海岸带和流域附近,以及在经济与气候敏感性资源联系较为紧密的领域,如农业和林业产品工业、水资源和旅游业等,这些地区和领域受气候变暖影响的程度最大。

1.1.3.6 人类健康

全球气候系统变暖除了可以通过直接天气形势的变化对人类活动造成影响,它还能够通过水、空气、食品、生态系统、农业和经济等间接途径影响人类生活。

相关风险预估表明,受气候系统变暖等因素的影响,到2030年,亚洲一些国家营养不良的人口数量将会有所增加。21世纪后半叶,气候变暖使得干旱季节和热带地区作物有效产量减少,全球(特别是粮食安全得不到保障的非洲地区)饥荒、营养不良及其导致的儿童生长发育欠佳等状况将会进一步加剧。

受气候变暖的影响,到2030年,全球因洪水泛滥导致的人口死亡率将会增加,到2080年,预计处于洪水风险中的人数将会增加2~3倍。另外,预计21世纪面临热浪死亡风险的人数将明显增加,但由于地理位置、人口老龄化以及应对措施的到位情况等因素的影响,各国面临热浪死亡风险的人数不同。气候变暖还将加剧疾病的传播,预计到2100年,全球每月接触疾病的人数将增加16%~18%。

1.1.4 全球气候变暖的原因

气候变化产生的可能原因有以下几点:① 外界自然原因,如太阳强度变化或地球公转轨道的缓慢变化;② 全球气候系统内部的自然过程,如洋流的变化;③ 人类活动,如化石燃料的燃烧释放 CO_2 等改变了大气成分,砍伐森林、城市化和沙漠化改变了地表组成,促进了有机物质的分解。

科学界和企业界曾经有一些意见认为,地球正在经历的升温是更大尺度的自然气候波动的一部分,并不是人类活动所致。但随着观测资料的改进和更先进的气候模式的应用,人类对全球气候变化的归因正在逐步明晰起来。在2007年发表的第四次评估报告中,IPCC利用观测资料分析和模式模拟得到的结论是,观测到的气候变化不可能只用自然的气候波动解释,必须要考虑人类活动的影响。为了分析人类活动对全球气候造成的影响,本次报告采用耦合气候模式,提高了对六大洲中每个大陆上观测到的温度变化的模拟能力,提供了比第三次评估报告更加有力的证据(图1.2)。IPCC第四次评估报告指出,人类活动导致全球气温上升的可能性超过90%,高于2001年第三次评估报告认为的66%,人类活动"很可能"是导致气候变暖的主要原因。

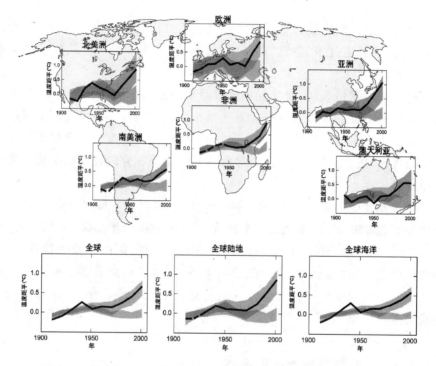

图1.2 地球各大洲,以及全球、全球陆地和全球海洋(下方三个图)从1906年至2005年每10年相对于1905～1950年间对应平均值的温度变化(℃)(IPCC,2007a)

注:黑线表示观测到的温度变化,偏上的阴影部分表示包括自然和人为因子的模拟,偏下的阴影部分表示仅包括自然因子的模拟,阴影较重的部分为两者的重叠区域。

人类活动导致大气中温室气体、气溶胶和云的含量变化是导致气候变化的主要途径。温室气体和气溶胶在地球能量平衡中起着十分重要的作用,它们通过改变入射太阳辐射量和地球表面的红外(热)辐射量来影响气候。温室气体和气溶胶在大气中含量的增加或减少能够导致气候系统的增温或冷却。自工业化时代(约1750年)以来,人类的活动向大气释放二氧化碳、甲烷、氟利昂和氧化亚氮等温室气体是造成全球变暖的最主要原因。

1.2 温室气体

大约在46亿年前,我们所在的这颗行星——地球诞生之日起,大气就伴随着地球的诞生神秘地"出世"了。由于地球在太阳系中的特殊位置以及它自身的一些特殊条件,地球表面上形成了与其他行星不同的特点。地表液态水的存在为大气氧的生成提供了条件,水孕育了生命,而大气中少量的氧维系了生命的发展与进化,形成生物圈。正是在生物圈的作用下,地球大气发生了进一步的演化。

经过长期演化,地球大气的组成一直处在这样一种状态,即,在80~100公里以下的低层大气中,气体成分主要分为两部分:一部分是"不可变气体成分",主要指氮、氧、氩三种气体。这几种气体成分之间维持固定的比例,基本上不随时间、空间而变化。另一部分为"易变气体成分",以水汽、二氧化碳和臭氧为主,其中变化最大的是水汽。另外,还存在着一些比正常大气组成气体的相对含量要低得多、体积浓度小于1%的气体。包括一些稳定气体,如氦、氪、氙;和一些不稳定气体,如一氧化碳、氧化亚氮、臭氧、氨、甲烷、硫化氢和卤化物等。

人类工业革命以前,大气中各种气体组分的浓度基本上还能保持在一个稳定的范围内,但随着工业化时代开始,地球上人类活动开始加剧,大气中的某些具有特定效应的气体成分含量被人为地改变了,这包括微量气体二氧化碳以及其他一些痕量气体。这些能够导致气候系统增温或冷却的气体在大气中含量的改变,正是当今全球气候变暖的主要原因。自从工业化时代开始以来,人类活动对气候的总体影响是变暖的。在这个时代,人类对气候的影响超过了太阳活动、火山爆发等自然过程的变化带来的影响。

上面提到的能够导致气候系统增温或冷却的气体通称为温室气体。它是指大气中自然或人为产生的能够吸收和释放地球表面、大气和云发射的热红外辐射谱段特定波长辐射的气体成分。地球表面之所以如此温暖和昼夜温差较小也正是由于温室气体的存在。水汽(H_2O)、二氧化碳(CO_2)、甲烷(CH_4)、氧化亚氮(N_2O)和臭氧(O_3)是地球大气中主要的温室气体。此外,大气中还有许多完全由人为产生的温室气体,如《蒙特利尔议定书》所涉及的卤烃和其他含氯和含溴的物质,以及《京都议定书》所列出的六氟化硫

（SF_6）、氢氟碳化物（HFCs）和全氟化碳（PFCs）等（IPCC，2007a）。

1.2.1 温室效应

地球气候的能量来源于太阳，太阳以短波的形式（主要是可见光或近可见光，如紫外线）向外辐射能量。到达地球大气层顶的太阳能中大约有三分之一被直接反射回太空，余下的三分之二主要被地球表面和大气吸收。地球吸收太阳辐射能后，也会以特定的形式向外界辐射出能量。由于地球比太阳的温度要低得多，它主要是以红外光的形式向外界进行热辐射（图1.3），这种热辐射中有相当一部分被大气中的温室气体和云层吸收，地表温度因此得以维持，这就是所谓的温室效应（IPCC，2007a）。

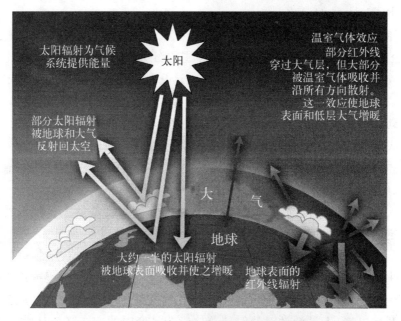

图1.3　温室效应模式图（IPCC，2007a）

如同温室玻璃减少了空气流动，提高了温室内的气温一样。地球的温室效应也使地球表面的温度得到了升高，但是其机理不同。值得说明的一点是，如果没有自然的温室效应，地球表面的平均温度会降到冰点以下，约为-23℃，地球将会是一个寒冷寂寞的荒凉世界。因此，没有地球的自然温室效应，就不可能有我们现在的生活。但是，人类活动的加强，主要是燃烧化石燃料和毁林，导致大气中二氧化碳和其他温室气体含量不断增加，从而大大地增强了自然温室效应，引起全球气候变暖。

1.2.2 温室气体

大气中含量最高的气体,氮气(干燥大气中的含量为78%)和氧气(含量为21%)均没有温室效应,存在温室效应的气体是那些更加复杂而且不太常见的、某个基团的振动频率与红外光的频率相同的分子。水汽是最重要的温室气体,其次是二氧化碳、甲烷、氧化亚氮、臭氧,少量存在于大气中的其他气体也具有温室效应。

1.2.2.1 水汽(H_2O)

大气水汽主要来自地表,水体的蒸发、土壤水分蒸发和植物蒸腾作用等过程都会向大气输送水汽。地表水体是大气水汽主要的"源",进入大气的水分中有75%是来自地表水体向大气的输送作用。所谓"源"是指向大气中释放一种温室气体或某种温室气体的前体物质的任何过程、活动和机制。相对应的"汇"主要是指从大气中清除温室气体或它们的前体物质的任何过程、活动或机制。大气水汽最重要的汇是气—粒转化过程以及其后的降水清除过程,也就是大气水汽经过转化形成液体水滴和固体冰粒,然后被降水过程送回地面的过程(王明星,1991)。

水汽是地球大气中温室效应最强的温室气体,对温室效应具有很强的反馈效应。这是因为,当大气变暖,大气中的水汽含量也随之增加,进而又增强了温室效应;进一步的变暖,水汽含量又接着增加。这是一种不断自我强化的循环。水汽的这种反馈效应非常强,由它所引起的温室效应增强量是增加CO_2所引起的温室效应增强量的两倍。然而,因为对大气水汽浓度起决定性作用的是占地表70%的海洋,所以大气水汽含量受人为影响极小,因此,人们在讨论温室效应增强时不考虑水汽这一温室气体。

1.2.2.2 二氧化碳(CO_2)

所有温室气体中,CO_2是影响地球辐射平衡最主要的人为温室气体,它可以形成于自然过程,也可通过化石燃料使用或生物质燃烧、土地使用变化和工业生产等过程产生。

海洋既是大气CO_2的源也是汇,处于不同纬度的海域对大气CO_2的作用不同。一般来说,低纬度海洋向大气释放CO_2,而高纬度地区海洋从大气中吸收CO_2。陆地植物是大气CO_2最重要的汇,它们从大气中吸收CO_2、从土壤中吸收养分和水分进行光合作用以合成储存能量的有机物,并释放出氧气。另外，地表岩石的风化过程可能是大气 CO_2 的另一个重要的汇。地表岩石中的碳酸盐可与大气 CO_2、水汽发生如下反应：

$$CaCO_3 + CO_2 + H_2O \rightleftharpoons Ca^{2+} + 2HCO_3^- \qquad (1.1)$$

降水时，其反应产物将会随水迁移出去，使得反应连续不断地向右进行，从而形成大气 CO_2 的汇。另外，在海洋中还存在一些水生植物，它们在进行光合作用的时候，从大气中吸收 CO_2。当这些水生植物死亡后，其部分有机体可能变成颗粒态有机物，最终沉降到海底，这种生物过程很可能构成大气中 CO_2 的另一个重要的汇（王明星，1991）。

经过长期演化，工业化革命前后，大气 CO_2 浓度保持在大约 280 $\mu L \cdot L^{-1}$，达到一种准平衡态。但随着工业化时代的到来，碳循环的这种平衡开始被打破，大气中的 CO_2 浓度迅速增加。其主要原因是森林植被遭到大规模的人为破坏，使得 CO_2 的生物汇不断减少，而煤炭、石油和天然气等化石燃料的使用造成 CO_2 排放一直在增加，海洋和陆地生物圈却不能将排放到大气中的 CO_2 完全吸收，从而导致大气中的 CO_2 浓度不断增加（王明星等，2000）。

1.2.2.3 甲烷（CH_4）

与水汽和 CO_2 一样，CH_4 对地球系统能量收支以及地球气候的形成也具有重要影响。大气中的 CH_4 主要来自地表，可分为自然源和人为源。自然源包括湿地、蚁穴和海洋等。人为源包括石油煤矿开采、天然气泄漏、生物质燃烧、反刍动物和稻田等。CH_4 在大气对流层中与 OH 自由基发生化学反应是大气 CH_4 最主要的汇（占大气 CH_4 汇的 90% 左右），其次是土壤的吸收和少量向平流层输送。有关 CH_4 各种源汇的情况将会在以后的章节中详细论述。

1.2.2.4 氧化亚氮（N_2O）

医学领域中通常用作麻醉剂并被叫做笑气的就是 N_2O。大气 N_2O 的主要来源是土壤中氮的硝化和反硝化作用。近年来，由于人类活动的加剧以及土地利用方式的改变，如农业中氮肥施用量的增加、化石燃料燃烧和生物体燃烧等，人为排放的 N_2O 量迅速增加。大气 N_2O 的汇主要是 N_2O 在平流层被光解成 NO_x，进而转化成硝酸或硝酸盐而通过干、湿沉降过程被清除出大气（王明星等，2000）。有关 N_2O 各种源汇的情况也将在以后的章节中进行详细论述。

1.2.2.5 臭氧（O_3）

平流层和对流层中都有臭氧存在。对流层中的臭氧既能自然产生，也能在人类活动中通过光化学反应产生。处在对流层中的臭氧是一种温室气体。而平流层中臭氧是由太阳紫外辐射与氧分子(O_2)的相互作用产生,平流层臭氧的损耗还将会导致地面紫外辐射 UV-B 通量增加。

1.2.2.6　六氟化硫(SF_6)

SF_6 全部是人为产物,常压下是一种无色、无臭、无毒、不燃、无腐蚀性的气态物质,其化学稳定性极强,具有良好的电气绝缘性能及优异的灭弧功能,是一种新型高压绝缘介质材料。因它具有阻止高温熔化态的铝镁被氧化的特性,所以大量应用于铝镁冶炼。

1.2.2.7　全氟化碳(PFCs)

PFCs 主要以 CF_4、C_2F_6 及 C_4F_{10} 三种形式存在,其中 CF_4 占绝大部分,C_4F_{10} 的量很少。炼铝和铀浓缩过程是全氟化碳的重要来源,CF_4 和 C_2F_6 的排放主要就是来源自铝生产过程中的阳极效应。其排放出的主要产物是 CF_4,而 C_2F_6 的排放量只占 CF_4 的十分之一,其他过程中的排放量很小(王明星等,2000)。

1.2.2.8　氯氟碳化物(CFCs)

氯氟碳化物(CFCs,俗称氟利昂)也是人造化学物质,由于它们具有在室温下就可以汽化、无毒和不可燃的特性,所以常被用于电冰箱、空调的制冷设备和气溶胶喷雾罐。虽然氯氟碳化物在大气中的含量不大,但由于它们的化学性质不活泼,使得其在大气中的寿命较长。另外,氟利昂进入平流层后会受到紫外线辐射而发生光解反应产生氯原子,这些氯原子会迅速与臭氧反应,导致平流层臭氧的破坏。所以氯氟碳化物(CFCs)在大气中的存在足以引起严重的气候环境问题。

1.2.2.9　氢氟碳化物(HFCs)

氢氟碳化物(HFCs)主要来自如电冰箱和半导体等的工业生产过程。HFCs 不含有氯或氟,它们不会导致臭氧的破坏,因此它们不属于蒙特利尔议定书所限制的温室气体,常用作氟利昂的替代品。HFCs 本身具有很强的温室效应,但它们的寿命较短,在相同排放速率的条件下,HFCs 在大气中的浓度及其对全球增温的贡献都小于 CFCs 和 HCFCs。

1.2.3　大气中主要温室气体的浓度变化

人类活动导致了上述几种温室气体排放量的增加,其中,CO_2、CH_4 和

N_2O 是对全球温室效应贡献较大的三种气体。工业化革命以来,这些气体在大气中的浓度均持续增加(图 1.4)。

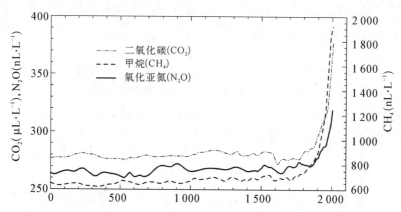

图 1.4　过去 2 000 年大气中主要温室气体浓度变化(IPCC, 2007a)

人类工业化前的 8000 年间,大气 CO_2 浓度仅增加了 20 $\mu L \cdot L^{-1}$,几十年到几百年尺度上的变化少于 10 $\mu L \cdot L^{-1}$,并且这种变化主要是来源于自然过程。而一系列的测定结果表明,在过去的 250 年里,大气 CO_2 增加了 100 $\mu L \cdot L^{-1}$,由工业革命前的 258~275 $\mu L \cdot L^{-1}$ 增长到 2005 年的 379 $\mu L \cdot L^{-1}$。同时大气 CO_2 浓度净增长率也呈明显上升趋势。数据显示,大气 CO_2 浓度第一次增加 50 $\mu L \cdot L^{-1}$ 用了大约 200 多年,即从工业革命(1750 年)前后到 1970 年左右,而第二次增加 50 $\mu L \cdot L^{-1}$ 只用了 30 年左右的时间。过去 10 年(1995~2005 年)大气 CO_2 浓度年增长率达到 1.9 $\mu L \cdot L^{-1} \cdot yr^{-1}$,超过了有连续直接大气观测数据以来的年平均增长率(1960~2005 年为 1.4 $\mu L \cdot L^{-1} \cdot yr^{-1}$)。

过去 1 万年间,大气 CH_4 浓度一直在 580~730 $nL \cdot L^{-1}$ 之间缓慢变动。但在过去的 200 年里,大气 CH_4 浓度增加了约 1 000 $nL \cdot L^{-1}$,这也是大气 CH_4 在至少过去 8 万年里浓度变化最快的时期。在 20 世纪 70 年代末期和 80 年代初期,大气 CH_4 浓度的年增长率达到最大值,每年增长 1% 以上。2005 年大气 CH_4 达到 1 774 $nL \cdot L^{-1}$,是工业化前的两倍多。

冰芯资料表明,大气中 N_2O 浓度在过去的 1 万多年间的变化小于 10 $nL \cdot L^{-1}$。然而在最近的几十年间,大气 N_2O 以每年约 0.8 $nL \cdot L^{-1}$ 的速率线性增加。2005 年,大气 N_2O 浓度增加到 319 $nL \cdot L^{-1}$,比工业化前的数值高约 18%。

1.2.4 温室气体对全球变暖的贡献

温室气体对气候变化的影响常用辐射强迫(radiative forcing)来计算。辐射强迫是指由于该种温室气体浓度的变化而引起的对流层顶部辐射度的变化,这里是指相对于1750年的变化。辐射强迫用来衡量当影响气候的因子(包括温室效应和其他因素)发生改变时,地球—大气系统的能量平衡受到影响的程度。之所以使用"辐射"一词是因为这些因子改变地球大气中入射的太阳辐射和向外的红外辐射,而这种辐射平衡调节着地球的温度。"强迫"一词被用来表示地球的辐射平衡被迫偏离了它的正常状态(IPCC,2007a)。表1.1显示了CO_2、CH_4和N_2O这三种温室气体的相关性质以及它们在大气中的丰度,其中,某一温室气体的寿命用来描述该温室气体在大气中存留时间的长短,它由大气中该温室气体的产生速率与从大气中被清除速率的比值决定。全球增温潜势(global warming potential)是指在特定时间范围内,单位质量的某种温室气体相对于CO_2的辐射潜力,常以100年计。

表1.1 主要温室气体的丰度及其性质

气体种类	大气浓度			辐射强迫 $(W \cdot m^{-2}$, 2005年)	寿命 (年)	全球增温潜势		
	1750年	1998年	2005年			20年	100年	500年
CO_2	约 280 $\mu L \cdot L^{-1}$	365 $\mu L \cdot L^{-1}$	379 $\mu L \cdot L^{-1}$	1.66	5~200	1	1	1
CH_4	约 700 $nL \cdot L^{-1}$	745 $nL \cdot L^{-1}$	1 774 $nL \cdot L^{-1}$	0.48	12	72	25	7.6
N_2O	约 270 $nL \cdot L^{-1}$	314 $nL \cdot L^{-1}$	319 $nL \cdot L^{-1}$	0.16	114	289	298	153

注:根据IPCC第三次报告(IPCC,2001)和IPCC第四次报告(IPCC,2007a)制表。

辐射强迫常常用"在大气层顶测度的全球每单位面积的能量变化率"来表示,使用的单位是"瓦特/平方米($W \cdot m^{-2}$)"(图1.5)。如果某个因子或一组因子的辐射强迫估算为正值,地球—大气系统的能量平衡最终将增加,导致系统增温。反之,如果辐射强迫为负,能量将最终减少,导致系统降温。图1.5显示了受人类活动影响的一些因子所贡献的辐射强迫。这些数值反映了与工业化时代初(大约在1750年)相比较的总辐射强迫。

从图1.5可以看出,1750年以来,由人类活动产生的温室气体浓度的增加是导致总辐射强迫增加的主要原因。在这段时期中,二氧化碳的增长所造成的强迫是图中所有温室气体中最大的,其次是甲烷、卤烃和氧化亚氮辐射强迫的增加。另外,对流层臭氧增加也是变暖的重要原因之一(但不确

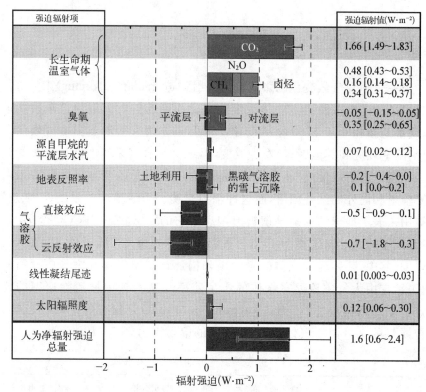

图 1.5 1750~2005 年气候变化辐射强迫（IPCC，2007a）

注：图中的数值反映的是 2005 年的辐射强迫与工业化时代初（约 1750 年）的对比。

定性较大）。值得一提的是，随着人类对卤烃排放的控制，卤烃造成的辐射强迫逐年递减，而 N_2O 辐射强迫却呈现出增加的趋势（2005 年与 1998 年相比增加 11%），随着这一趋势的发展，大气 N_2O 应该会取代卤烃成为第三大辐射强迫贡献者。

将各种人为因子所造成的辐射强迫进行统计后发现，1750 年以来全球平均人为活动引起的净辐射强迫为 $1.6\ W \cdot m^{-2}$。

1.2.5 《京都议定书》

大气温室气体浓度的升高引起太阳辐射增加、导致全球变暖的事实早在 20 世纪 70 年代就被科学家们所认识。近几十年，科学家们对气候变暖及其对人类生活影响的认识水平越来越高。气候变暖不仅仅是气温高低的问题，它首先引发的是全球环境问题，进而涉及人类社会生产、消费和生活方式以及生存空间等社会发展各个领域的重大问题，关系到世界的可持续发展。因此，人类必须立即行动起来，实施自救。在这一背景下，1990 年 12

月联合国第45届大会决定设立政府间气候变化谈判委员会。该委员会从1991年2月到1992年5月历经1年多时间的谈判,完成了《联合国气候变化框架公约》,这一公约于1994年3月21日正式生效。

1997年12月11日,在日本京都召开的《联合国气候变化框架公约》缔约国第三次会议上,通过了旨在通过削减各国温室气体排放、遏制全球变暖的《京都议定书》(Kyoto Protocol)。2005年2月16日,《京都议定书》正式生效。《京都议定书》中规定,到2010年,所有发达国家的CO_2等6种温室气体的排放量要在1990年的基础上减少5.2%。这6种温室气体包括:CO_2、CH_4、N_2O、HFCs、PFCs和SF_6。在这6种温室气体减排任务的分配上,《京都议定书》规定了"共同而有区别的责任",每个国家都要承担起各自的责任,但发达国家和发展中国家应该承担的责任有所区别。对发展中国家,《京都议定书》没有提出相应的温室气体减排要求。发达国家人口占世界总人口的22%,却消耗了全世界79%以上的能源,排放50%以上的温室气体,因此,应该对全球变暖承担更多的责任。

1.3 大气CO_2、CH_4以及N_2O的源和汇

事实上,大气中各种温室气体浓度的增加并不反映人类活动所排放的温室气体总量。以CO_2为例,自1959年起,大气中所增加的CO_2的量仅占人类活动释放的CO_2的55%,其余部分已被陆地上的植物和海洋吸收。所以,大气中温室气体的浓度是由人类活动和自然系统中的排放与大气中温室气体的转化去除所决定的。即,温室气体源和汇的相对强度决定了其在大气中的浓度及其变化方向。

1.3.1 大气CO_2收支

CO_2与痕量气体CH_4和N_2O不同,CO_2在大气中的浓度和含量要高得多。同时,CO_2也是全球碳循环中关键的一部分,是各碳库之间相互联系、相互转化的重要环节。在全球碳循环中,大气与陆地、大气与海洋之间频繁地进行着CO_2的交换:陆地生态系统可以向大气排放CO_2,也可吸收

大气中的 CO_2；不同纬度下海洋对 CO_2 的排放和吸收不同。总体上，自然状态碳循环下大气 CO_2 的收支是趋于持平的，即 CO_2（进）≈CO_2（出），这样，大气 CO_2 浓度能够稳定在一个常数。

然而，工业革命后，人类活动对全球碳循环的干扰加强，其途径主要是以下两种：① 化石燃料的燃烧和水泥生产；② 砍伐森林和开荒用地。其中，化石燃料的燃烧和水泥生产使得全球碳循环中原本不活跃的碳库部分在短时间内转变为 CO_2 排入大气，而森林的砍伐和开荒用地使得陆地生态系统对大气 CO_2 的吸收作用减弱，陆地生态系统储存的有机物质分解释放 CO_2 进入大气。统计发现，20 世纪 90 年代，由于人类活动排放的 CO_2 中约有 80% 是来自化石燃料燃烧和水泥生产，另外 20% 是源于砍伐森林和开荒用地。而其自然吸收过程却不能将这些人为产生的 CO_2 完全清除。据估计，海洋的吸收作用仅能清除大气 CO_2 增加量的 35%，通过植树造林、优化土地管理大约能够吸收另外的 40%（这个吸收过程大约需要 30 年至上百年的时间），而剩下的 CO_2 将会在大气中留存几百年甚至数千年（表 1.2）。

表 1.2 大气 CO_2 收支（单位：10^{15} g）(IPCC, 2007a)

时间		20 世纪 80 年代	20 世纪 90 年代	2000~2005 年
大气 CO_2 增加		3.3±0.1	3.2±0.1	4.1±0.1
化石燃料燃烧的大气 CO_2 增加		5.4±0.3	6.4±0.4	7.2±0.3
海洋进入大气的净 CO_2 通量		-1.8±0.8	-2.2±0.4	-2.2±0.5
陆地进入大气的净 CO_2 通量	土地利用变化通量	-0.3±0.9	1.4(0.4~2.3) / -1.0±0.6	1.6(0.5~2.7) / -0.9±0.6
	剩余的陆地汇		-1.7(-3.4~0.2)	-2.6(-4.3~-0.9)

注：正值表示进入大气的 CO_2 通量，负值表示对大气 CO_2 的吸收（即"CO_2 汇"）；2004 年和 2005 年来自化石燃料燃烧的 CO_2 排放量为临时估算值；对于净陆地—大气通量及其分量，不确定性范围采用 65% 的信度区间；此处化石燃料燃烧 CO_2 排放包括源自化石燃料生产、分配和消费的排放以及源自水泥生产的排放。

1.3.1.1 大气 CO_2 的主要排放源

20 世纪 80 年代，由化石燃料燃烧和水泥生产所排放的 CO_2 量为每年 54±3 亿吨，90 年代增加到每年 64±4 亿吨，而到了 2000~2005 年，又增长到 72±3 亿吨(IPCC,2007a)。这些排放绝大部分来自化石燃料燃烧,水泥生产所排放的 CO_2 量只占到 3% 左右。过去的二十几年内,热带地区的人类农业和开发森林资源活动强度继续加大,这是由土地利用而引起 CO_2 排放增加的主要原因。20 世纪 90 年代,由于土地利用变化而产生的 CO_2 排放量约为每年 16 亿吨(5～27 亿吨)碳(IPCC,2007a)。

1.3.1.2 大气 CO_2 的自然汇

自 20 世纪 80 年代以来,陆地生物圈对 CO_2 的自然吸收过程加上海洋的吸收作用大约清除了 50% 的人为排放的 CO_2。同时,这些清除过程受到大气 CO_2 浓度以及气候变化的影响。海洋和陆地生物圈对 CO_2 的吸收在数量级上是相同的,但陆地生物圈的吸收较不稳定。据统计,20 世纪 90 年代陆地和海洋所吸收的 CO_2 量比 20 世纪 80 年代多 10 亿吨,可能与这一时期内海洋的吸收作用增强有关。观测表明,海洋表面所溶解的 CO_2 浓度几乎在所有地区都有所增加,这与大气 CO_2 增加趋势相同,但时空变异性较大(IPCC,2007a)。

20 世纪 80 年代以来,陆地生物圈对 CO_2 主要表现为吸收作用,这是由其吸收和排放作用之间的净差值所决定的。陆地生物圈对 CO_2 的吸收作用来源于植被生长和植树造林等,异氧呼吸、毁林和林火等是陆地生物圈主要的 CO_2 排放过程。观测资料表明,北半球中纬度地区陆地生物圈对 CO_2 的吸收量较大,而热带地区陆地生态系统与大气之间的 CO_2 通量几乎为零,这表明由热带森林的砍伐而引起的间接 CO_2 排放量与由于森林生长所产生的 CO_2 吸收量大致持平(IPCC,2007a)。

1.3.2 大气 CH_4 的源和汇

大气 CH_4 与 CO_2 相比,其浓度要低 2 个数量级,属于大气痕量气体,其排放量的微小增加将会导致大气中 CH_4 浓度的明显升高。因此,人们更加关注于哪些途径或机制可以导致 CH_4 的排放,以及哪些过程可以将其从大气中清除出去,即大气 CH_4 的源和汇有哪些。

1.3.2.1 大气 CH_4 的源

CH_4 的产生主要有两种机制:① 微生物机制。厌氧环境下,微生物分解有机物产生 CH_4。这种途径主要包括两个过程:CH_3COOH 或 CH_3OH 转化;CO_2 还原。这两种途径产生 CH_4 是在厌氧环境下通过产甲烷微生物的参与来完成。湿地和反刍动物所排放的 CH_4 就是通过这种机制产生的；② 非生物机制。如地质运动、天然气和石油开采等过程中排放的 CH_4，但其生成机制尚不清楚。

根据上述 CH_4 的生成机制，可将其源分为生物源和非生物源。生物源 CH_4 来自厌氧微生物对有机物的分解。厌氧环境下的湿地、稻田、垃圾填埋场和反刍动物的肠胃等都可成为 CH_4 的生物源。生物燃烧则属于 CH_4 的非生物源。另外，化石燃料的生产和使用过程以及某些地质运动等也属于 CH_4 的非生物源。

依据人类活动的参与程度，我们还可将 CH_4 的源区分为自然源和人为源。自然源包括各类天然湿地、海洋、白蚁和地质运动等。人为源包括反刍动物、水稻生产、各类能源工业以及生物燃烧等。各种自然源和人为源的相对贡献见表 1.3。

1. 湿地

这里主要指的是自然湿地，它包括各类沼泽、河流浅水区、苔原和湖泊等。在这些环境中，滞水造成的厌氧状态下的甲烷产生菌能厌氧分解其中的有机物进而产生 CH_4。湿地 CH_4 排放的时空变异性较大，即不同地区、不同季节自然湿地 CH_4 的排放通量不同。因此，加强不同地区、不同类型湿地 CH_4 排放的观测，对于准确估算全球湿地 CH_4 排放量尤为重要。根据 IPCC 第四次报告，1996～2001 年间天然湿地的 CH_4 年均排放量在 168 Tg 左右，分别占全球 CH_4 总自然源和总源排放量的 86% 和 24%（IPCC，2007a）。可见，天然湿地是大气 CH_4 的一个重要排放源。

2. 白蚁

白蚁是等翅目昆虫的统称，是一种营巢穴生活的群栖性昆虫。白蚁的食物主要是含纤维素的各种物品，这是因为它们的肠道内有能帮助消化木质纤维的共生原生微生物。因此，白蚁是危害木材、房屋建筑、桥梁、堤坝甚至布匹、纸张的罪魁祸首。同时，白蚁还有另一大危害已经引起了人们的充分关注，这就是白蚁排放 CH_4 的现象。

白蚁肠道内的原生微生物（产乙酸和产甲烷细菌）在分解纤维素的同时能产生 CH_4，CH_4 产生后可以从白蚁躯体两侧的纤维膜中释放出来。据估算，全球白蚁总数为 2.4×10^{17} 只，总重量可达 10 多亿吨。根据 IPCC 第四次报告，1996～2001 年间，白蚁年均 CH_4 排放量在 23 Tg 左右，占全球 CH_4 总源排放量的 4%（IPCC，2007a）。虽然白蚁排放的 CH_4 只占大气 CH_4 中很小的一部分，但随着全球人口膨胀所引起的对农畜产品需求的剧增，人们砍伐森林、开垦牧场和耕地，将为白蚁提供一个更为广阔和适宜的栖息地。

1.3 大气 CO_2、CH_4 以及 N_2O 的源和汇

表 1.3 大气甲烷的源和汇及其收支状况（单位：$Tg \cdot yr^{-1}$）（IPCC, 2007a）

资料来源	Hein et al. (1997)	Houweling et al. (2000)	Olivier et al. (2005)	Wuebbles and Hayhoe (2002)	Scheehle et al. (2002)	Wang et al. (2004)	Mikaloff Fletcher et al. (2004)	Chen and Prinn (2006)	TAR[d]	AR4[e]
年代	1983~1989		2000		1990	1994	1999	1996~2001	1998	2000~2004
自然源		**222**		**145**		**200**	**260**	**168**		
湿地	231	163		100		176	231	145		
白蚁		20		20		20	29	23		
海洋		15		4		4				
水合物				5						
地质运动		4		14						
野生动物		15								
野火		5		2						
人为源	**361**		**320**	**358**	**264**	**307**	**350**	**428**		
能源						77				
煤矿	32		34	46	74		30	48[a]		
天然气,石油,工业	68		64	60			52	36[b]		
垃圾填埋	43		66	61	69	49	35			

续表 1.3

资料来源	Hein et al. (1997)	Houweling et al. (2000)	Olivier et al. (2005)	Wuebbles and Hayhoe (2002)	Scheehle et al. (2002)	Wang et al. (2004)	Mikaloff Fletcher et al. (2004)	Chen and Prinn (2006)	TAR[d]	AR4[e]
反刍动物	92	80	39	81	76	83	91	189[c]		
水稻生产	83			60	31	57	54	112		
生物燃烧	43		27	50	14	41	88	43		
C3 植物			9							
C4 植物										
总 源	592			503		507	610	596	598	582
不平衡量	33								22	1
汇										
土 壤	26			30		34	30		30	30
对流层 OH 氧化	488			445		428	507		506	511
平流层损失	45			40		30	40		40	40
总 汇	559			515		492	577		576	581

注：表中所列均为最佳估算值；a. 包括天然气排放的 CH_4；b. 包括生物燃料排放的 CH_4；c. 包括垃圾填埋和废弃物所排放的 CH_4；d. IPCC 第三次评估报告给出的估算值；e. IPCC 第四次评估报告给出的估算值。

白蚁种类多(1800余种)、数量大、分布广(全球热带、亚热带、暖温带均有分布)、繁殖速度快、排放 CH_4 能力强。另外,由于白蚁喜欢生活在气候温暖的地方,近年来全球气候的变暖将更加促进白蚁的迅速繁殖和广泛分布,这将形成一种恶性循环。所以,白蚁将是全球 CH_4 排放源中不可忽视的一部分。

3. 海洋

海洋是 CH_4 的自然排放源之一,但观测资料较少。有限的观测资料表明,由于 CH_4 在海洋中处于过饱和状态,海洋会向大气释放出 CH_4(王明星等,2000)。根据 IPCC 第四次报告,全球海洋年均 CH_4 排放量为 4~15 Tg 左右(IPCC,2007a),对 CH_4 的海洋源的探索还有待于进一步的加强。

4. 反刍动物

大多草食性反刍动物自身不能产生分解食物中生物高分子的酶,它们必须与能产生这种酶的微生物之间建立共生关系,当反刍动物进食的时候,这些反刍动物肠胃中的微生物对所进食物进行厌氧分解,从而产生 CH_4。产生的 CH_4 大部分随动物的呼吸过程排放出体外,少量随粪便排出。

反刍动物 CH_4 排放量受动物种类、品种、不同生产发育阶段、饲养管理方式、日粮水平和生产性能等因素的影响。根据 IPCC 第四次报告,2000 年全球反刍动物 CH_4 排放量约为 80 Tg(IPCC,2007a),占 CH_4 人为源排放总量的 25%,是 CH_4 第一大人为源。

5. 水稻种植

水稻田是 CH_4 的主要排放源之一。全球稻田多半是以水灌稻田的形式存在,稻田灌水期间需要保持一定的水层,水层将土壤与大气隔离,从而形成有利于 CH_4 产生的厌氧环境。

稻田 CH_4 的排放取决于 CH_4 的生成、氧化和向大气输送这三个过程。在浅水稻田生态系统中,水土界面的下层土壤为无氧区,在这里,微生物将土壤以及植物根系提供的有机质分解,产生乙酸或 H_2 和 CO_2,其产物在产甲烷菌的作用下生成 CH_4;水体和表层土壤是有氧环境,植物的根区也是有氧区,它们都是 CH_4 的氧化区;深层土壤产生的 CH_4 一部分在有氧区被氧化,剩余部分则通过以下三种途径进入大气:① 通过植株的通气组织排放到大气中;② 形成含 CH_4 的气泡,气泡上升到水面炸裂而将 CH_4 排放到大气;③ 通过在水体中的扩散作用而排入大气。有关稻田 CH_4 的产生、氧化和输送过程将在以后的章节中详细论述。

由于稻田 CH_4 释放具有较大的时空变异性,对其排放量的估算还存在着较大的不确定性。根据 IPCC 第四次报告,2000 年全球稻田 CH_4 排放量约为 39 Tg(IPCC，2007a)，属于 CH_4 的一个较大的人为源。随着人口的增长，人类对粮食的需求量也在增加，预计 1990～2025 年，全球水稻产量将增加 65%，CH_4 的排放量将增加 42%(Bouwman，1991)。因此，稻田作为 CH_4 排放源已受到人们越来越多的关注。

6. 天然气和石油

天然气和石油工业是大气 CH_4 主要的非生物源之一，来自天然气和石油工业的 CH_4 与来自上述排放源的 CH_4 之间的碳同位素含量是不同的，这也是生物源 CH_4 和非生物源 CH_4 的主要区别。

石油与天然气生产和使用过程中的诸多环节都会产生 CH_4 排放。在石油工业中，油田气的直接排放和点燃火炬是其 CH_4 排放的主要来源。石油的输送、精炼及分配过程中泄漏所排放的 CH_4 相对较少。天然气生产及向市场上输送的诸多环节都会产生 CH_4 排放，但排放 CH_4 最多的环节之一是天然气压缩。在天然气输送系统中，通常需要在输气管道上每隔100～150 km 设置一个增压压缩站，天然气 CH_4 的排放主要就是来自此处。此外，管道吹扫、阀门泄漏及老管线密封处泄漏排放的 CH_4 也是相当可观的。总体上说，天然气工业排放的 CH_4 要比石油工业多73%(徐振刚和张振勇，1999)。根据 IPCC 第四次报告，2000 年全球天然气和石油 CH_4 排放量约为 64 Tg(IPCC，2007a)。

7. 垃圾填埋

垃圾的处置方式可分为无控制露天堆放和长期密封填埋两种，这两种方式填埋的垃圾，CH_4 排放量差异很大。在发展中国家比较普遍采用的是无控制垃圾露天堆放，这种处置方式下，垃圾除靠自重外并未经专门压实，通常会和大量的氧接触而发生有氧降解，几乎不会产生 CH_4。而发达国家则普遍采用长期密封填埋方式，加上发达国家的人均固体废弃物产量较大，且其中的可降解有机物含量高，导致这种垃圾填埋方式被认为是大气 CH_4 的一个重要来源。

在垃圾填埋场，垃圾中可分解有机物先是在有氧环境下被分解成一些简单有机物，进而再被分解成气态物质，导致垃圾填埋场内部缺氧，促进甲烷菌活动产生 CH_4。垃圾填埋产生的 CH_4 排放量受到填埋场场地湿度、填埋垃圾的质量和数量、填埋时间长短、温度和 pH 值、覆土层厚度和性质等因素的影响。检测表明，垃圾堆放填埋后，不同时间阶段所释放的不同气体之间的比例不同，平均而言，垃圾填埋产生的 CO_2 和 CH_4 的体积混合比为 1∶1(王明星等，2000)。根据 IPCC 第四次报告，2000 年全球垃圾填埋场排放的 CH_4 为66 Tg(IPCC，2007a)。

8. 煤矿

煤矿是大气 CH_4 的另一大非生物源。煤炭在形成过程中产生 CH_4 气体，煤矿 CH_4 的具体含量主要取决于煤层埋藏深度和煤化程度。

煤炭在开采、地表处理、选煤、运输以及终端利用的过程中，煤中吸附和封闭的 CH_4 必然会排放到大气中去。其中，煤炭工业排放 CH_4 最多的环节是煤炭的井工开采。据统计，在通过煤炭工业排放的 CH_4 中，约有90%来自煤炭的井工开采。而在井工采煤排放的 CH_4 中，约有70%是通过煤矿井下安全通风系统排入大气，还有20%来自瓦斯抽放（徐振刚和张振勇，1999）。据估算，2000年全球煤矿 CH_4 排放量约为34 Tg（IPCC，2007a）。

9. 生物燃烧

生物燃烧包括燃烧森林、热带草原用以变换种植或将其变作农业用地，另外还包括农业废弃物以及薪柴的燃烧等。生物燃烧过程可分为三个阶段：① 燃料的高温分解和可挥发性有机物释放；② 火焰燃烧；③ 冒烟燃烧。第一个阶段不产生 CH_4，其后的两个阶段产生 CH_4，且冒烟燃烧阶段 CH_4 的释放速率要高于火焰燃烧阶段。因此，后两个阶段持续时间的长短对于确定生物燃烧 CH_4 的总排放量来说很重要，而这两个阶段持续的时间又随着燃料的种类和品质以及燃烧条件的不同而异，因此，要想获得生物燃烧 CH_4 排放的准确资料相当困难（朱玫等，1996）。根据 IPCC 第四次报告，1996～2001年间生物燃烧的 CH_4 年均排放量在43 Tg 左右（IPCC，2007a）。

10. 植物

最新研究表明，植物也能够产生并释放 CH_4，而且 CH_4 的形成并不因氧气存在而受到阻碍。Keppler et al. (2006)通过一系列实验室和野外受控试验发现，活的植物、枯叶和草都可以在空气存在的条件下释放 CH_4，但其机理尚不清楚。Wang et al. (2008)通过稳定性碳同位素指纹标记实验发现，草本植物不释放 CH_4，同时发现7种灌木均有 CH_4 释放现象，且不同植物 CH_4 释放率不同。

1990年到2000年，人造卫星探测到大气中 CH_4 的释放量每年约减少2 000万吨，这种现象产生的原因也许正是同期令世人关注的森林破坏的速率，即同期全世界有12%以上的热带森林被砍伐掉。此外，卫星监测资料显示，热带原始森林上空时有神秘的大块 CH_4 气流出现，这或许是植物产生 CH_4 最直接的证据。

根据 Keppler et al. (2006)估算，全球每年由植物产生的 CH_4 排放量约为62～236 Tg，占全球 CH_4 总排放量的10%～30%，其中大部分（约三分之二）的排放来自热带森林。但 Kirschbaum et al. (2006)将这一由植物

释放的 CH_4 量修正为 $10\sim 60\ Tg\cdot yr^{-1}$。

11. 其他排放源

某些地质运动也可造成 CH_4 的排放,例如地层断裂、火山活动和地壳运动等过程都能导致保存在地壳深部的 CH_4 向大气的释放。存在于大陆架海底低层以及地球两极的永久冻结带中的甲烷水合物也属于大气 CH_4 的一个较小的自然源。此外,大气 CH_4 还可能存在着其他一些微小的排放源,它们在全球 CH_4 排放量中只占极小的份额。

1.3.2.2 大气 CH_4 的汇

大气 CH_4 的汇主要有三部分组成:① 在对流层与大气中的 OH 自由基结合发生氧化作用而被清除;② 少量 CH_4 被输送至平流层;③ 小部分被土壤吸收。另有研究表明,海气边界层中 Cl 原子氧化反应也可能是大气 CH_4 的一个较小的汇。

1. 在对流层与 OH 自由基的氧化反应

CH_4 在对流层的氧化过程主要分为以下四步(王明星,2001):

(1) CH_4 在大气中与 OH 自由基发生如下反应生成 CH_3

$$CH_4 + OH \longrightarrow CH_3 + H_2O \tag{1.2}$$

(2) 反应(1.2)生成的 CH_3 通过两种途径进一步氧化成 CH_2O

① 在 NO 浓度较高($>10\ pL\cdot L^{-1}$)的情况下:

$$CH_3 + O_2 + M \longrightarrow CH_3O_2 + M \tag{1.3}$$

$$CH_3O_2 + NO \longrightarrow CH_3O + NO_2 \tag{1.4}$$

$$CH_3O + O_2 \longrightarrow CH_2O + HO_2 \tag{1.5}$$

$$HO_2 + NO \longrightarrow OH + NO_2 \tag{1.6}$$

$$NO_2 + h\nu \longrightarrow NO + O \tag{1.7}$$

$$O + O_2 + M \longrightarrow O_3 + M \tag{1.8}$$

净结果:

$$CH_3 + 4O_2 \longrightarrow CH_2O + 2O_3 + OH \tag{1.9}$$

这一过程与反应(1.2)共同的结果是 CH_4 氧化成 CH_2O,同时使大气 O_3 增加。

② 在 NO 浓度较低($<10\ pL\cdot L^{-1}$)的情况下:

$$CH_3 + O_2 + M \longrightarrow CH_3O_2 + M \tag{1.10}$$

$$CH_3O_2 + HO_2 \longrightarrow CH_3O_2H + O_2 \tag{1.11}$$

$$CH_3O_2H + h\nu \longrightarrow CH_3O + OH \tag{1.12}$$

$$CH_3O + O_2 \longrightarrow CH_2O + HO_2 \tag{1.13}$$

1.3 大气 CO_2、CH_4 以及 N_2O 的源和汇

净结果：
$$CH_3 + O_2 + h\nu \longrightarrow CH_2O + OH \tag{1.14}$$

这一过程与反应(1.2)共同的结果是 CH_4 氧化成 CH_2O。

(3) CH_2O 通过两种途径进一步氧化成 CO

① 第一种途径涉及 CH_2O 光解，反应如下：

$$CH_2O + h\nu \longrightarrow H_2 + CO \tag{1.15}$$
$$CH_2O + h\nu \longrightarrow CHO + H \tag{1.16}$$
$$CHO + O_2 \longrightarrow CO + HO_2 \tag{1.17}$$
$$H + O_2 + M \longrightarrow HO_2 + M \tag{1.18}$$
$$2[HO_2 + NO \longrightarrow OH + NO_2] \tag{1.19}$$
$$2[NO_2 + h\nu \longrightarrow NO + O] \tag{1.20}$$
$$2[O + O_2 + M \longrightarrow O_3 + M] \tag{1.21}$$

净结果：
$$2CH_2O + 4O_2 + 4h\nu \longrightarrow 2CO + 2O_3 + 2OH + H_2 \tag{1.22}$$

② 另一种途径是 CH_2O 先与 OH 自由基反应，即

$$CH_2O + OH \longrightarrow CHO + H_2O \tag{1.23}$$
$$CHO + O_2 \longrightarrow CO + HO_2 \tag{1.24}$$
$$HO_2 + NO \longrightarrow OH + NO_2 \tag{1.25}$$
$$NO_2 + h\nu \longrightarrow O + NO \tag{1.26}$$
$$O + O_2 + M \longrightarrow O_3 + M \tag{1.27}$$

净结果：
$$CH_2O + 2O_2 + h\nu \longrightarrow CO + H_2O + O_3 \tag{1.28}$$

(4) CO 进一步氧化成 CO_2

$$CO + OH \longrightarrow CO_2 + H \tag{1.29}$$
$$H + O_2 + M \longrightarrow HO_2 + M \tag{1.30}$$
$$HO_2 + NO \longrightarrow OH + NO_2 \tag{1.31}$$
$$NO_2 + h\nu \longrightarrow NO + O \tag{1.32}$$
$$O + O_2 + M \longrightarrow O_3 + M \tag{1.33}$$

净结果：
$$CO + h\nu + 2O_2 \longrightarrow CO_2 + O_3 \tag{1.34}$$

从上述一系列反应可以看出，CH_4 在对流层中的氧化过程是极为复杂的，它不仅涉及大气中的重要氧化物 OH 自由基，而且还涉及 NO_x 和 O_3 的化学过程。其中，OH 自由基是大气 CH_4 氧化过程中极为重要的反应物，大气 OH 自由基的浓度以及其与 CH_4 氧化反应的速率决定大气中 CH_4 的

氧化清除速率，即大气 CH_4 汇的强度(王明星，2001)。IPCC 第四次评估报告给出的大气 CH_4 对流层氧化汇的强度约为 511 Tg(IPCC，2007a)，占总汇的 88%，可见，对流层氧化反应是大气 CH_4 最主要的汇。

2. 大气 CH_4 向平流层输送

除对流层的氧化反应外，一少部分大气 CH_4 可以在对流层大气与平流层大气之间的交换过程中进入平流层，进入平流层后的 CH_4 通过与一些活性自由基反应而去除。据估算，每年通过这一途径消耗的大气 CH_4 的量为 40 Tg，占全球总汇的 6.9%(IPCC，2007a)。

3. 土壤吸收

有着良好通气状况的土壤也能成为一个大气 CH_4 的汇，但其量较小。土壤吸收 CH_4 主要是甲烷氧化细菌作用的结果。此外，硝化细菌以及硫酸盐还原菌和产甲烷细菌本身也可以氧化少量的 CH_4。土壤吸收大气 CH_4 的强度受土壤温度、土壤水分、施肥和土壤空隙状况等因素的影响。土壤对大气 CH_4 的年均吸收量为 30 Tg，占全球总汇的 5%(IPCC，2007a)。

1.3.3 大气 N_2O 的源和汇

N_2O 也可由生物和非生物过程产生。微生物参与下的硝化作用和反硝化作用是 N_2O 的主要产生途径。另有研究发现，化学反硝化过程和硝态氮异化还原成铵也能产生 N_2O，但贡献不大。另外，化石燃料的燃烧以及生物质燃烧也可以导致 N_2O 的产生和排放。N_2O 在平流层的光解和与 $O(^1D)$ 反应是其最主要的汇，同时，反应产生的 NO 对臭氧层的破坏作用已经引起了人们的强烈关注。

1.3.3.1 大气 N_2O 的源

按照受人类影响程度的大小，我们将 N_2O 排放源区分为自然源和人为源。自然源包括自然植被下的土壤和海洋等，而人为源包括农业、化石燃料燃烧和生物质以及生物燃料燃烧等(表 1.4)。

表 1.4 90 年代大气 N_2O 的源(单位：$Tg\ N \cdot yr^{-1}$)(IPCC，2007a)

源	TAR[a]	AR4[b]
人为源		
工 业	1.3/0.7[c](0.2~1.8)[d]	0.7[e](0.2~1.8)

续表 1.4

源	TAR[a]	AR4[b]
农 业	6.3/2.9(0.9～17.9)	2.8(1.7～4.8)
生物燃烧	0.5(0.2～1.0)	0.7(0.2～1.0)
人类排泄物	—	0.2(0.1～0.3)
江河湖海	—	1.7(0.5～2.9)
大气沉降	—	0.6(0.3～0.9)
总人为源	**8.1/4.1**	**6.7**
自然源		
自然植被土壤	6.0/6.6(3.3～9.9)	6.6(3.3～9.0)
海 洋	3.0/3.6(1.0～5.7)	3.8(1.8～5.8)
大气化学过程	0.6(0.3～1.2)	0.6(0.3～1.2)
总自然源	**9.6/10.8**	**11**
总 源	17.7/14.9(5.9～37.5)	17.7(8.5～27.7)

注：a. IPCC 第三次评估报告给出的估算值；b. IPCC 第四次评估报告给出的估算值；c. 中斜线代表不同研究中利用不同方法所计算出的 N_2O 排放量；d. 括号内为排放量的取值范围；e. 单值表明不同研究结果在其源强度估算上的一致性。

1. 自然植被土壤

土壤中频繁进行着的硝化、反硝化过程是 N_2O 产生的主要原因。据估算，自然植被土壤中，占全球地表总面积 17% 的热带森林土壤对 N_2O 贡献的比例较大，温带森林土壤也能产生 N_2O，但其排放量较小。IPCC 第四次评估报告所给出的全球自然植被土壤的 N_2O 排放量为 6.6 Tg N 左右，约占总自然源排放量的 60%（IPCC，2007a）。

2. 海洋

海洋是大气 N_2O 的第二大自然源。海洋表面水体所溶解的 N_2O 处于准饱和状态，但是在涌升流海区，海洋表面水体的 N_2O 浓度要高出其溶解度 5 倍左右，从而导致海洋中的 N_2O 排放。

表层海水中的硝化过程是海洋中 N_2O 的产生的重要原因。在海水的好氧—厌氧分界面上，由于 O_2 抑制了 N_2O 向 N_2 的还原，反硝化过程也能产生部分 N_2O。缺氧的海域，由于反硝化细菌的作用，将 N_2O 还原为 N_2，从而形成 N_2O 的汇。总的来说，海洋对大气 N_2O 的贡献约为 3.8 Tg N，占到总自然源的 34% 左右（IPCC，2007a）。

3. 农业

农业生态系统中 N_2O 的排放主要来源于以下三个方面：农田土壤的直接排放、畜牧业 N_2O 排放以及间接排放。这里，间接排放包括：① 氮肥施入土壤后部分转变成 NH_3 与 NO_x 等可挥发性物质成分,而后通过沉降过程返回农田或其他土地表面;② 硝态氮通过淋溶和径流进入地表水体或地下水。这两种途径均可以成为一部分农业 N_2O 排放源。近年来,氮肥的大量使用导致了农田生态系统中 N_2O 排放的大量增加,这使得农业成为第一大 N_2O 人为源。农业 N_2O 排放占到总人为源的 42% 左右,全球农业年均 N_2O 排放量约为 2.8 Tg N(IPCC,2007a)。

4. 化石燃料燃烧与工业

化石燃料的燃烧及其在工业中的使用也是 N_2O 的重要排放源。其中,燃煤流化床锅炉中煤炭的使用是化石燃料导致 N_2O 排放的主要方面。煤炭在燃烧过程中,氮向 N_2O 的转化主要经过两个阶段:首先,在挥发析出阶段,一部分氮主要以 HCN 和 NH_3 的形式析出,通过均相反应生成 NO、N_2O 和 N_2。之后,残余焦炭中的氮经过复杂的均相和多相反应转化生成类似的产物(任维等,2003)。目前,对这一排放源的估算值为每年 0.7 Tg N(IPCC,2007a)。

5. 河流、河湾和海岸地区

陆地和海洋 N_2O 排放的研究工作进行得较早,现已有大量调查结果。而有关河流和海岸地区 N_2O 排放的研究工作却是在最近几年才开展起来的。

如今,人类活动通过各种途径向全球的流域生态系统中输入氮素。例如:含氮的工业废水直接排入江河、农业使用的化肥以 NO_3^- 的形式通过淋溶进入地下水,最后进入地表水体,或者直接通过径流进入地表水体。一部分进入河流的氮素又可以被输送至海岸/湾地区。在这些生态系统中氮素的硝化、反硝化作用可导致 N_2O 的排放。20 世纪 90 年代,全球河流、河湾和海岸地区的 N_2O 排放量约为 1.7 Tg N(IPCC,2007a)。

6. 其他排放源

自然状态下的大气化学过程会有少量的 N_2O 产生,产生量约为每年 0.6 Tg N。生物质在燃烧过程中不仅产生 CH_4 也会产生 N_2O。20 世纪 90 年代,全球生物质燃烧产生的 N_2O 年均排放量约为 0.7 Tg N。另外,有人对人类排泄物的 N_2O 排放也做了估算,其贡献在 0.2 Tg N 左右(IPCC,2007a)。

1.3.3.2 大气 N_2O 的汇

N_2O 在大气中的主要汇是在平流层被光解成 NO_x,进而转化成硝酸或硝酸盐而通过干、湿沉降过程被清除出大气。虽然也有研究结果表明,土壤和水体也能够吸收对流层中的 N_2O,但是其去除的量很小。

通过迁移和扩散进入平流层的 N_2O 能够被光解,或者与活泼氧反应而被清除,反应式如下(王少彬,1994):

1.3 大气 CO_2、CH_4 以及 N_2O 的源和汇

$$N_2O \xrightarrow{UV(<370\ nm)} N_2 + O(^1D) \quad (1.35)$$

$$N_2O \xrightarrow{UV(<250\ nm)} NO + N \quad (1.36)$$

$$N_2O \xrightarrow{UV(<210\ nm)} N_2 + O(^1S) \quad (1.37)$$

$$N_2O + O \longrightarrow 2NO \quad (1.38)$$

$$N_2O + O \longrightarrow N_2 + O_2 \quad (1.39)$$

式中,^1D 为光谱第一能级游离氧,^1S 为光谱第二能级游离氧。据统计,大部分 N_2O 是通过反应(1.35)~(1.37)而分解的,最多只有 20% 的 N_2O 是通过反应(1.38)和(1.39)而消耗掉的。

上述 N_2O 的清除过程是产生平流层 NO 的主要原因,而平流层 NO 又能够参与催化与臭氧作用的链反应,以及与 ClO_x 相互作用,从而导致臭氧层的破坏。反应如下(王少彬,1994):

反应1:

$$NO + O_3 \longrightarrow NO_2 + O_2 \quad (1.40)$$

$$NO_2 + O \longrightarrow NO + O_2 \quad (1.41)$$

净结果:

$$O + O_3 \longrightarrow 2O_2 \quad (1.42)$$

反应2:

$$NO + O_3 \longrightarrow NO_2 + O_2 \quad (1.43)$$

$$NO_2 + O_3 \longrightarrow NO_3 + O_2 \quad (1.44)$$

$$NO_3 \xrightarrow{UV} NO + O_2 \quad (1.45)$$

净结果:

$$2O_3 \longrightarrow 3O_2 \quad (1.46)$$

反应3:

$$Cl + O_3 \longrightarrow ClO + O_2 \quad (1.47)$$

$$ClO + NO \longrightarrow Cl + NO_2 \quad (1.48)$$

$$NO_2 + O \longrightarrow NO + O_2 \quad (1.49)$$

净结果:

$$O + O_3 \longrightarrow 2O_2 \quad (1.50)$$

可见,N_2O 在平流层的化学反应不仅关系到其在大气中浓度的高低,而且还会引起臭氧层的破坏,导致地表紫外辐射增强。IPCC 第二次和第三次评估报告给出的包括平流层反应在内的 N_2O 总汇强度分别为 12.3 Tg N·yr^{-1}(20 世纪 80 年代)和 12.6 Tg N·yr^{-1}(20 世纪 90 年代)(IPCC,2001)。

参考文献

(美)芭芭拉·沃德. 只有一个地球:对一个小小行星的关怀和维护[M]. 长春:吉林人民出版社,1997.

丁金龙. 长江下游新石器时代水稻田与稻作农业的起源[J]. 东南文化,2004,(2):19-23.

丁一汇,任国玉,石广玉,等. 气候变化国家评估报告(I):中国气候变化的历史和未来趋势[J]. 气候变化研究进展,2006,2(1):3-8.

曲格平. 环境保护知识读本[M]. 北京:红旗出版社,1999.

任维,张建胜,姜孝国,等. 焦炭流化床燃烧条件下氧化亚氮生成途径的实验研究[J]. 环境科学学报,2003,23(3):408-410.

王明星. 大气化学[M]. 北京:气象出版社,1991.

王明星. 中国稻田CH_4排放[M]. 北京:科学出版社,2001.

王明星,张仁健,郑循华. 温室气体的源与汇[J]. 气候与环境研究,2000,5(1):75-79.

王少彬. 大气中氧化亚氮的源、汇和环境效应[J]. 环境科学,1994,(4):23-27.

徐振刚,张振勇. 甲烷排放源及减排对策[J]. 洁净煤技术,1999,5(3):10-12.

朱玫,田洪海,李金龙,等. 大气甲烷的源和汇[J]. 环境保护科学,1996,22(2):5-9.

Bouwman A F. Agronomic aspects of wetland rice cultivation and associated methane emissions[J]. Biogeochemistry, 1991, 15:65-88.

Cai Z C, Xing G X, Yan X Y, et al. Methane and nitrous oxide emissions from rice paddy fields as affected by nitrogen fertilizers and water management[J]. Plant and Soil, 1997, 196(1):7-14.

Greenland D J. The Sustainability of Rice Farming[M]. London:CAB International Publication in Association with the International Rice Research Institute, 1998.

Intergovernmental Panel on Climate Change (IPCC). Climate Change 2001:The Scientific Basis[M]. Cambridge, United Kingdom and New York, NY, USA:Cambridge University Press, 2001.

Intergovernmental Panel on Climate Change (IPCC). Climate Change 2007:The Physical Science Basis[M]. Cambridge, United Kingdom and New York, NY, USA:Cambridge University Press, 2007a.

Intergovernmental Panel on Climate Change (IPCC). Climate Change 2007:Impacts, Adaptation and Vulnerability[M]. Cambridge, United Kingdom and New York, NY, USA:Cambridge University Press, 2007b.

Keppler F, Hamilton J T G, Bras M, et al. Methane emissions from terrestrial plants under aerobic conditions[J]. Nature, 2006, 439:187-191.

Kirschbaum M U F, Bruhn D, Etheridge D M, et al. A comment on the quantitative significance of aerobic methane release by plants[J]. Functional Plant Biology, 2006, 33(6):521-530.

Wang Z P, Han X G, Wang G G, et al. Aerobic methane emission from plants in the Inner Mongolia steppe[J]. Environmental Science & Technology, 2008, 42:62-68.

第 2 章 稻田生态系统 CH_4 和 N_2O 排放的基本过程

稻田生态系统排放的 CH_4 和 N_2O 是土壤中有机碳和活性氮一系列复杂转化过程的产物。这些转化过程的发生需要一定的土壤环境条件,同时需要土壤微生物的参与。土壤中 CH_4 和 N_2O 排放涉及三个基本过程,即,在土壤中产生、转化及由土壤向大气传输的过程。研究 CH_4 和 N_2O 排放的基本过程及其发生的条件是认识稻田生态系统 CH_4 和 N_2O 排放变化规律的基础。

2.1 稻田生态系统 CH_4 排放的基本过程

稻田 CH_4 排放是土壤中 CH_4 产生、氧化和传输的净效应。图 2.1 清楚地说明了稻田 CH_4 的产生、再氧化以及向大气传输这三个过程的相互作用以及与 CH_4 排放的关系。厌氧环境中以水稻植株根系分泌物和脱落物为主的有机物质和土壤有机质在产甲烷菌作用下发生厌氧发酵产生 CH_4,这是 CH_4 排放的基础。尽管稻田土壤整体以淹水还原条件为主,但在土水界面及根土界面也存在氧化区域,导致土壤中产生的 CH_4 在排放至大气前有相当一部分被土壤中的甲烷氧化菌所氧化,这是稻田 CH_4 排放的自然调节,对减少稻田 CH_4 排放具有重要的意义。稻田土壤中产生的 CH_4 未被氧化的部分主要通过植株的通气组织进入大气圈,气泡和扩散也是 CH_4 由稻田土壤向大气传输的途径。由于 CH_4 产生需要严格的厌氧条件,除常年淹水的冬灌稻田全年排放 CH_4 外,非水稻生长期排水的稻田只在水稻生长季节排放 CH_4,旱作季节没有 CH_4 排放。以下分别讨论稻田土壤中 CH_4 的产生、氧化和传输过程。

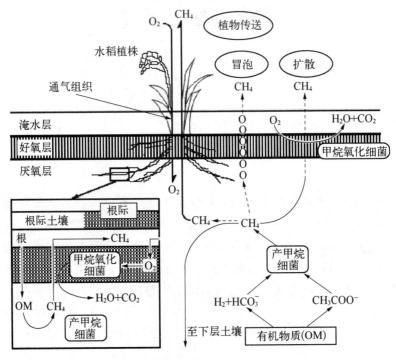

图2.1　稻田生态系统中 CH_4 的产生、氧化和传输过程示意图(Schimel,2000)

2.1.1　CH_4 的产生过程

淹水土壤中 CH_4 的产生是一个厌氧环境下的微生物过程。水稻土中复杂的有机物质,包括有机肥料、动植物残体、土壤腐殖质和其他有机物以及水稻根系的脱落物和分泌物等,被各类细菌组成的食物链转化成简单的产甲烷前体。产甲烷菌在严格的厌氧条件下作用于这些产甲烷前体,产生 CH_4(Conrad,2007)。

产甲烷菌是一类形态多样并且具有特殊细胞成分和产甲烷代谢功能的严格厌氧细菌,迄今已分离出近70个种,分属于3目、7科、19属。产甲烷菌能利用的基质范围很窄,有的仅能利用一种基质,而且所能利用的基质大多是最为简单的一碳或二碳化合物,如 CO_2、CH_3OH、CH_3COOH 和甲胺类等。大多数产甲烷菌能利用 H_2。所有产甲烷菌都能利用 NH_4^+ 作为氮源，即使有氨基酸和肽存在时，NH_4^+ 仍为生长所必需。大多数产甲烷菌能以硫化物为硫源，有些能利用半胱氨酸或蛋氨酸，所有产甲烷菌的生长均需要 Ni、Co 和 Fe，有的还需要其他金属元素如 Mo 等。产甲烷菌还具有一些功能独特的成分如辅酶 M、F420、F430、CDR（CO_2 还原因子）、MPT（CH_4 喋呤）、类咕啉、甲基还原酶组分 B 等（闵航等，1993）。

淹水土壤 CH_4 的产生有两条主要途径（Neue and Scharpenseel, 1984; Papen and Renneberg, 1990）：一个是在专性矿质化学营养产甲烷菌的参与下，以 H_2 或有机分子作为 H 供体还原 CO_2 形成 CH_4，即，$CO_2 + 4H_2 \longrightarrow CH_4 + 2H_2O$；另一个是在甲基营养产甲烷菌的参与下，对乙酸的脱甲基作用，即，$CH_3COOH \longrightarrow CH_4 + CO_2$，这是 CH_4 形成的主要途径（Strayer and Tiedje, 1978）。乙酸除了主要由土壤易分解有机质厌氧发酵分解产生外，也可经由下列途径产生：$2CO_2 + 4H_2 \longrightarrow CH_3COOH + 2H_2O$（Conrad et al., 2002）。

对淹水稻田而言，最主要的易分解有机质是植物多糖，特别是半纤维素和纤维素。在稳定的厌氧条件下，半纤维素和纤维素等多糖类物质在厌氧发酵菌的作用下降解成为乙酸和 H_2。在 Fe^{3+} 和 SO_4^{2-} 的存在下，乙酸和 H_2 可以进一步分别转化为 CO_2 和 H_2O，在产甲烷菌的作用下，乙酸脱羧基生成 CH_4，H_2 则作为 H 供体还原 CO_2 生成 CH_4（Conrad, 2007）。理论上，乙酸和 H_2/CO_2 途径对总 CH_4 产生量的贡献分别是 67% 和 33%，而实际上两种产生途径的相对贡献则取决于 H_2/CO_2 和有机质发酵途径对总乙酸产生量的贡献，因季节和环境条件而异（Conrad, 1999）。

土壤中较复杂的土壤有机物、根系分泌物等分解为简单的有机物（简单糖类、有机酸醇等）及由简单的有机物生成乙酸、H_2、CO_2、甲酸等产甲烷的直接前体（王家玲，1988）在很大程度上决定了 CH_4 生成量。

2.1.2 CH_4 的氧化过程

稻田土壤即使在淹水条件下也并不均匀地处于还原状态。水稻根系分泌出 O_2 而在根周围形成氧化层；大气 O_2 在水层中的扩散，使在水土界面形成很薄的氧化层。这些区域为甲烷氧化菌的生长提供了条件。研究表明在水稻生长期间，水稻根系表面和根际氧化区域的甲烷氧化菌数量增加，而无水稻植株的土壤中甲烷氧化菌的数量保持不变（Gilbert and Frenzel,

1995)。当土壤中生成的 CH_4 通过扩散进入氧化区域时,大量 CH_4 被甲烷氧化菌氧化。在早期,通常采用比较淹水开放体系中 CH_4 排放量与严格厌氧环境下的 CH_4 产生量计算稻田土壤的 CH_4 氧化量(Conrad and Rothfuss,1991)。由此方法测定的结果表明稻田土壤中生成的 CH_4 在排放到大气之前被氧化的比率高达50%~90%,平均达到80%左右(Frenzel et al.,1992;Holzapfel-pschorn and Seiler,1986;Holzapfel-pschorn et al.,1986;Sass et al.,1992;Schütz et al.,1989)。采用甲烷氧化抑制剂和同位素标记方法研究的稻田土壤 CH_4 氧化率相对较低,通常小于70%(Eller and Frenzel,2001;Krüger et al.,2002)。但是,即使如此,稻田土壤对内源 CH_4 的氧化能力仍然是决定 CH_4 排放量的重要因素。

土壤中 CH_4 氧化是一个生物过程。参与 CH_4 氧化的微生物不仅有专一的甲烷氧化菌,而且还有氨氧化菌(Bédard and Knowles,1989)。甲烷氧化菌可以区分成两类,即类型Ⅰ和类型Ⅱ。它们在遗传和生理特性及生境方面都存在一定的差异(Conrad,2007)。甲烷氧化菌因环境条件不同而具有氧化 CH_4 的不同特性。在环境 CH_4 浓度很低的条件下,如以大气 CH_4 为基质的自然和旱作土壤中生长的甲烷氧化菌对 CH_4 的亲和力大,氧化 CH_4 的临界浓度低,因而能够氧化大气 CH_4,但它们的最大氧化速率小。当土壤在高 CH_4 浓度下培育一定时间后,土壤中还会出现一种对 CH_4 的亲和力小、氧化 CH_4 的临界浓度高、氧化速率大的甲烷氧化菌(Bender and Conrad,1992)。由于稻田土壤在内部生成 CH_4,土壤中 CH_4 含量高。因此,在水稻田中这两类甲烷氧化菌都有可能存在。有限的资料表明,氨氧化菌也能氧化 CH_4,但氧化 CH_4 的最大速率比甲烷氧化菌氧化 CH_4 的最小速率低5倍(表2.1)。

表2.1 甲烷氧化菌和氨氧化菌氧化 CH_4 和 NH_4^+ 的动力学参数(Bédard and Knowles,1989)

化合物	甲 烷 氧 化 菌		氨 氧 化 菌	
	最大氧化速率 (mmol C or N·g^{-1} 细胞·h^{-1})	表观 K_m (μM)	最大氧化速率 (mmol C or N·g^{-1} 细胞·h^{-1})	表观 K_m (μM)
甲烷	10~31	1~66	0.065~1.960	6.6~2 000
氨	0.03~1.05	600~87 000	24~62	2~2 000

迄今为止所分离出的甲烷氧化细菌都是专性好氧细菌,因为催化 CH_4

氧化第一步的酶是一种需要分子氧的单氧酶(Knowles,1993)。但是有证据表明,在淡水、海水沉积物,特别是硫酸盐还原的地方,存在 CH_4 的厌氧氧化,在直接控制厌氧环境中 CH_4 排放通量方面起着重要的作用(Alperin and Reeburgh,1985;Panganiban et al.,1979)。硫酸盐还原菌和产甲烷菌本身也可以氧化少量的 CH_4(Zehnder and Brock,1980)。在旱地土壤中,这种厌氧氧化过程不太可能发生,然而在水田土壤中,显然不能排除发生这种过程的可能性。Miura et al.(1992)的水稻土土柱试验表明,耕作层产生的 CH_4 在随水渗漏到次表层土壤时,其浓度会降低。由于渗漏液中只有 Fe^{2+} 而没有 Fe^{3+},说明心土层是厌氧的,因此,最可能发生的,导致向下渗漏过程中 CH_4 降低的过程是 CH_4 的厌氧氧化。以耕作层土壤代替心土做以上实验得出了类似的结果(Murase and Kimura,1994)。不过,在水稻土中,这种厌氧氧化作用对 CH_4 氧化的贡献量是有限的(Miura et al.,1992;Murase and Kimura,1994)。

许多分离出的甲烷氧化菌通过专性氧化没有 C—C 链的单碳化合物,来获得碳源和能源。CH_4 氧化的途径见图 2.2。

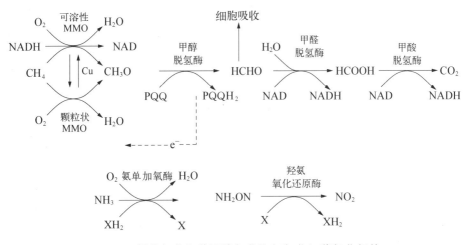

图 2.2 甲烷氧化细菌甲烷氧化和氨氧化细菌氧化氨的
微生物学机理过程(Bédard and Knowles,1989)

注:PQQ 表示吡咯喹啉醌;X 和 XH_2 表示一种未知的电子供体的氧化态和还原态。

根据细胞内质膜的排列方式和碳同化途径,甲烷氧化菌被分为两类(Higgins et al.,1981):第一类甲烷氧化菌质膜均匀排列,分布在整个细胞质内,它通过核酮糖途径固定甲醛;第二类甲烷氧化细菌质膜的排列不像第一类那样有序,虽然质膜也通常分布在整个细胞质内,但在有些部分主要分布在边缘,它通过丝氨酸途径同化 CO_2 和甲醛。有些甲烷氧化菌能自养固

定 CO_2,有的能固定 N_2(Murrell and Dalton, 1983; Murrell, 1988)。

目前已获得的关于甲烷氧化菌生态特性的信息多是在水环境下试验得出的,甲烷氧化菌优先生长于紧邻厌氧环境、氧供给不太紧张的区域。

CH_4 氧化的第一步反应是:

$$CH_4 + O_2 + NADH_2 \longrightarrow CH_3OH + H_2O + NAD^+ \quad (2.1)$$

这步反应的催化剂是甲烷单氧酶(methane monooxygenase,MMO)。用甲烷甲基单胞菌(methylomonas methanica)和氧化甲烷甲基单胞菌(methylomonas methano-oxidants)实验表明,产生 CH_3OH 所需的氧来自 O_2,而不是 H_2O(Higgins and Quayle, 1970)。MMO 又可分为颗粒状 MMO 和可溶性 MMO,当 Cu 的供给有限时,CH_4 氧化主要由可溶性 MMO 完成;当 Cu 供应充足时,CH_4 氧化主要由颗粒状 MMO 完成(Burrows et al., 1984)。在两种被研究过的甲烷氧化菌中,可溶性 MMO 比颗粒状 MMO 的基质范围要大得多,它可以协同氧化多种碳氢化合物,卤化脂肪族化合物以及相关的化合物(表 2.2)。这些化合物反应的产物不是甲醇,所以它们并不能为生长提供能源和碳源。由于颗粒状 MMO 更难于进行生化分析,对它的研究不及可溶性 MMO 清楚。在特定环境中,如在旱地土壤或水田土壤中 MMO 究竟以哪种形式存在,目前尚不清楚。

表 2.2 荚膜甲基球菌中可溶性 MMO 的基质(Knowles, 1993)

氯代甲烷	乙 烷	乙 烯	环己烷
溴代甲烷	丙 烷	丙 烯	苯 炔
碘代甲烷	丁 烷	1-丁烯	甲 苯
二氯甲烷	戊 烷	二甲醚	苯乙烷
三氯甲烷	己 烷	二乙醚	吡 啶
氰基甲烷	庚 烷		
硝基甲烷	辛 烷	硫代甲醇	CO

MMO 利用 NAD(P)H 作还原剂。据研究,在许多甲烷氧化菌中,甲醇脱氢酶氧化 CH_3OH 所释放的电子可直接被颗粒状 MMO 重新利用(Malashenko et al., 1987),这也可解释为什么颗粒状 MMO 转化 C 的效率比可溶性 MMO 大,但尚不能肯定这条途径的存在(Bédard and Knowles, 1989)。

催化完成 CH_4 氧化最后几步的分别是甲醇脱氢酶、甲醛脱氢酶和甲酸脱氢酶。

在有微量 CH_4 存在的情况下,许多氨氧化细菌可产生 CO_2,并能同化

C 为细胞物质。在 CH_4 浓度约为 10 nM 的情况下,用于试验的几种氨氧化菌同化 CH_4 的比例都不到 17%。以欧洲亚硝化单胞菌(*Nitrococcus europaea*)和海洋亚硝化球菌(*Nitrococcus oceanus*)试验来验证 CH_4 和 NH_4^+ 浓度对同化率的影响,结果表明:一般情况下,NH_4^+ 减少 CH_4 碳同化为细胞物质的比例,提高 CH_4 浓度时,这种比例增加(Jones and Morita,1983)。

Hyman and Wood(1983)以欧洲亚硝化单胞菌试验时发现,催化 CH_4 氧化为 CH_3OH 的是氨单加氧酶,低浓度的 NH_4^+ 促进 CH_3OH 的生成,高浓度的 NH_4^+ 作用相反。

2.1.3 CH_4 的传输过程

稻田土壤产生的 CH_4 通过三条途径向大气排放,即植物通气组织、气泡和液相扩散。

2.1.3.1 植物通气组织

水稻植株通气组织的主要功能是把大气中的 O_2 向植株根系传输以维持水稻的生长,同时,稻田土壤中产生的 CH_4 绝大部分通过水稻植株的通气组织排放到大气中(Schütz et al.,1989)。通过水稻植株通气组织排放的 CH_4 量与植株蒸腾量没有定量关系,说明在水稻植株体内,CH_4 主要通过气相扩散排放。水稻植株传输稻田 CH_4 的可能机制(Nouchi,1994)是:由于根周围的土壤溶液与根内组织间存在 CH_4 的浓度梯度,CH_4 首先从土壤溶液扩散到根表面水膜中,然后进入根皮层细胞壁的溶液中,CH_4 在根皮层处逸出,经胞间空隙和通气组织转运到茎部,最终 CH_4 主要通过位于低叶位的叶鞘表皮中的微孔排放进入大气中。

2.1.3.2 气泡

气泡迸发(ebullition)是 CH_4 由土壤向大气排放的另一种途径。当土壤中 CH_4 产生率不是很高时一般不会产生或只产生极少量的气泡,一旦 CH_4 产生率超过某一临界值,在土壤溶液中 CH_4 已经达到饱和的情况下来不及扩散的 CH_4 气体分子便合并成为 CH_4 气体分子团,形成富含 CH_4 的气泡。在浮力作用下气泡迅速上浮,由于气泡上升速度很快,绝大部分能穿过有氧层到达水气界面破裂而释放出 CH_4。

2.1.3.3 液相扩散

在稻田土壤的不同深度,CH_4浓度是不同的,在耕作层的氧化层附近,由于O_2的存在,CH_4浓度极小,CH_4浓度随深度的增加而增大,在一定深度处形成最大值。CH_4在灌溉水的不同深度的浓度也有明显的梯度,相对于紧贴水面的空气薄层中的CH_4浓度来说,溶解在水中的CH_4浓度要高出很多(上官行健等,1993),这说明土壤中存在着CH_4向上层土壤乃至大气的液相扩散机制。土壤通过液相扩散向大气排放的CH_4量与土壤表层水中CH_4浓度、风速、气温及土壤向表层水供应CH_4的速率有关。因为气体在溶液中的扩散速率较气相扩散慢约4个数量级,所以CH_4通过液相扩散的速率比以气相扩散为主的植物通气组织的传输要慢得多。水稻植物体能遮挡阳光,降低气温对水层温度的影响并且使水面边界层的风速很小,这些因素使CH_4通过液相的扩散减少,平均只有气泡排放的10%左右(上官行健等,1993)。

2.2 稻田生态系统 N_2O 排放的基本过程

与CH_4相似,稻田N_2O排放也是N_2O产生、转化和传输三个过程共同作用的结果。图2.3形象地说明了稻田N_2O的产生、转化以及向大气传输这三个过程的相互作用以及与N_2O排放的关系。稻田土壤通过硝化作用、反硝化作用、硝态氮异化还原成铵作用(DNRA)以及化学反硝化作用产生N_2O,这是稻田N_2O排放的基础。土壤硝化作用和反硝化作用在水稻生长期和非水稻生长期都能发生,因此与CH_4不同,稻田全年皆有可能排放N_2O。但是,在水稻生长季持续淹水期间,由于极端的土壤还原条件,土壤产生的N_2O可被进一步还原转化为N_2,通常检测不到N_2O的排放。稻田水稻生长季节产生的N_2O也通过水稻植株通气组织、气泡和液相扩散这三个途径向大气排放。通过不同途径排放N_2O的相对重要性与土壤是否具有淹水层有关。在淹水条件下,N_2O主要通过水稻植株排放(Yan et al., 2000),在无水层时和稻田旱作季节,通过植物途径传输的N_2O量很少,N_2O主要通过扩散途径排向大气。由于N_2O由土壤向大气传输途径的机理和CH_4相似,下面只分别讨论稻田土壤中N_2O的产生和转化过程。

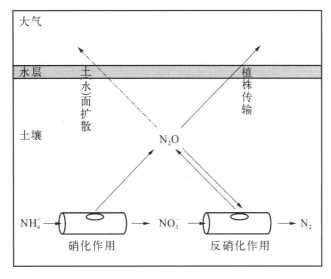

图 2.3　稻田生态系统中 N_2O 的产生、转化和传输
过程示意图(Davidson,1991)

2.2.1　N_2O 的产生过程

土壤的硝化作用、反硝化作用、硝态氮异化还原成铵作用(DNRA)以及化学反硝化作用都能产生 N_2O。早期人们认为土壤的 N_2O 主要来自反硝化作用,但后来的研究证实,土壤的硝化作用也可以产生 N_2O,两者的相对贡献取决于具体的环境条件(Bremner and Blacker,1978)。反硝化作用需要厌氧条件,而硝化作用是一个好氧过程。土壤是一个不均匀体,好氧区域和厌氧区域镶嵌组成一个有机整体。土壤中硝化作用和反硝化作用可同时在适宜的区域中发生,并都产生 N_2O(Kuenen and Robertson,1994)。因此,严格区分土壤 N_2O 的产生机制仍存在着很大的困难。

2.2.1.1　硝化作用

硝化作用是在好氧区域中微生物将氨氧化为硝酸根或亚硝酸根或者氧化态氮的过程。硝化作用可以是自养的,也可以是异养的(Wood,1990)。在农业土壤中自养硝化作用是产生 N_2O 的主要过程(Tortoso and Hutchinson,1990)。硝化作用产生 N_2O 的机制有二:其一是在氨氧化过程中,经过一系列反应形成中间产物 N_2O(图 2.4)(Ritchie and Nicholas,1972;Wrage et al.,2001;Yoshida and Alexander,1970);另一种是在氧胁迫的条件下,某类特定的硝化细菌将 NO_2^- 还原成 N_2O,即硝化细菌的反硝化(图 2.5)(Poth and Focht,1985;Ritchie and Nicholas,1972;Wrage et al.,2001),这一机制不仅可以减弱 NO_2^- 对氧气的消耗,而且还可以消除因 NO_2^- 的累积所引起的毒害作用。

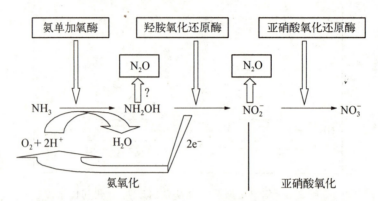

图 2.4　硝化作用的途径及相关的酶(Wrage et al.,2001)

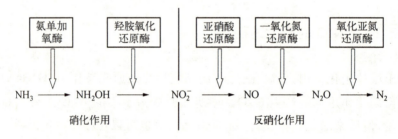

图 2.5　硝化细菌反硝化可能的途径及其酶(Poth and Focht,1985)

对自养硝化过程的研究已较多。大多数土壤中,进行硝化作用的主要是自养微生物。自养硝化细菌以 CO_2 为碳源,从 NH_4^+ 的氧化过程中获得能量。硝化作用的第一步是在氨单加氧酶(ammonia monooxygenase)和羟胺氧化还原酶(hydroxylamine oxidoreductase)的催化下,将 NH_3 氧化为 NO_2^-,NH_2OH 是其中间产物(图 2.4),此过程由氨氧化菌(NH_3-oxidizer)完成(McCarty,1999;Wood,1986);第二步是在亚硝酸氧化还原酶(nitrite oxidoreductase)的催化下,将 NO_2^- 进一步氧化成 NO_3^-(图2.4),此过程由亚硝酸氧化菌(nitrite-oxidizer)完成(Bock et al.,1986)。

一些化学物质能抑制硝化过程的进行。乙炔(0.1～10 Pa)以共价键与氨单加氧酶结合,从而抑制氨的氧化(Berg et al.,1982;McCarty,1999)。氟甲烷也能抑制氨单加氧酶的活性(Hyman et al.,1994)。肼能抑制羟胺氧化还原酶的活性,从而抑制羟胺氧化成 NO_2^-(Nicholas and Jones,

1960)。另外，氯酸盐能抑制 NO_2^- 氧化成 NO_3^- 的过程(Belser and Mays，1980)。

异养硝化过程的研究不如自养硝化过程那样深入。异养硝化菌以有机碳为碳源和能源(Castignetti，1990；Robertson and Kuenen，1990)。一般认为，真菌比细菌更易进行异养硝化过程，尤其在低 pH 的酸性土壤中(Kester et al.，1997；Odu and Adeoye，1970)。尽管自养硝化和异养硝化过程具有相同的底物和中间产物，但参与这两个过程的酶却不同。来自异养硝化菌(*Pseudomonas denitrificans*)的氨单加氧酶不受乙炔的抑制。而且，异养细菌的羟胺氧化还原酶是一种非铁血红素酶，而自养细菌的羟胺氧化还原酶则是一种多血红素酶(Richardson et al.，1998)。异养硝化菌能氧化有机态氮(如尿素)和胺(Papen et al.，1989)。在好氧条件下，异养硝化过程可以为反硝化过程提供 NO_3^- (Castignetti and Hollocher，1984)。这些异养硝化细菌也可进行反硝化作用(Robertson et al.，1989)，并且在 NO_2^- 还原为 N_2 的过程中产生中间产物 N_2O (Anderson et al.，1993；Richardson et al.，1998)。在好氧条件下，单个异养硝化菌产生N_2O的能力远高于自养硝化菌。尽管通常认为异养硝化过程能产生少量的N_2O，但是在某些特定的环境条件下(低 pH、高氧量和高的有机物有效性)，异养硝化作用可能产生大量的 N_2O (Anderson et al.，1993；Papen et al.，1989)。

2.2.1.2 反硝化作用

对于反硝化作用没有统一的定义。美国土壤学会建议将其定义为在微生物作用下，硝酸盐、亚硝酸盐还原为分子态氮或氮氧化物的过程。然而该定义并不确切，因为在硝化过程中也有亚硝酸还原产生气态氮氧化物的现象。大多数微生物学家认为，反硝化是由细菌进行的、将硝酸或亚硝酸还原为气态 NO、N_2O 或 N_2 的呼吸还原过程，该过程伴有电子传递氧化磷酸化作用。土壤中反硝化过程主要由异养反硝化细菌完成(Payne，1981)。在厌氧条件下，异养反硝化细菌以氮氧化物为最终电子受体，有机碳为电子供体，从而进行电子传递氧化磷酸化作用。参与反硝化的酶包括硝酸还原酶、亚硝酸还原酶、一氧化氮还原酶和氧化亚氮还原酶(Hochstein and Tomlinson，1988)(图 2.6)。正如 Firestone(1982)指出的，微生物将硝酸盐、亚硝酸盐还原为气态产物及所产生的气体量是反硝化作用区别于其他微生物氮代谢活动的特征。总之，反硝化作用是氮循环的最后一步，通过这一过程，被固定的氮以 N_2 的形态返回到大气氮库(Granli and Bøckman，1994)。反硝化过程通常按图 2.6 步骤发生。

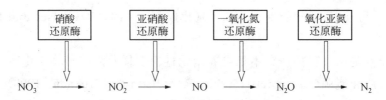

图 2.6　反硝化过程及其相关的酶(Hochstein and Tomlinson，1988)

现已公认,N_2O 是反硝化过程的一种中间产物。根据条件的变化,中间产物可以积累或逸散。反硝化细菌有多种不完全的还原途径,有的细菌只产生 N_2,有的只产生 N_2O,有的既产生 N_2O 又产生 N_2(Kaplan and Wofsey，1985；Robertson and Kuenen，1991；Stouthamer，1988)。N_2O 可以被氧化亚氮还原酶还原为 N_2(Stouthamer，1988)。在低 pH 的条件下,氧化亚氮还原酶受到一定的抑制,导致在反硝化产物中含有较多的 N_2O(Knowles，1982)。10 kPa 乙炔足可抑制氧化亚氮还原酶的活性,使反硝化产生的 N_2O 不能被进一步还原为 N_2,导致 N_2O 成为反硝化的终产物而积累(Yoshinari et al.，1977)。

细菌反硝化作用通常只在厌氧条件下发生,反硝化酶的活性和基因表达因 O_2 存在而受到严格抑制。尽管如此,研究表明也有一些细菌在 O_2 存在的条件下能将硝酸盐、亚硝酸盐还原为气态氮化合物,如 N_2O 和 N_2。Su et al.(2004)发现脱氮副球菌(*Paracoccus denitrificans*)是一种典型的好氧反硝化细菌,能够在 O_2 浓度为 92% 的环境中将 27% 加入的硝酸盐还原为气态氮。已从不同的自然和非自然的生态系统中成功分离出能适应不同氧气浓度和缺氧条件的好氧反硝化细菌(Patureau，2000)。从一日本土壤中成功分离的好氧反硝化细菌被确认为中慢生根瘤菌(*Mesorhizobium*)(Okada et al.，2005)。

与非水稻生长期不同,水稻生长期稻田由于田面保持水层,长期淹水形成了独特的剖面层次(图 2.7)。在水稻生长期随着耕作层淹水时间的延长,在根际和表层出现氧化层和还原层的分异,施入稻田的铵态氮肥在氧化层氧化形成 NO_3^-,NO_3^- 扩散到还原层后,反硝化产生 N_2O。现已证实,稻田反硝化过程不仅在上部淹水耕作层的还原层进行,而且也在地下水分饱和的土壤层进行(Xing et al.，2002)。当水稻生长期干湿循环和水稻—越冬旱作轮替时,地下水分饱和土壤层产生的 N_2O 可随土壤水分蒸发向上扩散进入大气。

2.2.1.3　硝态氮异化还原成铵作用(DNRA)

反硝化作用包括生物反硝化作用和化学反硝化作用(朱兆良和文启孝,

2.2 稻田生态系统 N_2O 排放的基本过程

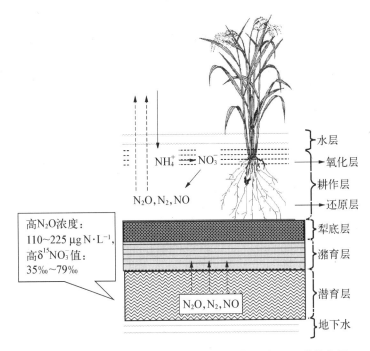

图 2.7 淹水稻田耕作层和地下饱和层都能发生反硝化作用

1992)。生物反硝化作用是指硝酸根还原的微生物学过程,包括硝酸根同化还原和硝酸根异化还原。硝酸根同化还原就其总量而言,对土壤中 NO_3^- 的去向乃至全球氮素循环的贡献可能不大(Payne,1973)。硝酸根异化还原主要限制于细菌,有些真菌也能还原 NO_3^- 成 N_2O,但其机理似乎与已知的反硝化机理不同(Bollag and Tung,1972)。硝酸根异化还原过程依据终产物的不同分成两类:一类以气态氮化物($N_2O + N_2$)为主导产物,称为反硝化;另一类以 NH_4^+ 为主导产物,称为硝酸根异化还原成铵过程(dissimilatory nitrate reduction to ammonium,DNRA)。20 世纪 70 年代末和 80 年代初已基本确认了硝酸根异化还原成铵这一途径的存在,即硝酸根还原成亚硝酸根后,不是继续还原成气态氮化物,而是一部分亚硝酸根还原成铵(图 2.8)(Cole and Brown,1980)。这一过程的产物除铵外,还常有亚硝酸的短暂积累和 N_2O 的排放(Smith and Zimmerman,1981)。反硝化过程是导致氮素损失的过程,而且,其产物 N_2O 排放进入大气圈又造成环境污染。而 DNRA 过程则把 NO_3^- 还原成 NH_4^+,是保氮过程,这是农业上所

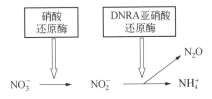

图 2.8 硝态氮异化还原成铵过程及其酶(Cole and Brown,1980)

希望的。NO_3^- 是反硝化和 DNRA 过程的共同基质,如果能够增强 DNRA 过程,就有可能削弱反硝化过程,从而达到减少氮素损失和环境污染的目的。这使得 DNRA 同时成为农业科学家和环境科学家共同关注的问题 (Yin et al., 2002)。

研究发现,一些土壤和沉积物中的发酵细菌也可进行 DNRA 过程 (Buresh and Patrick, 1978; Fazzolari et al., 1990; Tiedje, 1988)。这些发酵细菌可以将 NO_2^- 还原成 N_2O 或 NH_4^+,但不能将 N_2O 还原为 N_2 (Kaspar, 1982; Smith, 1982)。一般认为,DNRA 需要在严格的厌氧环境、高 pH 以及大量的易氧化态有机物存在下才能进行。Paul and Beauchamp (1989)指出,在反硝化与 DNRA 之间的竞争中,NO_2^- 的浓度具有重要作用。采用 ^{15}N 标记方法,结合马尔柯夫链蒙特卡洛随机采样方法,Huygens et al. (2007)研究智利年降雨量达到 7 000 mm 以上的酸性森林土壤氮的总转化速率,发现该森林土壤中 DNRA 过程消耗的硝态氮占总消耗量的 99%,从而使降雨量大、氮素不足的森林土壤有效地保持了氮素。因此,进行 DNRA 过程的环境条件可能并不是过去认为的那样严格。

2.2.1.4 化学反硝化

化学反硝化是指 NO_3^- 还原产生 NO_2^- 的化学分解作用,其产物为 N_2 和氮氧化物。它包括 NO_2^- 的化学分解,NH_2OH 的化学分解以及 NO_2^- 与 NH_2OH 发生化学反应(图 2.9)。

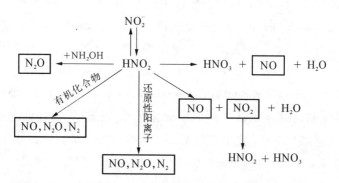

图 2.9 化学反硝化作用的可能途径(Van Cleeput, 1998)

土壤中的 NO_2^- 分解主要受土壤 pH 和有机质含量的控制。NO_2^- 离子与有机分子发生化学反应,形成—N=O,而—N=O 不稳定,可分解成 N_2、N_2O。另一种反应途径是 HNO_2 的自分解,产生 NO 或 NO 与 N_2O 的混合物(Stevenson and Swaby, 1964; Stevenson and Harrison, 1966;

Stevenson et al.,1970;Thorn and Mikita,2000)。化学反硝化产生的 N_2O 量比产生的 NO 或 N_2 少,也远少于硝化过程或反硝化过程形成的 N_2O 量(Bremner,1997)。

羟胺是欧洲亚硝化单胞菌氧化 NH_4^+ 为 NO_2^- 的中间产物,也可能是 NO_3^- 还原为 NH_4^+ 的中间产物(Alexander,1977)。研究发现,NH_2OH 可在土壤中快速分解,并伴有主要来自化学过程的 N_2O 和 N_2 的形成(Bremner and Shaw,1958;Nelson,1978),因此,人们认为 N_2O 可由羟胺的化学分解产生。

早期的工作发现,由土壤微生物反硝化过程产生的 NO_2^- 和 NH_2OH,可进行化学反应生成 N_2O($HNO_2 + NH_2OH \longrightarrow N_2O + H_2O$)(Wijler and Delwiche,1954)。Bremner et al.(1980)发现在灭菌且混有 NH_2OH 的土壤中,HNO_2 的加入并未使土壤产生的 N_2O 量增加。Minami and Fukushi(1986)也发现了相似的结果。这表明,即使 HNO_2 与 NH_2OH 反应生成 N_2O,其生成能力也是非常低的。

另外,Dentener and Crutzen(1994)发现平流层中大气氨的氧化也产生 N_2O($NH_3 + OH \longrightarrow NH_2 + H_2O$;$NH_2 + NO_2 \longrightarrow N_2O + H_2O$),此反应主要发生在热带地区,且每年产生 $0.3 \sim 1.2$ Tg 的 N_2O-N。McElroy and Jones(1996)认为在对流层中由 CO_2 与原子 O 形成 CO_3 再与 N_2 反应也生成 N_2O($O(^1D) + CO_2 \longrightarrow CO_3$;$CO_3 + N_2 \longrightarrow CO_2 + N_2O$)。但是,Wingen and Finlayson-Pitts(1998)却未发现此反应的存在。Yoshida and Toyoda(2000)应用同位素实验也未发现这一反应。

总的说来,土壤中产生的 N_2O 绝大部分来自生物途径,即硝化作用、反硝化作用,而非生物途径,化学反硝化产生的 N_2O 量很少(Webster and Hopkins,1996)。但是,不同条件下硝化作用、反硝化作用的相对贡献却很难评估。例如,在一些干草原的土壤中,硝化作用对 N_2O 的贡献率达 $61\% \sim 98\%$(Mummey et al.,1994)或 $60\% \sim 80\%$(Parton et al.,1988),而在一些森林土壤中,硝化作用的贡献只有 $3\% \sim 50\%$(Robertson and Tiedje,1987)或 50% 左右(Davidson et al.,1993)。但一般而言,在好氧或半好氧条件下大部分 N_2O 量是由硝化微生物所产生,而在厌氧条件下则绝大部分 N_2O 是由反硝化细菌的作用下产生的(Granli and Bøckman,1994)。

2.2.2 N_2O 的转化过程

土壤 N_2O 排放不仅受控于反硝化等过程的反应速率,还与这些过程的气态反应产物间的组成比例和 N_2O 的转化密切相关。有研究报道指出在草地、森林、湖泊、海洋和淹水稻田等不同生态系统中均可以发生 N_2O 的转化消耗(Butterbach-Bahl et al., 2002; Cavigelli and Robertson, 2001; Glatzel and Stahr, 2001; LaMontagne et al., 2003; Mengis et al., 1997; Mühlherr and Hiscock, 1998)。反硝化是 N_2O 转化消耗的主要过程(于克伟等, 2000; Bremner, 1997)。

反硝化细菌大多具备将 N_2O 还原为 N_2 的能力。Okereke(1993)报道从不同环境中分离出的 71 种反硝化细菌中有 59 种能利用 N_2O 作为最终电子受体。Bazylinski(1986)甚至发现一种反硝化细菌能在 N_2O 作为唯一电子受体的条件下生长。除了反硝化细菌,硝化细菌在反硝化过程中也能将 N_2O 还原转化为 N_2,但是尚不清楚硝化细菌中有多少种具备将 N_2O 还原转化为 N_2 的能力。虽然硝化细菌 *Nitrosomonas europaea* 的完整染色体组已完成测序,但负责 N_2O 还原的酶还没有鉴别(Chain et al., 2003; Schmidt et al., 2004)。除了微生物过程外,另外还可能存在未知的 N_2O 转化的化学反应过程。

从图 2.6 可以看出,土壤反硝化是多步还原的微生物反应过程,N_2O 是反应的中间产物。根据条件的变化和反应程度的不同,反硝化细菌有多种不同的还原途径,有的细菌只产生 N_2,有的只产生 N_2O,有的既产生 N_2O 又产生 N_2。随着土壤还原条件的增强,土壤反硝化产生的 N_2O 可在 N_2O 还原酶的作用下进一步还原为 N_2,N_2 在反硝化气态产物中的比例增大,这是稻田生态系统 N_2O 转化的主要过程。在强还原条件下,土壤反硝化的产物则完全以 N_2 为主。

反硝化过程中,反硝化细菌依赖 N_2O 还原酶还原 N_2O。低的土壤 pH 能抑制 N_2O 还原酶活性。N_2O 还原酶比其他反硝化酶对 O_2 更敏感,尽管这种敏感性在不同反硝化细菌间差异很大(Cavigelli and Robertson, 2001; Knowles, 1982)。土壤盐分含量也强烈影响 N_2O 还原酶活性(Menyailo et al., 1997)。反硝化作用气体产物比例 N_2O/N_2 随着 N_2O 还原酶活性的减弱而增加。NO_3^- 通常能抑制或延缓 N_2O 还原为 N_2,所以反硝化产物比 N_2O/N_2 随土壤 NO_3^- 浓度增加而加大,N_2O 的强烈转化通常被认为仅发生在硝酸盐缺乏的生态系统(Glatzel and Stahr, 2001)。现在还不清楚 NO_3^- 对 N_2O 还原为 N_2 的影响是由于 NO_3^- 对 N_2O 还原的抑制作用还是由于 NO_3^- 比 N_2O 更易作为电子受体,或者两种机制同时存在(Schlegel, 1985)。

稻田非水稻生长季节,由于土壤水分含量较低,反硝化作用较弱,N_2O

的还原转化较少。稻田的水稻生长季节,特别是持续淹水期间,土壤反硝化作用很强,N_2O 的还原转化很快,反硝化产物以 N_2 为主。不仅土壤反硝化过程产生的 N_2O 能被反硝化细菌还原转化,由大气扩散进入土壤的 N_2O 也能被还原(Minami,1997;Ryden,1981;Slemr and Seiler,1984)。所以,虽然土壤通常被认为是大气 N_2O 的净源,它也能在某些时间段,在一定程度上起到大气 N_2O 汇的作用。

参考文献

闵航,陈美慈,赵宇华,等. 厌氧微生物学[M]. 杭州:浙江大学出版社,1993.

上官行健,王明星,陈德章,等. 稻田 CH_4 的传输[J]. 地球科学进展,1993,8(5):13-21.

王家玲. 环境微生物学[M]. 北京:高等教育出版社,1988.

于克伟,陈冠雄,Struwe S,等. 农田和森林土壤中氧化亚氮的产生与还原[J]. 应用生态学报,2000,11(3):385-389.

朱兆良,文启孝. 中国土壤氮素[M]. 南京:江苏科学技术出版社,1992.

Alexander M. Introduction to Soil Microbiology[M]. 2nd ed. New York:John Wiley and Sons,1977.

Alperin M J, Reeburgh W S. Inhibition experiment on anaerobic methane oxidation[J]. Applied and Environmental Microbiology,1985,50(4):940-945.

Anderson I C, Poth M, Homstead J, et al. A comparison of NO and N_2O production by the autotrophic nitrifier *Nitrosomonas europaea* and the heterotrophic nitrifier *Alcaligenes faecalis*[J]. Applied and Environmental Microbiology,1993,59(11):3525-3533.

Bazylinski D A, Soohoo C K, Hollocher T C. Growth of *Pseudononas aeruginosa* on nitrous oxide[J]. Applied and Environmental Microbiology,1986,51(6):1239-1246.

Bédard C, Knowles R. Physiology, biochemistry and specific inhibitors of CH_4, NH_4^+, and CO oxidation by methanotrophs and nitrifiers[J]. Microbiological Reviews,1989,53(1):68-84.

Belser L W, Mays E L. Specific inhibition of nitrite oxidation by chlorate and its use in assessing nitrification in soils and sediments[J]. Applied and Environmental Microbiology,1980,39(3):505-510.

Bender M, Conrad R. Kinetics of CH_4 oxidation in oxic soils exposed to ambient air or high CH_4 mixing ratios[J]. FEMS Microbiology Ecology,1992,10:261-270.

Berg P, Klemedtsson L, Rosswall T. Inhibitory effect of low partial pressures of acetylene on nitrification[J]. Soil Biology & Biochemistry,1982,14(3):301-303.

Bock E, Koops H P, Harms H. Cell Biology of Nitrifying Bacteria[M]// Prosser J I. Nitrification. Oxford, UK: Special Publications of the Society for General Microbiology, 1986, 20: 17-38.

Bollag J M, Tung G. Nitrous oxide release by soil fungi[J]. Soil Biology & Biochemistry, 1972, 4(3): 271-276.

Bremner J M, Shaw K. Denitrification in soil. I. Methods of investigation[J]. Journal of Agricultural Science, 1958, 51: 22-39.

Bremner J M, Blackmer A M. Nitrous oxide: emission from soils during nitrification of fertilizer nitrogen[J]. Science, 1978, 199: 295-296.

Bremner J M, Blackmer A M, Waring S A. Formation of nitrous oxide and dinitrogen by chemical decomposition of hydroxylamine in soils[J]. Soil Biology & Biochemistry, 1980, 12(3): 263-269.

Bremner J M. Sources of nitrous oxide in soils[J]. Nutrient Cycling in Agroecosystems, 1997, 49: 7-16.

Buresh R J, Patrick Jr W H. Nitrate reduction to ammonium in anaerobic soil[J]. Soil Science Society of America Journal, 1978, 42(6): 913-918.

Burrows K J, Cornish A, Scott D, et al. Substrate specificities of the soluble and particulate methane mono-oxygenases of methylosinus trichosporium OB3b[J]. Journal of General Microbiology, 1984, 130: 3327-3333.

Butterbach-Bahl K, Breuer L, Gasche R, et al. Exchange of trace gases between soils and the atmosphere in Scots pine forest ecosystems of the northeastern German lowlands 1. Fluxes of N_2O, NO/NO_2 and CH_4 at forest sites with different N-deposition[J]. Forest Ecology and Management, 2002, 167: 123-134.

Castignetti D, Hollocher T C. Heterotrophic nitrification among denitrifiers[J]. Applied and Environmental Microbiology, 1984, 47(4): 620-623.

Castignetti D. Bioenergetic examination of the heterotrophic nitrifier-denitrifier *Thiosphaera pantotropha*[J]. Antonie van Leeuwenhoek, 1990, 58(4): 283-289.

Cavigelli M A, Robertson G P. Role of denitrifier diversity in rates of nitrous oxide consumption in a terrestrial ecosystem[J]. Soil Biology & Biochemistry, 2001, 33(3): 297-310.

Chain P, Lamerdin J, Larimer F. Complete genome sequence of the ammonia-oxidizing bacterium and obligate chemolithoautotroph *Nitrosomonas europaea*[J]. Journal of Bacteriology, 2003, 185(9): 2759-2773.

Cole J A, Brown C M. Nitrite reduction to ammonia by fermentative bacteria: a short circuit in the biological nitrogen cycle[J]. FEMS Microbiology Letters, 1980, 7: 65-72.

Conrad R, Rothfuss F. Methane oxidation in the soil surface-layer of a flooded rice field and the effect of ammonium[J]. Biology and Fertility of Soils, 1991, 12(1): 28-32.

Conrad R. Contribution of hydrogen to methane production and control of hydrogen concentrations in methanogenic soils and sediments[J]. FEMS Microbiology Ecology, 1999, 28: 193-202.

Conrad R, Klose M, Claus P. Pathway of CH_4 formation in anoxic rice field soil and rice roots determined by ^{13}C-stable isotope fractionation[J]. Chemosphere, 2002, 47(8): 797-806.

Conrad R. Microbial Ecology of methanogens and methanotrophs[J]. Advances in Agronomy, 2007, 96: 1-63.

Davidson E A. Fluxes of Nitrous Oxide and Nitric Oxide from Terrestrial Ecosystems [M]//Rogers J E, Whitman W B. Microbial Production and Consumption of Greenhouse Gases: Methane, Nitrogen Oxides and Halomethanes. Washington, D. C. : American Society for Microbiology, 1991, 219-235.

Davidson E A, Matson P A, Vitousek P M, et al. Processes regulating soil emissions of NO and N_2O in a seasonally dry tropical forest[J]. Ecology, 1993, 74(1): 130-139.

Dentener F J, Crutzen P J. A three-dimensional model of the global ammonia cycle[J]. Journal of Atmospheric Chemistry, 1994, 19(4): 331-369.

Eller G, Frenzel P. Changes in activity and community structure of methane-oxidizing bacteria over the growth period of rice[J]. Applied and Environmental Microbiology, 2001, 67(6): 2395-2403.

Fazzolari E, Mariotti A, Germon J C. Nitrate reduction to ammonia: a dissimilatory process in *Enterobacter amnigenus*[J]. Canadian Journal of Microbiology, 1990, 36(11): 779-785.

Firestone M K. Biological Denitrification[M]//Stevenson F J. Nitrogen in Agricultural Soils. Madison, Wisconsin: American Society of Agronomy, 1982.

Frenzel P, Rothfuss F, Conrad R. Oxygen profiles and methane turnover in a flooded rice microcosm[J]. Biology and Fertility of Soils, 1992, 14(2): 84-89.

Gilbert B, Frenzel P. Methanotrophic bacteria in the rhizosphere of rice microcosms and their effects on porewater methane concentration and methane emission[J]. Biology and Fertility of Soils, 1995, 20(2): 93-100.

Glatzel S, Stahr K. Methane and nitrous oxide exchange in differently fertilised grassland in southern Germany[J]. Plant and Soil, 2001, 231(1): 21-35.

Granli T, Bøckman O C. Nitrous oxide from agriculture[J]. Norwegian Journal of Agricultural Sciences, 1994, 12(Supplement): 1-128.

Higgins I J, Quayle J R. Oxygenation of methane by methane-grown *Pseudomonas methanica* and *Methanomonas methanooxidans*[J]. Biochemical Journal, 1970, 118(2): 201-208.

Higgins I J, Best D J, Hammond R C, et al. Methane-oxidizing microorganisms[J]. Microbiological Reviews, 1981, 45: 556-590.

Hochstein L I, Tomlinson G A. The enzymes associated with denitrification[J]. Annual Review of Microbiology, 1988, 42: 231-261.

Holzapfel-pschorn A, Seiler W. Methane emission during a cultivation period from a Italian rice paddy[J]. Journal of Geophysical Research, 1986, 91: 11803-11814.

Holzapfel-Pschorn A, Conrad R, Seiler W. Effects of vegetation on the emission of methane from submerged paddy soil[J]. Plant and Soil, 1986, 92: 223-233.

Huygens D, Rütting T, Boeckx P, et al. Soil nitrogen conservation mechanisms in a pristine south Chilean *Nothofagus* forest ecosystem[J]. Soil Biology & Biochemistry, 2007, 39(10): 2448-2458.

Hyman M R, Wood P M. Methane oxidation by *Nitrosomonas europaea*[J]. Biochemical Journal, 1983, 212(1): 31-37.

Hyman M R, Page C L, Arp D J. Oxidation of methyl fluoride and dimethyl ether by ammonia monooxygenase in *Nitrosomonas europaea*[J]. Applied and Environmental Microbiology, 1994, 60(8): 3033-3035.

Jones R D, Morita R Y. Methane oxidation by *Nitrosococcus oceanus* and *Nitrosomonas europaea*[J]. Applied and Environmental Microbiology, 1983, 45(2): 401-410.

Kaplan W A, Wofsey S C. The biogeochemistry of nitrous oxide: A review[J]. Advances in Agricultural Microbiology, 1985, 3: 181-206.

Kaspar H F. Nitrite reduction to nitrous oxide by Propionibacteria: detoxification mechanism[J]. Archives of Microbiology, 1982, 133: 126-130.

Kester R A, De Boer W, Lannbroek H J. Production of NO and N_2O by pure cultures of nitrifying and denitrifying bacteria during changes in aeration[J]. Applied and Environmental Microbiology, 1997, 63(10): 3872-3877.

Knowles R. Denitrification[J]. Microbiological Reviews, 1982, 46, 43-70.

Knowles R. Methane: Processes of Production and Consumption[M]//Harper L A, Mosier A R, Duxbury J M, et al. Agricultural Ecosystem Effects on Trace Gases and Global Climate Change. Madison, Wisconsin: ASA Special Publication, 1993, 55: 145-156.

Krüger M, Eller G, Conrad R, et al. Seasonal variation in pathways of CH_4 production and in CH_4 oxidation in rice fields determined by stable carbon isotopes and specific inhibitors[J]. Global Change Biology, 2002, 8(3), 265-280.

Kuenen J G, Robertson L A. Combined nitrification-denitrification processes[J]. FEMS Microbiological Reviews, 1994, 15: 109-117.

LaMontagne M G, Duran R, Valiela I. Nitrous oxide sources and sinks in coastal aquifers and coupled estuarine receiving waters[J]. Science of the Total Environment, 2003, 309: 139-149.

Malashenko Y R, Sokolov I G, Krishtab T P. Sources of reducing equivalents for the monooxygenation of hydrocarbons in cells methane-oxidizing bacteria[J].

Microbiology, 1987, 56: 296 – 302.

Mengis M, Gächter R, Wehrli B. Sources and sinks of nitrous oxide (N_2O) in deep lakes [J]. Biogeochemistry, 1997, 38: 281 – 301.

Menyailo O V, Stepanov A L, Umarov M M. The transformation of nitrous oxide by denitrifying bacteria in Solonchaks[J]. Pochvovedenie, 1997, 213 – 215.

McElroy M B, Jones D B. Evidence for an additional source of atmospheric N_2O[J]. Global Biogeochemical Cycles, 1996, 10: 651 – 659.

McCarty G W. Modes of action of nitrification inhibitors[J]. Biology and Fertility of Soils, 1999, 29(1): 1 – 9.

Minami K, Fukushi S. Emissions of nitrous oxide from a well-aerated andosol treated with nitrite and hydroxylamine[J]. Soil Science and Plant Nutrition, 1986, 32(2): 233 – 237.

Minami K. Atmospheric methane and nitrous oxide: sources, sinks and strategies for reducing agricultural emissions[J]. Nutrient Cycling in Agroecosystems, 1997, 49: 203 – 211.

Miura Y, Watanabe A, Murase J, et al. Methane production and its fate in paddy fields Ⅱ. Oxidation of methane and its coupled ferric oxide reduction in subsoil[J]. Soil Science and Plant Nutrition, 1992, 38(4): 673 – 679.

Murase J, Kimura M. Methane production and its fate in paddy fields. Ⅵ: Anaerobic oxidation of methane in plow layer soil[J]. Soil Science and Plant Nutrition, 1994, 40(1): 505 – 514.

Mühlherr I H, Hiscock K M. Nitrous oxide production and consumption in British limestone aquifers[J]. Journal of Hydrology, 1998, 211: 126 – 139.

Mummey D L, Smith J L, Bolton Jr H. Nitrous oxide flux from a shrub-steppe ecosystem: sources and regulation[J]. Soil Biology & Biochemistry, 1994, 26(2): 279 – 286.

Murrell J C, Dalton H. Nitrogen fixation in obligate methanotrophs[J]. Journal of General Microbiology, 1983, 129: 3481 – 3486.

Murrell J C. The rapid switch-off of nitrogenase activity on obligate methane-oxidizing bacteria[J]. Archives of Microbiology, 1988, 150: 489 – 495.

Nelson D W. Transformations of hydroxylamine in soils[J]. Proceedings of the Indiana Academy of Science, 1978, 87: 409 – 413.

Neue H U, Scharpenseel H W. Gaseous Products of the Decomposition of Organic Matter in Submerged Soils [M]// International Rice Research Institute (IRRI). Organic Matter and Rice. Los Baños: IRRI, 1984, 311 – 328.

Nicholas D J D, Jones O T G. Oxidation of hydroxylamine in cell-free extracts of *Nitrosomonas europaea*[J]. Nature, 1960, 185: 512 – 514.

Nouchi I. Mechanisms of CH_4 Transport through Rice Plants[M]//Minami K, Mosier A, Sass R. CH_4 and N_2O: Global Emission and Controls from Rice Fields and Other

Agricultural and Industrial Sources. Tokyo: Yokendo publishers, 1994.

Odu C T I, Adeoye K B. Heterotrophic nitrification in soils-a preliminary investigation[J]. Soil Biology & Biochemistry, 1970, 2(1): 41-45.

Okada N, Nomura N, Nakajima-Kambe T, et al. Characterization of the aerobic denitrification in *Mesorhizobium* sp. strain NH-14 in comparison with that in related rhizobia[J]. Microbes and Environments, 2005, 20(4): 208-215.

Okereke G U. Growth yield of denitrifiers using nitrous oxide as a terminal electron acceptor[J]. World Journal of Microbiology and Biotechnology, 1993, 9(1): 59-62.

Panganiban Jr A T, Patt T E, Hart W, et al. Oxidation of methane in the absence of oxygen in lake water samples[J]. Applied and Environmental Microbiology, 1979, 37(2): 303-309.

Papen H, Von Berg R, Hinkel I, et al. Heterotrophic nitrification by *Alcaligenes faecalis*: NO_2^-, NO_3^-, N_2O and NO production in exponentially growing cultures[J]. Applied and Environmental Microbiology, 1989, 55(8): 2068-2072.

Papen H, Renneberg H. Microbial Processes Involved in Emissions of Radioactively Important Trace Gases[C]// Transactions 14th International Congress of Soil Science. Kyoto, 1990, 2: 232-237.

Parton W J, Mosier A R, Schimel D S. Rates and pathways of nitrous oxide production in a shortgrass steppe[J]. Biogeochemistry, 1988, 6: 45-48.

Patureau D, Zumstein E, Delgenes J P, et al. Aerobic denitrifiers isolated from diverse natural and managed ecosystems[J]. Microbial Ecology, 2000, 39: 145-152.

Paul J W, Beauchamp E G. Denitrification and fermentation in plant-residue-amended soil[J]. Biology and Fertility of Soils, 1989, 7: 303-309.

Payne W J. Reduction of nitrogenous oxide by microorganisms[J]. Bacteriological Reviews, 1973, 37: 409-452.

Payne W J. Denitrification[M]. New York: John Wiley and Sons, 1981.

Poth M, Focht D D. ^{15}N kinetic analysis of N_2O production by *Nitrosomonas europaea*: an examination of nitrifier denitrification[J]. Applied and Environmental Microbiology, 1985, 49(5): 1134-1141.

Richardson D J, Wehrfritz J M, Keech A, et al. The diversity of redox proteins involved in bacterial hetrotrophic nitrification and aerobic denitrification[J]. Biochemical Society Transactions, 1998, 26(3): 401-408.

Ritchie G A F, Nicholas D J D. Identification of the sources of nitrous oxide produced by oxidative and reductive processes in *Nitrosomonas europaea*[J]. Biochemical Journal, 1972, 126(5): 1181-1191.

Robertson G P, Tiedje J M. Nitrous oxide sources in aerobic soils: nitrification, denitrification, and other biological processes[J]. Soil Biology & Biochemistry, 1987, 19(2): 187-193.

Robertson L A, Cornelisse R, De Vos P, et al. Aerobic denitrification in various heterotrophic nitrifiers[J]. Antonie van Leeuwenhoek, 1989, 56: 289-299.

Robertson L A, Kuenen J G. Combined heterotrophic nitrification and aerobic denitrification in *Thiosphaera pantotropha* and other bacteria [J]. Antonie van Leeuwenhoek, 1990, 57: 139-152.

Robertson L A, Kuenen J G. Physiology of Nitrifying and Denitrifying Bacteria[M]// Rogers J E, Whitman W B. Microbial Production and Consumption of Greenhouse Gases: Methane, Nitrogen Oxides and Halomethanes. Washington DC: American Society for Microbiology, 1991.

Ryden J C. Nitrous oxide exchange between a grassland soil and the atmosphere[J]. Nature, 1981, 292: 235-237.

Sass R L, Fisher F M, Wang Y B, et al. Methane emission from rice fields: The effect of floodwater management[J]. Global Biogeochemical Cycles, 1992, 6: 249-262.

Schimel J. Rice, microbes and methane[J]. Nature, 2000, 403: 375-376.

Schlegel H G. Allgemeine Mikrobiologie[M]. Stuttgart: Georg Thieme Verlag, 1985.

Schmidt I, Van Spanning R J M, Jetten M S M. Denitrification and ammonia oxidation by *Nitrosomonas europaea* wild-type, and nirK-and norB-deficient mutants [J]. Microbiology, 2004, 150(12): 4170-4114.

Schütz H, Seiler W, Conrad R. Processes involved in formation and emission of methane of rice paddies[J]. Biogeochemistry, 1989, 7: 33-53.

Slemr F, Seiler W. Field measurements of NO and N_2O emissions from fertilized and unfertilized soils[J]. Journal of Atmospheric Chemistry, 1984, 2: 1-24.

Smith M S, Zimmerman K. Nitrous oxide production by nondenitrifying soil nitrate reducers[J]. Soil Science Society of America Journal, 1981, 45: 865-871.

Smith M S. Dissimilatory reduction of NO_2^- to NH_4^+ and N_2O by a soil *Citrobacter* sp.[J]. Applied and Environmental Microbiology, 1982, 43(4): 854-860.

Stevenson F J, Swaby R J. Nitrosation of soil organic matter: I. Nature of gases evolved during nitrous acid treatment of lignins and humic substances[J]. Soil Science Society of America Journal, 1964, 28: 773-778.

Stevenson F J, Harrison R M. Nitrosation of soil organic matter: II. Gas chromatographic separation of gaseous products[J]. Soil Science Society of America Journal, 1966, 30: 609-612.

Stevenson F J, Harrison R M, Wetselaar R, et al. Nitrosation of soil organic matter: III. Nature of gases produced by reaction of nitrite with lignins, humic substances, and phenolic constituents under neutral and slightly acidic conditions[J]. Soil Science Society of America Journal, 1970, 34: 430-435.

Stouthamer A H. Dissimilatory Reduction of Oxidized Nitrogen Compounds[M]//Zehnder A J B. Biology of Anaerobic Microorganisms. New York: John Wiley and

Sons, 1988.

Strayer R F, Tiedje J M. Kinetic parameters of the conversion of the methane precursors to methane in a hyperentrophic lake sediments[J]. Applied and Environmental Microbiology, 1978, 36(2): 330-346.

Su F, Takaya N, Shoun H. Nitrous oxide-forming codenitrification catalyzed by cytochrome P450nor[J]. Bioscience, Biotechnology, and Biochemistry, 2004, 68(2): 473-475.

Thorn K A, Mikita M A. Nitrite fixation by humic substances: nitrogen-15 nuclear magnetic resonance evidence for potential intermediates in chemodenitrification[J]. Soil Science Society of America Journal, 2000, 64: 568-582.

Tiedje J M. Ecology of Denitrification and Dissimilatory Nitrate Reduction to Ammonium [M]//Zehnder A J B. Biology of Anaerobic Microorganisms. New York: John Wiley and Sons, 1988.

Tortoso A C, Hutchinson G L. Contributions of autotrophic and heterotrophic nitrifiers to soil NO and N_2O emissions[J]. Applied and Environmental Microbiology, 1990, 56 (6): 1799-1805.

Van Cleeput O. Subsoils: chemo- and biological denitrification, N_2O and N_2 emissions[J]. Nutrient Cycling in Agroecosystems, 1998, 52: 187-194.

Webster E A, Hopkins D W. Contributions from different microbial processes to N_2O emission from soil under different moisture regimes[J]. Biology and Fertility of Soils, 1996, 22: 331-335.

Wijler J, Delwiche C C. Investigations on the denitrifying process in soil[J]. Plant and Soil, 1954, 5(2): 155-169.

Wingen L M, Finlayson-Pitts B J. An upper limit on the production of N_2O from the reaction of $O(^1D)$ with CO_2 in the presence of N_2[J]. Geophysical Research Letters, 1998, 25(4): 517-520.

Wood P M. Nitrification as a Bacterial Energy Source[M]//Prosser J I. Nitrification. Oxford, UK: Special Publications of the Society for General Microbiology, 1986, 20: 39-62.

Wood P M. Autotrophic and heterotrophic mechanisms for ammonia oxidation[J]. Soil Use and Management, 1990, 6: 78-79.

Wrage N, Velthof G L, Van Beusichem M L, et al. Role of nitrifier denitrification in the production of nitrous oxide[J]. Soil Biology & Biochemistry, 2001, 33(12-13): 1723-1732.

Xing G X, Cao Y C, Shi S L, et al. Denitrification in underground saturated soil in a rice paddy region[J]. Soil Biology & Biochemistry, 2002, 34(11): 1593-1598.

Yan X, Shi S, Du L, et al. Pathways of N_2O emission from rice paddy soil[J]. Soil Biology & Biochemistry, 2000, 32(3): 437-440.

Yin S X, Chen D, Chen L M, et al. Dissimilatory nitrate reduction to ammonium and responsible microorganisms in two Chinese and Australian paddy soils[J]. Soil Biology & Biochemistry, 2002, 34(8): 1131-1137.

Yoshida T, Alexander M. Nitrous oxide formation by *Nitrosomonas europaea* and heterotrophic microorganisms[J]. Soil Science Society of America Journal, 1970, 34: 880-882.

Yoshida N, Toyoda S. Constraining the atmospheric N_2O budget from intramolecular site preference in N_2O isotoporners[J]. Nature, 2000, 405: 330-334.

Yoshinari T, Hynes R, Knowles R. Acetylene inhibition of nitrous oxide reduction and measurement of denitrification and nitrogen fixation in soil[J]. Soil Biology & Biochemistry, 1977, 9(3): 177-183.

Zehnder A J B, Brock T D. Anaerobic methane oxidation: occurrence and ecology[J]. Applied and Environmental Microbiology, 1980, 39(1): 194-204.

第 3 章 稻田生态系统 CH_4 和 N_2O 排放的研究方法

稻田生态系统 CH_4 和 N_2O 排放研究的基础是对排放量的精确测定。单位面积、单位时间内 CH_4 和 N_2O 排放量称为排放通量。稻田生态系统 CH_4 和 N_2O 排放通量具有很大的时间和空间变异性,这对精确测定它们的排放通量提出了很大的挑战。目前已经有一些被广泛采用的稻田生态系统 CH_4 和 N_2O 排放通量测定方法,但是,它们的实际测定精度如何尚难以科学地评估。

稻田生态系统 CH_4 和 N_2O 排放是它们在土壤中产生、转化和传输的综合结果。为了探索 CH_4 和 N_2O 排放所涉及的各个过程,需要对各个过程进行研究的方法。目前已经发展出了一系列土壤 CH_4 和 N_2O 产生、转化和传输的研究方法。这些方法的合理应用以及认识其可能存在的不足对于深入研究稻田土壤 CH_4 和 N_2O 排放的机理是极其重要的。

3.1 稻田 CH_4 和 N_2O 排放通量测定方法

稻田生态系统 CH_4 和 N_2O 排放通量测定方法主要包括箱法、微气象法和土壤空气浓度分析法,其中最常用的是箱法。箱法分为密封箱法和开放箱法。密封箱法又可分成手动和自动的两种。手动密封箱法是稻田生态系统 CH_4 和 N_2O 排放观测实验中应用最为广泛的一种采样方法。微气象方法是人们凭直觉就会认为优于箱法的方法,因为它以大面积范围为基准,减少了箱法所固有的由空间变异性带来的误差。另外采用微气象方法时，观测过程对被测对象无影响，可确保研究对象处于自然无干扰状态。采用箱法时由于干扰了空气对流，改变了土壤和空气温度，影响气体浓度和太阳辐射，因而改变了采样箱覆盖区域内土壤—大气气体交换的环境。微气象学方法虽然优点明显，但它也有诸多自身的缺陷，其中最主要的一个问题就是缺少反应时间足够快、灵敏度足够高的检测器以满足适应性更好的涡流相关方法(Mosier and Mack，1980)。另外，微气象方法的使用需要十分平坦且稻田面积足够大的下垫面，而且整个观测体系完全开放。这是该方法难以在以多因素、多重复的多小区试验为特色的稻田生态系统 CH_4 和 N_2O 排放通量观测中推广使用的最重要的原因。由于土壤空气样品中 CH_4 和 N_2O 浓度远高于地面空气，土壤空气浓度分析法在早期分析仪器检测灵敏度低时常用于观测气体排放通量。随着分析仪器检测灵敏度的不断改善，土壤空气 CH_4 和 N_2O 浓度分析法现在已基本不再用于土壤痕量气体排放通量的观测。

3.1.1 箱法

箱法(chamber methods)又分为密封箱法和开放箱法。为了获得可靠的稻田生态系统水稻生长期 CH_4 和 N_2O 排放总量，采用箱法测定 CH_4 和 N_2O 排放通量时，不仅需要采样箱底面积足够大，而且要保证在整体水稻生长期的采样测定次数。当采样测定次数不足时，计算获得的生长期 CH_4 和 N_2O 排放量的不确定性增大。Khalil et al.(1998)曾进行过箱法测定稻田生态系统 CH_4 排放量采样策略的分析，具体要求可以参见此文献。

3.1.1.1 密封箱法

利用底部开口的箱体和其所覆盖土面造成密闭系统并通过测定箱内目标气体浓度变化以获得土壤目标气体排放通量的方法称作密封箱法(closed chamber method)。按照箱内气体样品的采集方式，密封箱法又分为手动和自动的两种。手动密封箱法是人工采集箱内气样，样品中 CH_4 或 N_2O 浓度的分析也由人工在实验室完成。自动密封箱法是代替人工采样的智能化采样方法，在事先设计好程序的计算机控制下，该方法能周期性的自动从采样箱中抽取样品并通过适宜的气路将气样带入气相色谱仪，即时自动分析气样中 CH_4 或 N_2O 浓度。

自动密封箱法的优点是无需人工操作，消除了人为误差，每次采样的间隔时间可以很小,一天中可以多次采样,一般最小可达到每间隔2小时采样一次。由于测点密度高,由此计算的 CH_4 和 N_2O 排放量精度较高,而且同时可以给出排放通量的昼夜变化。缺点是所需费用巨大,电源也不能间断。此外,由箱内外不可避免的小气候差异而造成箱内外作物生长状况的不一致,可能导致测定的气体排放通量不同于大田的实际情况。更重要的是由于成本太大,不可能在田间安装足够的自动观测箱以满足多处理多重复的实验需要。手动密封箱法劳动强度大,采样密度受到限制,一次测定值需要代表较长时间间隔内的气体排放量,由此计算的稻田 CH_4 和 N_2O 排放量误差较大。手动密封箱法采用人工操作,不采样时采样箱可以移走,因此对水稻生长的影响较小。由于成本低,手动密封箱法可根据实验处理的实际需要设置尽可能多的采样箱。尽管存在不足,但因其优点更突出,手动密封箱法仍是最常用的稻田 CH_4 和 N_2O 排放通量观测方法。使用手动密封箱法时,为了尽可能地减少误差,应选择能较好代表一天平均排放通量的时间,比如上午10:00左右进行采样。

图3.1是手动密封箱法采集田间 CH_4 和 N_2O 气体样品的示意图。采集气样时,首先将采气箱(尺寸通常为 50 cm×50 cm×100 cm,采样箱的实际高度可根据作物高度而定)的下边嵌入预先埋入土壤的底座(整个观测季节留在土里)顶端尺寸和采气箱下边吻合的水槽中,向水槽中加入适量的水以保证土—箱采样系统的密封性(稻田淹水期间不用加水),避免加水过多溢出水槽而影响土壤水分的自然状况。启动安装于箱顶的电扇以混匀箱内气体。采样时,将两通采样针一头插进安装于采气箱侧面的密封采样垫,另一头插进真空气瓶瓶塞,气样即由采集箱内进入采气瓶,每隔15分钟左右采一次样,一般每次采样3～4次。也可用带有三通活塞的塑料针筒插进密封采样垫直接抽取样品。为了避免采样时对土壤的扰动,必须在实验开始前在田里打一木桩,在木桩和田埂间放置木板,观测人员站在木板上完成采样操作。样品采集完

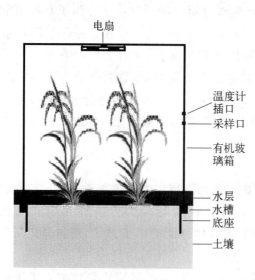

图3.1 手动密封箱法采集田间 CH_4 和 N_2O 气体样品的示意图

毕即将采气箱搬离土面。塑料针筒采集并临时储存的样品必须尽快分析 CH_4 或 N_2O 浓度，真空气瓶采集的样品则可较长时间存放而不改变其 CH_4 和 N_2O 浓度。

绝大多数研究者使用密封箱法采集田间气样时都使用带有 12 V 电扇的采气箱。给电扇提供动力的蓄电池及充电器价格不菲，电扇的使用无疑增加了不少观测成本。而且蓄电池本身也有较大的重量，令携带和使用增加人力付出。为了验证电扇使用的必要性，我们观测了未启动电扇时采气箱距离稻田水面不同高度处以及箱顶水平方向不同位置采集的箱内气样 CH_4 浓度。表 3.1 结果说明未启动电扇时采气箱内不同垂直和水平位置气样 CH_4 浓度变化很小，变化幅度皆在仪器的检测误差内。所以，在采样箱高度不是很高，采样时间间隔足够长、温度较高的条件下，并不一定需要转动电扇以使目标气体在箱内均匀分布。但是，为了保证在不同的气候和植株生长条件下，箱内的目标气体都能均匀分布，在采样前最好用电扇等混合箱内气体。

表 3.1　未启动电扇时密封采气箱内 CH_4 浓度的垂直和水平变化（未发表数据）

采气箱离水面高度(cm)	CH_4 浓度 ($\mu L \cdot L^{-1}$)	采气箱顶离侧边距离(cm)	CH_4 浓度 ($\mu L \cdot L^{-1}$)
20	8.68	2	8.75
40	8.61	14	8.79
60	8.76	26	8.76
80	8.78	38	8.84
95	8.80	48	8.74

采用密封箱采样时，还应该考虑采集气体的体积与箱体积的关系。在密封条件下，采集箱内气体将导致箱内压力下降，这将使闭蓄于土壤内的气体在压力差的驱动下加速排放。如果相对于采样箱体积，每次采集的气体量过大，导致箱内负压增大，那么由此导致的误差足以影响排放通量的测定结果。

由于采样箱内气体不与外界气体交换，如果土壤有 CH_4 和/或 N_2O 排放，箱内 CH_4 和/或 N_2O 浓度就会随覆盖时间延长而上升。大量实验证明，如果采集的气体样本量不足以对箱内气体压力产生实质性的影响，稻田 CH_4 和 N_2O 的排放速率在采样时间内基本上保持不变。随着 CH_4 和 N_2O 从土壤排放进入采样箱，它们的浓度随采样箱覆盖时间呈线性增长，直线的斜率即为箱内 CH_4 和 N_2O 浓度随时间的变化率（dc/dt）。CH_4 和

N_2O 浓度变化率可由 3~4 个时间点的 CH_4 或 N_2O 浓度,利用线性回归的方法求出。在环境稳定的条件下,如实验室培养,也可以简单地以前后两个时间点的浓度差值除以时间间隔来获取。表 3.2 对线性回归法和差值法计算所得的 N_2O 浓度变化率进行了比较。统计结果表明,根据两种方法算得的 N_2O 浓度变化率没有显著差异。在野外条件下,实际采样时,时间点个数的选择要从实际情况出发,尽量采 3~4 个时间点,这样可以通过箱内目标气体浓度随时间变化的线性程度分析,判断采样过程是否符合要求。如果因各种原因需要减少采样时间点时,可尽量安排在估计 CH_4 或 N_2O 排放较高时。由于仪器分析误差不可避免,在估计 CH_4 或 N_2O 排放很低或没有排放时,尽量选择 4 个时间点,以利于判断各时间点样品浓度的微小变化是来自田间排放还是分析误差。

表 3.2 线性回归法和差值法计算所得 N_2O 浓度变化率(颜晓元,1998)

处理	N_2O 浓度变化率 $(nL \cdot L^{-1} \cdot h^{-1})$[a]		成对数据的 t 检验
	线性回归法	差值法	
第一次			$t=0.54 < t_{0.05}=2.36$
LRWD	9.78	9.03	
LRW	10.32	8.85	
LRM	6.80	7.41	
LRNN	6.77	6.78	
LRSS	6.33	6.80	
LRSL	10.03	9.49	
LRS	6.09	5.89	
LRU	6.64	6.28	
平均	7.77	7.69	
第二次			$t=0.084 < t_{0.05}=2.36$
LRWD	2.38	2.53	
LRW	6.63	6.99	
LRM	2.22	1.67	
LRNN	3.00	3.01	
LRSS	3.14	2.98	
LRSL	4.74	5.11	
LRS	4.90	4.78	
LRU	3.55	3.40	
平均	3.82	3.81	

续表 3.2

处　　理	N$_2$O 浓度变化率（nL·L^{-1}·h^{-1}）^{a}		成对数据的 t 检验
	线性回归法	差　值　法	
第三次			$t=0.99 < t_{0.05}=2.36$
LRWD	4.37	4.09	
LRW	4.25	4.87	
LRM	3.29	3.48	
LRNN	2.49	2.98	
LRSS	－0.42	－1.01	
LRSL	1.88	2.19	
LRS	3.55	3.39	
LRU	－0.81	－0.99	
平均	2.33	2.37	

注：a. 浓度梯度数据都是三个重复的平均值。

稻田 CH$_4$ 和 N$_2$O 排放一般用排放通量表示，即单位时间单位面积土壤的 CH$_4$ 和 N$_2$O 排放量。下面是 CH$_4$ 和 N$_2$O 排放通量的计算公式：

$$F = \rho \times V/A \times dc/dt \times 273/T \tag{3.1}$$

式中，F 为 CH$_4$ 或 N$_2$O 排放通量，单位为 mg·m^{-2}·h^{-1}（CH$_4$）和 μg·m^{-2}·h^{-1}（N$_2$O－N）；ρ 为标准状态下 CH$_4$ 或 N$_2$O－N 密度，其值为 0.714 kg·m^{-3}（CH$_4$）和 1.25 kg·m^{-3}（N$_2$O－N）；V 是采样箱内有效体积，即采样箱顶部至所覆盖土壤表面（淹水时是水面）的空间体积，单位为 m^3；A 是采样箱所覆盖的土壤面积，单位为 m^2；dc/dt 为单位时间内采样箱内 CH$_4$ 或 N$_2$O 浓度的变化，单位为 μL·L^{-1}·h^{-1}（CH$_4$）和 nL·L^{-1}·h^{-1}（N$_2$O）；T 为采样箱内温度，单位为 K。公式(3.1)未考虑大气压力因素，如果观察地点不为 1 个大气压，则需要做压力校正。在高海拔地区观察 CH$_4$ 和 N$_2$O 排放通量时，尤其需要注意大气压力的影响。

除田间试验外，温室盆栽试验也常用于 CH$_4$ 和 N$_2$O 排放通量的观测。通量观测盆栽试验现在最常使用顶部焊接密封水槽的盆钵。图 3.2 是手动密封箱法采集温室盆栽土壤排放 CH$_4$ 和 N$_2$O 气体样品的示意图。

温室盆栽试验 CH$_4$ 和 N$_2$O 气体样品采集过程与田间试验类似。N$_2$O 和 CH$_4$ 排放通量的计算公式如下：

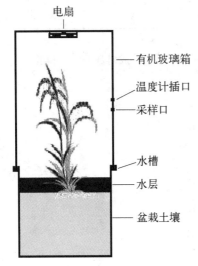

图 3.2 手动密封箱法采集温室盆栽土壤排放 CH_4 和 N_2O 气体样品的示意图

$$F = \rho \times (a \times b \times c + 3.14 \times r^2 \times h)/$$
$$(3.14 \times r^2) \times dc/dt \times 273/T \quad (3.2)$$

式中,a、b、c 分别为采气箱长度、宽度和高度,单位为 m;r 为圆形盆钵半径,单位为 m;h 为盆钵水槽底部至盆钵内土面或水面的高度,单位为 m。F、ρ、dc/dt 和 T 的意义同(3.1)式。

采用常用的瓷盆钵进行盆栽试验时,测定盆钵土壤 CH_4 和 N_2O 排放可使用如下方法(图 3.3)。在小木桌中间打一直径略大于盆钵钵体外径的圆孔以正好能让钵体穿过圆孔而依靠钵顶的外沿架在桌子上。沿圆孔四周粘上一个硅橡胶圈以便钵沿压上后造成钵沿和桌孔间的局部密封条件。在桌面凿出一圈和采气箱下边相配的水槽以确保采气箱和桌子之间的密封性。

密封箱法的主要优点有:可以测到很小的气体排放通量;不需要电器设备;由于只需要覆盖较短的时间,对覆盖点的干扰较小;密封箱结构简单,易做;由于移动方便,可以用同一设备在不同时间、不同地点进行测定。当然,密封箱法也有其缺点,主要有:① 箱内气体浓度随时间上升,影响正常的气体扩散,这个问题可通过缩短覆盖时间和使用校正方程来克服(Jury et al.,1982;Mosier and Hutchinson,1981);② 密封箱阻碍或改变了正常的由空气流动带来的气压波动,CH_4 和 N_2O 只通过扩散传输,这将导致低估气体排放通量;③ 箱子对土壤—空气边界层带来干扰;④ 将箱底插入土壤中对土壤带来干扰,为解决这个问题,可将一与箱子尺寸相配的底槽埋入土壤,需要测定气体通量时,把箱子置于底槽上,用

图 3.3 手动密封箱法采集温室盆钵土壤排放 CH_4 和 N_2O 气体样品装置图

水密封;⑤ 密封箱置于土壤上时,可引起箱内空气和土壤温度的变化,而温度对于产 CH_4 和 N_2O 的微生物活动以及 CH_4 和 N_2O 的物理传输都有影响,为解决这个问题,可使用绝缘良好的材料和反光材料制造箱子或者缩短采样时间;⑥ 当需要把植物,特别是比较高大的植物置于箱内时,箱子的放置和移动对体力的要求较高。

3.1.1.2 开放箱法

开放箱法(open chamber method)与密封箱法类似,但在箱体两侧有一空气入口和空气出口,测定时,使一连续空气流通过箱体,土壤排放 CH_4 或 N_2O 的通量可由进出口的空气中 CH_4 或 N_2O 浓度之差、气流速率和土壤面积计算出来。

$$F = V \times (\rho_o - \rho_i)/A \tag{3.3}$$

此处,V 是空气流速,ρ_o 是出口空气 CH_4 或 N_2O 浓度,ρ_i 是入口空气 CH_4 或 N_2O 浓度,A 是箱体所覆盖的土壤面积。

开放箱法的主要优点是它使箱内环境条件如气体浓度、土壤温度等接近于箱外。该法的另一优点是可以进行长时间连续通量测定,与密封箱法相比,在同一地点进行两次连续测定中间不需要时间间隔。开放箱法的最大缺点是其对由空气流引起的箱内负压敏感,这将导致所测得的 CH_4 或 N_2O 通量偏高(Kanemasu et al.,1974)。要解决这个问题,可使进气孔孔径大于出气孔孔径,以降低箱内可能出现负压的程度。开放箱法的另一个可能的问题是土壤空气和箱内空气的气体浓度平衡需要时间,而通量测定时都是假定土壤空气和箱内的流动空气是平衡的,因此在气体尚未达到平衡的情况下,测得的通量有误差(Denmead,1979)。另外,同密封箱法一样,箱内太阳辐射的改变是不可避免的,但可以采取方法尽量减少(Schütz and Seiler,1989)。当排放通量较小时,ρ_o 和 ρ_i 的差值小,这对仪器的分析精度提出了更高的要求。

Mosier and Heinemeyer(1985)认为,只要运用得当,密封箱法和开放箱法都可获得有意义的数据,Ambus and Lowrance(1991)报道,两种箱法测得的通量结果相近。不过,考虑到价格、使用的方便和对通量的敏感度,密封箱法似乎更佳,因而目前测得的大部分田间 CH_4 和 N_2O 通量数据都是用该方法获得的。

时间和空间变异性无疑是采用箱法测定田间 CH_4 和 N_2O 通量时的最大问题。在一个"均匀"的实验地点,不同测定点 CH_4 或 N_2O 通量数据的变异系数为 50%~100%(Mosier and Hutchinson,1981)。Matthias et al.

(1980)发现在 100 m² 面积内 N₂O 排放的变异系数(CV)在 31%～168% 之间,而 Duxbury et al. (1982)在纽约的一矿质土壤和佛罗里达一有机土壤上发现日均 N₂O 通量的 CV 为 0～224%,而且没有发现 CV 与通量的大小有关。

3.1.2 微气象学方法

微气象学方法(micrometeorological method)的最基本的原理是:气体传输由大气涡流运动(eddying motion)完成,涡流将空气团从一个层次转送到另一个层次(Denmead,1983)。气体从大气中转送到距气体吸收/排放表面 1 mm 左右的范围是由湍流扩散过程(turbulent diffusion)完成的,其中单个漩涡的转运是最基本的传输方式。在非常靠近吸收/排放表面的范围(<1 mm),湍流受到粘性力的阻碍,气体传输依靠分子扩散。超过 1 mm 距离的,湍流传输是最主要的机理,测定才可行。最简单的微气象学方法测定气体通量就是检测湍流成分的浓度和速度(Fowler and Duyzer,1989)。

微气象学法分许多种,如涡流相关法、通量梯度法、空气动力学法、能量平衡法、涡流累积法、质量平衡法。除质量平衡法外,微气象学方法都是基于如下假设:气体吸收/排放表面与其上一定距离处的参考面的气体垂直通量是相同的。事实上,由于存在以下三个过程,这两个值可能不一样:① 气体吸收/排放表面与测定面之间的空气柱发生化学反应;② 气体浓度随时间而变,导致空气柱中的气体储量也随时间而变;③ 空气浓度的水平梯度导致对流(Fowler and Duyzer,1989)。

微气象学法要求被测表面大尺度宏观均匀,测点上风向相当大的区域内气体排放通量均匀,在测量周期内大气状态基本不变。在地形平坦均匀的情况下,选择采样点测得的气体排放通量代表着上风向的平均垂直通量。采样点必须选择在垂直通量不随高度变化的高度范围内。均匀通量层的高度是观测点上风方向上水平均匀尺度的 0.5%。比如一个长 200 m 的水平均匀区,在其下风向的通量均匀层高度约为 1 m(Monteith,1973)。

下面简单介绍四种常用的微气象学方法。

3.1.2.1 通量梯度法

通量梯度法(flux-gradient method)假定气体的湍流扩散与分子扩散类似,但后者是由分子的随机运动引起的,而前者是由一团气体从一个层次转运到另一个层次引起的,涡流扩散率要比分子扩散率大几个数量级。通过测定风速、距气体排放表面的高度、气体排放表面的空气动力学粗糙度以及温度的垂直梯度来测定实际涡流扩散率的大小。气体的通量与涡流扩散率和气体平均垂直浓度梯度两者的乘积成比例。气体的垂直传输与该气体传输系数以及均匀通量层垂直浓度梯度密切相关。如果浓度梯度在靠近表面时减少,则认为气体浓度梯度和排放通量是负值,反之为正。

3.1.2.2 空气动力学法

空气动力学法(aerodynamic method)主要是基于动力通量方程和风速梯度间的密切关系。该技术需要测定两个或更多高度的风速和这些高度的气体浓度梯度。气体通量还受随水汽和热通量变化而改变的垂直空气密度梯度的影响,必须对其进行稳定性校正(Fowler and Duyzer,1989)。

3.1.2.3 波文比(能量平衡)法

波文比(能量平衡)法(bowen ratio (energy balance) method)不需要测量风速廓线而是以表面的能量平衡为基础。入射进表面的净辐射通量可区分为感热通量、潜热通量和土壤热通量。感热通量和潜热通量之比即为波文比。能量平衡法通过测定气体浓度、温度和湿度的垂直梯度进而估算感热、水汽和痕量气体的排放通量,没有空气动力学法必须的稳定性校正带来的复杂性和不确定性(Denmead,1983)。该法最大的缺点是需要足够大的净辐射通量。在多云天气、夜间或冬季条件下,由于净辐射通量常常太小而不能获得满意的通量估算结果(Fowler and Duyzer,1989)。夜间条件下该法使用的另一问题是露水凝结在辐射测定仪器上,导致错误的测定结果。Denmead(1983)建议同时使用空气动力学法和波文比(能量平衡)法观测气体通量,特别是研究气体通量的昼夜变化模式时。

3.1.2.4 涡流相关法

通过对大气中某一点的气体瞬间垂直风速与瞬间浓度进行相关分析以获得气体通量密度(大气中通过某一点的气体垂直传输量)的方法称为涡流相关法(eddy correlation approach)。该法的主要优点是对气体运动过程性质的假设最少,并可在夜间以及植物冠面层内测定。但这种方法需要反应非常灵敏的探测器,且要对水蒸气和热量传输引起的痕量气体密度的变化进行校正(Denmead,1983)。涡流相关法要求气体通量参数的测定点不能离气体排放表面太远,而且要求气体的水平浓度梯度可忽略不计(Bouwman,1989)。

3.1.3 土壤空气浓度分析法

这种方法通过测定不同深度土壤空气中 CH_4 和 N_2O 浓度,运用气体扩散方程(费克定律)计算 CH_4 和 N_2O 排放通量:

$$F = - D \times dc/ds \tag{3.4}$$

式中,F 为 CH_4 或 N_2O 的排放通量;D 为气体扩散系数;dc/ds 为单位土壤深度 CH_4 或 N_2O 浓度梯度。

该方法需要把渗漏管埋入不同深度土层中,抽取足够量的土壤空气,用气相色谱分析 CH_4 和 N_2O 浓度,也可通过毛细管将渗漏管直接连到气相色谱上(Mosier and Heinemeyer,1985)。该方法的优点是设备相对便宜,除了试验开始插进气样采集管外,土壤几乎不受扰动。缺点是不适用于土壤表层,土壤气体扩散系数的准确确定也有困难。由于 N_2O 有可能在表层土壤中被还原(Arah et al.,1991;Blackmer and Bremner,1976),该方法算得的 N_2O 通量有时是不可靠的。

3.2 稻田 CH_4 生成能力测定方法

稻田土壤中同时进行着 CH_4 的生成和氧化过程,这给田间条件下原位测定 CH_4 生成能力带来很大的困难。目前只能在实验室条件下通过完全抑制 CH_4 氧化过程对 CH_4 生成能力进行研究。创造人为的纯 N_2 完全厌氧条件是研究 CH_4 生成能力时普遍使用的抑制 CH_4 氧化过程的方法。事实上完全厌氧条件与田间实际情况比较,在抑制 CH_4 氧化的同时,也可能促进 CH_4 的产生,所以实验室厌氧培养方法测得的 CH_4 生成能力实际上代表的是田间条件土壤的 CH_4 产生潜力。

实验室测定土壤 CH_4 生成能力时首先称取土样放入三角培养瓶,加入蒸馏水使培养瓶内土壤完全淹没,晃动培养瓶使土壤成泥浆状。用硅橡胶塞塞住瓶口,瓶塞周围以 704 胶密封。纯 N_2 完全厌氧条件的实现方法通常有两种:N_2 连续冲洗法和抽真空法。

3.2.1 N_2 连续冲洗法

N_2 连续冲洗法是用 N_2 不断将培养瓶内 O_2 赶出瓶外以形成完全厌氧培养状态的方法(Xu et al., 2003)。图 3.4 是 N_2 连续冲洗法厌氧培养试验装置示意图。在培养瓶硅橡胶塞中间打一小孔，内插玻璃管，管外再套一段硅橡胶软管，以合适的硅橡胶塞塞紧硅橡胶软管通气口，作为气体取样口。此外，瓶塞上钻两个对称小孔，分别内插一个带真空活塞的玻璃管作为培养气体 N_2 的进气口和出气口，进气玻璃管正好浸没于培养瓶内土壤淹水层，出气玻璃管稍稍插入培养瓶即可，作为 N_2 出口。通过该装置，可以将所有土壤培养瓶串联在一起，保证所有土壤样品可以在同一时间进行培养试验。每次测定 CH_4 产生率时，通过 N_2 进口用高纯 N_2 以 300 mL·min^{-1} 的流速冲洗 10 分钟，造成充分的厌氧培养条件。

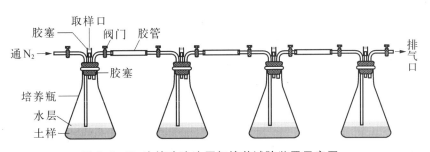

图 3.4 N_2 连续冲洗法厌氧培养试验装置示意图

3.2.2 抽真空法

抽真空法是通过真空泵将培养瓶内 O_2 抽出后再用 N_2 取代以形成完全厌氧培养状态的方法(图 3.5)。该方法只需要在培养瓶塞中间打一小孔，内插玻璃管，管外再套一段硅橡胶管，硅橡胶软管通气口作为气体采样口，并用合适的硅橡胶塞塞紧。通过两通针和真空泵首先将培养瓶内空气抽出，造成瓶内真空状态后再将高压高纯度的 N_2 通过硅橡胶软管通气口充入培养瓶，反复抽充 5 次确保培养瓶内的氧气被全部赶出。采用特殊的玻璃管装置可同时对尽可能多的培养瓶进行上述操作(Jia et al., 2001)。

当通过 N_2 连续冲洗法或抽真空法使培养瓶内土壤完全处于厌氧状态后每隔数小时采一次样，每次采样 2~4 次，每次采样后将培养瓶放入温度恒定的培养箱中培养。CH_4 产生率通过对 CH_4 浓度随培养时间而增长的

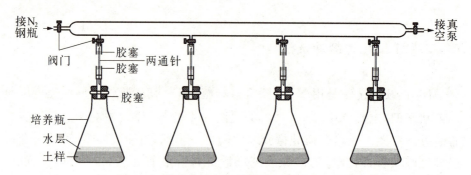

图 3.5 抽真空法厌氧培养试验装置示意图

线性回归计算获得。如果培养试验延续数周或数月以观测 CH_4 产生率随培养时间的变化,每次采样测定 CH_4 产生率前都需要将培养瓶内气体更换为高纯度的 N_2 以避免培养瓶内高浓度 CH_4 的持续积累。

土壤 CH_4 产生率由下式计算:

$$P = dc/dt \times V/MV \times MW/W \times 273/T \tag{3.5}$$

式中,P 为 CH_4 产生率,单位为 $\mu g \cdot g(d.w.soil)^{-1} \cdot d^{-1}$;$dc/dt$ 为培养瓶内气相 CH_4 浓度单位时间的变化,单位为 $\mu L \cdot L^{-1} \cdot d^{-1}$;$V$ 为培养瓶内气体体积,单位为 L;W 为干土重,单位为 g;MW 为 CH_4 的分子量,单位为 g;MV 为标准状态下一摩尔气体的体积,单位为 L;T 为培养温度,单位为 K。

3.3 稻田 CH_4 产生途径相对贡献研究方法

在稻田土壤中,CH_4 的生成主要有 H_2/CO_2 和 CH_3COOH 两种途径(Takai et al., 1970),反应式:

$$4H_2 + CO_2 \longrightarrow 2H_2O + CH_4 \tag{3.6}$$

$$CH_3COOH \longrightarrow CO_2 + CH_4 \tag{3.7}$$

根据公式(3.6)和(3.7),可推出:

$$4H_2 + CH_3COOH \longrightarrow 2CH_4 + 2H_2O \tag{3.8}$$

如果只考虑 H_2/CO_2 及 CH_3COOH 对稻田产 CH_4 贡献(产生的总 CH_4 量 = H_2/CO_2 还原产生的 CH_4 量 + 乙酸发酵产生的 CH_4 量),根据上述反应式,假设 H_2/CO_2 对稻田产 CH_4 贡献率为 a,则 CH_3COOH 对稻田

产 CH_4 贡献率为 $1-a$,于是有 $4a+(1-a)=2$,解得 $a=1/3$。即理论上 H_2/CO_2 对稻田产 CH_4 贡献率 f_{H_2/CO_2}($f_{H_2/CO_2}=H_2/CO_2$ 还原产生的 CH_4 量/产生的总 CH_4 量×100%)为 1/3,CH_3COOH 对稻田产 CH_4 贡献率 f_{ac}($f_{ac}=$乙酸发酵产生的 CH_4 量/产生的总 CH_4 量×100%)为 2/3。不同稻田土壤中,CO_2/H_2 和 CH_3COOH 这两种产甲烷前体对 CH_4 产生的贡献率并不是固定不变的,主要取决于土壤中微生物种群的差异:有些产甲烷菌"喜欢"乙酸或乙酸盐而有些则不然。分解复杂有机物质的菌族的不同以及不同土壤中有机物种类不同也会引起 CH_4 由 CO_2/H_2 以及乙酸或乙酸盐来源及含量差异(王明星等,1998)。因此,实际研究结果与理论值往往会有所差异。

研究 CH_4 产生途径对 CH_4 生成量相对贡献的主要方法有放射性和稳定性同位素示踪技术、甲烷产生途径抑制剂方法以及稳定性碳同位素自然丰度方法。

3.3.1 碳同位素示踪技术

质子数相同而中子数不同的原子称为同位素(isotope)。同位素分为两大类:放射性同位素(radioactive isotope)和稳定性同位素(stable isotope)。自然界中碳的同位素有 7 种(^{10}C、^{11}C、^{12}C、^{13}C、^{14}C、^{15}C、^{16}C),其中 ^{12}C、^{13}C 为稳定性同位素,它们的自然丰度分别为 98.89% 和 1.11%。碳同位素示踪技术是指采用 ^{13}C 或 ^{14}C 标记化合物为示踪剂的示踪测试技术。以采用放射性 ^{14}C 作为示踪元素较为普遍(Krüger et al., 2001; Schütz and Seiler, 1989; Schütz et al., 1989; Takai et al., 1970),以稳定性同位素 ^{13}C 作为标记元素的研究较少(Sugimoto and Wada, 1993)。CH_4 产生途径研究中常用的放射性示踪剂有 $NaH^{14}CO_3$、$^{14}CH_3COOH$、$CH_3^{14}COOH$ 和 $^{14}CH_3^{14}COOH$(2-^{14}C 乙酸)等。将放射性同位素 ^{14}C 标记在含碳化合物如 $NaHCO_3$ 上,使其形成 $NaH^{14}CO_3$ 示踪剂。将这种物质作为产甲烷底物加入到土壤或培养基中,产甲烷细菌利用这一底物产生 CH_4。这样所产生的 CH_4 其碳原子是被标记了的 ^{14}C,即 $^{14}CH_4$。根据 $^{14}CH_4$ 占所产生的 CH_4 总量的百分比,就可以计算出 H_2/CO_2 还原对产 CH_4 的贡献率(f_{H_2/CO_2})。具体可表示为:$Na_2^{14}CO_3 \rightarrow ^{14}CO_2 \rightarrow ^{14}CH_4$,$f_{H_2/CO_2}=^{14}CH_4/CH_4$ 总量×100%。该技术能对研究对象进行非接触式、非破坏性、在线、实时测量,具有灵敏度高、可靠性强等优点。将 ^{14}C 标记在

乙酸的甲基上,则通过乙酸途径生成$^{14}CH_4$。同理,可以计算乙酸途径生成的CH_4占CH_4总生成量的比例。

Takai et al. (1970)采用$^{14}CH_3COONa$、$CH_3^{14}COONa$和$Na_2^{14}CO_3$三种放射性示踪剂在大田和实验室研究日本稻田淹水土壤,结果表明大约30%的CH_4由H_2/CO_2还原产生,大约70%的CH_4由乙酸发酵产生,与理论值几乎一致。但是,已有的结果表明,采用^{14}C方法测定的H_2/CO_2和乙酸途径对CH_4生成量的相对贡献率因土壤类型、水稻生长阶段、淹水时间而有较大的变化(Krüger et al., 2001, 2002; Yao and Conrad, 2000)。

3.3.2 甲烷产生途径抑制剂方法

添加乙酸甲烷产生途径抑制剂方法是指在厌氧培养实验过程中,通过添加选择性的甲烷产生途径抑制剂来研究CH_4两种产生途径的相对贡献率。20世纪80、90年代较多地采用添加甲烷产生抑制剂研究CH_4产生途径。常用的甲烷产生抑制剂有氯仿、H_2和氟甲烷(CH_3F)等。添加氯仿作为抑制剂,导致产甲烷前体乙酸和H_2以及产生乙酸和H_2的有机前体的积累。加H_2作为抑制剂可以识别中间代谢产物(Rothfuss and Conrad, 1993)。通过与不加抑制剂的对照比较,采用质量平衡方法,可以计算出乙酸途径和H_2/CO_2途径产生的CH_4(Chin and Conrad, 1995)。抑制乙酸途径的氟甲烷浓度远低于抑制H_2/CO_2途径的氟甲烷浓度,所以,可以通过添加氟甲烷并控制添加浓度选择性地抑制乙酸途径产CH_4过程,通过与不添加氟甲烷的空白对照比较,可以计算出乙酸和H_2/CO_2途径对CH_4产生率的相对贡献(Conrad and Klose, 1999)。

Chin and Conrad(1995)用氯仿作抑制剂,分别在15℃和30℃条件下培养意大利水稻土泥浆,结果表明乙酸途径对CH_4的贡献率为79%~83%。Conrad and Klose(1999)采用氟甲烷抑制法,研究发现,培养初期H_2/CO_2途径的贡献率值总小于10%,30天后增大到25%~30%,随后保持相对稳定直到培养末期。Krüger et al. (2002)采用氟甲烷抑制方法,研究在整个水稻生长期间表层(0~4 cm)和亚表层(4~10 cm)土壤H_2/CO_2和乙酸途径对CH_4产生量的相对贡献,得出表土层所产生的CH_4主要由H_2/CO_2还原而来,而亚表层土壤主要由乙酸途径产生。

3.3.3 稳定性碳同位素法

^{12}C和^{13}C均为稳定性同位素,它们的自然丰度分别为98.89%和

1.11%。通常用 R 来表示某一元素的重同位素原子丰度与轻同位素原子丰度之比,如 $R = {}^{13}C/{}^{12}C = 1.11/98.89$,用 $\delta^{13}C(‰)$ 来表示物质的同位素组成,定义为(郑永飞和陈江峰,2000):

$$\delta^{13}C = 1\,000 \times (R_{Sa} - R_{St})/R_{St} \qquad (3.9)$$

式中,R_{Sa} 为待测样品中碳元素的重轻同位素丰度之比 ${}^{13}C_{Sa}/{}^{12}C_{Sa}$;$R_{St}$ 为国际通用碳同位素分析标准物的重轻同位素丰度之比 ${}^{13}C_{St}/{}^{12}C_{St}$,通常采用美国南卡罗来纳州白垩纪皮狄组拟箭石化石(Peedee Belemnite,简称 PDB)中 ${}^{13}C$ 与 ${}^{12}C$ 的比值。

稳定性同位素的物理化学性质(如在气相中的传导率、分子键能、生化合成和分解速率等)存在微小的差异(李博,1995),由于这种微小的性质差别,经物理、化学或生物过程之后,体系的不同部分(如反应物和生成物)的同位素组成将发生微小的、但可测量的改变,称为同位素分馏(isotope fractionation)(郑永飞和陈江峰,2000)。在平衡条件下,经过同位素分馏之后两种物质或不同相的同一物质中某元素的相应同位素比值之商(α)或 δ 值之差(ε)称为同位素分馏系数(isotope fractionation factor)。假设有一化学反应为 A→B,同位素分馏系数可表示为(Hayes,1993):

$$\alpha_{A-B} = (\delta_A + 1\,000)/(\delta_B + 1\,000) \qquad (3.10)$$

或

$$\varepsilon_{A-B} = (1 - \alpha_{A-B}) \times 1\,000 = \delta_B - \delta_A \qquad (3.11)$$

由于同一元素的重同位素分子比相应的轻同位素分子的零点能(zero point energy,ZPE)低,要破坏两重同位素构成的分子需要的能量较大,因此由重同位素构成的分子比由轻同位素构成的分子稳定(郑永飞和陈江峰,2000)。这不仅发生在化学反应中,也发生在生物、微生物的各种生命活动中。稻田土壤中,产甲烷菌优先利用轻碳基质、甲烷氧化菌优先氧化 ${}^{12}CH_4$,${}^{12}CH_4$ 能更快地被传输,即稻田甲烷产生、氧化和传输的三个过程均存在同位素分馏(Tyler et al.,1997)。

应用稳定性碳同位素方法测定稻田土壤 CO_2/H_2 和 CH_3COOH 对产甲烷的相对贡献率始于 20 世纪 90 年代(Sugimoto and Wada,1993)。这一方法假设产 CH_4 总量等于 $CH_{4(ac)}$ 与 $CH_{4(CO_2/H_2)}$ 之和,用 f_{ac} 来表示 $CH_{4(ac)}$ 占总 CH_4 量的百分率,可得(Hayes,1993;Sugimoto and Wada,1993;Tyler et al.,1997):

$$f_{ac} = CH_{4(ac)}/(CH_{4(CO_2/H_2)} + CH_{4(ac)}) \times 100\% \qquad (3.12)$$

通过乙酸途径和 H_2/CO_2 途径的碳分馏程度不同,因此,由乙酸和 $H_2/$

CO_2 产生的 CH_4，其 $\delta^{13}C$ 值不同。Sugimoto and Wada(1993)估计由乙酸途径产生的 CH_4 的 $\delta^{13}C$ 值为 $-43‰ \sim -30‰$，而 H_2/CO_2 途径产生的 CH_4 的 $\delta^{13}C$ 值估计为 $-77‰ \sim -60‰$。但是在不同环境和土壤条件下，同一产 CH_4 途径生成的 CH_4，其 $\delta^{13}C$ 值有较大的变化范围。根据同位素质量守恒规律，有(Tyler et al., 1997)：

$$\delta^{13}CH_4 = \delta^{13}CH_{4(ac)} \times f_{ac} + \delta^{13}CH_{4(CO_2/H_2)} \times (1 - f_{ac}) \quad (3.13)$$

以往研究结果表明，$\delta^{13}CH_4$ 可以通过三种途径获得：土壤厌氧培养产生的 $\delta^{13}CH_4$(Conrad et al., 2002; Fey et al., 2004; Krüger et al., 2002; Sugimoto and Wada, 1993)；孔隙水的 $\delta^{13}CH_4$(Tyler et al., 1997)；土壤经扰动、搅拌后气泡释放的 $\delta^{13}CH_4$(Nakagawa et al., 2002)。

$\delta^{13}CH_{4(ac)}$ 可以通过两种途径获得：根据乙酸的甲基碳产 CH_4，假定 $\delta^{13}CH_{4(ac)}$ 为一固定值或变化在一定范围内；由土壤溶液中乙酸的 $\delta^{13}C_{(acetate)}$ 推算出来(Conrad et al., 2002; Fey et al., 2004; Krüger et al., 2002)：

$$\delta^{13}CH_{4(ac)} = \delta^{13}C_{(acetate)} + \varepsilon_{(ac/CH_4)} \quad (3.14)$$

式中，$\varepsilon_{(ac/CH_4)}$ 为乙酸生成 CH_4 过程中的同位素分馏系数，一般取 $\varepsilon_{(ac/CH_4)} = -21‰$(Gelwicks et al., 1994)。

$\delta^{13}CH_{4(CO_2/H_2)}$ 可由土壤厌氧培养产生的 $\delta^{13}CO_2$(Conrad et al., 2002; Fey et al., 2004; Krüger et al., 2002; Sugimoto and Wada, 1993)、孔隙水的 $\delta^{13}CO_2$(Bilek et al., 1999)或土壤经扰动、搅拌后气泡释放的 $\delta^{13}CO_2$(Nakagawa et al., 2002)等推算出来：

$$\delta^{13}CH_{4(CO_2/H_2)} = (\delta^{13}CO_2 + 1\,000)/\alpha_{(CO_2/CH_4)} - 1\,000 \quad (3.15)$$

式中，$\alpha_{(CO_2/CH_4)}$ 为 CO_2/H_2 还原产生 CH_4 过程中的同位素分馏系数，一般为 $1.025 \sim 1.083$，通常采用 $\alpha_{(CO_2/CH_4)} = 1.045$(Fey et al., 2004)。

将 $\delta^{13}CH_4$、$\delta^{13}CH_{4(ac)}$ 和 $\delta^{13}CH_{4(CO_2/H_2)}$ 代入(3.13)式即可求出乙酸对 CH_4 产生的贡献率 f_{ac}。表3.3列出了部分研究结果。

较放射性示踪技术和添加甲烷产生抑制剂方法研究稻田 CH_4 产生途径，稳定性碳同位素方法不需要对环境中的样品添加任何物质，避免了这种处理可能带来的偏差(Conrad et al., 2002)。然而在应用稳定性碳同位素方法研究稻田 CH_4 产生途径时，选择不同的同位素分馏系数 $\alpha_{(CO_2/CH_4)}$ 和 $\varepsilon_{(ac/CH_4)}$ 会影响计算获得的 CH_4 产生途径对 CH_4 生成量的相对贡献值，但似乎并不改变在淹水过程中，不同途径相对贡献的变化趋势(图3.6)。

3.3 稻田 CH_4 产生途径相对贡献研究方法

表 3.3 稳定性碳同位素自然丰度方法测稻田土壤 CH_4 产生途径的相对贡献

试验地点	$\delta^{13}CH_4$	$\delta^{13}CH_{4(CO_2/H_2)}$	$\alpha_{(CO_2/CH_4)}$	$\varepsilon_{(ac/CH_4)}$	乙酸对产 CH_4 的贡献率 (f_{ac})	参 考 文 献
泰国	土壤经扰动、搅拌后气泡释放的 $\delta^{13}CH_4$	由土壤经扰动、搅拌后气泡释放的 $\delta^{13}CO_2$ 推算	1.071 1.071	—a —b	58%~108% 45%~83%	Nakagawa et al., 2002
美国	孔隙水的 $\delta^{13}CH_4$	由孔隙水的 $\delta^{13}CO_2$ 推算	1.045 1.06	—c —c	24%~67% 51%~80%	Tyler et al., 1997
美国	孔隙水的 $\delta^{13}CH_4$	由孔隙水的 $\delta^{13}CO_2$ 推算	1.045 1.06	—c —c	41%~70% 62%~81%	Bilek et al., 1999
日本	土壤厌氧培养产生的 $\delta^{13}CH_4$	由土壤厌氧培养产生的 $\delta^{13}CO_2$ 推算	1.049	—d	12%~100%	Sugimoto and Wada, 1993
意大利	土壤厌氧培养产生的 $\delta^{13}CH_4$	由土壤厌氧培养产生的 $\delta^{13}CO_2$ 推算	1.07	−21‰	30%~80%	Conrad et al., 2002
意大利	土壤厌氧培养产生的 $\delta^{13}CH_4$	由土壤厌氧培养产生的 $\delta^{13}CO_2$ 推算	1.045 1.06	−21‰ −21‰	10%~51% 27%~67%	Krüger et al., 2002
意大利	土壤厌氧培养产生的 $\delta^{13}CH_4$	由土壤厌氧培养产生的 $\delta^{13}CO_2$ 推算	1.045 1.073	−21‰ −21‰	40%~85% 几乎为 0	Fey et al., 2004

注：a. 取 $\delta^{13}CH_{4(ac)} = -43‰$；b. 取 $\delta^{13}CH_{4(ac)} = -30‰$；c. 取 $\delta^{13}CH_{4(ac)} = -40‰$；d. 假设 $\delta^{13}CH_{4(ac)}$ 为 $-36‰ \sim -30‰$。

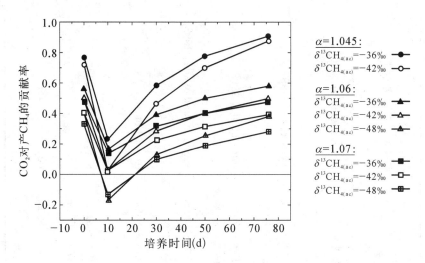

图 3.6 根据不同同位素分馏系数得到的 f_{H_2/CO_2} 与培养时间的变化关系(Conrad et al., 2002)

以往研究中(Bilek et al., 1999; Conrad et al., 2002; Krüger et al., 2002; Nakagawa et al., 2002),同位素分馏系数 $\alpha_{(CO_2/CH_4)}$ 和 $\varepsilon_{(ac/CH_4)}$ 常取一固定值,并没有考虑到它们会受环境因素的影响,这势必影响研究结果的准确性。大量研究表明,同位素分馏系数 $\alpha_{(CO_2/CH_4)}$ 受温度、产甲烷细菌、稻田土壤等因素的影响。Fey et al.(2004)厌氧培养稻田土壤时发现,同位素分馏系数 $\alpha_{(CO_2/CH_4)}$ 在10℃时为1.035,37℃时为1.045,50℃时为1.073。相应地,由 CO_2/H_2 还原产生的 CH_4 占总 CH_4 产生量的比例从10℃时的15%增大到37℃时的40%,50℃时绝大部分的 CH_4 由 CO_2/H_2 还原产生。Games et al.(1978)在相同条件下分开培养两类产甲烷菌 Methanosarcina barkeri 和 Methanobacterium M.o.H,发现前者的同位素分馏系数 $\alpha_{(CO_2/CH_4)}$ 为1.045,而后者为1.061。Sugimoto and Wada(1993)发现日本水稻土的同位素分馏系数 $\alpha_{(CO_2/CH_4)}$ 为1.049,而 Chidthaisong et al.(2002)研究表明美国水稻土的同位素分馏系数 $\alpha_{(CO_2/CH_4)}$ 为1.052。与 $\alpha_{(CO_2/CH_4)}$ 相比,关于同位素分馏系数 $\varepsilon_{(ac/CH_4)}$ 的研究较少。Gelwicks et al.(1994)厌氧培养产甲烷菌 Methanosarcina barkeri 发现,同位素分馏系数 $\varepsilon_{(ac/CH_4)}$ 受温度的影响,37℃时 $\varepsilon_{(ac/CH_4)}$ 值为-21‰,10℃时为-28‰。

此外,现有报道中(Bilek et al., 1999; Conrad et al., 2002; Fey et al., 2004; Krüger et al., 2002; Nakagawa et al., 2002; Sugimoto and Wada, 1993; Tyler et al., 1997),$\delta^{13}CH_4$ 和 $\delta^{13}CH_{4(CO_2/H_2)}$ 均可通过三种

途径获得,选用何种途径获得$\delta^{13}CH_4$和$\delta^{13}CH_{4(CO_2/H_2)}$最能代表田间实际情况还不是很明确,有待今后进一步详细研究。

采用不同的方法测定乙酸途径和H_2/CO_2途径对CH_4生成量的相对贡献及随时间的变化有一定的差异(如表 3.4 和表 3.5 所示)。Conrad et al.(2002)比较研究了添加甲烷产生抑制剂CH_3F、放射性示踪剂$NaH^{14}CO_3$、稳定性碳同位素自然丰度法测定的f_{H_2/CO_2}值随时间的变化关系。结果发现,根据这三种方法得到的f_{H_2/CO_2}值随时间的变化趋势很相似,在培养前 10 天f_{H_2/CO_2}值逐渐减小,10 天后开始变大(图 3.7),但是,在绝对数值上相差较大。目前,尚不能判断哪一种方法测定的结果更能反映实际情况,所以,研究者应根据研究工作的需要和研究条件,选择采用合适的方法。

表 3.4　2 种稳定性同位素示踪剂测定的日本土壤 f_{ac}
(Sugimoto and Wada,1993)

培养时间(周)	$^{13}CH_3COONa$	$Na_2{}^{13}CO_3$
0~1(1)	5%	—
1~2(2)	67%	—
2~3(3)	18%	—
3~4(4)	25%	64%
4~5(5)	32%	—
5~6(6)	70%	—
6~10(7~11)	79%	51%

表 3.5　稳定性碳同位素技术和稳定性同位素示踪技术测定的 f_{ac}(Sugimoto and Wada,1993)

培养时间(周)	$f_{ac}{}^a$	$f_{ac}{}^b$
0~1(1)	5%	<12%
1~2(2)	67%	65%~100%
2~3(3)	18%	92%~100%
3~4(4)	25%	20%~28%
4~5(5)	32%	16%~20%
5~10(6~11)	70%~79%	35%~40%

注:a. 稳定性同位素示踪技术测定的f_{ac};b. 自然丰度碳同位素法测定的f_{ac}。

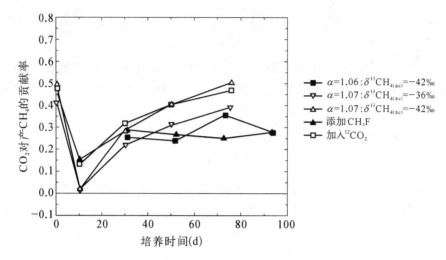

图 3.7 根据不同方法得到的 f_{H_2/CO_2} 与培养时间的变化关系(Conrad et al., 2002)

3.4 稻田 CH_4 氧化率研究方法

尽管稻田土壤以淹水还原条件为主,但在土水界面及根土界面也存在氧化区域,导致土壤中产生的 CH_4 在排放至大气前相当一部分被土壤中的甲烷氧化菌所氧化。稻田土壤的 CH_4 排放量不仅取决于 CH_4 的生成能力,而且还决定于土壤对内源 CH_4 的氧化能力。CH_4 氧化率是指在土壤中产生的 CH_4 排放进入大气之前被土壤甲烷氧化菌氧化(吸收)的比率。如以 P 表示为稻田土壤中实际生成的 CH_4 量,F 为排放到大气的量,则 CH_4 氧化率(R)可由下式计算:

$$R = (P - F)/P \times 100\% \tag{3.16}$$

目前,测定土壤 CH_4 氧化比率的方法有:产生—排放差值法;甲烷氧化抑制剂;稳定性碳同位素自然丰度方法等。

3.4.1 甲烷产生—排放差值法

由于不需要特别的培养设备和实验室材料,甲烷产生—排放差值法

3.4 稻田 CH_4 氧化率研究方法

在 20 世纪 80、90 年代被应用于估算田间 CH_4 氧化率和实验室培养条件下的土壤 CH_4 氧化率的测定。采用该方法,土壤 CH_4 的实际生成量(P)通常通过严格厌氧至 CH_4 氧化可忽略不计的条件下测定(见 3.2 节),CH_4 排放量则可以是土壤样本采集时田间测定的实际 CH_4 排放(通)量,也可以是土壤淹水、但培养瓶上部空间为空气的实验室条件下测定的 CH_4 排放量。

Holzapfel-Pschorn et al.(1985,1986)采用甲烷产生—排放差值法,测定得到稻田 CH_4 氧化率可高达 80%。Schütz et al.(1989)的实验结果也表明,CH_4 产生率最高能达到 300 mL·m^{-2}·h^{-1},其中只有 6% 被排放至大气中。上官行健等(1993a)测得土壤中产生的 CH_4 最多只有 28% 被排放到大气中,而其余多于 71.2% 的 CH_4 则被氧化在土壤中;王明星等(1998)的研究也认为有 69%~90% 的 CH_4 在传输入大气之前被氧化。

大部分运用土壤厌氧培养方法测得的 CH_4 氧化率均大于 50%,高于其他方法的研究结果(表 3.6)。显然完全厌氧条件与田间实际情况比较,在抑制 CH_4 氧化的同时,也可能增加 CH_4 的产生(Wang et al.,1993),因而使稻田 CH_4 氧化率的计算结果偏高(马静等,2007;Groot et al.,2003)。当将甲烷产生—排放差值法应用于估算田间土壤 CH_4 氧化率时,需要将土壤样本采集到实验室后培养测定 CH_4 产生量(P)。样本的采集、运输、前处理及其环境条件等的变化都会影响 CH_4 产生量而不能反映田间条件下土壤的实际 CH_4 产生量。因此,该法现在已较少应用。

表 3.6 采用不同研究方法测得的 CH_4 氧化率

研究方法	CH_4 氧化率	参 考 文 献
甲烷产生—排放差值法	80%	Holzapfel-Pschorn et al., 1985
	77%	Holzapfel-Pschorn et al., 1986
	44%~97%	Schütz et al., 1989
	71.2%	上官行健等,1993a
	69%~90%	王明星等,1998
甲烷氧化抑制剂法	30%(加入 CH_3F)	Banker et al., 1995
	30%(加入 C_2H_2)	Watanabe et al., 1997
	14.5%~23.9%(加入 N_2)	Gilbert and Frenzel, 1998
	0~40%(加入 CH_2F_2)	Krüger et al., 2001
	36.3%~54.7%(加入 CH_3F)	Jia et al., 2001

续表 3.6

研究方法	CH$_4$ 氧化率	参 考 文 献
稳定性碳同位素自然丰度方法	19%～56%	Tyler et al., 1997
	39%～71%	Bilek et al., 1999
	4%～45%	Krüger and Frenzel, 2003
	0.02%～6.8%	Groot et al., 2003
	5%～27%	Conrad and Klose, 2005

3.4.2 甲烷氧化抑制剂法

氟甲烷(CH_3F)、乙炔(C_2H_2)、二氟甲烷(CH_2F_2)和氮气(N_2)均能抑制 CH_4 的氧化，通过比较抑制和未被抑制 CH_4 氧化条件下 CH_4 排放量的差异即可得到土壤氧化 CH_4 的量。添加甲烷氧化抑制剂法测定土壤 CH_4 氧化率的计算公式如下(Jia et al., 2001)：

$$\%CH_4^{OXID} = (CH_4^{INH} - CH_4^{CON})/CH_4^{INH} \times 100\% \qquad (3.17)$$

式中，$\%CH_4^{OXID}$ 表示土壤 CH_4 氧化率，CH_4^{INH} 表示添加抑制剂处理土壤 CH_4 排放量，CH_4^{CON} 表示对照处理土壤 CH_4 排放量。

此类研究方法运用在田间原位试验中，需要先把土壤连同生长在其上的水稻植株置于一个密闭箱中，向密闭箱内加入一定浓度的甲烷氧化抑制剂，通过测定箱内 CH_4 浓度的变化，即可得 CH_4 产生率，从而进一步计算出 CH_4 氧化率。同样，也可在盆栽试验中应用甲烷氧化抑制剂测定土壤 CH_4 氧化率。操作与田间试验类似。

添加甲烷氧化抑制剂不仅会抑制 CH_4 的氧化，同时也可能会减少或促进 CH_4 的生成，这与添加的甲烷氧化抑制剂的性质和浓度有关。根据 Denier and Neue(1996)的结果：3.0% CH_2F_2 足以抑制水稻植株根际甲烷氧化细菌的活性并且这一浓度对根际环境中的产甲烷细菌和其他微生物群落影响较小。CH_3F 是一种常用的甲烷氧化抑制剂，但是，它可能也对 CH_4 产生具有抑制作用(Janssen and Frenzel, 1997)。Frenzel and Bosse(1996)的培养试验发现，添加 0.1% 的 CH_3F，土壤 CH_4 的产生量比对照减少约 75%。C_2H_2 是一种有效的甲烷氧化抑制剂，添加 0.01% 和 1% 的 C_2H_2 即可分别减少 89% 和 98% 的 CH_4 氧化率(King, 1996)。Oremland and Taylor(1975)的研究表明低浓度的 C_2H_2 对 CH_4 产生的影响不大，而

Watanabe et al.(1997)的培养试验发现添加0.05%的C_2H_2,培养一周后会显著地抑制CH_4生成。与CH_3F和C_2H_2相反,N_2在抑制CH_4氧化的同时,也促进了根际CH_4的产生(Denier and Neue,1996)。

3.4.3 稳定性碳同位素自然丰度方法

稳定性碳同位素自然丰度方法就是通过测定CH_4氧化过程中$\delta^{13}C$值的变化,计算出CH_4氧化率。Stevens and Engelkenmeir 在1988年提出CH_4氧化率f_{ox}的计算公式:

$$\delta^{13}CH_{4\text{氧化前}} = \delta^{13}CH_{4\text{氧化后}} + [f_{ox}((1/\alpha_{ox}) - 1) \\ (1 + \delta^{13}CH_{4\text{氧化后}}/1\,000)] \times 1\,000 \quad (3.18)$$

式中,$\delta^{13}CH_{4\text{氧化前}}$是土壤产生但还未被甲烷氧化细菌氧化的$\delta^{13}CH_4$;$\delta^{13}CH_{4\text{氧化后}}$是已被甲烷氧化细菌氧化,但还未排放到大气中的$\delta^{13}CH_4$;$\alpha_{ox}$为$CH_4$在氧化过程中的同位素分馏系数。

$\delta^{13}CH_{4\text{氧化前}}$可由三种途径获得(Krüger et al.,2002):土壤厌氧培养产生的$\delta^{13}CH_4$;孔隙水的$\delta^{13}CH_4$;土壤经扰动、搅拌后气泡释放的$\delta^{13}CH_4$。

$\delta^{13}CH_{4\text{氧化后}}$也可由三种途径获得(Krüger et al.,2002):气泡自然释放的$\delta^{13}CH_4$;孔隙水的$\delta^{13}CH_4$;由田间排放的$\delta^{13}CH_4$推算出来,即

$$\delta^{13}CH_{4\text{氧化后}} = \delta^{13}CH_{4\text{排放}} - \varepsilon_{\text{传输}} \quad (3.19)$$

式中,$\delta^{13}CH_{4\text{排放}}$指从土壤释放到大气中的$\delta^{13}CH_4$;$\varepsilon_{\text{传输}}$指$CH_4$在水稻植株中传输的同位素分馏系数,可由田间排放的$\delta^{13}CH_4$与孔隙水的$\delta^{13}CH_4$相减获得(Conrad and Klose, 2005):

$$\varepsilon_{\text{传输}} = \delta^{13}CH_{4\text{排放}} - \delta^{13}CH_{4\text{孔隙水}} \quad (3.20)$$

或由田间排放的$\delta^{13}CH_4$与水稻植株通气组织中的$\delta^{13}CH_4$相减获得(Krüger et al.,2002):

$$\varepsilon_{\text{传输}} = \delta^{13}CH_{4\text{排放}} - \delta^{13}CH_{4\text{水稻植株通气组织中}} \quad (3.21)$$

α_{ox}可以通过土壤好氧培养试验测得(Chanton and Liptay,2000):

$$\alpha_{ox} = 1 + [\lg(\delta^{13}CH_{4\text{开始}} + 1\,000) \\ - \lg(\delta^{13}CH_{4\text{结束}} + 1\,000)]/\lg f \quad (3.22)$$

式中,$\delta^{13}CH_{4\text{开始}}$是开始培养时的$\delta^{13}CH_4$;$\delta^{13}CH_{4\text{结束}}$是培养一定时间($t$)后的$\delta^{13}CH_4$;$f$是培养一定时间($t$)后剩余的$CH_4$占开始培养时的$CH_4$的

比值。

通过(3.18)~(3.22)式就可以求出 CH_4 氧化率。表 3.7 列出部分研究成果。

稳定性碳同位素方法具有灵敏度高,可在自然条件下测定 CH_4 的氧化率,无破坏性等优点(马静等,2007),但应用过程中还存在一些尚需注意的问题:① $\delta^{13}CH_{4氧化前}$ 和 $\delta^{13}CH_{4氧化后}$ 的选择存在较大的不确定性;② CH_4 氧化和传输过程的同位素分馏系数受诸多因素的影响而具有不确定性。

由表 3.7 可见,选择不同的 $\delta^{13}CH_{4氧化前}$ 或 $\delta^{13}CH_{4氧化后}$ 会影响稻田 CH_4 氧化率的研究结果。CH_4 在土壤中的产生和氧化是同时进行的,难以直接获得田间原始的 $\delta^{13}CH_{4氧化前}$ 和 $\delta^{13}CH_{4氧化后}$,采用何种途径获得最佳值需要深入研究。以往研究中(Bilek et al.,1999),常采用孔隙水的 $\delta^{13}CH_4$ 代表 $\delta^{13}CH_{4氧化前}$。但 Krüger et al.(2002)研究发现孔隙水的 $\delta^{13}CH_4$ 在水稻生长初期并不能很好地代表 $\delta^{13}CH_{4氧化前}$,相对于土壤厌氧培养产生的 $\delta^{13}CH_4$,孔隙水中的 $\delta^{13}CH_4$ 值较大,表明孔隙水中的 CH_4 一部分已被氧化;而相对于气泡自然释放的 $\delta^{13}CH_4$,平均深度在 4~10 cm 的土壤经扰动、搅拌后气泡释放的 $\delta^{13}CH_4$ 更能代表 $\delta^{13}CH_{4氧化前}$。

以往研究中(Bilek et al.,1999;Conrad and Klose,2005;Krüger et al.,2002),与同位素分馏系数 $\alpha_{(CO_2/CH_4)}$ 和 $\varepsilon_{(ac/CH_4)}$ 一样,CH_4 氧化的同位素分馏系数 α_{ox} 也常取一固定值,这可能会影响研究结果的准确性。目前,虽然有关稻田土壤氧化的同位素分馏系数 α_{ox} 研究很少,但其他土壤条件下研究发现同位素分馏系数 α_{ox} 受温度(King et al.,1989)、甲烷氧化细菌(Krüger et al.,2002)、土壤(Tyler et al.,1994)等因素的影响。Tyler et al.(1994)报道了森林土壤 CH_4 氧化的同位素分馏系数 α_{ox} 为 1.022,而 Chanton and Liptay(2000)观察到垃圾填埋场覆盖的土壤 CH_4 氧化的同位素分馏系数 α_{ox}=1.025~1.049。Coleman et al.(1981)用矿物盐基质培养甲烷氧化菌,发现 11.5℃ 时同位素分馏系数 α_{ox} 为 1.013,26℃ 时为 1.025。King et al.(1989)原位研究苔原土壤对大气 CH_4 的氧化,结果表明同位素分馏系数 α_{ox} 在 14℃ 时为 1.027,4℃ 时为 1.016。Krüger et al.(2002)研究认为不同土壤中存在不同的甲烷氧化细菌群落很有可能是得到不同同位素分馏系数 α_{ox} 的原因。

据现有文献报道,CH_4 传输的同位素分馏系数 $\varepsilon_{传输}$ 有两种计算方法

3.4 稻田 CH_4 氧化率研究方法

表 3.7 稳定性碳同位素方法测稻田土壤 CH_4 氧化率

实验地点	$\delta^{13}CH_4$氧化前	$\delta^{13}CH_4$氧化后	同位素分馏系数 α_{ox}	ε 传输	CH_4 氧化率	参考文献
美国	孔隙水的$\delta^{13}CH_4$	田间排放的$\delta^{13}CH_4$	1.025	—	3%~21%[a]	Tyler et al., 1997
	孔隙水的$\delta^{13}CH_4$	气泡自然释放的$\delta^{13}CH_4$	1.025	—	19%~47%[a]	
	孔隙水的$\delta^{13}CH_4$	由田间排放的$\delta^{13}CH_4$推算	1.025	-12.2‰±1.4‰	19%~56%	
意大利	土壤经扰动、搅拌后气泡释放的$\delta^{13}CH_4$	气泡自然释放的$\delta^{13}CH_4$	1.038	—	-1%~8%[a]	Krüger et al., 2002
	土壤厌氧培养产生的$\delta^{13}CH_4$	孔隙水的$\delta^{13}CH_4$	1.038	—	-1%~46%	
	土壤厌氧培养产生的$\delta^{13}CH_4$	由田间排放的$\delta^{13}CH_4$推算	1.038	-16‰~-11‰	2%~36%	
	土壤厌氧培养产生的$\delta^{13}CH_4$	气泡自然释放的$\delta^{13}CH_4$	1.038	—	7%~44%	
	土壤经扰动、搅拌后气泡释放的$\delta^{13}CH_4$	气泡自然释放的$\delta^{13}CH_4$	1.038	—	1%~26%	
美国	孔隙水的$\delta^{13}CH_4$	由田间排放的$\delta^{13}CH_4$推算	1.025	-11.4‰±2.2‰	12%~71%	Bilek et al., 1999
意大利	土壤厌氧培养产生的$\delta^{13}CH_4$	由田间排放的$\delta^{13}CH_4$推算	1.038	-18.37‰±2.08‰	4%~45%	Krüger and Frenzel, 2003
德国	土壤厌氧培养产生的$\delta^{13}CH_4$	孔隙水的$\delta^{13}CH_4$	1.038	-17‰~-9‰	5%~27%	Conrad and Klose, 2005

注：a. 未种植水稻的稻田。

(Bilek et al.,1999；Conrad and Klose，2005；Krüger et al.，2002；Tyler et al.，1994)，获得的结果也比较接近(Krüger et al.，2002；Tyler et al.，1994)，但计算结果的准确度还有待深入研究。从严格意义上讲,水稻通气组织中的 $\delta^{13}CH_4$ 和孔隙水的 $\delta^{13}CH_4$ 并不能很好地代表已被甲烷氧化细菌氧化但还未进入水稻植株体内的 $\delta^{13}CH_4$，因为 CH_4 从水稻根系进入到通气组织的过程中可能发生同位素分馏,而孔隙水中有可能包含未被氧化的 CH_4。Tyler et al.(1997)指出 CH_4 在水稻植株中传输的同位素分馏系数 $\varepsilon_{传输}$ 随水稻品种、水稻生长阶段的不同而不同,而 Bilek et al.(1999)研究发现,两种水稻品种 Lemont 和 Mars 的 $\varepsilon_{传输}$ 之间的差异并不大。

3.5 土壤反硝化势和硝化势的测定方法

硝化和反硝化是产生 N_2O 的主要途径。土壤硝化和反硝化作用的强弱在很大程度上影响土壤的 N_2O 排放量,但是,土壤 N_2O 排放量还受硝化和反硝化过程中 N_2O 产生比例的影响。硝化和反硝化作用弱的土壤,如果硝化和反硝化过程中 N_2O 产生比例高,它们仍然可能有较大的 N_2O 排放。

3.5.1 反硝化势的测定方法

土壤反硝化势是指在严格厌氧和 NO_3^- 基质饱和条件下,土壤的反硝化作用能力。反硝化势的测定通常需要加入 KNO_3，使反硝化作用在开始阶段不受基质供应的限制,在淹水厌氧密闭及恒温条件下进行(Drury et al.，1998)。土壤可以采用风干土样或新鲜土样。由于风干过程对土壤性质,特别是对土壤微生物活性的干扰,所以,采用风干土测定的反硝化势与新鲜土的反硝化势会有较大的差异。在一般情况下,对于红壤,经风干处理后,土壤的反硝化势和有机氮的矿化速率均会有较大幅度的增加,表3.8是用江西采集红壤新鲜土与风干土测定的硝态氮降低速率、铵态氮增加速率(表征土壤有机氮的矿化速率,R)及以风干土为基准的相对变化程度。因此,在通常情况下,应该尽可能利用未经风干处理的新鲜土测定土壤的反硝化势。

表 3.8　江西红壤鲜土和风干土的 $NO_3^- - N$ 和 $NH_4^+ - N$ 变化速率及其相对变化程度(续勇波，2007)

土样	$NO_3^- - N$ 降低速率 ($mg\ N \cdot kg^{-1} \cdot d^{-1}$)		R_1	$NH_4^+ - N$ 增长速率 ($mg\ N \cdot kg^{-1} \cdot d^{-1}$)		R_2
	鲜 土	风干土		鲜 土	风干土	
水稻土1	13.99±0.18	16.63±0.70	15.75%±3.46%	2.62±0.20	2.81±0.64	2.32%±31.34%
水稻土2	7.06±1.33	12.43±0.22	43.05%±11.62%	1.16±0.15	2.40±0.42	50.05%±15.59%
旱地土壤	3.11±0.30	2.96±0.55	−7.80%±23.13%	1.35±0.29	1.10±0.07	−24.79%±32.20%
灌丛土壤	7.50±0.12	16.64±5.56	51.28%±16.82%	2.92±1.05	4.13±1.33	17.29%±59.35%
茶园土壤	10.59±2.14	23.22±2.40	53.84%±11.68%	3.14±0.46	4.64±0.90	30.31%±17.79%
森林土壤	7.08±0.65	25.94±1.00	72.70%±2.19%	1.66±0.27	3.69±0.45	55.00%±6.27%

为了实现严格的厌氧条件，除对土壤淹水外，还可以用 N_2 或 He 气替换培养瓶上部空气。培养的温度则可以根据研究目的和土壤所处的气候环境决定。

培养过程中测定 NO_3^- 的消耗过程或用乙炔抑制 $N_2O \rightarrow N_2$，然后测定 N_2O 的积累过程均可以用于表征土壤的反硝化势。当以土壤中 NO_3^- 的消耗为指标时，如果 NO_3^- 消耗符合一级反应，则可以通过用一级反应方程拟合实验数据后，用一级反应方程的反应常数表征土壤的反硝化势。对于反硝化作用较弱的土壤，反硝化过程并不总是很好地符合一级反应方程。在这种情况下，也可以用培养一定时间内 NO_3^- 的平均消耗速率表征反硝化势(Xu and Cai, 2007)。当以 N_2O 排放量为指标时，同样可以用 N_2O 积累量随时间变化的拟合常数或 N_2O 平均积累速率表征土壤的反硝化势。

在严格厌氧的环境条件下，除反硝化作用消耗 NO_3^- 外，土壤微生物还可能同化 NO_3^-，还可能发生 DNRA 过程，所以，以 NO_3^- 的消耗量随时间的变化作为反硝化势的指标时，严格地说应该称之为表观反硝化势，通常也称为净反硝化势。如用乙炔抑制法测定 N_2O 积累随时间的变化作为反硝化势的指标，则测定的结果可以真实地反映土壤的反硝化势，但必须保证在整个培养过程中，N_2O 还原成 N_2 的过程被完全抑制，且生成的 N_2O 完全从土壤中释放到上部空间。

3.5.2　硝化势的测定方法

土壤硝化势是指好氧条件下土壤硝化作用的潜力。进行土壤硝化势测定时,土壤水分含量需要控制在既能保证土壤的好氧条件,又不导致土壤微生物出现水分胁迫的范围内,一般控制在田间持水量的 60%～80%,在这一水分含量范围内,绝大多数土壤具有最大的硝化能力。为了保证硝化作用不受基质(NH_4^+-N)的限制,在培养前通常需要加入$(NH_4)_2SO_4$,加入量可以根据土壤的实际硝化能力和培养试验持续的时间而设定,一般为100～300 mg N·kg^{-1}。我国亚热带地区分布着大量的酸性土壤,它们的硝化作用能力较弱,有些甚至不具有硝化作用能力,且对土壤 pH 值敏感。由于酸性土壤本身对酸的缓冲能力较弱,而硫酸铵本身具有酸性,加入硫酸铵降低土壤 pH 值,可能影响土壤的硝化势。由于硝化作用弱,这些土壤一般硝化作用的基质处于饱和状态,所以,对于这类土壤,培养之前不需要加入硫酸铵(Zhao et al.,2007)。

在培养过程中,可以通过测定 NO_3^- 含量随时间的增加作为指标表征土壤的硝化势。硝化作用比较强烈的土壤,NO_3^- 的积累通常符合一级反应方程,因此,可以用一级反应速率常数指示土壤的硝化势。硝化作用弱的土壤,NO_3^- 的积累可能更符合零级反应,可以用零级反应速率常数指示土壤的硝化势。硝化作用弱的土壤中 NO_3^- 的积累还可能出现一个滞后期,在这一时期内,NO_3^- 含量增加非常缓慢,甚至不变,过了这一时期,NO_3^- 积累明显加速。这样 NO_3^- 的积累过程既不符合一级反应方程,也不符合零级反应方程,更适合用指数方程描述 NO_3^- 的积累过程。

硝化作用产生的 NO_3^- 有部分可能进一步被土壤微生物同化,因此,通过测定 NO_3^- 积累,表征的土壤硝化势也是净硝化势,而不是土壤的实际硝化势。土壤样本的前处理影响土壤硝化势的测定结果,尤其对于水稻土,采用风干土测定的硝化作用能力往往大于用新鲜土测定的硝化势(钱琛,2008)。

3.6 硝化和反硝化作用对 N_2O 排放相对贡献的研究方法

土壤排放的 N_2O 可以由硝化作用、反硝化作用、硝态氮异化还原为铵过程(DNRA)产生,在特殊的条件下也不排除由化学反硝化过程产生(详见

3.6 硝化和反硝化作用对N_2O排放相对贡献的研究方法

2.2.1节)。通常情况下,土壤的N_2O主要由硝化和反硝化作用产生。所以,区分土壤氮素转化过程对N_2O排放的相对贡献率,实际上可简化为区分硝化作用和反硝化作用对N_2O的相对贡献率。在不同的条件下,特别是在不同的水分条件下,硝化作用和反硝化作用对N_2O的贡献并不相同。只有在极端好氧或厌氧条件下,可以认为N_2O主要由硝化作用或反硝化作用产生。由于土壤的不均匀性,在绝大多数野外条件下,硝化作用和反硝化作用往往同时发生,并生成N_2O(详见4.3节)。

区分硝化作用和反硝化作用对N_2O排放相对贡献率的方法主要有三种:① 硝化和反硝化抑制剂法;② ^{15}N示踪法;③ 气压过程区分方法。以下介绍这三种方法的原理和它们在应用中的优缺点。

3.6.1 硝化和反硝化抑制剂法

一些化学物质可以抑制硝化过程的进行。乙炔(100～10 000 Pa,约0.1%～10% (V/V))以共价键与氨单加氧酶结合,从而抑制氨氧化(Berg et al.,1982;McCarty,1999);氟甲烷也可抑制氨单加氧酶的活性(Hyman et al.,1994);肼可以抑制羟胺氧化还原酶的活性,从而抑制NH_2OH氧化成NO_2^-(Nicholas and Jones,1960);另外,氯酸盐可以抑制NO_2^-氧化成NO_3^-的过程(Belser and Mays,1980)。乙炔是最常用的硝化作用抑制剂。当乙炔分压为0.1%时即可抑制硝化作用的第一步(Bremner and Blackmer,1979),当分压为10%时则可抑制反硝化过程中的$N_2O \rightarrow N_2$还原过程(Garrido et al.,2000)。控制乙炔分压为0.1%,此时乙炔仅抑制硝化作用,而不抑制反硝化过程中的$N_2O \rightarrow N_2$还原过程。通过与不加乙炔的对照处理N_2O排放量相比较,并假定N_2O只通过硝化作用和反硝化作用产生,即可计算出硝化作用和反硝化作用对N_2O排放的相对贡献。采用乙炔抑制法在证明硝化作用也是N_2O重要的排放源方面发挥了重要作用。

原则上,乙炔抑制法可以在实验室培养试验中应用,也可以在田间条件下应用。人为地形成一个包括土壤(在田间还可以包括植物)的密闭系统,抽取上部空间容积0.1%的气体,将去除杂质的等量乙炔注入上部空间,即可以形成一个抑制土壤硝化过程的系统。该方法所需要的设备简单且容易掌握,因而被大量应用于评估硝化作用对N_2O排放的贡献(如Garrido et al.,2000,2002)。

因为10%的乙炔浓度既抑制了硝化作用,使N_2O排放量减少,也抑制反硝化过程中$N_2O \rightarrow N_2$还原过程,增加N_2O排放量,所以,10%的乙炔浓

度改变土壤 N_2O 排放量是抑制硝化作用产生 N_2O 和抑制反硝化作用增加 N_2O 的综合结果,并不能用于区分硝化作用和反硝化作用对 N_2O 排放的贡献。由于大气中充满了 N_2,直接精确测定反硝化产生的 N_2 量有很大的困难,而 N_2O 则可以通过气相色谱精确地测定,所以在强烈还原、硝化作用可以忽略不计时,添加 10% 的乙炔抑制反硝化过程中 $N_2O \rightarrow N_2$ 还原过程,然后通过测定 N_2O 排放量可计算反硝化速率(Chapuis-Lardy et al.,2007;Payne,1991)。

乙炔只能抑制自养硝化作用,对异养硝化作用不具有抑制作用。虽然乙炔作为硝化作用的抑制剂被广泛应用,但是采用该方法测定的硝化作用对 N_2O 排放的贡献率存在很大的不确定性。首先,乙炔抑制硝化作用生成 NO_3^- 和 NO_2^- 意味着反硝化作用的基质减少,从而有可能减少反硝化作用产生的 N_2O(Klemedtsson et al.,1990);其次,乙炔可被各种土壤微生物氧化(Klemedtsson et al.,1990),因此,需要更新或控制培养时间;第三,乙炔不仅抑制硝化作用,还可能引起一系列影响氮转化的过程(Bollmann and Conrad,1997),从而不能客观地反映田间条件下硝化作用和反硝化作用对 N_2O 的贡献。

3.6.2 ^{15}N 示踪法

^{15}N 示踪法是在土壤中加入 $^{15}NH_4^+$ 或者 $^{15}NO_3^-$ 或 $^{15}NH_4^+$ 和 $^{15}NO_3^-$,通过测定土壤排放的 N_2O 中 ^{15}N 富集程度计算硝化作用和反硝化作用对 N_2O 贡献率的方法(Stevens et al.,1997)。这是目前最常用的估算硝化作用和反硝化作用对 N_2O 相对贡献率的方法,而且经常与乙炔抑制剂法配合应用(Bateman and Baggs,2005;Carter,2007;Mathieu et al.,2006;Stevens et al.,1997)。

假定硝化作用产生的 N_2O 的 ^{15}N 丰度与 NH_4^+ 库中的 ^{15}N 丰度相同,而反硝化产生的 N_2O 的 ^{15}N 丰度与 NO_3^- 库中的 ^{15}N 丰度相同,且只有硝化作用和反硝化作用产生 N_2O,则土壤排放的 N_2O 的 ^{15}N 原子百分超 a_m 为(Stevens et al.,1997):

$$a_m = da_d + (1-d)a_n \qquad (3.23)$$

式中,d 为由反硝化作用产生的 N_2O 比例,$1-d$ 为硝化作用产生的 N_2O 的比例,a_d 和 a_n 分别为硝态氮和铵态氮的 ^{15}N 原子百分超。通过(3.23)式可以计算出反硝化作用对 N_2O 排放量的贡献率(d):

$$d = (a_m - a_n)/(a_d - a_n) \tag{3.24}$$

所以,采用此方法,需要同步测定 NH_4^+ 和 NO_3^- 库中 ^{15}N 丰度和同一时刻排放的 N_2O 的 ^{15}N 丰度。这一方法假定 ^{15}N 在 NH_4^+ 和 NO_3^- 库中的分布是均匀的。在通常情况下这一假定可以得到满足(Stevens et al., 1997),但当 NH_4^+ 或 NO_3^- 库很小时,这一假定可能得不到满足(蔡祖聪, 2003)。

如果单一标记 NH_4^+ 或 NO_3^- 库,测定它们的 ^{15}N 丰度和 N_2O 的 ^{15}N 丰度,估算硝化作用和反硝化作用对 N_2O 的贡献可能导致较大的偏差。如标记 NH_4^+ 库,NH_4^+ 硝化产生 NO_3^-,NO_3^- 的 ^{15}N 被富集。这时出现 2 个反硝化库,即,土壤中原已存在的 NO_3^- 的反硝化和 $^{15}NH_4^+$ 硝化产生的 $^{15}NO_3^-$ 的反硝化,后者是 ^{15}N 富集的 NO_3^- (Stevens et al., 1997)。随着培养时间延长,由 $^{15}NH_4^+$ 硝化产生的 $^{15}NO_3^-$ 反硝化对 N_2O 排放的贡献增大,由此造成的偏差进一步扩大。

在标记 NH_4^+ 和 NO_3^- 库的同时,添加硝化抑制剂如乙炔,则可以进一步区分自养硝化作用、异养硝化作用和反硝化作用对 N_2O 排放的贡献率。如 Bateman and Baggs(2005)设置三个处理:① $^{14}NH_4^{15}NO_3$、② $^{15}NH_4^{15}NO_3$ 和 ③ $^{15}NH_4^{15}NO_3 + C_2H_2$(0.01%(V/V))。处理①排放的 $^{15}N-N_2O$ 由反硝化作用产生 N_2O;处理②排放的 $^{15}N-N_2O$ 来自自养硝化、异养硝化和反硝化作用;处理③排放的 $^{15}N-N_2O$ 来自于异养硝化和反硝化作用。通过差减可以计算出自养硝化作用、异养硝化作用和反硝化作用对 N_2O 排放的贡献。这种方法实质上是无机氮单库标记方法,所以,他们必须假定培养土壤不存在硝态氮异化还原为铵的过程和同化 $^{15}N-NO_3^-$ 的再矿化过程。

3.6.3 气压过程区分方法

采用硝化抑制剂法和 ^{15}N 标记方法必须在土壤中添加硝化抑制剂或 ^{15}N 标记 NH_4^+ 和/或 NO_3^-。如上所述,添加硝化抑制剂改变系统上部的气体组成,同时还可能影响碳、氮转化的一系列过程,添加 ^{15}N 标记 NH_4^+ 和/或 NO_3^- 改变土壤硝化作用或反硝化作用的基质供应水平,它们都可能影响硝化作用、反硝化作用和 N_2O 排放及其硝化作用和反硝化作用对 N_2O 排放的贡献率,因而可能不能完全真实地反映野外田间条件下的实际情况。为此,Ingwersen et al.(1999)提出气压过程区分方法(barometric process separation, BaPS)。在一个密闭、恒温系统中,当发生硝化作用时,土壤消

耗 O_2，使系统内部的气压下降；反硝化作用则释放出 CO_2 和 N_2 及氮氧化物气体，使系统的气体压力增大；呼吸作用消耗 O_2，但同时释放等摩尔的 CO_2，不改变气体压力；CO_2 在土壤溶液中的溶解降低气体压力。通过在培养过程中测定气体压力及 CO_2、O_2 和 N_2O 的浓度变化，可以计算出总硝化速率、总反硝化速率和呼吸速率。假定反硝化过程中 N_2O/N_2 以一定的比例排放，则可以计算出硝化作用和反硝化作用对 N_2O 排放的贡献率。详细的公式推导、测定系统及其必要的假设可以参见 Ingwersen et al. (1999)。

气压过程区分方法不需要再添加任何物质，可以较好地反映土壤真实的硝化作用、反硝化作用和呼吸作用（如 Müller et al., 2004）。但该方法建立在一系列假设之上，包括反硝化产物 N_2O/N_2 比例、呼吸作用中消耗的 O_2（Δ_{O_2}）和 CO_2 排放（Δ_{CO_2}）的比例（$RQ = \Delta_{CO_2}/\Delta_{O_2}$）、自养硝化作用和异养硝化作用的比例等（Müller et al., 2004），这些假设并不在任何条件下均成立，而且对系统做了过多的简化，所以，应用此法区分硝化作用和反硝化作用对 N_2O 排放贡献率的研究并不多。

3.7 稻田 CH_4 和 N_2O 传输途径研究方法

稻田水稻生长季节土壤中产生的 CH_4 和 N_2O 主要通过三个途径向大气排放：水稻植株的通气组织、气泡和液相扩散（图 3.8）。常年淹水稻田

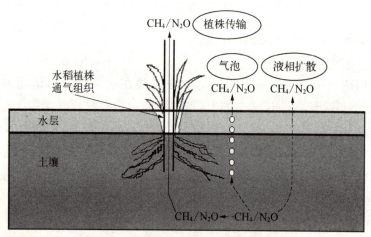

图 3.8 稻田 CH_4 和 N_2O 的排放途径

3.7 稻田 CH_4 和 N_2O 传输途径研究方法

非水稻生长期几乎没有 N_2O 排放,CH_4 通过气泡和液相扩散向大气排放。非常年淹水稻田旱作季节没有 CH_4 排放,N_2O 通过作物植株和气相扩散排放,在不种作物情况下只通过气相扩散排放。下面分别介绍 CH_4 和 N_2O 不同排放途径的测定方法。

3.7.1 植株通气组织排放 CH_4 和 N_2O 的测定方法

稻田生态系统中,水稻植株是 CH_4 和 N_2O 排放的主要途径。淹水时,通过水稻植株排放的 CH_4 和 N_2O 可达总排放量的 80% 以上(Hosono,2000;Yan et al.,2000)。

3.7.1.1 隔板分隔法

图 3.9 是温室水稻盆栽试验测定通过植株通气组织排放气体量的装置示意图,该方法能有效地将水稻植株排放和其他排放途径分开(Aulakh et al.,2000a,2000b;Byrnes et al.,1995;Jia et al.,2001;Yu et al.,1997)。首先用预先从正中间锯成两半的圆形塑料隔板(中间有空隙)罩住塑料盆栽桶顶部,用隔板将水稻植株与其下方的土壤、水层完全分隔开来,隔板上的孔隙允许稻茎完整无损地从中穿过,同时不让下方的气体从孔隙中扩散至上层空间。

从采样口 1 采集气样分析即可获得通过植株通气组织排放的 CH_4 和/或 N_2O 量。而从采样口 2 采集气样分析可获得通过气泡和扩散途径排放的 CH_4 和/或 N_2O 量。通过小麦等旱作植株通气组织排放 N_2O 量的测定方法与水稻类似。

将盆栽试验塑料桶的底部去掉后插入田间土壤则可观测田间条件下植株通气组织的 CH_4 和 N_2O 排放通量。

3.7.1.2 密封箱法

将尺寸较小的静态箱放置在水稻行间,按一定时间间隔测定箱内 CH_4 和 N_2O 含量,即可获得通过扩散和气泡排放的 CH_4 和 N_2O 量(Wassmann et al.,

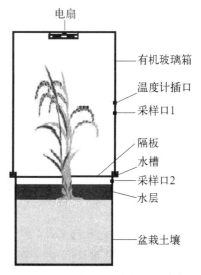

图 3.9 温室水稻盆栽试验测定植株通气组织排放 CH_4 和 N_2O 装置示意图

2000)。通过与包括植株的密封箱法测定结果比较,即可计算出通过水稻植株排放的 CH_4 和 N_2O 占总排放量的比例。

3.7.1.3 植株切割法

将水稻植株水面(旱作情况为土面)以上的部分全部切除,并密封切口,对比植株切割前后气体排放的量,即可获得通过植株通气组织排放的气体量(上官行健等,1993b;Schütz and Seiler,1989;Schütz et al.,1989)。

3.7.2 气泡途径 CH_4 和 N_2O 排放量的测定方法

将一个充满水、顶端封闭的漏斗倒置在土壤表面,气泡逐渐向漏斗顶端聚集。用注射器从漏斗顶端采集捕集到的气泡,即可测得气泡排放的 CH_4 和/或 N_2O 量(Holzapfel-Pschorn et al.,1986;Schütz et al.,1989)。

3.7.3 水稻生长期液相扩散途径 CH_4 和 N_2O 排放量的测定方法

将孔径大小为 100 μm 的尼龙网罩在无植株的土壤表面,尼龙网可以阻止气泡的排放,但允许气体的扩散,从而可以通过密封箱法测得通过液相扩散排放的气体量(Schütz and Seiler,1989;Schütz et al.,1989)。

稻田旱作季节气相扩散途径 N_2O 排放量可直接用密封箱法进行测定,不需要在土面设置尼龙网。

3.8 土壤溶解和闭蓄态 CH_4 和 N_2O 的采样方法

在土壤中生成的 CH_4 和 N_2O 并不能即时被排放到大气中,未被排放的 CH_4 和 N_2O 被闭蓄在土壤中,其中的一部分溶解在土壤溶液中。

由于闭蓄在土壤中的 CH_4 和 N_2O 受到扰动即可排放,溶解在土壤溶液中的 CH_4 和 N_2O 也会因闭蓄态 CH_4 和 N_2O 的排放而释放,所以,溶解和闭蓄态 CH_4 和 N_2O 的采样需要经过特别设计的设备,而且操作过程需

3.8 土壤溶解和闭蓄态 CH_4 和 N_2O 的采样方法

要特别小心。不同的研究者曾采用不同的方法采集土壤溶解和闭蓄态 CH_4 和 N_2O,它们各有优缺点(Alberto et al.,2000),研究者可以根据研究目的和设备条件,采用不同的土壤溶液和闭蓄态 CH_4 和 N_2O 的采样方法。

3.8.1 注射器采样

将具有很好密封性的注射器与注射针联接,将注射针插入到采样要求的深度,抽取土壤溶液和空气。如果采用微量注射器,采集的土壤溶液和空气可以直接注射到气相色谱仪,测定 CH_4 和 N_2O 浓度(King,1990)。但是,因为采集的样本中可能带有土壤颗粒等,将采集的样本直接注射到气相色谱仪容易损坏气谱柱,而且采集的样本量要与气相色谱仪的进样量一致,在田间条件下不易控制,样本也不易保存。为此,可以采用医用注射器(要保证有很好的密封性)采样,迅速将采集的土壤溶液包括气体全部转移到已知容积为 V 和已抽真空、带有硅橡胶塞的容器中。采用机械或手工强烈震荡装有土壤溶液样本的容器 1 分钟,补充 N_2 使容器内压力与环境大气压相等,抽取一定体积的上部空间气体样本,测定 CH_4 和 N_2O 浓度。测定土壤溶液体积(V_1),则可以计算出容器上部空间的容积($V_2 = V - V_1$)。根据 CH_4 和 N_2O 在一定温度下的溶解系数和上部空间浓度,可以计算出经剧烈震荡后仍然溶解在土壤溶液中的 CH_4 和 N_2O 浓度(C_1)。土壤溶液中溶解和闭蓄态 CH_4 或 N_2O 浓度(C)可用下式计算:

$$C = C_1 + C_2/V_1 \tag{3.25}$$

式中,C_2 为根据容器上部空间 CH_4 或 N_2O 浓度和体积(V_2)计算得到的 CH_4 或 N_2O 量。

如果要进行土壤溶液 CH_4 和 N_2O 浓度剖面分布研究,则应该采用微量采样,以免某点溶液的抽取影响周边土壤溶液分布。

采用注射器采样时,注射针插入土壤时,针孔易被堵塞,使采样失败。注射针插入土壤引起的扰动可能使部分闭蓄的 CH_4 和 N_2O 逸出,使测定结果偏低。

3.8.2 土壤溶液采样器采样

在淹水平整后或水稻移栽后将只允许土壤溶液透过的微孔土壤溶液采样器埋入一定深度的土壤中。根据研究目的可采用不同的埋置方式,如果以研究耕层土壤溶液中 CH_4 和 N_2O 浓度为目的,则可采用垂直方向埋置,如果为了研究不同层次中土壤溶液 CH_4 和 N_2O 浓度变化,则宜采用水平埋置方式。在此介绍 Alberto et al.(2000)用于测定不同层次的土壤溶液中 CH_4 浓度的装置(图 3.10)。用此装置采集的土壤溶液也可以用于测定 N_2O 浓度。

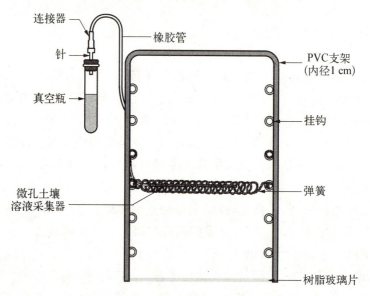

图 3.10 用于测定土壤溶液中 CH_4 浓度的采样装置(Alberto et al., 2000)

用一长度和直径适当的 PVC 管,做成"U"形。根据研究的需要,在"U"形壁一定间距装置挂钩,将一钢制弹簧挂在两边的挂钩上,将微孔土壤溶液采集器串入弹簧,以保护采集器。然后,在水稻移栽后,将"U"形 PVC 管倒埋入表层土壤,最上一个土壤溶液采集器紧贴土表,以采集土壤表面溶液。

采样前,通过抽真空的方法,先将土壤溶液采集器现存的溶液和杂质排出,立即用前端带有注射针的塑料管连接土壤溶液采集器和已经抽真空的真空瓶,抽取一定体积的溶液后,拔出注射针,带回实验室分析。在真空瓶中充入 N_2 或已知 CH_4 和 N_2O 浓度的空气使瓶内压力与环境压力相等。分析步骤和计算与 3.8.1 节介绍的方法相同。

3.8.3 土柱采样

土柱采样可采用两种不同的方法(Alberto et al., 1996):一是先将 PVC 管插入土壤,然后将 PVC 管与土壤一起取回分析;二是在采样时将 PVC 管插入土壤,立即采样。采用这两种不同的方法采样时,PVC 管的制作上应有所不同。材料的准备和具体操作过程如下。

在直径和长度适当(视研究的土壤深度而定)PVC 管两端做好螺纹和与之配套的带螺纹的盖。在水稻移栽前或移栽后(视研究需要而定)插入土壤中,等稳定后(至少 24 小时以后),先盖紧上端,然后取出土壤样本,并立即盖紧底端。将土柱转移到带气体采样口的塑料软瓶,盖紧软瓶,在完全密闭条件下打开土柱上下端盖子,取出土壤样本,剧烈振荡 1 小时,取上部空气分析 CH_4 和 N_2O 浓度,测定上部空间体积和土壤样本量、含水量。根据上部空间 CH_4 和 N_2O 浓度、实验室温度、土壤溶液体积和 CH_4、N_2O 溶解系数,计算与上部空间平衡的土壤溶液中 CH_4 和 N_2O 量。从上部空间 CH_4 和 N_2O 浓度、体积,土壤溶液中 CH_4 和 N_2O 量及其土壤溶液量,即可计算出土壤溶液中溶解态和闭蓄态 CH_4 和 N_2O 浓度。

PVC 管插入土壤后,阻断了管内水分运移、水稻根系生长,可能导致土壤溶液中溶解态和闭蓄态 CH_4 和 N_2O 浓度不同于外部土壤。为了解决这一问题,Alberto et al.(1996)提出了采样时插入 PVC 管的方法。PVC 管插入土壤时,对土壤的扰动将使闭蓄态 CH_4 和 N_2O 逸出。为了解决这一问题,他们在插入 PVC 管前,先将 PVC 管一端密封,并连接一气体样本袋,当插入 PVC 管有气体逸出时,逸出的气体将进入气体采样袋,因此不会导致测定结果偏低。但是,毫无疑问,不仅被采集土壤中闭蓄的 CH_4 和 N_2O 会因插入 PVC 管的扰动而逸出,被采集土壤以下如果也存在闭蓄态 CH_4 和 N_2O,也会因扰动而逸出。解决这一问题的方法之一是尽可能将采样深度达到水稻土犁底层。

3.9 气体样品 CH_4 和 N_2O 浓度分析方法

从田间、温室和实验室培养中采集的气体都需要测定 CH_4 和 N_2O 浓度,然后才能计算其排放量。气相色谱分析法是目前最常用,也是测定精度最高的 CH_4 和 N_2O 浓度测定方法。

3.9.1 气体样品中 CH_4 浓度的气相色谱分析方法

气体样品中 CH_4 浓度用带有火焰离子化检测器(FID)的气相色谱仪

分析。填充料一般为 Porapak Q(80/100 目)，也可用 5A 分子筛或 13X 分子筛做填充料。色谱柱一般选择不锈钢或玻璃填充柱，柱长一般为 2 m，内径 2~4 mm。柱温、进样口和检测器温度一般分别为 80℃、120℃和 200℃。载气(N_2)流速一般为 30 mL·min^{-1}。燃气(H_2)和助燃气(空气)流速一般分别为 20 mL·min^{-1} 和 150 mL·min^{-1}。气相色谱积分仪自动给出 CH_4 色谱峰高度和面积结果。根据样品气体和标准气体色谱峰面积或高度数值和已知的标准 CH_4 气体浓度即可算出样品 CH_4 浓度。

3.9.2 气体样品中 N_2O 浓度的气相色谱分析方法

与 CH_4 不同，气体样品中 N_2O 浓度多用带电子捕获检测器(ECD)的气相色谱仪分析。最常用的色谱柱填料是 Porapak 系列，载气多用氩甲烷($Ar+5\%CH_4$)。色谱柱长一般为 2 m，载气流速 30 mL·min^{-1}，柱温、进样口和检测器温度一般分别为 80℃、120℃和 400℃。气相色谱积分仪自动给出 N_2O 色谱峰高度和面积结果。根据样品气体和标准气体色谱峰面积或高度数值和已知的标准 N_2O 气体浓度即可算出样品 N_2O 浓度。

气体样品 N_2O 浓度的气相色谱仪分析曾长时间受灵敏度低和杂质(O_2、水汽、CO_2 等)干扰的影响。特别是水汽色谱柱分离的保留时间很长，严重影响基线回零和分析速度。为增加分析灵敏度曾将数十毫升气样中 N_2O 用液氮冷阱冷冻富集后进样分析，干扰杂质则用化学吸附剂预先去除。随着检测器灵敏度的提升和八通阀反吹系统的普遍使用，气样 N_2O 浓度分析的速度和精度都大为提高。图 3.11 为八通阀反吹双阀双柱法分析气体样品 N_2O 浓度示意图。通过对八通阀和四通阀的定时切换，可确保所有干扰气体成分不能进入 ECD 检测器。首先气体样品进入前置柱分离，当 N_2O 以及其他保留时间更短的气体成分(包括 O_2、CO_2)分离出前置柱后，不等样品中的水汽等保留时间比 N_2O 更长的气体成分流出前置柱，立即切换八通阀对前置柱进行反吹，将干扰分析的水汽等赶出分析系统。O_2、CO_2 和 N_2O 在主柱中进一步分离，等 O_2、CO_2 在 N_2O 之前离开主柱进入四通阀后立即切换四通阀，这样就保证只有 N_2O 能进入 ECD 检测器，从而彻底消除了杂质成分对 N_2O 分析的干扰。

具体分析流程如下：

(1) 将气体样品通过进样口注入气相色谱时，八通阀和四通阀处于实线位置(实线所连两孔之间是通的)，载气 1 带着气体样品的流向是从八通阀孔 1→2→前置柱→6→5→主柱→四通阀孔 1→2→系统外；反吹气的流向

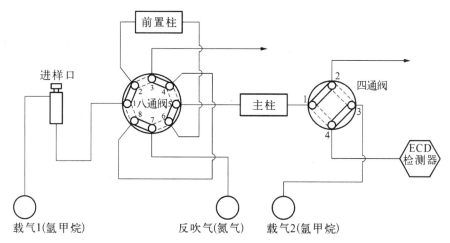

图 3.11　八通阀反吹双阀双柱法分析气体样品 N_2O 浓度示意图

是从八通阀孔 7→8→4→3→系统外；载气 2 的流向是四通阀孔 3→4→检测器。

（2）1.6 分钟后，切换八通阀至虚线位置（虚线所连两孔之间是通的），载气 1 的流向是从八通阀孔 1→8→4→5→主柱→四通阀孔 1→2→系统外；反吹气的流向是从八通阀孔 7→6→前置柱→2→3→系统外；载气 2 的流向是四通阀孔 3→4→检测器。

（3）3.1 分钟后，切换四通阀至虚线位置，载气 1 的流向是从八通阀孔 1→8→4→5→主柱→四通阀孔 1→4→检测器；反吹气的流向是从八通阀孔 7→6→前置柱→2→3→系统外；载气 2 的流向是四通阀孔 3→2→系统外。

（4）4.2 分钟后，切换四通阀至实线位置，载气 1 的流向是从八通阀孔 1→8→4→5→主柱→四通阀孔 1→2→系统外；反吹气的流向是从八通阀孔 7→6→前置柱→2→3→系统外；载气 2 的流向是四通阀孔 3→4→检测器。

（5）5.0 分钟后，切换八通阀至实线位置，载气 1、载气 2 和反吹气的流向恢复到与样品注入时相同。

参考文献

蔡祖聪. 尿素和 KNO_3 对水稻土无机氮转化过程和产物的影响 II. N_2O 生成过程[J]. 土壤学报，2003，40(3)：414-419.

李博. 现代生态学讲座[M]. 北京：科学出版社，1995.

马静，徐华，蔡祖聪. 稻田甲烷氧化研究方法进展[J]. 土壤，2007，39(2)：153-156.

钱琛. 亚热带红壤的硝化作用及其对 NO_3^--N 淋溶和土水酸化的影响[D]. 南京：中国科学院南京土壤研究所，2008.

上官行健,王明星,Wassmann R,等. 稻田土壤中甲烷产生率的实验研究[J]. 大气科学, 1993a, 17(5): 604-610.

上官行健,王明星,陈德章,等. 稻田 CH_4 的传输[J]. 地球科学进展, 1993b, 8(5): 13-22.

王明星,李晶,郑循华. 稻田甲烷排放及产生、转化、输送机理[J]. 大气科学, 1998, 22(4): 600-612.

续勇波. 亚热带土壤氮素反硝化及其环境效应[D]. 南京:中国科学院南京土壤研究所, 2007.

颜晓元. 水田土壤氧化亚氮的排放[D]. 南京:中国科学院南京土壤研究所, 1998.

郑永飞,陈江峰. 稳定同位素地球化学[M]. 北京:科学出版社, 2000.

Alberto M C R, Neue H U, Lantin R S, et al. Determination of soil entrapped methane [J]. Communications in Soil Science and Plant Analysis, 1996, 27: 1561-1570.

Alberto M C R, Arah J R M, Neue H U, et al. A sampling technique for the determination of dissolved methane in soil solution[J]. Chemosphere-Global Change Science, 2000, 2(1): 57-63.

Ambus P, Lowrance R. Comparison of denitrification in two riparian soil[J]. Soil Science Society of America Journal, 1991, 55: 994-997.

Arah J R M, Smith K A, Crichton I J, et al. Nitrous oxide production and denitrification in Scottish arable soils[J]. Journal of Soil Science, 1991, 42, 351-367.

Aulakh M S, Bodenbender J, Wassmann R, et al. Methane transport capacity of rice plants. I. Influence of methane concentration and growth stage analyzed with and automated measuring system[J]. Nutrient Cycling in Agroecosystems, 2000a, 58: 357-366.

Aulakh M S, Bodenbender J, Wassmann R, et al. Methane transport capacity of rice plants. II. Variations among different rice cultivars and relationship with morphological characteristics[J]. Nutrient Cycling in Agroecosystems, 2000b, 58: 367-375.

Banker B C, Kludze H K, Alford D P, et al. Methane sources and sinks in paddy rice soils: relationship to emissions[J]. Agriculture, Ecosystems & Environment, 1995, 53(3): 243-251.

Bateman E J, Baggs E M. Contributions of nitrification and denitrification to N_2O emissions from soils at different water-filled pore space[J]. Biology and Fertility of Soils, 2005, 41(6): 379-388.

Belser L W and Mays E L. Specific inhibition of nitrite oxidation by chlorate and its use in assessing nitrification in soils and sediments[J]. Applied and Environmental Microbiology, 1980, 39(3): 505-510.

Berg P, Klemedtsson L, Rosswall T. Inhibitory effect of low partial pressures of acetylene on nitrification[J]. Soil Biology & Biochemistry, 1982, 14(3): 301-303.

参 考 文 献

Bilek R S, Tyler S C, Sass R L, et al. Differences in CH_4 oxidation and pathways of production between rice cultivars deduced from measurements of CH_4 flux and $\delta^{13}C$ of CH_4 and CO_2[J]. Global Biogeochemical Cycles, 1999, 13(4): 1029 - 1044.

Blackmer A M, Bremner J M. Potential of soil as a sink for atmospheric nitrous oxide[J]. Geophysical Research Letters, 1976, 3(12): 739 - 742.

Bollmann A, Conrad R. Enhancement by acetylene of the decomposition of nitric oxide in soil[J]. Soil Biology & Biochemistry, 1997, 29(7): 1057 - 1066.

Bouwman A E. Soils and the Greenhouse Effect[M]. New York: John Wiley and Sons, 1989.

Bremner J M, Blackmer A M. Effects of acetylene and soil water content on emission of nitrous oxide from soils[J]. Nature, 1979, 280: 380 - 381.

Byrnes B H, Austin E R, Tays B K. Methane emissions from flooded rice soils and plants under controlled conditions[J]. Soil Biology & Biochemistry, 1995, 27(3): 331 - 339.

Carter M S. Contribution of nitrification and denitrification to N_2O emissions from urine patches[J]. Soil Biology & Biochemistry, 2007, 39(8): 2091 - 2102.

Chanton J, Liptay K. Seasonal variation in methane oxidation in a landfill cover soil as determined by an in situ stable isotope technique[J]. Global Biogeochemical Cycles, 2000, 14(1): 51 - 60.

Chapuis-Lardy L, Wrage N, Metay A, et al. Soils, a sink for N_2O? A review[J]. Global Change Biology, 2007, 13(1): 1 - 17.

Chidthaisong A, Chin K-J, Valentine D L, et al. A comparison of isotope fractionation of carbon and hydrogen from paddy field rice roots and soil bacterial enrichments during CO_2/H_2 methanogenesis[J]. Geochimica et Cosmochimica Acta, 2002, 66(6): 983 - 995.

Chin K-J, Conrad R. Intermediary metabolism in methanogenic paddy soil and the influence of temperature[J]. FEMS Microbiology Ecology, 1995, 18(2): 85 - 102.

Coleman D D, Risatti J B, Schoell J M. Fractionation of carbon and hydrogen isotopes by methane-oxidizing bacteria[J]. Geochimica et Cosmochimica Acta, 1981, 45(7): 1033 - 1037.

Conrad R, Klose M. How specific is the inhibition by methyl fluoride of acetoclastic methanogenesis in anoxic rice field soil? [J] FEMS Microbiology Ecology, 1999, 30(1): 47 - 56.

Conrad R, Klose M, Claus P. Pathway of CH_4 formation in anoxic rice field soil and rice roots determined by ^{13}C-stable isotope fractionation[J]. Chemosphere, 2002, 47(8): 797 - 806.

Conrad R, Klose M. Effect of potassium phosphate fertilization on production and emission of methane and its ^{13}C-stable isotope composition in rice microcosms[J]. Soil Biology & Biochemistry, 2005, 37(11): 2099 - 2108.

Denier van der Gon H A C, Neue H U. Oxidation of methane in the rhizosphere of rice plants[J]. Biology and Fertility of Soils, 1996, 22(4): 359 – 366.

Denmead O T. Chamber systems for measuring nitrous oxide emissions from soils in the field[J]. Soil Science Society of America Journal, 1979, 43: 89 – 95.

Denmead O T. Micrometerological Methods for Measuring Gaseous Losses of Nitrogen in the Field[M]//Freney J R, Simpson J R. Gaseous Loss of Nitrogen from Plant-Soil Systems. The Hague: Martinus Nijhoff/Dr. W. Junk Publishers, 1983.

Drury C F, Oloya T O, McKenney D J, et al. Long-term effects of fertilization and rotation on denitrification and soil carbon[J]. Soil Science Society of America Journal, 1998, 62(6): 1572 – 1579.

Duxbury J M, Bouldin D R, Terry R E, et al. Emissions of nitrous oxide from soils[J]. Nature 1982, 298: 462 – 464.

Fey A, Claus P, Conrad R. Temporal change of ^{13}C-isotope signatures and methanogenic pathways in rice field soil incubated anoxically at different temperatures [J]. Geochimica et Cosmochimica Acta, 2004, 68(2): 293 – 306.

Fowler D, Duyzer J. Micrometerological Techniques for the Measurement of Trace Gas Exchange[M]//Andreas M O, Schimel D S. Exchange of Trace Gases between Terrestrial Ecosystems and the Atmosphere. New York: John Wiley and Sons, 1989, 189 – 207.

Frenzel P, Bosse U. Methyl fluoride, an inhibitor of methane oxidation and methane production[J]. FEMS Microbiology Ecology, 1996, 21(1): 25 – 36.

Games L M, Hayes J M, Guansalus R P. Methane-producing bacteria: natural fractionations of the stable carbon isotopes[J]. Geochimica et Cosmochimica Acta, 1978, 42(8): 1295 – 1297.

Garrido F, Hénault C, Gaillard H, et al. Inhibitory capacities of acetylene on nitrification in two agricultural soils[J]. Soil Biology & Biochemistry, 2000, 32: 1799 – 1802.

Garrido F, Hénault C, Gaillard H, et al. N_2O and NO emissions by agricultural soils with low hydraulic potentials[J]. Soil Biology & Biochemistry, 2002, 34(5): 559 – 575.

Gelwicks J T, Risatti J B, Hayes J M. Carbon isotope effects associated with aceticlastic methanogenesis [J]. Applied and Environmental Microbiology, 1994, 60 (2): 467 – 472.

Gilbert B, Frenzel P. Rice roots and CH_4 oxidation: the activity of bacteria, their distribution and the microenvironment [J]. Soil Biology & Biochemistry, 1998, 30(14): 1903 – 1916.

Groot T T, Van Bodegom P M, Harren F J M, et al. Quantification of methane oxidation in the rice rhizosphere using ^{13}C-labelled methane[J]. Biogeochemistry, 2003, 64(3): 355 – 372.

Hayes J M. Factors controlling ^{13}C contents of sedimentary organic compounds: principles and evidence[J]. Marine Geology, 1993, 113: 111-125.

Holzapfel-Pschorn A, Conrad R, Seiler W. Production, oxidation and emission of methane in rice paddies[J]. FEMS Microbiology Letters, 1985, 31(6): 343-351.

Holzapfel-Pschorn A, Conrad R, Seiler W. Effects of vegetation on the emission of methane from submerged paddy soil[J]. Plant and Soil, 1986, 92(2): 223-233.

Hosono T. Studies on methane flux from rice paddies and the mechanism of methane emission through rice plants [J]. Bulletin of the National Institute of Agro-Environmental Sciences, 2000, 18: 33-80.

Hyman M R, Page C L, Arp D J. Oxidation of methyl fluoride and dimethyl ether by ammonia monooxygenase in *Nitrosomonas europaea*[J]. Applied and Environmental Microbiology, 1994, 60(8): 3033-3035.

Ingwersen J, Butterbach-Bahl K, Gasche R, et al. Barometric process separation: new method for quantifying nitrification, denitrification, and nitrous oxide sources in soils [J]. Soil Science Society of America Journal, 1999, 63(1): 117-128.

Janssen P H, Frenzel P. Inhibition of methanogenesis by methyl fluoride: studies of pure and defined mixed cultures of anaerobic bacteria and archaea[J]. Applied and Environmental Microbioloby, 1997, 63(11): 4552-4557.

Jia Z J, Cai Z C, Xu H, et al. Effect of rice plants on CH_4 production, transport, oxidation and emission in rice paddy soil[J]. Plant and Soil, 2001, 230(2): 211-221.

Jury W A, Letey J, Collins T. Analysis of chamber methods used for measuring nitrous oxide production in the field[J]. Soil Science Society of America Journal, 1982, 46: 250-256.

Kanemasu E T, Powers W L, Sij J W. Field chamber measurements of CO_2 flux from soil surfaces[J]. Soil Science, 1974, 118(4): 233-237.

Khalil M A K, Rasmussen R A, Shearer M J. Flux measurements and sampling strategies: Applications to methane emissions from rice fields [J]. Journal of Geophysical Research-Atmospheres, 1998, 103(D19): 25211-25218.

King G M. In situ analyses of methane oxidation associated with the roots and rhizomes of a bur reed, spargainium eurycarpum, in a Maine wetland [J]. Applied and Environmental Microbioloby, 1996, 62(12): 4548-4555.

King G M. Dynamics and controls of methane oxidation in Danish wetland sediment[J]. FEMS Microbiology Ecology, 1990, 74(4): 309-323.

King S L, Quay P D, Lansdown J M. The $^{13}C/^{12}C$ kinetic isotope effect for soil oxidation of methane at ambient atmospheric concentrations [J]. Journal of Geophysical Research, 1989, 94(D15): 18273-18277.

Klemedtsson L, Hansson G, Mosier A. The Use of Acetylene for the Quantification of N_2 and N_2O Production from Biological Processes in Soil[M]//Revsbech N P, Sørensen J. Denitrification in Soil and Sediment. New York: Plenum Press, 1990, 167-180.

Krüger M, Frenzel P, Conrad R. Microbial processes influencing methane emission from rice fields[J]. Global Change Biology, 2001, 7(1): 49-63.

Krüger M, Eller G, Conrad R, et al. Seasonal variation in pathways of CH_4 production and in CH_4 oxidation in rice fields determined by stable carbon isotopes and specific inhibitors[J]. Global Change Biology, 2002, 8(3): 265-280.

Krüger M, Frenzel P. Effects of N-fertilisation on CH_4 oxidation and production, and consequences for CH_4 emissions from microcosms and rice fields[J]. Global Change Biology, 2003, 9(5): 773-784.

Mathieu O, Hénault C, Lévéque J, et al. Quantifying the contribution of nitrification and denitrification to the nitrous oxide flux using ^{15}N tracers[J]. Environmental Pollution, 2006, 144(3): 933-940.

Matthias A D, Blackmer A M, Bremner J M. A simple chamber technique for field measurement of emissions of nitrous oxide from soils[J]. Journal of Environmental Quality, 1980, 9: 251-256.

McCarty G W. Modes of action of nitrification inhibitors[J]. Biology and Fertility of Soils, 1999, 29(1): 1-9.

Monteith J L. Principles of Environmental Physics[M]. London: Edward Arnold, 1973.

Mosier A R, Mack L. Gas chromatographic system for precise, rapid analysis of nitrous oxide[J]. Soil Science Society of America Journal, 1980, 44: 1121-1123.

Mosier A R, Hutchinson G L. Nitrous oxide emissions from cropped fields[J]. Journal of Environmental Quality, 1981, 10: 169-173.

Mosier A R, Heinemeyer O. Current Methods Used to Estimate N_2O and N_2 Emissions from Field Soils[M]//Golterman H I. Denitrification in the Nitrogen Cycle. New York: Plenum Press, 1985.

Müller C, Abbasi M K, Kammann C, et al. Soil respiratory quotient determined via barometric process separation combined with nitrogen-15 labeling[J]. Soil Science Society of America Journal, 2004, 68: 1610-1615.

Nakagawa F, Yoshida N, Sugimoto A, et al. Stable isotope and radiocarbon compositions of methane emitted from tropical rice paddies and swamps in Southern Thailand[J]. Biogeochemistry, 2002, 61(1): 1-19.

Nicholas D J D, Jones O T G. Oxidation of hydroxylamine in cell-free extracts of *Nitrosomonas europaea*[J]. Nature, 1960, 185: 512-514.

Oremland R S, Taylor B F. Inhibition of methanogenesis in marine sediments by acetylene and ethylene: validity of the acetylene reduction assay for anaerobic microcosms[J]. Applied Microbiology, 1975, 30(4): 707-709.

Payne W J. A review of methods for field measurements of denitrification[J]. Forest Ecology and Management, 1991, 44: 5-14.

Rothfuss F, Conrad R. Thermodynamics of methanogenic intermediary metabolism in littoral sediment of Lake Constance[J]. FEMS Microbiology Ecology, 1993, 12(4): 265-276.

Schütz H, Seiler W. Methane Flux Measurements: Methods and Results[M]//Andreae M O, Schimel D S. Exchange of Trace Gases between Terrestrial Ecosystems and the Atmosphere. New York: John Wiley and Sons, 1989, 209-228.

Schütz H, Seiler W, Conrad R. Processes involved in formation and emission of methane in rice paddies[J]. Biogeochemistry, 1989, 7(1): 33-53.

Stenvens C M, Engelkenmeir A. Stable carbon isotopic composition of methane from some natural and anthropogenic sources [J]. Journal of Geophysics Research, 1988, 93(D1): 725-733.

Stevens R J, Laughlin R J, Burns L C, et al. Measuring the contributions of nitrification and denitrification to the flux of nitrous oxide from soil [J]. Soil Biology & Biochemistry, 1997, 29(2): 139-151.

Sugimoto A, Wada E. Carbon isotopic composition of bacterial methane in a soil incubation experiment: Contributions of acetate and CO_2/H_2 [J]. Geochimica et Cosmochimica Acta, 1993, 57(16): 4015-4027.

Takai Y. The mechanism of methane formation in flooded paddy soil[J]. Soil Science and Plant Nutrition, 1970, 16: 238-244.

Tyler S C, Crill P M, Brallsford G W. $^{13}C/^{12}C$ fractionation of methane during oxidation in a temperate forested soil[J]. Geochimica et Cosmochimica Acta, 1994, 58(6): 1625-1633.

Tyler S C, Bilek R S, Sass R L, et al. Methane oxidation and pathways of production in a Texas paddy field deduced from measurements of flux, $\delta^{13}C$, and δD of CH_4[J]. Global Biogeochemical Cycles, 1997, 11(3): 323-348.

Wang Z P, Lindau C W, Delaune R D, et al. Methane emission and entrapment in flooded rice soils as affected by soil properties[J]. Biology and Fertility of Soils, 1993, 16(3): 163-168.

Wassmann R, Buendia L V, Lantin R S, et al. Mechanisms of crop management impact on methane emissions from rice fields in Los Baños, Philippines[J]. Nutrient Cycling in Agroecosystems, 2000, 58: 107-119.

Watanabe I, Hashimoto T, Shimoyama A. Methane-oxidizing activities and methanotrophic populations associated with wetland rice plants[J]. Biology and Fertility of Soils, 1997, 24(3): 261-265.

Xu H, Cai Z C, Tsuruta H. Soil moisture between rice-growing seasons affects methane emission, production, and oxidation[J]. Soil Science Society of America Journal, 2003, 67: 1147-1157.

Xu Y B, Cai Z C. Denitrification characteristics of subtropical soils in China affected by soil parent material and land use[J]. European Journal of Soil Science, 2007, 58(6):

1293 – 1303.

Yan X, Shi S, Du L, et al. Pathways of N_2O emission from rice paddy soil[J]. Soil Biology & Biochemistry, 2000, 32(3): 437 – 440.

Yao H, Conrad R. Electron balance during steady-state production of CH_4 and CO_2 in anoxic rice soil[J]. European Journal of Soil Science, 2000, 51: 369 – 378.

Yu K W, Wang Z P, Chen G X. Nitrous oxide and methane transport through rice plants [J]. Biology and Fertility of Soils, 1997, 24(3): 341 – 343.

Zhao W, Cai Z C, Xu Z H. Does ammonium-based N addition influence nitrification and acidification in humid subtropical soils of China? [J]. Plant and Soil, 2007, 297: 213 – 221.

第4章 稻田生态系统 CH_4 和 N_2O 排放的影响因素

深入研究稻田生态系统 CH_4 和 N_2O 排放的影响因素，建立影响因素与排放（通）量之间的关系是掌握稻田生态系统 CH_4 和 N_2O 排放规律，估算区域、国家和全球尺度排放量，提出减少排放量措施的基础。从第2章的讨论可以看出，稻田生态系统中 CH_4 和 N_2O 产生于土壤，并在土壤中转化，通过多种途径排放到大气。因此，稻田生态系统的 CH_4 和 N_2O 排放量与土壤性质密切相关。气候、人为利用和管理、作物生长等一系列因素或者直接影响 CH_4 和 N_2O 排放量或者通过影响土壤性质而间接地影响 CH_4 和 N_2O 排放量。由于这些因素并不是专一地影响 CH_4 和 N_2O 排放的某一特定过程，而往往同时影响 CH_4 和 N_2O 产生、转化和传输过程，所以，在多种因素同时起作用的田间条件下，将某一特定因素的作用单独区分出来，并就影响程度进行定量是相当困难的。但是，这并不是说建立影响因素与排放量之间的关系是不可能的。某一因素对稻田生态系统 CH_4 和 N_2O 排放量影响的体现程度取决于：① CH_4 和 N_2O 排放量对该因素的敏感程度；② 该因素在研究区域或处理间的变异程度；③ 其他影响因素在研究区域或处理间的变异程度。如果某一因素强烈地影响 CH_4 或 N_2O 排放，且在研究区域或处理间有足够的变异程度，而其他因素的变异程度又足够小，那么该因素就可能成为影响 CH_4 或 N_2O 排放量的关键因素。

稻田生态系统 CH_4 和 N_2O 排放必须同时满足四个基本条件：① 生成 CH_4 和 N_2O 的基质；② 水分；③ 参与 CH_4 和 N_2O 生成的微生物；④ 温度。其他因素主要通过改变这四个基本条件而影响稻田生态系统的 CH_4 和 N_2O 排放量。

4.1 稻田 CH_4 排放的影响因素

稻田土壤 CH_4 排放是 CH_4 的产生、再氧化及向大气传输这三个过程共同作用的结果。可以影响稻田产生、氧化和传输 CH_4 的因素均对稻田 CH_4 排放量产生影响。影响稻田 CH_4 排放的因素可以概括为三类：① 气候因素，如气温、降雨、太阳辐射强度、大气 CO_2 浓度升高等；② 土壤因素，如土壤有机质和氧化物质含量、质地、pH 值等；③ 人为因素，如水分管理、施用有机肥种类和用量、化肥种类和用量等。以下分别讨论这些因素对稻田 CH_4 排放量的影响。

4.1.1 土壤性质

CH_4 的产生是厌氧微生物分解有机质的最后一步，是严格厌氧还原条件下产甲烷菌作用于产甲烷基质的结果。因此与土壤氧化还原状况(Eh)、基质供给和产甲烷菌活性有关的土壤性质必然会影响土壤中 CH_4 的产生和排放。这些土壤性质主要有：土壤 Eh 和土壤氧化还原物质含量、土壤 pH 值、土壤质地和土壤渗漏率等。

4.1.1.1 土壤 Eh 和土壤氧化还原物质含量

产甲烷菌在厌氧环境下具有产 CH_4 活性并能忍受一定的温度、盐度和 pH 值极限，但在氧气或其他氧化态无机化合物存在的情况下，产甲烷菌停止其活性，逐渐死亡。氧气的消失及兼性细菌、厌氧细菌的活跃是稻田土壤的特性。除水土界面及根土界面外，土壤淹水 8 小时后几成无氧状态(Mikkelsen, 1987)。氧的耗尽迫使土壤兼性细菌和厌氧细菌依热力学顺序利用 NO_3^-、Mn^{4+}、Fe^{3+}、SO_4^{2-} 和 CO_2 作为电子受体进行有机质分解和呼吸作用(Neue and Roger, 1993)。分子氧在土壤 Eh 为大约 $+350$ mV 时首先被还原，随后 NO_3^- 和 Mn^{4+}、Fe^{3+} 及 SO_4^{2-} 分别在 $+250$ mV、$+125$ mV 及大约 -150 mV 时被还原(Patrick, 1981)。如果有能源和基质供应，在 SO_4^{2-} 还原后，产甲烷菌在土壤氧化还原电位为 $-150 \sim -200$ mV

4.1 稻田 CH_4 排放的影响因素

时开始产生 CH_4(Neue et al., 1990)。

土壤悬液的实验室研究表明,当氧化还原电位从 -200 mV 降到 -300 mV 时,CH_4 的产生量增加 10 倍(Kludze et al., 1993)。Wang et al. (1993)通过实验室试验发现在 -150～-230 mV 范围内,CH_4 排放通量随土壤 Eh 的降低呈指数增加。

通过温室盆栽试验,我们观察到非水稻生长期排水良好的土壤淹水种植水稻后,土壤 Eh 逐渐下降,土壤 CH_4 排放通量从零逐步增加,显示水稻生长期 CH_4 排放通量和土壤 Eh 之间显著的相关性(图 4.1)。这是因为,当土壤 Eh 尚未下降到足够低时,它是控制土壤 CH_4 产生量的主要因素。不仅单一处理 CH_4 排放通量和土壤 Eh 之间在水稻生长期的时间序列上存在显著相关性,当不同处理水稻生长期平均土壤 Eh 呈现较大变化时,各处理平均 CH_4 排放通量与平均土壤 Eh 也显著相关(图 4.2)。对非水稻生长期淹水土壤而言,由于水稻种植时土壤 Eh 已处于较低的适宜 CH_4 产生的水平,并且整个水稻生长期因为持续淹水,土壤 Eh 只在较低的适宜 CH_4 产生的范围内变动,土壤 Eh 和 CH_4 排放通量之间没有显著相关性,此时稻田 CH_4 排放通量可能更主要地受水稻生长及土壤温度的控制,但这却从另一角度说明土壤 Eh 对 CH_4 生成的重要限制作用(Xu et al., 2000a)。

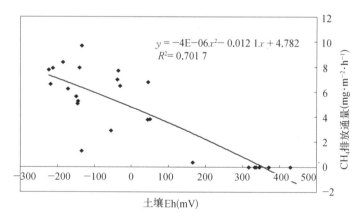

图 4.1 非水稻生长期排水土壤水稻生长期 CH_4 排放通量和土壤 Eh 的关系(徐华,2001)

土壤 Eh 是土壤氧化还原程度的综合指标,受土壤中还原物质(电子供体)和氧化物质(电子受体)的相对丰度控制。土壤中凡能影响土壤 Eh 的物质含量均能通过影响土壤 Eh 而影响 CH_4 排放量。在氧气缺乏的情况下,土壤中主要的氧化物质是 NO_3^-、无定形(也可称作活性)铁和锰、SO_4^{2-},而还原物质则主要是易分解有机质。这些物质数量的多寡影响土壤氧化还

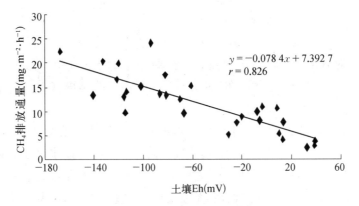

图 4.2 水稻生长期平均 CH_4 排放通量与平均土壤 Eh 的关系(徐华,2001)

原电位的变化速率和实际水平,土壤还原物质多,氧化物质少,则通常出现高的 CH_4 产生率。试验表明,土壤可溶性碳含量与 CH_4 产生量有显著的相关性(Vermoesen et al.,1991)。而土壤可溶性碳含量与土壤易分解有机质含量是直接相关的。

Yagi et al.(1994)对采自泰国三块试验田的土壤样品作了化学分析,结果表明采自 Suphan Buri 的土壤与另外两种土壤相比,游离氧化铁含量低,有效氮(常被当作土壤中易分解有机质的标志)含量高;而采自 Khlong Luang 和 Chai Nat 的土壤与采自 Suphan Buri 的土壤相比,以含有较高浓度的硫酸盐和易还原锰为特色。这些结果可用于解释泰国中部平原稻田 CH_4 排放通量的变化,同时也说明土壤类型对稻田 CH_4 排放的影响(详见 4.1.1.4 节)。

与单独的土壤氧化物质或还原物质相比,土壤还原物质总量与氧化物质总量的差值,即土壤剩余还原容量(ERC)能更好地预示淹水后土壤 Eh 的变化速率和 CH_4 产生量(Crozier et al.,1995)。根据如下氧化还原半反应方程式:

$$\frac{1}{24}C_6H_{12}O_6 + \frac{1}{4}H_2O = \frac{1}{4}CO_2 + H^+ + e^- \tag{4.1}$$

$$\frac{1}{5}NO_3^- + \frac{6}{5}H^+ + e^- = \frac{1}{10}N_2 + \frac{3}{5}H_2O \tag{4.2}$$

$$\frac{1}{2}Mn^{4+} + e^- = \frac{1}{2}Mn^{2+} \tag{4.3}$$

$$Fe^{3+} + e^- = Fe^{2+} \tag{4.4}$$

$$\frac{1}{8}SO_4^{2-} + \frac{5}{4}H^+ + e^- = \frac{1}{8}H_2S + \frac{1}{2}H_2O \tag{4.5}$$

可知摩尔氧化物质可以接受的电子数量和还原物质(以 $C_6H_{12}O_6$ 表示)可以提供的电子数量。因此土壤剩余还原容量可由下式计算:

$$ERC = 4[RMC] - 5[NO_3^-] + 2[Mn_0] + [Fe_0] + 8[SO_4^{2-}] \quad (4.6)$$

式中,RMC 为土壤活性碳含量,Mn_0 和 Fe_0 为无定形锰和铁含量,单位都是摩尔。

应该指出,虽然 CH_4 的产生必须在土壤严格厌氧,Eh 下降到 $-100 \sim -150$ mV 以后,在田间条件下,土壤 Eh 的测定值与 CH_4 排放通量之间常常无显著的相关性。导致这一现象的主要原因是:① CH_4 生成的其他必要条件的满足程度的不一致。如上所述,对于长期淹水的稻田,土壤 Eh 已经下降到足以满足 CH_4 生成的需要,这时,Eh 已经不是关键限制因素,基质的供应水平、温度对 CH_4 生成的影响成为关键因素。② 土壤的不均匀性和 Eh 电极接触的土壤的有限性。特别是在淹水的初期,土壤各部分及团聚体内部氧化还原电位并非以一致的速率均匀地下降。由于 Eh 电极接触的土壤极其有限,所以经常出现电极测定的 Eh 远高于满足 CH_4 生成的 Eh 值时已经可以测定出稻田生态系统的 CH_4 排放的现象。

4.1.1.2 土壤 pH 值

土壤 pH 值是影响微生物代谢过程的重要因素,土壤 pH 值还影响有机质的分解速率和产甲烷微生物的活性。一般来说,中性左右的土壤 pH 值有利于土壤中 CH_4 的产生。由于微生物具有适应生长环境的能力,在酸性或碱性土壤中生长的产甲烷菌其最佳生长 pH 值也往往偏酸或偏碱。由于 Fe^{3+} 还原、CO_2 累积或碱度的变化,大部分酸性土壤和石灰性土壤淹水后其 pH 值均有向 CH_4 产生的最佳 pH 值范围接近的趋势(Bouwman,1990;Ponnamperuma,1984)。因此,土壤 pH 值并不是影响稻田 CH_4 排放量的主要因素。但是土壤中产甲烷菌对 pH 值的突然变化是相当敏感的。实验室研究结果表明土壤悬液中加入少量的酸或碱均将导致土壤 CH_4 排放量急剧下降(Lindau and Bollich,1993)。

但是,也有例外。在滨海地区酸性硫酸盐土壤,由于强酸性抑制了产甲烷菌的生长和活性,加之大量存在的硫酸盐与竞争质子,此类稻田生态系统的 CH_4 排放量往往较低(Yagi et al.,1994)。

4.1.1.3 土壤质地、组分和土壤渗漏率

土壤质地和渗漏性可能并不直接影响 CH_4 的生成,但是可以影响土

壤氧化还原电位和 CH_4 在土壤中的扩散性,从而影响稻田生态系统 CH_4 排放量。但是,至今关于土壤质地影响 CH_4 排放的报道结果不一,一般认为重质地土壤排放较少的 CH_4。Yagi et al.(1990)发现粗质地土壤氧化还原电位通常呈正值,这些土壤 CH_4 的产生受到相当的限制。Wang et al.(1993)的实验室培养测定发现,土壤粘粒含量越高,土壤中产生的 CH_4 向大气排放的比例越小,而被土壤闭蓄的比例越高,这表明粘重土壤中 CH_4 的扩散速率较低。Sass and Fisher(1994)的田间试验结果表明,稻田 CH_4 排放量与土壤粘粒含量有负相关的关系。Cai et al.(1999)在河南封丘对砂质、壤质和粘质水稻田 CH_4 排放的研究结果也表明,粘质水稻土排放的 CH_4 最少(表4.1)。他们认为重质地土壤氧化还原缓冲容量较大,当稻田土壤由排水良好状态到淹水状态时,土壤 Eh 下降速率较慢,达到产甲烷菌活动所需的土壤 Eh 的时间较长,因而排放较少 CH_4。焦燕等(2002)研究了土壤理化性质对采自江苏各地的18种水稻土 CH_4 排放的影响,结果表明 CH_4 排放与土壤砂粒含量呈正相关(图4.3),与粘粒含量呈负相关(图4.4)。Neue and Roger(1993)对29种不同土壤的培养测定结果分析后发现,产甲烷微生物的数量及 CH_4 产生潜势与土壤砂粒含量呈正相关,这可能是砂性土壤 CH_4 排放较高的另一原因。

表4.1 不同质地土壤水稻生长期平均 CH_4 排放通量及季节排放总量(Cai et al., 1999)

土壤	CH_4 平均排放通量($mg \cdot m^{-2} \cdot h^{-1}$)		CH_4 季节排放总量($g \cdot m^{-2}$)	
	1993年	1994年	1993年	1994年
砂质	0.46	1.86	1.19	4.81
壤质	0.72	0.62	1.86	1.62
粘质	0.16	0.44	0.41	1.15
大田	—	0.90	—	2.18

焦燕等(2002)还发现土壤铜含量直接影响 CH_4 的排放,水稻生长期平均 CH_4 排放通量与土壤有效态铜和全铜含量之间都呈显著线性负相关(图4.5和图4.6)。一个可能的解释是土壤溶液中的铜元素大部分以络合物形态存在,减少了产甲烷菌的能源基质,因而抑制了土壤中 CH_4 的产生。另一方面,铜元素可能对产甲烷菌有毒害作用,降低了产甲烷菌的活性。

4.1 稻田 CH_4 排放的影响因素

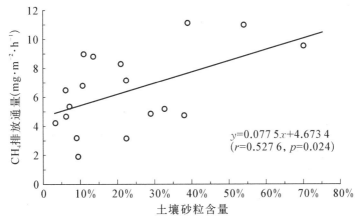

图 4.3 CH_4 排放通量与土壤砂粒含量的相关关系(焦燕等,2002)

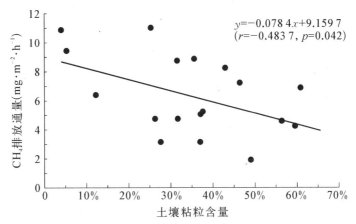

图 4.4 CH_4 排放通量与土壤粘粒含量的相关关系(焦燕等,2002)

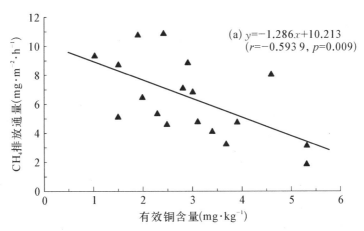

图 4.5 CH_4 排放通量与土壤有效态 Cu 含量的相关关系(焦燕等,2002)

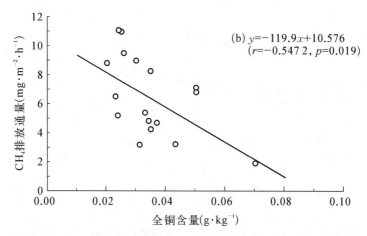

图 4.6 CH$_4$ 排放通量与土壤全 Cu 含量的相关关系(焦燕等，2002)

渗漏速率对稻田 CH$_4$ 排放量也有一定的影响。土壤水分的向下渗漏带入一定的氧，提高了土壤 Eh，减少了 CH$_4$ 的排放；渗漏水还会带走溶解和闭蓄于土壤溶液的 CH$_4$ 和有机碳，进一步减少 CH$_4$ 排放量。在相同的条件下，土壤 CH$_4$ 排放量有随渗漏速率提高而下降的趋势(Yagi et al.，1990)。因此，对于长期淹水，土壤已处于还原状态的土壤，重质地土壤也可能会由于渗漏速率较低而排放出较多的 CH$_4$。

4.1.1.4 土壤类型

不同类型的土壤的有机质含量、氧化还原状况、土壤质地及土壤 pH 值等不同，无疑会影响土壤的产 CH$_4$ 能力，有关土壤类型对稻田 CH$_4$ 排放量影响的研究目前开展得还不是很多。Sass et al.(1991)比较了两种德克萨斯水稻土 CH$_4$ 排放量，典型的暗浊湿润变性土(typic pelludert)比新形成的暗浊湿润变性土(entic pelludert) CH$_4$ 排放量高了将近 3 倍。日本不同类型稻田 CH$_4$ 排放量差异很大：泥炭土＞冲积土＞火山灰土。泥炭土稻田 CH$_4$ 排放量是火山灰土稻田的 40 倍，不施用有机肥的火山灰土稻田土壤 Eh 很少能达到 -200 mV 以下，且其较高的渗漏率(30 mm·d^{-1})可能抑制土壤中的还原过程和 CH$_4$ 的产生(Yagi and Minami，1990)。

除了 CH$_4$ 排放通量，不同水稻土 CH$_4$ 产生潜力及其与土壤性质的关系也引起了不少关注。根据产 CH$_4$ 潜力的大小，代表菲律宾不同水稻生长区的 20 种土壤可被分成 3 组，其产 CH$_4$ 能力分别为＜10 μg CH$_4$·g^{-1} 土、10～100 μg CH$_4$·g^{-1} 土和＞100 μg CH$_4$·g^{-1} 土，与有机碳含量呈显著相关(Denier et al.，1992)。土壤类型对 CH$_4$ 的产生过程也有很大的影响。

Wassmann et al.(1998)比较了菲律宾 11 种水稻土的产 CH_4 潜力,发现这些土壤按照 56 天的淹水厌氧培养过程中 CH_4 开始产生的时间及产生量可分为三类:① 淹水后 1~2 天即有 CH_4 产生,整个观测期有很高的 CH_4 产生量;② 淹水 2~3 周后才有 CH_4 产生,整个培养期有较高的 CH_4 产生量;③ 只在培养后期有较少的 CH_4 产生,土壤 CH_4 产生潜力的差异主要是由有机碳含量的差异引起的。Wang et al.(1999)研究了采自中国华北、华东 28 个土样的产 CH_4 潜力与土壤理化性质的关系,发现土壤 CH_4 产生量与土壤有机质、全氮含量显著正相关,与土壤 pH 值显著负相关。徐华等(2008)观测了全国各主要水稻产区 15 个水稻土样品产 CH_4 潜力与土壤性质的关系,发现 CH_4 产生量只与土壤有机碳、全氮含量之间存在显著正相关,而与活性铁锰含量、土壤 pH 值、阳离子交换量及各粒级含量之间没有显著相关性(表 4.2)。

表 4.2 CH_4 产生量和土壤性质之间的相关系数(徐华等,2008)

土壤性质	厌氧[a]	好氧[b]	土壤性质	厌氧	好氧
有机碳含量	0.57*	0.84**	细砂含量	-0.25	-0.22
全氮含量	0.55*	0.77**	粉砂含量	0.37	0.41
活性铁含量	0.37	0.46	粘粒含量	0.04	-0.11
活性锰含量	-0.07	0.27	pH 值	-0.15	0.11
粗砂含量	-0.11	-0.06	阳离子交换量	0.02	0.16

注:a. 厌氧指培养在淹水和充 N_2 条件下进行;b. 好氧指培养在淹水但暴露于空气条件下进行;* 和 ** 表示相关性分别达到 5% 显著和 1% 极显著水平。

以上不同类型水稻土 CH_4 产生潜力的研究结果都表明土壤有机碳含量对 CH_4 产生潜力的显著影响,但不同作者进行的试验得出的影响程度不同。Wang et al.(1993)的类似研究未发现任何包括土壤有机碳含量在内的土壤性质对土壤 CH_4 产生潜力的显著影响。比较这些试验的样品代表范围和研究结果可以发现,空间尺度对土壤有机质含量与 CH_4 产生量之间相关关系有明显影响。表 4.3 结果表明,土样代表的空间尺度越大,土壤有机碳和全氮含量与 CH_4 产生量之间的相关系数越小。另外,在土壤样品空间分布较小的情况下,土壤 CH_4 产生量不仅与土壤有机碳和全氮含量显著相关,还与颗粒组成和土壤 pH 值显著相关(Wang et al.,1999;Wassmann et al.,1998)。随着采样空间尺度的增大,CH_4 产生量只与土壤有机碳和全氮含量显著相关(徐华等,2008),在更大的空间尺度下与包括土壤有机碳在内的所有土壤性质均没有显著相关性(Wang et al.,1993)。因此,土样代表的空间尺度越大,与 CH_4 产生量相关的土壤性质可能越少,单一土壤性质对 CH_4 产生量的影响程度可能越低。CH_4 的产生量同时受很多因素的综合影响,一些相对不太重要的因素对 CH_4 产生的影响可能被一些更重要的因素掩盖,只有在其他因素相对稳定的情况下,某一因素对 CH_4 产生的影响才能充分体现出来。采集土样的空间范围越大,土壤性质及其他与地理条件有关的影响因素的差异就越大,某个因素的影响被其他因素掩盖的程度就越大。当然,越是重要的因素抵御其他因素掩盖的能力也越强。所以在大空间尺度下,只有最重要的土壤性质或其他较土壤性质还要重要的因素对 CH_4 产生的影响才能达到显著水平。

表 4.3 空间尺度对土壤有机碳氮含量与 CH_4 产生量之间相关系数的影响

土样空间分布	相 关 系 数		文 献 来 源
	土壤有机碳含量—CH_4 产生量	土壤全氮含量—CH_4 产生量	
菲律宾	0.66[a]	0.72[a]	Wassmann et al.,1998
华北、华东	0.61[a]	0.64[a]	Wang et al.,1999
华南、华东、西南、华中、华北、东北	0.57[a]	0.55[a]	徐华等,2008
中国、菲律宾、意大利	0.49[b]	0.68[a]	Yao et al.,1999
美国、印度、泰国、利比里亚	未提供[b]	未提供[b]	Wang et al.,1993

注:a. 达显著水平;b. 未达显著水平。

从表 4.3 结果可以推论,当研究稻田 CH_4 排放的空间变化时,研究区域的空间尺度越小,越应该考虑土壤类型和性质对稻田 CH_4 排放量空间变化的作用。随着研究区域尺度的增大,土壤类型和性质对稻田 CH_4 排放量的影响减小。在全球尺度上,土壤类型并不是影响稻田 CH_4 排放量的关键因素。

虽然水稻土 CH_4 产生潜力与土壤有机碳含量之间的显著正相关关系被大多数实验室培养研究所证实,土壤有机碳作为一关键参数被用于评估稻田 CH_4 排放潜力(Cao et al.,1995),但焦燕等(2002)关于 18 种水稻土 CH_4 排放量与土壤性质的关系研究并未发现 CH_4 排放量与土壤有机碳含量有显著的正相关关系,而且发现两种有机碳含量最高的土壤其 CH_4 排放反而较低(图 4.7)。土壤有机碳对 CH_4 产生潜力和田间实际排放通量不同的影响与实验室培养和田间条件下产甲烷基质不同的来源有关。实验室培养条件下,供

4.1 稻田 CH_4 排放的影响因素

试土壤不栽种水稻植物,并且无外源有机碳加入,因而产甲烷细菌的营养基质主要来自土壤原有有机碳的矿化,所以土壤 CH_4 产生潜力与有机碳含量关系密切。而栽种水稻的条件下,除了土壤原有有机碳的矿化外,还有水稻根系分泌物和外源有机碳为产甲烷细菌提供基质。因此,稻田 CH_4 排放量和土壤有机碳含量之间的关系就变得不那么密切甚至根本没有关系。Xu et al. (2003)在研究非水稻生长期土壤水分含量对随后水稻生长期 CH_4 排放量影响的实验中发现,水稻移栽前土壤有机碳含量显著影响稻田 CH_4 排放量(表4.4)。这与焦燕等(2002)的结果实际上可能并不矛盾。前者可能由于其他土壤性质差异及其作用掩盖了土壤有机碳的作用;后者因为是同一土壤,其他性质相同及对 CH_4 排放的影响具有相同的方向。这一比较进一步说明:某一因素对稻田 CH_4 排放量影响的体现程度受其他因素的影响。

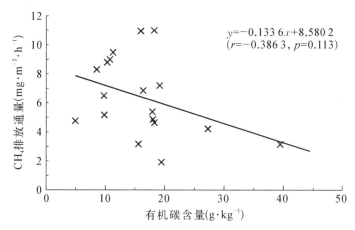

图 4.7 CH_4 排放通量与土壤有机碳含量的相关关系(焦燕等,2002)

表 4.4 各水分处理水稻生长期平均 CH_4 排放通量和土壤 Eh 以及水稻移栽前土壤有机碳含量(徐华,2001)

处理[a]	CH_4 排放通量 ($mg \cdot m^{-2} \cdot h^{-1}$)	土壤 Eh (mV)	有机碳含量 ($g \cdot kg^{-1}$)
无锡水稻土(epiaquepts)			
V	22.6±2.2a	-141±35a	21.1±0.2a
Ⅳ	14.4±1.1b	-89±31b	20.7±0.2bc
Ⅲ	9.0±0.7c	-29±30c	20.5±0.2cd
Ⅱ	4.4±1.5d	10±32c	20.3±0.2d
Ⅰ	14.4±1.8b	-118±21ab	20.9±0.1ab

续表 4.4

处理	CH_4 排放通量 $(mg \cdot m^{-2} \cdot h^{-1})$	土壤 Eh (mV)	有机碳含量 $(g \cdot kg^{-1})$
鹰潭水稻土(hapludults)			
Ⅴ	19.2±1.5a	−119±26a	18.7±0.2a
Ⅳ	12.7±1.4b	−63±44b	18.5±0.1b
Ⅲ	8.7±1.3c	−16±18bc	18.3±0.2c
Ⅱ	3.7±0.6d	20±15c	18.1±0.1c
Ⅰ	12.3±1.2b	−91±53ab	18.6±0.1ab

注：a. Ⅰ、Ⅱ、Ⅲ、Ⅳ和Ⅴ分别表示冬季土壤水分含量为：风干水分条件、田间持水量的25%～35%、50%～60%、75%～85%及107%(淹水)。同列数据后字母只要有 1 个相同就表明结果没有显著差异($P<0.01$)。

4.1.2 土壤水分管理

水分管理对涉及稻田 CH_4 排放的各基本过程有决定性的影响。稻田水层限制大气中氧气向土壤的传输，使土壤形成厌氧还原环境，为产甲烷细菌的生长和活性提供必要的条件。所以，淹水（至少是水分饱和）是稻田产生和实质性排放 CH_4 的先决条件。

近十几年来，大量研究表明水稻生长期持续淹水造成稻田极端厌氧，有利于 CH_4 的产生排放；相反，烤田增加土壤通透性，大气中 O_2 扩散到土壤中破坏原有的还原状态，从而抑制 CH_4 产生，即烤田相对于持续淹水能大量减少水稻生长期 CH_4 的排放(Sass et al., 1991；Xu et al., 2000b)。早在 1992 年，Sass et al.(1991)发现间隙灌溉相对于持续淹水能大幅度减少稻田 CH_4 排放量。Cai et al.(1994)指出水稻生长期持续淹水，稻田 CH_4 排放量远远高于经历烤田和干湿交替处理的稻田 CH_4 排放量，其平均排放通量分别为 6.22 $mg \cdot m^{-2} \cdot h^{-1}$ 和 3.20 $mg \cdot m^{-2} \cdot h^{-1}$。Yagi et al.(1996)研究了持续淹水及水分排干对稻田 CH_4 排放的影响，结果表明水稻生长期几次短时间的水分排干大大降低了 CH_4 排放量，淹水和排干处理 1991 年和 1992 年水稻生长期 CH_4 排放总量分别为 14.8 $g \cdot m^{-2}$、8.63 $g \cdot m^{-2}$ 及 9.49 $g \cdot m^{-2}$、5.18 $g \cdot m^{-2}$。蔡祖聪和 Mosier(1999)通过培养试验研究淹水、好氧(70%WHC)和淹水好氧交替的不同水分类型对土壤温室气体排放的影响，结果表明连续淹水条件下土壤排放出大量的

CH_4,好氧条件下土壤不排放 CH_4,淹水好氧交替处理的土壤排放的 CH_4 在好氧和连续淹水之间。Towprayoon et al.(2005)研究了烤田天数和烤田频度对稻田 CH_4 排放的影响,结果表明水稻生长期水分排干大大降低了稻田 CH_4 的排放,排水一次及排水两次相对于持续淹水 CH_4 排放量分别降低了 29% 和 36%。

烤田时,土壤直接暴露于空气,土壤 Eh 迅速增加而影响产甲烷菌的活性,进而限制土壤 CH_4 的生成(徐华等,2000a)。烤田期间土壤氧化 CH_4 能力的提高是导致 CH_4 排放减少的另一个原因(Jia et al.,2001,2006)。烤田结束再次淹水后,稻田 CH_4 排放只能逐渐恢复到接近烤田前的水平。在烤田彻底的情况下,复水后很长时间都观测不到 CH_4 排放,因而使稻田 CH_4 排放量大为降低(徐华等,1999a)。既然烤田管理稻田 CH_4 排放量低的原因是烤田抑制了烤田后土壤 CH_4 的产生和排放,那么水稻移栽后第一次烤田开始的时间对稻田 CH_4 排放产生影响是必然的。李香兰等(2007)观测到水稻移栽后烤田开始时间越早,稻田 CH_4 排放量越低,这进一步说明了烤田对减少稻田 CH_4 排放的作用。

烤田时,稻田水层消失,闭蓄于土壤中的 CH_4 得以释放,常会出现 CH_4 排放的高峰。这一峰值持续的时间很短,常常因未进行测定而不能发现。在这样的情形下,烤田减少稻田 CH_4 排放效率可能被高估。如表 4.5 结果所示,虽然重新淹水后经历烤田土壤较持续淹水土壤 CH_4 排放量减少了 21.59%~54.45%,但是,烤田期间土壤 CH_4 排放量增加了 9.68%~146%。综合考虑烤田及重新淹水期间 CH_4 排放量,烤田使土壤 CH_4 排放量减少了 7.7%~43.9%。

表 4.5 经历烤田与持续淹水土壤烤田期间、烤田后重新淹水期间 CH_4 排放量(徐华等,2000a)

处 理	水分状况	稻草施用时间	种植状况	CH_4 排放量 $(g \cdot m^{-2})$		
				烤田期间	重新淹水期间	总排放量[e]
干休早[a]	自然干湿[c]	1995-10-28	休闲	1.57	5.25	6.82
干休早[b]	自然干湿	1995-10-28	休闲	0.64	11.52	12.16
小麦早[a]	生长所需湿度	1995-10-28	冬小麦	1.47	5.82	7.29
小麦早[b]	生长所需湿度	1995-10-28	冬小麦	0.74	11.78	12.52
干休晚[a]	自然干湿	1996-6-1	休闲	3.55	15.79	19.34
干休晚[b]	自然干湿	1996-6-1	休闲	1.62	28.33	29.95

续表 4.5

处 理	水分状况	稻草施用时间	种植状况	CH$_4$ 排放量(g·m^{-2})		
				烤田期间	重新淹水期间	总排放量
湿休早[a]	淹 水[d]	1995-10-28	休闲	3.01	30.79	33.80
湿休早[b]	淹 水	1995-10-28	休闲	2.75	51.03	53.78
紫云英早[a]	生长所需湿度	1995-10-28	紫云英	2.19	20.41	22.60
紫云英早[b]	生长所需湿度	1995-10-28	紫云英	1.43	26.03	27.46

注：a. 经历烤田；b. 持续淹水；c. 除雨水外，不接受任何其他外加水，土壤大部分时间呈干燥状态；d. 整个休闲期用自来水维持 2~5 cm 水层；e. 烤田期间与重新淹水期间 CH$_4$ 排放量之和。

不仅水稻生长期土壤水分状况影响稻田 CH$_4$ 排放，通过对分布于全国 8 个地点的观察数据的分析，还发现非水稻生长期土壤水分更是控制我国稻田水稻生长期 CH$_4$ 排放量的关键因素(Kang et al.，2002)，说明土壤水分对稻田 CH$_4$ 排放量的影响具有时间上的外延性。在相同的气候条件下，冬季淹水稻田（冬灌田）的 CH$_4$ 排放量远高于冬季排水的稻田（表 4.6）。徐华等(1999b)的盆栽试验结果也证明冬季淹水土壤水稻生长期 CH$_4$ 排放量极显著高于冬季排水的土壤（表 4.7）。

表 4.6　非水稻生长期水分管理对水稻生长期
CH$_4$ 排放量的影响(Kang et al.，2002)

地 点	水稻生长期 CH$_4$ 排放量 (g·m^{-2})		
	冬季排水(A)	冬季淹水(B)	A/B
广 州	11.8±11.7	76.0±35.4	0.21
鹰 潭	90.4±39.4	158.5±65.8	0.57
长 沙	55.4±32.0	103.5±34.6	0.53
重 庆	47.8±24.3	56.1±22.3	0.85

表 4.7　冬季淹水和干燥处理水稻生长期平均
CH$_4$ 排放通量(徐华等，1999b)

处 理	水稻生长期 CH$_4$ 排放通量(mg·m^{-2}·h^{-1})	
	1996 年	1997 年
冬季自然排干	4.50±0.63	3.52±0.74
冬季淹水	25.10±3.17	14.56±1.12

4.1 稻田 CH_4 排放的影响因素

不仅冬季淹水稻田 CH_4 排放量显著高于冬季排水稻田,冬季排水土壤不同的水分含量对稻田 CH_4 排放也有显著影响,冬季土壤水分含量越高,CH_4 排放量越大(表 4.4)(Kang et al., 2002; Xu et al., 2002, 2003)。越冬期间,在渗漏池试验中控制地下水位以改变表层土壤的水分含量,水稻生长期 CH_4 排放量随着越冬期地下水位和表层土壤水分含量的降低而减少,越冬期淹水处理,水稻生长期的 CH_4 排放量最高(表 4.8)。冬季淹水土壤水稻生长期 CH_4 排放量高是因为长期淹水导致土壤的强还原性,产甲烷菌数量不能得到有效控制。由于产甲烷菌是严格厌氧细菌,低浓度的氧气就足以杀死产甲烷菌。非水稻生长期排干土壤,耕翻使土壤最大限度地暴露于空气或种植旱作作物可以有效地减少稻田产甲烷菌存活数量及其活性,从而减少稻田 CH_4 排放量。排水后,土壤通气性增强使土壤 Eh 升高,一些还原性物质被转化为氧化态:NH_4^+ 通过硝化过程转化为 NO_3^-,低价态 Mn^{2+}、Fe^{2+}、S^{2-} 等均被氧化。土壤水分含量越低、连续干燥时间越长,这些还原性物质的氧化就越彻底,第二年淹水后,还原这些物质所需时间就越长,土壤 Eh 下降到适合产甲烷菌活动范围时间也越长,从而延缓稻田水稻生长期 CH_4 排放、减少水稻生长季 CH_4 排放的天数,从而进一步减少水稻生长季的 CH_4 排放量。在日本,利用地下暗管排水降低冬季土壤水分,同样显著地减少了水稻生长季的 CH_4 排放量(图 4.8)。

表 4.8 渗漏池试验中冬季地下水位对表层土壤水分含量和水稻生长期 CH_4 排放量的影响(未发表数据)

冬季地下水位	1998/1999 年度		1999/2000 年度	
	冬季土壤平均水分 $(g \cdot kg^{-1})$	稻季平均 CH_4 排放通量 $(mg \cdot m^{-2} \cdot h^{-1})$	冬季土壤平均水分 $(g \cdot kg^{-1})$	稻季平均 CH_4 排放通量 $(mg \cdot m^{-2} \cdot h^{-1})$
60 cm	260	5.76	262	7.64
40 cm	279	6.81	277	11.8
20 cm	294	12.1	305	13.4
淹 水		32.7		46.0

除了会影响水稻生长期 CH_4 排放以外,冬季淹水期间本身也有相当数量的 CH_4 排放,占冬灌田 CH_4 年排放总量的 39.4%~44.3%(Cai et al., 2003),高于冬季排水稻田水稻生长期间的 CH_4 排放量。江长胜等(2006)在田间原位观测了川中丘陵区冬灌田 CH_4 排放特征,结果表明一年只种一

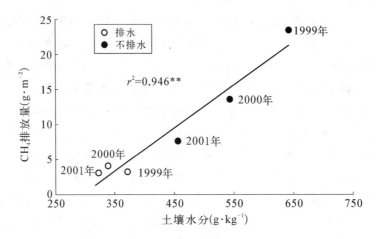

图 4.8 日本非水稻生长期地下暗管排水和不排水稻田水稻移栽前 3~4 天土壤含水量与水稻生长季 CH_4 排放通量的关系(Shiratori et al., 2007)

季中稻冬季灌水休闲的冬灌田水稻生长期 CH_4 平均排放通量为 21.44 mg·m^{-2}·h^{-1},非水稻生长期为 3.77 mg·m^{-2}·h^{-1}。冬灌田不仅在水稻生长期排放 CH_4,而且在长达 230~250 天的休闲期内仍排放 CH_4,非水稻生长期 CH_4 排放量占全年总排放量的 23%。因而进一步提高了全年淹水稻田在稻田 CH_4 排放中的重要性。

从一次淹水持续时间角度考虑,非水稻生长期淹水与水稻移栽时稻田淹水相衔接,实际上增加了淹水持续时间,烤田将水稻生长季节的淹水分割成了多段,缩短了每一次淹水的持续时间。由此可以看出,一次淹水持续的时间越长,稻田 CH_4 的排放量越大;反之,则 CH_4 排放量小。在淹水前排水良好的稻田,如果一次淹水持续时间很短,在淹水期间未必一定有 CH_4 的排放。

相反,一次排水事件持续的时间越长,对淹水后 CH_4 排放的抑制作用越大。在我国华南地区,双季稻和冬季旱作是最常见的种植制度。在华南农业大学农场的双季稻—冬季旱作稻田上作如下处理:① 连续淹水:1994 年早稻移栽前淹水,以后不再间断,在冬季仍然维持水层;② 常规:同试验前种植制度,一年三熟(双季水稻+冬季旱作);③ 单季早稻:一季早稻后种植二季旱作物;④ 单季晚稻:二季旱作作物,一季晚稻;⑤ 年间轮作:第一年全部为旱作,第二年为双季水稻+冬季旱作。除处理①长期淹水外,其他处理水稻生长期至少烤田一次。在 1995 年种植早稻前,处理⑤连续种植了 3 季旱作物,处理③连续种植了 2 季旱作物,处理②种植了 1 季旱作作物,处理①则已连续淹水3季作物。从表4.9可以看出,随着水稻种植前旱作物种植的季数增加,1995年早稻生长期间的CH_4平均排放通量有规律地下降,连续种植3季旱作物的处理⑤,平均CH_4排放通量仅为0.21 mg·m^{-2}·h^{-1},不足常规处理②平均CH_4排放通量的1/10。水稻种植之前水分管理方式持续的时间还影响到晚稻生长期间的CH_4排放通量,但作用程度已经明显下降,表4.9表明这种抑制作用并不能长期存在。表4.9结果进一步证明,随着连续淹水时间的延长(处理①),稻田CH_4排放量增加,1995年早稻和晚稻生长期间的平均CH_4排放量已经明显分别高于1994年早稻和晚稻生长期间的平均CH_4排放通量。

表4.9 华南农业大学农场稻田水稻生长期平均CH_4排放通量
(单位:mg·m^{-2}·h^{-1})(蔡祖聪等,1998)

处 理	1994年		1995年	
	早 稻	晚 稻	早 稻	晚 稻
连续淹水①	3.81	17.63	12.28	32.93
常　　规②	0.28	2.84	2.63	8.12
单季早稻③	0.22	—	0.72	—
单季晚稻④	—	0.36	—	0.14
年间轮作⑤	—	—	0.21	5.68

水分类型对稻田CH_4排放量的影响也可以在丘陵山区不同地形部位的稻田中反映出来。处于丘陵上部的稻田,排水通畅,且土壤内排水性好;而处于谷底的稻田,由于受侧渗水的影响,彻底排干土壤的机会较少,结果丘陵上部的稻田土壤排放的CH_4量通常都低于谷底稻田土壤(蔡祖聪等,1995)。

4.1.3 耕作轮作制

耕作轮作制对稻田CH_4排放的影响部分是水分管理影响的延伸,不同的耕作轮作制具有相应的水分管理模式,不同的土壤水分状况或水分历史影响水稻生长期CH_4排放。稻田轮作制不同还可能改变进入到土壤的有机物质数量,从而影响稻田的CH_4排放量。绿肥—水稻轮作且将绿肥回田的情况下,给土壤带入大量的易分解有机质引起水稻生长期CH_4排放量的增加。

温室盆栽试验研究前茬季节种植紫云英、小麦以及持续淹水休闲和自然干湿休闲对随后水稻生长期CH_4排放影响的结果表明(Xu et al.,

2000a):种植紫云英处理 CH_4 排放量显著高于种植小麦和自然干湿休闲处理;持续淹水休闲处理 CH_4 排放量显著高于自然干湿休闲处理,前者是后者的5.74倍(表4.10)。Cai et al.(2003)通过在重庆连续6年的野外观测发现,与常规耕作方式相比,垄作方式不仅能降低冬灌田水稻生长期 CH_4 排放量,更能减少非水稻生长期 CH_4 排放量,其年 CH_4 排放量比平作冬灌田降低33%(图4.9)。采用垄作方式时,水稻种植在垄脊两侧,垄沟水位保持在垄脊下 0~3 cm(水稻生长期)和 5~10 cm(非水稻生长期),这样使部分垄土处于水分不饱和状态,不仅在一定程度上抑制了未被淹水部分土壤的 CH_4 产生量,而且促进厌氧区域产生的 CH_4 在好氧区域的氧化,从而降低 CH_4 排放量。表4.9中的结果实际上说明的是轮作制对水稻生长期 CH_4 排放的影响。水稻种植前旱作次数越多,水稻生长期 CH_4 排放越小(表4.9)。

表 4.10 轮作制对水稻生长期平均 CH_4 排放通量的影响(Xu et al., 2000b)

处理	CH_4 排放通量 $(mg\cdot m^{-2}\cdot h^{-1})$	
	1996 年	1997 年
前茬季节种植紫云英	28.60±5.60a	38.17±14.39a
前茬季节持续淹水休闲并施用稻草	24.59±2.96a	16.21±1.05b
前茬季节自然干湿休闲,当季施用稻草	19.73±0.83a	35.20±12.18ac
前茬季节种植小麦	4.73±1.37b	5.62±1.88bd
前茬季节自然干湿休闲并施用稻草	4.06±0.62b	3.15±0.74d

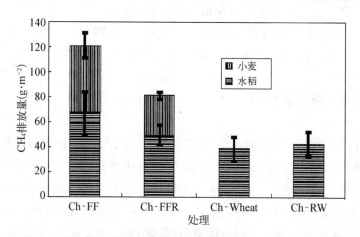

图 4.9 重庆冬灌田不同耕作轮作制处理 CH_4 年总排放量的平均值

注:FF 表示平作常年淹水;FFR 表示垄作常年淹水;
FW 表示平作冬小麦;FWR 表示垄作冬小麦。

江长胜等(2006)通过田间原位测定研究川中丘陵区耕作制度对冬灌田 CH_4 排放的影响:采用水旱轮作后,冬灌田 CH_4 排放量大大降低,稻—麦轮作和稻—油菜轮作全年 CH_4 排放量分别为中稻—冬季灌水休闲处理的44%和41%。究其原因,水旱轮作水稻收获后排水种植小麦和油菜等旱地作物,使冬季由土壤淹水还原转变成为排水通气。如4.1.2节所述,降低冬季土壤水分含量,特别是由淹水到排水将降低水稻生长季的 CH_4 排放。因此,改善冬水田排水设施、大幅度减少冬水田面积、改一年一季稻为一水一旱,不仅提高土壤生产力,而且对降低我国稻田 CH_4 排放具有重要意义。

4.1.4 有机肥的施用

CH_4 是在严格厌氧条件下产甲烷菌作用于产甲烷基质的结果,充足的产甲烷基质和适宜的产甲烷菌生长环境是 CH_4 产生的先决条件。施用有机肥一方面为土壤产甲烷菌提供了丰富的产甲烷基质;另一方面,淹水条件下有机肥的快速分解加速稻田氧化还原电位(Eh)的下降,为产甲烷菌的生长提供适宜的环境条件,从而促进稻田 CH_4 的排放。有机肥对稻田 CH_4 排放的影响在很大程度上还取决于有机肥的种类、施用量、施用方式及施用时间。

4.1.4.1 有机肥种类对稻田 CH_4 排放的影响

有机物质是生成产甲烷前体的基质和质子来源,有机物质的分解是消耗淹水土壤闭蓄的氧气和水层中氧气、降低土壤氧化还原电位的过程,因此,有机肥的施用对稻田生态系统 CH_4 排放量具有重要的影响。有机肥的种类很多,常用的有机肥包括作物秸秆、绿肥、堆肥、厩肥、沼渣和饼肥等。作物秸秆是农业生产中重要的副产物,包括稻草、麦秆、玉米秆、棉花秆、油料作物秸秆等。绿肥是利用栽培或野生的绿色植物体作为肥料,如黑麦草、紫云英、绿萍、田菁、水葫芦等。堆肥是以各类秸秆、落叶、青草、动植物残体、人畜粪便等为原料,经过堆制腐解而成的有机肥料。厩肥是家畜粪尿和秸秆等垫圈材料混合堆制的肥料。沼渣是沼气池中有机物腐解产生的副产物。饼肥是含油种子经过榨油后所剩下的残渣,包括菜籽饼、棉籽饼、豆饼、芝麻饼、蓖麻饼、茶籽饼等。

施用有机肥促进稻田 CH_4 排放,其程度大小取决于有机物的成分和性质(表4.11)。陈德章等(1993)对四川乐山单季稻的研究发现,有机肥对稻

田 CH_4 排放有促进作用,沼气发酵肥可以降低稻田的 CH_4 排放量。王明星等(1995)对湖南桃源的早、晚稻研究也证实沼渣肥对稻田 CH_4 排放的正效应要大大低于新鲜有机肥,原因在于:沼渣经过了相当长时间的发酵,有机肥中易分解的成分相当一部分已生成沼气而消失,产甲烷前体减少,从而导致土壤中 CH_4 产生量较低。邹建文等(2003)采用不同种类的有机肥进行研究,发现稻田 CH_4 排放总量为:菜饼、麦秆＞牛厩肥＞猪厩肥。可能的原因是:牛厩肥的有机碳含量较低,而猪厩肥的有机碳大部分以大分子复杂有机物存在,可利用的产甲烷前体较少。

表 4.11 有机肥对稻田 CH_4 排放的影响

影响因素	地点	水稻种植	有机肥施用情况	CH_4 排放通量 ($mg \cdot m^{-2} \cdot h^{-1}$)	CH_4 排放总量 ($kg \cdot hm^{-2}$)	参考文献
有机肥种类	天津	单季稻	无	0.67	19	陶战等,1994
			马粪沼渣 $2.25\ t \cdot hm^{-2}$	0.57	16	
			猪粪沼渣 $2.25\ t \cdot hm^{-2}$	0.82	23	
			农家肥(猪粪+马粪) $2.25\ t \cdot hm^{-2}$	44.18	1 241	
	湖南桃源	早稻	无	4.5	—	王明星等,1995
			沼渣 $45\ t \cdot hm^{-2}$	9.9	—	
			紫云英 $15\ t \cdot hm^{-2}$	14.9	—	
			紫云英 $15\ t \cdot hm^{-2}$ + 猪粪 $15\ t \cdot hm^{-2}$	21.9	—	
		晚稻	无	6.8		
			沼渣 $45\ t \cdot hm^{-2}$	9.8		
			稻草 $3\ t \cdot hm^{-2}$	20.2		
			稻草 $3\ t \cdot hm^{-2}$ + 猪粪 $22.5\ t \cdot hm^{-2}$	22.1		
	北京	单季稻	无	0.17	6	Wang et al.,2000
			猪粪 $40\ kg\ N \cdot hm^{-2}$	5.79	191	
			牛粪 $13\ kg\ N \cdot hm^{-2}$	1.29	43	
			稻草 $9\ kg\ N \cdot hm^{-2}$	4.25	141	
	江苏南京	单季稻	无	1.40	39	邹建文等,2003
			猪厩肥 $2.25\ t \cdot hm^{-2}$	1.34	37	
			牛厩肥 $2.25\ t \cdot hm^{-2}$	2.03	57	
			菜饼 $2.25\ t \cdot hm^{-2}$	4.94	137	
			麦秆 $2.25\ t \cdot hm^{-2}$	4.90	136	

续表 4.11

影响因素	地点	水稻种植	有机肥施用情况	CH_4排放通量 ($mg·m^{-2}·h^{-1}$)	CH_4排放总量 ($kg·hm^{-2}$)	参考文献
有机肥种类	湖南望城	早稻	无	10.33	201	秦晓波等,2006
			猪粪 15 t·hm^{-2}	23.79	463[a]	
			稻草 2.625 t·hm^{-2}	27.09	527[a]	
		晚稻	无	10.27	215	
			猪粪 15 t·hm^{-2}	20.38	426[a]	
			稻草 2.625 t·hm^{-2}	51.38	1 073[a]	
	Mito, Japan	单季稻	无	1.2	36	Yagi and Minami,1990
			稻草堆肥 12 t·hm^{-2}	1.9	59	
			稻草 6 t·hm^{-2}	3.2	98	
	Los Baños, Philippines	旱季稻	无	1.13	27	Wassmann et al., 2000
			稻草 60 kg N·hm^{-2}	26.42	634	
			田菁 60 kg N·hm^{-2}	4.96	119	
		雨季稻	无	0.58	13	
			稻草 60 kg N·hm^{-2}	25.88	602	
			田菁 60 kg N·hm^{-2}	1.75	40	
	Luzon, Philippines	旱季稻	无	6.88	160	Corton et al., 2000
			稻草堆肥 2.5 t·hm^{-2}	7.67	178	
			稻草 4 t·hm^{-2}	18.04	420	
		雨季稻	无	11.33	272	
			稻草堆肥 2.5 t·hm^{-2}	14.71	353	
			稻草 4 t·hm^{-2}	39.67	952	
有机肥施用量	台湾桃源	早稻	无[b]	—	295	Yang and Chang,1997
			稻草 6 t·hm^{-2} [b]	—	915	
			稻草 12 t·hm^{-2} [b]	—	2 012	
		晚稻	无[b]	—	76	
			稻草 6 t·hm^{-2} [b]	—	518	
			稻草 12 t·hm^{-2} [b]	—	1331	
	江苏南京	单季稻	无	1.10	30	蒋静艳等,2003
			麦秆 2.25 t·hm^{-2}	5.08	140	
			麦秆 4.5 t·hm^{-2}	9.16	253	

续表 4.11

影响因素	地点	水稻种植	有机肥施用情况	CH_4 排放通量 ($mg \cdot m^{-2} \cdot h^{-1}$)	CH_4 排放总量 ($kg \cdot hm^{-2}$)	参考文献
有机肥施用量	Mito, Japan	单季稻	无	1.2	36	Yagi and Minami, 1990
			稻草 6 t·hm^{-2}	3.2	98	
			稻草 9 t·hm^{-2}	4.1	126	
有机肥施用方式	浙江杭州	晚稻	无	6.94	185	Lu et al., 2000
			稻草 600 kg C·hm^{-2},均匀混施	10.49	279	
			稻草 600 kg C·hm^{-2},表面覆盖	9.30	248	
	湖南宁乡	早稻	稻草 6.75 t·hm^{-2},翻耕混施	11.1	234	肖小平等, 2007
			稻草 6.75 t·hm^{-2},旋耕混施	11.5	243	
			稻草 6.75 t·hm^{-2},表面覆盖	8.4	177	
	江苏句容	单季稻	无	2.35	69	马静, 2008
			麦秆 4.8 t·hm^{-2},均匀混施	9.21	272	
			麦秆 4.8 t·hm^{-2},平沟墒沟埋草	9.51	281	
			麦秆 4.8 t·hm^{-2},隆沟墒沟埋草	7.11	210	
			麦秆 4.8 t·hm^{-2},条带状覆盖	6.28	185	
			麦秆 4.8 t·hm^{-2},原位焚烧	5.40	159	
	Prachinburi, Thailand	深水稻田	稻草 12.5 t·hm^{-2},均匀混施[c]	12.96	619	Chareonsilp et al., 2000
			稻草 12.5 t·hm^{-2},表面覆盖[c]	2.67	127	
			稻草 12.5 t·hm^{-2},灰施[c]	1.46	69	
有机肥施用时间	江苏句容	单季稻	稻草 5 g·kg^{-1} soil,前季施用[d]	4.06	—	Xu et al., 2000a
			稻草 5 g·kg^{-1} soil,当季施用[d]	19.73	—	
			稻草 5.83 g·kg^{-1} soil,前季施用[d]	3.15	—	
			稻草 5.83 g·kg^{-1} soil,当季施用[d]	35.20	—	
	浙江杭州	早稻	无	7.48	142	Lu et al., 2000
			稻草 600 kg C·hm^{-2},前季施用	10.56	200	
			稻草 600 kg C·hm^{-2},当季施用	11.84	225	
	Aichi, Japan	单季稻	无	—	189[f]	Watanabe and Kimura, 1998
			稻草 3 g·kg^{-1} soil,前季施用[e]	—	319[f]	
			稻草 3 g·kg^{-1} soil,当季施用[e]	—	513[f]	

注：a. 有机肥从 1981 年起长期施用,观测值为 2004 年排放量；b. 盆栽试验；c. 稻草湿重；d. 盆栽试验；e. 水稻收获后,稻草保留在田间；f. CH_4 排放量单位为 $mg \cdot pot^{-1}$。

日本(Yagi and Minami,1990)和菲律宾(Corton et al.,2000)的研究发现,施用秸秆堆肥只略微增加稻田 CH_4 的排放量。然而,堆肥制作过程中,由于大量有机物质的集中堆放,形成一定程度的厌氧环境,也会导致 CH_4 排放。王明星等(1993)在假定堆肥处理场的 CH_4 产率是沼气池10%的基础上,粗略估算国内堆肥场的 CH_4 年排放总量为3.2 Tg。因此,堆肥对稻田 CH_4 排放的影响应综合考虑堆肥施用后稻田 CH_4 排放减少的量(相对于新鲜有机物)与堆肥制作过程中 CH_4 排放的量。施用好氧条件下制作的堆肥才是更有效的 CH_4 减排措施(Minamikawa et al.,2006;Wassmann et al.,2004;Yagi et al.,1997)。

4.1.4.2 有机肥施用量对稻田 CH_4 排放的影响

大量研究表明,稻田 CH_4 排放量随有机肥施用量增加而增加(蒋静艳等,2003;Naser et al.,2007)。然而,有机肥施用量和 CH_4 排放量之间并不是简单的线性关系。Schütz et al.(1989)在意大利稻田的研究中发现,稻草施用量为 $12\ t \cdot hm^{-2}$ 时, CH_4 排放量是对照的2倍多,但当施用量继续增加时, CH_4 排放量不再增加。Wang et al.(1992)在实验室加稻草的培养试验中发现,各处理的 CH_4 产生量与稻草加入量呈极显著的线性关系,但这种线性关系仅适用于稻草加入量在2%的范围内,超过这个范围时,由于基质浓度过饱和,可能不再遵循线性关系。

通过数学建模拟合等方法,也发现稻田 CH_4 排放量与有机肥施用量的关系是非线性的。Denier and Neue(1995)综合中国、菲律宾、日本、美国和意大利在1989~1993年的相关研究结果,采用高斯—牛顿迭代法(Gauss-Newton iteration)得到非线性方程:

$$y = \frac{5.3}{1+e^{0.17(8.2-x)}} \quad (4.7)$$

式中,y 为 CH_4 季节排放量($g \cdot m^{-2}$);x 为有机物输入量($t \cdot hm^{-2}$)。

Yan et al.(2005)采用混合线性模型分析稻田 CH_4 排放的主要影响因素,得到线性方程:

$$\ln(flux) = constant + a \times \ln(SOC) + pH_m + PW_i + \\ WT_j + CL_k + OM_l + \ln(1+AOM_l) \quad (4.8)$$

式中,flux 为稻季 CH_4 平均排放通量;SOC 为土壤有机碳含量;a 为 SOC 的效应;pH_m 为土壤 pH 的效应;PW_i 为前季水分效应;WT_j 为稻季水分管理效应;CL_k 为气候效应;OM_l 为输入的有机物的效应;AOM_l 为有机物输入的数量。

在江苏句容研究了麦秆和尿素施用对稻田 CH_4 排放的交互影响。结果表明,稻田 CH_4 排放通量随麦秆施用量而增加的速率受尿素施用量的影响。

随着尿素用量的增加,稻田 CH_4 排放量随麦秆施用量增加而增加的速率变缓。但是,也有培养试验表明(Shan et al.,2007),由于高 C/N 比,在小麦秸秆分解过程中同化无机氮,使土壤中铵态氮含量下降(图 4.10),抑制有机酸向 CH_4 的转化,施用氮肥显著促进 CH_4 的产生量(图 4.11a)。加入 C/N 比小于小麦秸秆的水稻秸秆时,虽然在分解过程中也同化土壤铵态氮,使土壤铵态氮含量下降(图 4.10),但施用氮肥对促进 CH_4 排放的作用较小(图 4.11b)。

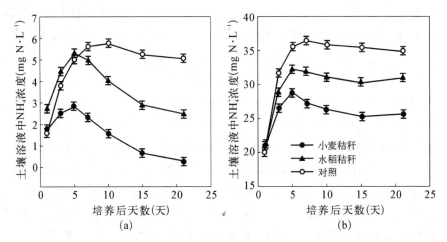

图 4.10 秸秆淹水分解过程中土壤溶液中铵态氮浓度变化(Shan et al.,2008)

注:(a) 不加氮;(b) 加 0.4 g 尿素·kg^{-1}。误差线为标准误差。

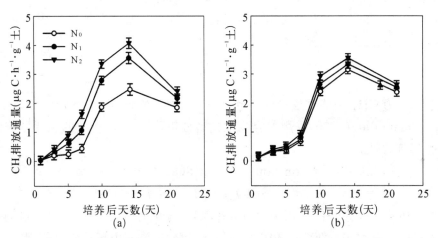

图 4.11 在淹水培养条件下,秸秆类型和氮施用量对 CH_4 排放通量的影响(Shan et al.,2008)

注:(a) 小麦秸秆;(b) 水稻秸秆;N_0、N_1、N_2 指施氮量为 0 g 尿素·kg^{-1} 土、0.2 g 尿素·kg^{-1} 土、0.4 g 尿素·kg^{-1} 土。误差线为标准误差。

4.1.4.3 有机肥施用方式对稻田 CH_4 排放的影响

作为一种重要的有机肥资源,作物秸秆直接还田可以改善土壤结构、提高土壤有机质含量、促进农业生态系统良性循环。作物秸秆有多种还田方式:均匀混施、表面覆盖、墒沟埋草、条带状覆盖、焚烧还田等等,图 4.12 是部分秸秆还田方式的示意图。以往研究发现(陈苇等,2002;肖小平等,2007;Chareonsilp et al.,2000),相对于均匀混施,表面覆盖的还田方式可以减少稻田 CH_4 的排放量,原因在于表面覆盖增加了秸秆的好氧分解。Harada et al.(2005)盆栽试验发现,光照几乎不影响稻草混施处理的 CH_4 排放量,但显著降低稻草表施处理的 CH_4 排放量,光照以及随后产生的光养生物抑制了水土界面 CH_4 的生成。在稻麦(油菜)两熟区,墒沟埋草是一种重要的秸秆还田方式(钟杭等,2003)。马静(2008)的田间试验发现,墒沟埋草处理中,非墒沟区域的 CH_4 排放量远低于均匀混施处理,但埋草的墒沟 CH_4 排放量远高于均匀混施处理。总体上,墒沟埋草的 CH_4 排放量与均匀混施相当。如果抬高墒沟埋草的位置,采用隆沟墒沟埋草的方式,使稻季墒沟埋草形式还田的部分秸秆位于土面以上,可以显著降低稻田的 CH_4 排放量(表 4.11)。作为节水稻作的一种新模式,秸秆条带状覆盖的还田方式可以节约灌溉用水、增加水稻产量(郑家国等,2006)。马静(2008)的研究发现,相对于均匀混施处理,麦秆条带状覆盖还田可以显著降低稻田 CH_4 排放量(表 4.11)。近年来,在经济相对发达地区,秸秆烧荒(灰施)现象越来越严重。荒烧秸秆占秸秆总量的比例20世纪 90 年代初只有 15%(85-913-04-05 攻关课题组,1995),据我们在江苏省的调查现在已急剧增加到 70%左右。秸秆灰施可以降低稻田 CH_4 排放量(Chareonsilp et al.,2000),但秸秆烧灰过程中也有相当数量的 CH_4 排放(Streets et al.,2003),因而秸秆焚烧还田对稻田 CH_4 排放的影响应综合考虑灰施稻田 CH_4 排放减少的量(相对于均匀混施)与烧灰过程中 CH_4 排放的量。

图 4.12 部分秸秆还田方式示意图

4.1.4.4 有机肥施用时间对稻田 CH_4 排放的影响

有机肥施用时间也是影响稻田 CH_4 排放的主要因素之一。Xu et al. (2000a)的盆栽试验发现,相对于水稻移栽前施用稻草,冬季非水稻生长期施用稻草显著降低稻田 CH_4 排放量(表 4.12),原因在于经过冬作季节的好氧分解,稻草中易分解有机质已经基本被分解,残余的难分解有机质促进 CH_4 排放的效应不大。Lu et al.(2000)对杭州早稻研究也发现,前季稻草还田可以显著降低稻田 CH_4 排放量(表 4.11)。Watanabe and Kimura (1998)分别在前季水稻收获时以及水稻移栽前收集田间的稻草进行盆栽试验,发现后者的 C/N 比为前者的 58%,相应地,CH_4 排放量仅为前者的62%(表 4.11)。

表 4.12 稻草早和稻草晚处理水稻生长期平均 CH_4 排放通量和土壤 Eh(Xu et al., 2000a)

处　　理	CH_4 排放通量($mg \cdot m^{-2} \cdot h^{-1}$)		土壤 Eh
	1996 年	1997 年	1996 年
冬季作物播种时稻草还田	4.52±0.62	3.52±0.74	-13.47±23.02
泡水移栽水稻前稻草还田	18.28±2.58	28.57±5.54	-172.0±35.79

4.1.5 氮肥的施用

无机肥对稻田生态系统 CH_4 排放量的影响极其复杂,可能增加也可能减少稻田 CH_4 排放量,与施用肥料的种类、施用量、施用方式和施用时间有关,但是,总体上,无机肥对稻田生态系统 CH_4 排放量的影响较小。在田间条件下,无机肥对稻田生态系统 CH_4 排放量的影响常常不具有显著性。除氮肥外,其他无机肥料对稻田生态系统 CH_4 排放量影响的研究较少,在此主要介绍氮肥对 CH_4 排放量的影响。

4.1.5.1 氮肥种类对稻田 CH_4 排放的影响

常用的氮肥包括尿素、硫铵、碳铵、复合肥等。尿素是水稻生产中最常用的一种氮肥,目前关于尿素对稻田 CH_4 排放影响的观测结果很不一致。以往一些研究发现,尿素施用增加稻田 CH_4 排放量(陈冠雄等,1995;Banik et al., 1996; Singh et al., 1996; Yang and Chang, 1997)。原因在于:尿素促进根系的发育,增加根系分泌物,为 CH_4 产生提供更多的前体基质;尿素在土壤中水解为 NH_4^+,NH_4^+ 对 CH_4 氧化有竞争作用,从而增加了 CH_4 的排放量;土壤产生的 CH_4 主要通过植株排放到大气中,尿素促进作物生长,从而提高了植株向大气传输 CH_4 的能力。而另外一些研究发现,尿素施用降低了稻田 CH_4 的排放(Cai et al., 1997; Ma et al., 2007; Zou et al., 2005)。原因可能是:在稻田高内源 CH_4 浓度的条件下,虽然施用铵态氮肥对稻田土壤氧化 CH_4 开始表现为抑制作用,但同时高浓度 CH_4 和铵态氮的存在促进了甲烷氧化菌的生长,随着时间的延长和铵态氮的逐渐消失,被促进的甲烷氧化菌氧化更多的 CH_4,从而降低后期 CH_4 排放量(Cai et al., 1997)。

Schimel(2000)从三个层次分析了铵态肥料对 CH_4 排放的影响:在植株/生态系统水平上,氮促进植株生长,为 CH_4 产生提供前体基质,从而促进 CH_4 的排放;在微生物群落水平上,氮促进甲烷氧化细菌的生长和活性,从而减少 CH_4 的排放;在生物化学水平,NH_4^+ 竞争 CH_4 的氧化,从而促进 CH_4 的排放。尿素施用对稻田 CH_4 排放的影响取决于这三方面影响因素的相对强弱。最近的研究表明,氮不仅促进甲烷氧化菌生长,而且也可促进产甲烷菌的生长和 CH_4 生成,特别是大量施用 C/N 比大的秸秆如小麦秸秆后,由于秸秆分解固定有效氮,导致有效氮供应不足,施用氮肥不仅减少了低分子有机酸的积累,而且增加了 CH_4 的生成(图 4.10 和图 4.11, Cai et al., 2007; Shan et al., 2008)。

硫铵也是一种常用的无机肥,关于硫铵对稻田 CH_4 排放影响的观测结果也有很大差异。一些研究发现,硫铵施用降低稻田 CH_4 的排放(Cai et al., 1997; Wassmann et al., 2000)。还有一些研究发现,硫铵施用促进稻田 CH_4 的排放(Banik et al., 1996)。稻田施用硫铵对 CH_4 排放的影响取决于 NH_4^+ 对 CH_4 氧化的抑制作用和 SO_4^{2-} 对 CH_4 产生的抑制作用的相对强弱:一方面,NH_4^+ 竞争 CH_4 的氧化,从而促进 CH_4 的排放;另一方面,SO_4^{2-} 在还原过程中作为电子受体延缓土壤 Eh 的下降,从而减少 CH_4 的生成和排放;此外,SO_4^{2-} 的还原产物 S^{2-} 对产甲烷菌有毒害作用,从而减少 CH_4 的排放。

在可比较的条件下,还可以观察到其他氮肥品种对稻田 CH_4 排放的不同影响。对太湖地区单季稻的观测发现(熊效振等,1999),与碳铵相比,施用尿素使 CH_4 排放增加 10%~70%。湖北地区(林匡飞等,2000)的早、晚稻田观测发现,包膜复合肥处理比施用尿素处理年 CH_4 排放总量减少48.6%。Cai et al.(1997)研究了不同氮肥品种对稻田CH_4排放的影响,结果表明硫铵处理稻田CH_4排放量小于尿素(表4.13)。

表 4.13 不同氮肥品种对水稻生长期 CH_4 排放量的影响(Cai et al., 1997)

氮肥品种	氮肥用量 (kg N·hm^{-2})	CH_4 排放通量(mg·m^{-2}·h^{-1})			
		重复1	重复2	重复3	平均值
无	—	2.07	6.26	1.60	3.31
硫铵	100	3.38	0.92	1.44	1.91
硫铵	300	1.06	1.04	1.91	1.34
尿素	100	4.13	3.85	1.23	3.07
尿素	300	3.97	2.32	2.27	2.85

4.1.5.2 氮肥施用量对稻田 CH_4 排放的影响

以往研究发现,稻田 CH_4 排放量随无机肥施用量而变化的关系也不明确,稻田 CH_4 排放随着无机氮肥施用增加而增加(Banik et al., 1996)或减少(Cai et al., 1997; Zou et al., 2005)报道都有。在江苏宜兴的稻田观测结果显示(Ma et al., 2007),无机肥施用对稻田 CH_4 排放的影响既不随着氮肥施用量的增加而增加,也不随着氮肥施用量的增加而减少,在0、200、270 kg N·hm^{-2} 三个尿素施用水平中,施用量为200 kg N·hm^{-2}时,稻田 CH_4 排放量最低(表4.14)。但是,大多数研究表明,无论无机肥施用对稻田 CH_4 排放是促进作用还是抑制作用,无机肥施用量和 CH_4 排放量之间都呈极显著的线性关系(表4.15)。

表 4.14 宜兴稻田 CH_4 排放通量一览表(Ma et al., 2007)

处理	氮肥用量 (kg N·hm^{-2})	CH_4 排放通量(mg·m^{-2}·h^{-1})		
		2003年	2004年	2005年
N0	0	1.26±0.71a	1.63±0.39a	2.99±1.48a
N200	200	0.73±0.66b	1.28±1.17a	2.21±1.14a
N270	270	1.06±0.39ab	1.61±0.99a	2.60±0.84a
SN0	0	3.94±1.70c	7.90±3.55b	22.65±19.04b
SN200	200	7.06±3.89d	4.72±1.00c	21.77±10.02b
SN270	270	7.35±6.67d	6.37±2.57bc	27.37±21.91b

4.1 稻田 CH_4 排放的影响因素

表4.15 氮肥对稻田 CH_4 排放的影响

影响因素	地点	水稻种植	无机肥施用情况	CH_4排放通量 (mg·m^{-2}·h^{-1})	CH_4排放总量 (kg·hm^{-2})	参考文献
氮肥种类	浙江杭州	早稻	无	7.5	155	Wassmann et al., 1993
			氯化钾 694 kg·hm^{-2}	7.7	159	
		晚稻	无	18.9	445	
			硫酸钾 694 kg·hm^{-2}	13.1	308	
	天津	单季稻	尿素 112.5 kg N·hm^{-2}	57.1[a]	1 632	陶战等, 1995
			硝铵 112.5 kg N·hm^{-2}	42.1[a]	1 202	
			硫铵 112.5 kg N·hm^{-2}	30.7[a]	878	
	江苏南京	单季稻	无	3.31	89	Cai et al., 1997
			尿素 300 kg N·hm^{-2}	2.85	77	
			硫铵 300 kg N·hm^{-2}	1.34	36	
	江苏苏州	单季稻	(堆肥+尿素)191 kg N·hm^{-2}	4.58	148	熊效振等, 1999
			(堆肥+碳铵)191 kg N·hm^{-2}	2.92	94	
	湖北武汉	早稻	硫铵 150 kg N·hm^{-2}	6.69	133	林匡飞等, 2000
			尿素 150 kg N·hm^{-2}	8.38	167	
			包膜复合肥 150 kg N·hm^{-2}	4.39	88	
		晚稻	硫铵 150 kg N·hm^{-2}	6.54	151	
			尿素 150 kg N·hm^{-2}	11.1	256	
			包膜复合肥 150 kg N·hm^{-2}	5.65	130	
	台湾嘉义	早稻	硫铵 280 kg N·hm^{-2}	0.90	28	Liou et al., 2003
			硝酸钾 280 kg N·hm^{-2}	2.82	87	
		晚稻	硫铵 280 kg N·hm^{-2}	9.17	246	
			硝酸钾 280 kg N·hm^{-2}	13.56	364	
	Louisiana, USA	早稻	无	2.69	60	Lindau, 1994
			硫铵 60 kg N·hm^{-2}	3.14	70	
			硝酸钾 60 kg N·hm^{-2}	3.58	80	
			尿素 60 kg N·hm^{-2}	4.93	110	
			无	2.69	60	
			硫铵 120 kg N·hm^{-2}	4.48	100	
			硝酸钾 120 kg N·hm^{-2}	4.03	90	
			尿素 120 kg N·hm^{-2}	9.86	220	

续表 4.15

影响因素	地点	水稻种植	无机肥施用情况	CH_4排放通量 $(mg·m^{-2}·h^{-1})$	CH_4排放总量 $(kg·hm^{-2})$	参考文献
氮肥种类	Bengal, India	晚稻	无	—	53[b]	Banik et al., 1996
			尿素 1 g·kg^{-1} soil	—	152[b]	
			磷酸氢二铵 1 g·kg^{-1} soil	—	138[b]	
			硫铵 1 g·kg^{-1} soil	—	136[b]	
			硝酸钠 1 g·kg^{-1} soil	—	90[b]	
	Los Baños, Philippines	旱季稻	尿素 200 kg N·hm^{-2}	0.30	8	Bronson et al., 1997
			硫铵 200 kg N·hm^{-2}	0.08	2	
		雨季稻	尿素 120 kg N·hm^{-2}	1.15	27	
			硫铵 120 kg N·hm^{-2}	0.43	10	
	Los Baños, Philippines	旱季稻	尿素 150 kg N·hm^{-2}	1.13	27	Wassmann et al., 2000
			(尿素+硫铵)150 kg N·hm^{-2}	0.38	9	
		雨季稻	尿素 150 kg N·hm^{-2}	0.58	13	
			(尿素+硫铵)150 kg N·hm^{-2}	0.29	7	
	Cuttack, India	旱季稻	无	—	34.7[c]	Rath et al., 2002
			尿素 60 kg N·hm^{-2}	—	40.6[c]	
			硫代硫酸铵 60 kg N·hm^{-2}	—	14.3[c]	
氮肥施用量	北京	单季稻	无[d]	14.39	—	Li et al., 1997
			尿素 72 kg N·hm^{-2} [d]	4.99	—	
			尿素 144 kg N·hm^{-2} [d]	2.25	—	
	江苏南京	单季稻	无	3.31	89	Cai et al., 1997
			尿素 100 kg N·hm^{-2}	3.07	83	
			尿素 300 kg N·hm^{-2}	2.85	77	
	江苏南京	单季稻	尿素 150 kg N·hm^{-2}	6.11	173	Zou et al., 2005
			尿素 300 kg N·hm^{-2}	2.58	73	
			尿素 450 kg N·hm^{-2}	1.48	42	
	江苏宜兴	单季稻	无	1.26	39	Ma et al., 2007
			尿素 200 kg N·hm^{-2}	0.73	23	
			尿素 270 kg N·hm^{-2}	1.06	33	

续表 4.15

影响因素	地点	水稻种植	无机肥施用情况	CH$_4$排放通量 (mg·m^{-2}·h^{-1})	CH$_4$排放总量 (kg·hm^{-2})	参考文献
氮肥施用量	Louisiana, USA	早稻	无	10.17	210	Lindau et al., 1991
			尿素 100 kg N·hm^{-2}	14.53	300	
			尿素 200 kg N·hm^{-2}	15.02	310	
			尿素 300 kg N·hm^{-2}	17.93	370	
	Bengal, India	晚稻	无	—	53[b]	Banik et al., 1996
			尿素 0.2 g·kg^{-1} soil	—	68[b]	
			尿素 0.4 g·kg^{-1} soil	—	108[b]	
			尿素 0.6 g·kg^{-1} soil	—	123[b]	
			尿素 0.8 g·kg^{-1} soil	—	131[b]	
			尿素 1 g·kg^{-1} soil	—	152[b]	
	江苏南京	单季稻	无	3.31	89	Cai et al., 1997
			硫铵 100 kg N·hm^{-2}	1.91	51	
			硫铵 300 kg N·hm^{-2}	1.34	36	
	Bengal, India	晚稻	无	—	53[b]	Banik et al., 1996
			硫铵 0.2 g·kg^{-1} soil	—	68[b]	
			硫铵 0.4 g·kg^{-1} soil	—	97[b]	
			硫铵 0.6 g·kg^{-1} soil	—	106[b]	
			硫铵 0.8 g·kg^{-1} soil	—	117[b]	
			硫铵 1 g·kg^{-1} soil	—	136[b]	
氮肥施用方式	Vercelli, Italy	单季稻	尿素 200 kg N·hm^{-2},表施	15.8	428	Schütz et al., 1989
			尿素 200 kg N·hm^{-2},深施	7.9	214	
	Cuttack, India	雨养稻田	无	—	3 475	Rath et al., 1999
			尿素 60 kg N·hm^{-2},表施	—	3 075	
			尿素 60 kg N·hm^{-2},深施	—	2 950	
氮肥施用时间	北京	单季稻	不施追肥	14.3	487	邵可声和李震, 1996
			追施分蘖肥硫铵 300 kg·hm^{-2}	7.8	266	
			追施穗肥硫铵 300 kg·hm^{-2}	12.1	412	

注：a. 基肥施用农家肥；b. 盆栽试验，移栽至开花期观测的 CH$_4$ 排放量；c. 施肥后 28 天的观测值；d. 盆栽试验。

4.1.5.3 氮肥施用方式对稻田 CH_4 排放的影响

无机肥的施用方法也是影响稻田 CH_4 排放的因素之一(表 4.15)。意大利(Schütz et al.,1989)的稻田观测结果显示,施用尿素和硫铵对稻田 CH_4 排放的影响程度取决于施肥方式,相对于表施,无机肥深施可以减少稻田 CH_4 的排放。印度(Rath et al.,1999)的雨养稻田也同样观测到:尿素粒肥深施降低稻田 CH_4 的排放,而尿素表施对稻田 CH_4 排放影响不大。此外,Kimura et al.(1992)的盆栽试验发现,与土面施用比较,叶面追施硫铵、氯化铵和尿素,CH_4 排放量分别减少 45%、60% 和 20%。

4.1.5.4 氮肥施用时间对稻田 CH_4 排放的影响

无机肥施用时间对稻田 CH_4 排放也有一定的影响(表 4.15)。邵可声和李震(1996)分别在不同时间施加硫铵追肥,研究发现:与对照相比,硫铵作为分蘖肥追施可使 CH_4 排放量降低 45%,而硫铵作为穗肥追施仅使 CH_4 排放量降低了 15%。原因在于:水稻生长过程中出现两个 CH_4 排放高峰,分别在水稻分蘖期和水稻扬花、灌浆、结实阶段,而硫铵对 CH_4 抑制效果持续时间较长,施加分蘖肥对第二个 CH_4 排放高峰仍有一定的抑制作用。

4.1.6 大气 CO_2 浓度增加

由于化石燃料的燃烧以及土地利用方式的改变,在过去两个世纪,大气中 CO_2 浓度增加了 31%,按照目前的增长速率,到 21 世纪末,大气 CO_2 浓度可能会加倍(IPCC,2001),这将导致自然湿地和人工湿地 CH_4 的排放增加,加剧全球变暖。目前,研究大气 CO_2 浓度升高对农业生态系统影响的最佳手段是 FACE(free air CO_2 enrichment,自由空气中增加 CO_2 浓度)技术,FACE 系统没有任何隔离设施,十分接近自然生态环境,可以得到良好的模拟大气 CO_2 条件。在我国和日本的稻田生态系统进行的 FACE 试验都表明,提高大气 CO_2 浓度促进稻田 CH_4 排放(Inubushi et al.,2003;Xu et al.,2004;Zheng et al.,2006)。Inubushi et al.(2003)在日本稻田的 FACE 试验表明,升高大气中 CO_2 浓度到 550 $\mu L \cdot L^{-1}$,土壤 CH_4 的产生量在 1999 年的试验中增加 38%,在 2000 年增加 51%。在我国的水稻小麦轮作系统 FACE 试验也表明,在高氮处理和低氮处理下 CH_4 排放量分别增加 78%~200% 和 30%~72%(Xu et al.,2004)。因此,阐明大气 CO_2

浓度升高条件下稻田生态系统中 CH_4 排放增加的机理,有助于理解未来大气 CO_2 浓度升高对土壤有机碳库、土壤基础肥力乃至全球环境的影响。

稻田生态系统中,大气 CO_2 浓度升高,水稻光合作用增强,水稻产量以及光合产物向地下部分的输送量增加,从而增加土壤有机碳含量,为稻田土壤 CH_4 的产生提供了更多的产甲烷基质;水稻分蘖数增加,为 CH_4 的产生提供更多的排放通道。此外,根据扩散原理,大气 CO_2 浓度增加也将提高土壤气体中 CO_2 浓度,在厌氧条件下,稻田土壤 CH_4 主要通过乙酸途径和 CO_2 还原途径生成(Fey et al.,2004),所以,大气 CO_2 浓度增加有可能直接影响稻田 CH_4 的产生和排放。

4.1.6.1 土壤有机碳数量以及组成的变化对 CH_4 排放的影响

一般认为,田间条件下,大气 CO_2 浓度增加促进稻田 CH_4 排放是由于 CO_2 浓度增加促进了水稻生长,增加水稻根系分泌物,为产 CH_4 提供了更多的产甲烷基质(Inubushi et al.,2003;Xu et al.,2004;Zheng et al.,2006)。许多 FACE 实验表明,大气 CO_2 浓度增加导致作物产量和植物生物量提高(小麦:Kartschall et al.,1995;草地:Daepp et al.,2000)、植物细根产量增加(小麦:Wechsung et al.,1999;棉花:Prior et al.,1994)、土壤有机碳含量增加(Luo et al.,2006)。土壤有机质不仅是土壤中产甲烷细菌的重要底物,而且有机质含量的提高会降低土壤氧化还原电位以及加速 CH_4 以气泡形式释放,有利于 CH_4 的产生和排放(Neue et al.,1996)。室内培养试验结果表明,FACE 处理 3 年后,土壤有机碳含量增加了 11%,随着 FACE 处理下土壤有机碳含量的增加,以土壤有机碳为产甲烷基质生成和排放的 CH_4 也将增加。FACE 处理的土壤 CH_4 累积排放量较环境 CO_2 浓度处理土壤增加了 1.6 倍,差异达到统计显著水平($P<0.05$)。分析认为,FACE 处理后导致淹水条件下 CH_4 排放量的提高,其原因一方面是土壤有机碳含量提高,另一方面可能还与土壤有机碳矿化产物中 CH_4/CO_2 的比值增加有关(刘娟等,2007)。

研究表明,FACE 条件下土壤有机碳在大团聚体中的积累较在小团聚体中积累快,而大团聚体中的有机碳周转较小团聚体中的快(Six et al.,2001;Van Groeningen et al.,2002)。Hoosbeek et al.(2006)通过化学分组研究表明,FACE 处理增加土壤有机碳主要发生在易矿化有机碳部分。大气 CO_2 浓度增加导致土壤易矿化有机碳的增加,为稻田 CH_4 的产生提供了更多活性有机质,促进 CH_4 的生成和排放。

在稻田生态系统中,CH_4 主要通过乙酸途径和 CO_2 还原途径生成,通

过这两条途径生成 CH_4 的相对比例随培养时间和温度而变化(Fey et al., 2004)。由于存在 CO_2 还原生成 CH_4 的途径,因此,在理论上大气 CO_2 浓度增加,淹水条件下由 CO_2 还原生成的 CH_4 量将有可能增加。室内培养试验结果表明,高 CO_2 浓度下培养 60 天,FACE 处理和环境空气处理的稻田土壤的 CH_4 累积排放量分别较在实验室正常 CO_2 浓度下培养增加了 15% 和 30%(刘娟, 2007)。由此可以推测,大气 CO_2 浓度增加,有可能直接促进稻田土壤中由 CO_2 还原生成 CH_4 的过程,促进 CH_4 的排放。

4.1.6.2 水稻秸秆组成以及水稻生长变化对 CH_4 排放的影响

CO_2 是植物进行光合作用的底物,大气 CO_2 浓度升高,不仅引起植物光合产物的增加,还会导致植物凋落物的物质组成发生变化(Prior et al., 2004)。凋落物的无机与有机组成种类与数量亦即凋落物本身的质量,在凋落物分解过程中起着关键性的作用(Melillo et al., 1982; Norby and Cotrufo, 1998)。凋落物的 C、N 含量、C/N 比值、可溶性成分含量、木质素、纤维素的含量等是影响凋落物分解速率的几个重要指标。一方面,大气 CO_2 浓度升高,增加了植物成分的 C/N 比,有可能降低其在土壤中的分解过程;另一方面,由 CO_2 浓度升高导致的木质素/N、木质素/P 比值的降低以及非结构性碳水化合物的增加又有可能加速其分解(O'Neill and Norby, 1996)。

在我国水稻和小麦轮作系统中,FACE 处理后,水稻秸秆的 C/N 比和秸秆中可溶性成分含量分别增加了 9.7% 和 73.1%,而纤维素和木质素含量分别降低了 16.0% 和 9.9%(刘娟, 2007)。FACE 处理后水稻秸秆的分解速率没有因为秸秆 C/N 比的增加而降低,淹水条件下培养 25 天,FACE 处理水稻秸秆分解产生 CH_4 和 CO_2 量分别较环境空气下生长的水稻秸秆增加了 10.4% 和 18.6%,而且产物中 CH_4/CO_2 的比值增加。统计结果表明,秸秆分解产生的 CH_4 和 CO_2 的净排放量以及 CH_4/CO_2 的比值与秸秆中可溶性成分含量呈显著指数正相关关系,表明秸秆中可溶性成分含量是控制秸秆淹水条件下分解速率及其产物中 CH_4/CO_2 比值的关键因素。而水稻秸秆中可溶性成分含量的增加,可能同样发生于水稻的根系分泌物。因此,稻田生态系统中的淹水阶段,由可溶性成分含量增加引起的水稻秸秆以及水稻的凋落物、水稻根系分泌物分解加速的同时,也使分解过程中 CH_4 的排放量以及产物中 CH_4/CO_2 比值增加,这是大气 CO_2 浓度增加促进稻田土壤 CH_4 排放的又一重要原因(刘娟, 2007)。

大气 CO_2 浓度增加对水稻生长促进的影响还表现在增加水稻分蘖数。

植物生物量以及分蘖数的增加,使得通气组织体积增大,为稻田 CH_4 的排放提供更多通道(Inubushi et al.,2003;Xu et al.,2004),这样就能使 CH_4 更有效地从淹水土壤传输到大气(Butterbach-Bahl et al.,2000;Nouchi et al.,1990),增加稻田 CH_4 的排放量。

4.1.6.3 土壤微生物的变化对 CH_4 排放的影响

大气 CO_2 浓度升高,进入土壤中的有机物质数量以及组成均发生了变化,这就导致土壤微生物的活性、种群以及群落结构发生改变,从而影响土壤有机碳的转化以及 CH_4 的排放。CH_4 是在厌氧条件下由产甲烷菌产生的,在好氧条件下可以由甲烷氧化菌氧化为 CO_2 或同化为微生物生物量。产甲烷菌是一类能够将无机或有机化合物厌氧发酵转化成 CH_4 和 CO_2 的古细菌,CH_4 的生物合成是自然界碳素循环的关键链条(单丽伟等,2003)。研究发现,FACE 条件下 CO_2 浓度倍增可以间接地通过影响植物的生理代谢过程而影响土壤中产甲烷菌数量(Xu et al.,2004)。韩琳等(2006)的研究中发现,常氮处理下,产甲烷菌数量 FACE 比对照平均高 104%~116%,比低氮处理平均高 101%~126%,进一步证实了大气 CO_2 浓度升高引起的产甲烷菌数量的增加对稻田 CH_4 排放的促进。此外,由于大气 CO_2 浓度增加,植物吸收氮增加,减少了土壤氮对甲烷氧化菌的有效性(Xu et al.,2004),从而抑制了 CH_4 的氧化(Bodelier and Laanbroek,2004;Hutchin et al.,1995;Ineson et al.,1998)。这些都会促进稻田生态系统中 CH_4 的排放。

大气 CO_2 浓度增加,不仅影响产甲烷微生物的数量,分解有机质的微生物活性(Inubushi et al.,2003;Whiting and Chanton,1993;Zak et al.,1993),还会导致产甲烷微生物活性(Conrad,2002)增加。王大力和朱立民(1999)利用人工气候室研究发现,CO_2 浓度升高,水稻根系生物量增加了 32%~92%,CH_4 累积排放量却增加了 157%~288%,由此推测高浓度 CO_2 对 CH_4 排放的效应不是简单的累加效应,而是由于水稻根系或者分泌物中某种组成成分的改变,刺激了产甲烷菌的活性。

综上所述,大气 CO_2 浓度升高,稻田土壤 CH_4 排放增加的原因有:① 土壤有机碳,特别是易矿化有机碳含量提高,提供更多的产甲烷基质;② 促进 CO_2 还原生成 CH_4 途径的作用;③ 还田的水稻秸秆中可溶性成分增加,矿化产生的气体中 CH_4/CO_2 的比例升高;④ CO_2 浓度升高促进水稻生长,增加水稻根系分泌物以及根系分解产物,为产生 CH_4 提供更多的基质;水稻分蘖数的增加为稻田 CH_4 的排放提供更多通道(Inubushi et al.,2003;Xu et al.,2004);⑤ 分解有机质的微生物活性(Inubushi et al.,

2003；Whiting and Chanton，1993；Zak et al.，1993)以及产甲烷微生物活性的增加(Conrad，2002)，甲烷氧化菌的有效性(Xu et al.，2004)降低，抑制了 CH_4 的氧化(Bodelier and Laanbroek，2004；Hutchin et al.，1995；Ineson et al.，1998)。

在缺氮稻田生态系统中,大气 CO_2 浓度升高对 CH_4 排放的促进作用会因氮对植物生长的限制作用而消失(e.g. Silvola et al.，2003)。在水稻生长初期,由于 CO_2 增加促进了水表面藻类的生长,藻类光合作用释放的 O_2 增加,促进 CH_4 的氧化(Inubushi et al.，2003)，这可能在一定程度上减少稻田 CH_4 排放,但这一机理尚需要进一步研究证实。

4.1.7 气候因素

气候因素中的温度是稻田 CH_4 生成和转化的基本因素,只有当温度达到产甲烷菌可以活动的范围时,才有可能生成 CH_4。气候因素可以直接影响稻田土壤中产甲烷菌和甲烷氧化菌的活性,也可以通过影响水稻的生长(如光照)和土壤水分状况(如降水)间接地影响稻田 CH_4 的排放。

4.1.7.1 光照

King(1992)的研究结果表明,湿地土壤的 CH_4 排放通量对光照敏感。无论是在实验室条件下的试验结果还是田间直接测定的结果都证明,与黑暗条件下比较,光照显著减少土壤的 CH_4 排放通量,土壤对 CH_4 的氧化能力随着光照强度的增大而增大,因而导致 CH_4 排放量随着光照强度的增加而下降。King 认为光照条件对 CH_4 排放量的影响是光照与否会影响土壤溶解氧浓度的结果。光照促进土壤中藻类的光合作用和氧的生成,促进土壤中 CH_4 的氧化,从而减少 CH_4 的排放量。光照强度也影响水稻的光合作用强度和氧的释放。Frenzel et al.(1992)的研究表明,在有水稻生长的处理中,光照显著增加土壤剖面中 O_2 的浓度,尤其在土壤的最表层。但他们发现,水稻光合作用对 CH_4 排放量并无显著影响。光合作用增强不但增加氧的释放,同时也增加根系有机物质的分泌。前者促进 CH_4 的氧化而后者有利于 CH_4 的产生,可能是由于后者的作用使得在稻田中光照对 CH_4 排放量的影响不明显。

4.1.7.2 温度

土壤温度不仅影响有机质的分解速率、CH_4 的产生速率及 CH_4 由土壤

4.1 稻田 CH_4 排放的影响因素

向大气的传输效率,还影响产甲烷菌本身的数量和活性。大多数产甲烷菌在 30℃ 以上时最活跃,但某些产甲烷菌甚至在 5℃ 时也能形成 CH_4。

土壤温度对稻田 CH_4 排放量的影响是显而易见的。Parashar et al.(1993)通过人为控制土壤温度的方法系统研究了土壤温度与稻田 CH_4 排放量的关系,他们发现温度每升高 10℃, CH_4 排放量增加 1.5~2.0 倍,最佳温度为 34.5℃ 左右,高于此值时, CH_4 排放通量急剧下降。Wassmann et al.(1998)比较了 25℃、30℃ 和 35℃ 时土壤 CH_4 产生量,结果表明 CH_4 产生量随温度增加而增加,且温度对 CH_4 产生的影响可用阿仑尼乌斯公式拟合。由于稻田 CH_4 排放同时受很多土壤及气候因素的影响,只有土壤温度在较大的范围内变动而其他因素比较稳定且不存在 CH_4 产生的限制因子时,土壤温度对 CH_4 排放的影响才能显示出来(Xu et al., 2002)。天气晴朗时土壤温度的昼夜变化较大,而其他影响因素一天内应较为稳定,受土壤温度的影响,晴朗天气下土壤 CH_4 排放呈现明显余弦波式的日变化规律(徐华和蔡祖聪,1999;Yagi et al., 1994)。阴雨天气时土壤温度变化很小,稻田 CH_4 排放通量的变化也较小,昼夜变化规律不明显(徐华,1997)。土壤温度对稻田 CH_4 排放季节变化影响的报道不一。意大利稻田 CH_4 排放通量强烈地决定于土壤温度(5 cm 土温),当温度从 20℃ 升高到 25℃ 时,排放通量增加一倍,排放通量与 1~10 cm 土温相关(Holzapfel-Pschorn and Seiler, 1986)。Khalil et al.(1991)在中国的测定结果表明,在 18~31℃ 范围内,稻田 CH_4 排放通量随土壤温度的升高而迅速增加。另一些研究则观察不到整个水稻生长期土温和稻田 CH_4 排放量的相关性(蔡祖聪等,1995)。土壤温度对稻田 CH_4 排放季节变化的影响程度因是否存在其他制约因子而异。当不存在稻田 CH_4 排放的其他限制因子时,土壤温度与稻田 CH_4 排放季节变化显著相关;如果存在其他限制因素(如较高的土壤 Eh、烤田等),土壤温度对稻田 CH_4 排放则没有显著影响(Xu et al., 2000b)。

土温对 CH_4 排放通量的影响,包含了三个方面的作用:① 对产生 CH_4 的微生物群落的影响,产生 CH_4 的微生物群落包括高分子水解菌、发酵菌和产甲烷菌,热量不仅能刺激细菌活性,而且也能刺激微生物生长以及促进能产生额外 CH_4 的酶的合成(Schütz et al., 1990);② 对水稻土表层和水稻根际 CH_4 氧化的影响;③ 对 CH_4 传输过程的影响。

4.1.7.3 降雨

本节前面曾提到水稻生长期和非水稻生长期土壤水分含量都能强烈影

响水稻生长期 CH_4 的排放。我国 93% 以上是灌溉稻田,水稻生长期土壤水分状况主要由灌溉控制,但非水稻生长期的土壤水分,除冬灌田外,在大尺度上主要由降雨量控制。Kang et al.(2002)利用 1990 年 CH_4 排放量观测点每天降雨量数据用 DNDC 模型估算土壤水分含量,并对我国稻田 CH_4 排放量与非水稻生长期降雨量及土壤水分含量做相关性分析,结果表明非水稻生长期降雨量能解释 73% 的 CH_4 排放量的变异;土壤水分含量能解释 85% 的空间变异。在排水良好的条件下,稻田 CH_4 排放量与冬季降水量的分布规律相一致。根据水稻生长期 CH_4 排放量与非水稻生长期降雨量之间的定量关系,提出了估算我国稻田 CH_4 排放量的方法。采用该方法估算出我国 1990 年到 2000 年的 CH_4 排放量变化在 3.83~9.86 Tg $CH_4 \cdot yr^{-1}$,并分别于 1991 年和 1992 年及于 1998 年出现两次排放高峰,与全球大气 CH_4 浓度升高速率峰值出现年份相一致(康国定,2003)。

4.1.8 水稻植株生长及品种

CH_4 是产甲烷细菌作用下的产物,而产甲烷细菌是严格厌氧菌。稻田土壤淹水后,土壤中生物呼吸大量消耗闭蓄在淹水土壤中的氧气,迅速降低土壤的氧化还原电位,形成适宜产甲烷细菌生长的厌氧条件。稻田 CH_4 的排放是稻田 CH_4 产生、氧化和传输综合作用的结果,而水稻植株强烈影响这三个过程。水稻根系分泌物和脱落物为稻田 CH_4 提供碳源和能源;根系泌氧构成稻田 CH_4 氧化的一个重要区域;植株的通气组织是稻田 CH_4 排放的最主要通道。所有这些都表明:水稻植株在稻田 CH_4 排放过程中有着举足轻重的作用。由于水稻种植带来上述一系列影响,种植水稻土壤的 CH_4 排放量比未种稻的高出 2~50 倍(Nouchi and Mariko,1993)。

水稻根系分泌物主要由易分解的碳水化合物组成,包括高分子量物质如植物黏液以及低分子量物质如有机酸、石炭酸和氨基酸等(Ueckert et al.,1990),它们很容易被土壤中的发酵细菌分解为 CO_2、H_2 和醋酸盐等产甲烷基质,水稻根表面的脱落物也是土壤动物和微生物活动良好的碳源和能源。稻田生态系统中内源和外源环境因子在很大程度上影响根系分泌物和脱落物的组成和含量,如:水稻品种、植株通道组织的机械阻尼强度、有毒元素浓度、营养供应程度、固氮酶活性和水分管理等(Kludze et al.,1993)。

水稻植株不仅能调节根系分泌物的量而且能调节根系分泌物的组成。一般情况下,营养元素的缺乏会导致根系分泌物中低分子量的有机酸大量增加(Ueckert et al.,1990)。根系分泌物中大量的柠檬酸和苹果酸导致根系附近微域的酸化,活化可溶性无机物如磷、铁、锰以及锌(Hoffland et al.,1989)。根系分泌物的组成和含量随着环境条件的变化而发生较大的变化,影响稻田生态系统的 CH_4 排放。

不同水稻品种根系分泌物的组成成分和量具有明显差异(林敏和尤崇杓,1989),从而影响种稻土壤产 CH_4 能力。Wang et al.(1997a)发现:在水稻扬花期和成熟期,种植传统品种 Dular 的菲律宾稻田土壤 Eh 要比种植新品种 IR72 和 IR65538 的土壤 Eh 低;Dular 品种的干物质量、根系分泌物和脱落物量都明显高于其他两个品种,其中 Dular 水稻的根系分泌物和脱落物中有机碳的含量也远高于 IR72 和 IR65538 品种;进一步的研究表明,根系分泌物和脱落物中总碳和水稻植株根系干物质量呈显著正相关($R^2=0.919$),和植株的地上部分干物质量也表现出显著正相关($R^2=0.954$)。林敏和尤崇杓(1989)认为:水稻植株根系分泌物包括各种各样的有机酸、碳水化合物和氨基酸;有机酸中,柠檬酸含量最高,苹果酸次之,琥珀酸和乳酸含量最低。他们同时发现:四个不同的水稻品种根系分泌物和脱落物中有机酸和碳水化合物的含量和组成具有明显的差异。不同水稻品种对根系分泌物组成和含量的强烈影响导致种植不同水稻品种的稻田 CH_4 排放呈现显著差异(表 4.16)。

表 4.16 水稻 CH_4 排放的品种间差异(林而达,1993)

品　　种	CH_4 排放通量($mg \cdot m^{-2} \cdot h^{-1}$)	邓肯法检验
中作 180	16.623	a
中舟 2 号	13.056	ab
中花 8524	13.050	bc
中花 8 号	10.687	c
秦　　爱	7.791	d

大量田间观测试验表明:稻田 CH_4 排放的季节性变化规律常常和水稻植株的生长过程密切相关(Sass et al.,1991)。对于水稻植株根系分泌物的研究有助于解释稻田 CH_4 季节性排放规律。Sass and Fisher(1997)发现:距离水稻植株的根系越远、越深的土壤,CH_4 产生率越低。随着水稻的生长,植株的根系也不断地横向或纵向发展,这些区域内土壤的产 CH_4 潜力也就不断增强。闵航等(1993)发现水稻根际土壤中产甲烷细菌、厌氧性纤维素分解菌和甲烷氧化菌及总挥发性有机碳都明显高于水稻行株间的土

壤。Neue et al. (1997)的研究结果表明：通常情况下，水稻植株的干生物量以及产量和植株的根系分泌物中有机碳的含量紧密正相关，与稻田土壤产CH_4潜力也呈显著正相关，与稻田CH_4排放通量正相关。随着植株的生长，根系分泌物和脱落物逐渐增加，种植水稻土壤产CH_4潜力不断提高，从而导致了高CH_4排放通量。在水稻生长后期，这一规律表现尤为明显。Jia et al. (2001)发现：在成熟期，种稻土壤的产CH_4速率高出分蘖期和孕穗期几十倍。在扬花期，较高的CH_4排放通量可能归因于水稻植株分泌的大量有机物质和根系脱落物作为产甲烷前体，促进了稻田CH_4的产生(Yagi and Minami, 1991)。

值得注意的是：种植密度也强烈影响根系分泌物的含量和组成成分。种稻土壤的产CH_4潜力是水稻植株营养生长及生殖生长对有机物质的需要和产甲烷细菌对营养物质利用两者之间的竞争结果。Jia et al. (2001)的结果表明：密植条件下的种稻土壤，在分蘖期和孕穗期由于植株生长对营养成分的强烈需求，极大地抑制了种稻土壤的产CH_4潜力，导致种稻土壤的CH_4产生率远低于非种稻土壤；然而在水稻成熟期，由于植株根系分泌物和脱落物的大量增加，这种情况则发生了逆转。

4.2 水稻土CH_4氧化能力的影响因素

稻田土壤产生的CH_4在从土壤向大气的排放过程中，相当大一部分被根土界面和土水界面的甲烷氧化菌氧化。水稻土能氧化自身产生的CH_4这一特性对调节稻田土壤CH_4排放具有重要的意义。旱地土壤不是大气CH_4的源，但在一定的条件下却能氧化浓度很低的大气CH_4。旱地土壤每年消耗大气CH_4约30 Tg，是大气CH_4的主要汇之一。淹水土壤甲烷氧化菌生存于高浓度CH_4的环境，而旱地土壤中的甲烷氧化菌则以很低浓度的大气CH_4为氧化对象，因此，淹水土壤和旱地土壤甲烷氧化菌可能具有不同的种群和特性(Conrad, 2007)。影响土壤CH_4氧化能力的因素主要有：CH_4浓度、氧的供应、氮肥施用、土壤水分状况、土壤温度等。以下分别讨论这些因素对土壤CH_4氧化能力的影响。

4.2.1 CH₄ 浓度

土壤消耗 CH_4 是微生物作用的结果,经灭菌处理的土壤不再具备氧化 CH_4 的能力(Hutsch et al., 1993)。土壤中消耗 CH_4 的微生物有两种:甲烷氧化细菌和硝化细菌。据报道,硝化细菌氧化 CH_4 的最大速率比甲烷氧化菌氧化 CH_4 的最小速率还低 5 倍(Bender and Conrad, 1992)。所以,可认为土壤中 CH_4 的氧化主要由甲烷氧化菌完成。甲烷氧化菌以 CH_4 作为底物获得碳源和能源,因此甲烷氧化菌所处环境的 CH_4 浓度无疑将在很大程度上影响甲烷氧化菌的数量和活性。

已有大量的研究表明,高浓度的 CH_4 促进甲烷氧化菌的生长和它们的氧化活性(Arif et al., 1996; Bender and Conrad, 1995)。Bender and Conrad(1995)发现草地土壤、森林土壤和水稻土只有在高于 $100 \sim 1\,000\ \mu L \cdot L^{-1}$ 的 CH_4 浓度下培养,土壤 CH_4 氧化活性和甲烷氧化菌数量才明显增加。这些结果及所有其他有关的研究结果还表明,土壤氧化 CH_4 的速率随 CH_4 浓度的升高而增加(Arif et al., 1996; Bender and Conrad, 1995)。Whalen and Reeburgh(1990)在 $1 \sim 10^4\ \mu L \cdot L^{-1}$ 的 CH_4 浓度范围内观测一垃圾填埋场土壤的 CH_4 氧化速率,发现浓度为 $10^4\ \mu L \cdot L^{-1}$ 时的一级反应速率常数是 $1\ \mu L \cdot L^{-1}$ 浓度时的3.5倍。

许多研究者都用一级反应方程来拟合封闭体系中土壤氧化 CH_4 速率的变化过程(Hutsch et al., 1993)。然而,Bender and Conrad(1992)发现,当 CH_4 被消耗到一定浓度时,曲线偏离一级反应方程,实际反应速率比一级反应的理论速率低。这是因为土壤氧化 CH_4 存在极限浓度的原因,在用一级反应方程拟合试验结果时,应加以修正,即从实际浓度中减去极限浓度:

$$c - c_{极限} = (c_0 - c_{极限}) \times e^{-kt} \tag{4.9}$$

极限浓度可通过密闭培养实验直接测定:将土壤置于密闭体系中,让它氧化大气 CH_4,最后体系中 CH_4 浓度不再变化时的值即为极限浓度(Bender and Conrad, 1992)。内部有 CH_4 产生的土壤,如稻田土壤,氧化 CH_4 的极限浓度较高。只有氧化 CH_4 的极限浓度低于大气 CH_4 浓度的土壤才可能氧化大气 CH_4。

稻田土壤田间条件下能否氧化大气 CH_4 现在还没有定论。Singh et al.(1996)报道印度雨养稻田在排水落干的小麦生长季或休闲季可以吸收

大气 CH_4。但是,菲律宾稻田在排水落干期间并不具有氧化大气 CH_4 的能力(Abao et al., 2000)。意大利(Jäckel et al., 2001)和日本稻田(Thurlow et al., 1995)排水期间是否能够吸收大气 CH_4 尚不能确切证明。颜晓元和蔡祖聪(1997)通过 366 小时的培养试验发现只有 CH_4 浓度高达 9 000 $\mu L \cdot L^{-1}$ 时,水稻土才能将 CH_4 浓度氧化至大气浓度之下。由此可知,高浓度的 CH_4 不仅提高了土壤氧化 CH_4 的能力,且当浓度足够高时还可能刺激不具备氧化大气 CH_4 能力的水稻土短时间内氧化大气 CH_4。土壤 CH_4 氧化速率随 CH_4 浓度升高而增加的规律受土壤 CH_4 浓度历史的影响。将经过 1 000 $\mu L \cdot L^{-1}$ 和 9 000 $\mu L \cdot L^{-1}$ 预培养的土壤在 1 000 $\mu L \cdot L^{-1}$ 浓度下培养,结果表明,经过 1 000 $\mu L \cdot L^{-1}$ 浓度预培养的土壤 CH_4 氧化速率要大于经过 9 000 $\mu L \cdot L^{-1}$ 浓度预培养的土壤(Yan and Cai, 1997)。这可能与甲烷氧化菌对环境具有适应性有关。

4.2.2 氧的供应

甲烷氧化菌是专性好氧细菌。根据 Megraw and Knowles(1987)的研究结果,土壤氧化 CH_4 时 CO_2 的产生量、O_2 的消耗量、CH_4 的消耗量的比例是 0.27∶1∶1。在旱地土壤中 CH_4 和 O_2 都来自空气,显然,此时 O_2 不太可能成为 CH_4 氧化的限制因子,即使土壤中气体扩散受到限制,它限制 CH_4 供应的程度将大于限制 O_2 供应的程度(Schimel et al., 1993)。在淹水土壤中情况大不相同,O_2 间接地来自空气,CH_4 来自厌氧的产 CH_4 区。在水土界面和根际土壤中,O_2 的可利用性受气体的慢速扩散、植株通气组织有限的气体传输和 O_2 在土壤中的快速消耗所控制。同时,厌氧土层可提供浓度相当高的 CH_4,这将改变 CH_4 和 O_2 限制的相对重要性,O_2 的供应成为淹水土壤 CH_4 氧化的控制性因子。Jia et al.(2001, 2006)研究了根际土壤和非根际土壤在不同 O_2 浓度下氧化 CH_4 的能力。结果表明 O_2 浓度是决定水稻土 CH_4 氧化能力的关键因素,非根际土壤具有较根际土壤更大的氧化 CH_4 的潜力,而且可以在更低的 O_2 浓度下氧化 CH_4。Jia et al.(2001, 2006)的研究结果对进一步阐明烤田措施减少稻田 CH_4 排放的机理有重要意义。通常认为烤田对土壤氧化还原状况的影响是导致稻田 CH_4 排放量下降的原因。上述结果说明,烤田时氧气进入厌氧土壤,特别是非根际土壤,使非根际土壤氧化 CH_4 的潜力得以充分发挥,因而可能影响烤田期间的 CH_4 排放。

4.2.3 水稻植株

稻田土壤淹水后,闭蓄在土壤中的 O_2 被微生物活动和根系呼吸迅速耗竭,水稻植株的根系处于厌氧状态(Frenzel et al., 1992; Jia et al., 2001, 2006)。为了适应厌氧环境,水稻植株在根部和茎部发展了通气组织以维持好氧呼吸作用(Armstrong, 1979)。大气中的 O_2 通过水稻植株的通气组织进入了根系,形成一个微好氧的根际区域,促进甲烷氧化菌的生长,氧化稻田土壤中产生的 CH_4。Frenzel et al.(1992)发现:种植水稻土壤表层 40 mm 内都能检测出 O_2 的存在,而未种植水稻土壤只能在 3.5 mm 表层厚度内检测出 O_2 的存在。这一结果表明水稻植株促进了大气 O_2 向稻田土壤的扩散。种稻土壤中 O_2 的存在极大地刺激了根际环境中甲烷氧化细菌的生长(Yagi and Minami, 1991)。据 De Bont et al.(1978)报道,根际甲烷氧化菌的数量约为非根际土壤的 10 倍之多。

影响大气 O_2 通过水稻植株向根系传输的因素很多,其中植株通气组织孔径大小是决定大气 O_2 向水稻根系传输的主要因素,根系孔径大小和植株根际环境中 O_2 的浓度成正比(Wang et al., 1997b)。稻田土壤的还原强度则决定着通气组织的形成和发展。Kludze et al.(1993)发现:好氧条件(515 ± 25 mV)下根系孔径约为还原条件(-250 ± 10 mV)下的 13.3%;淹水条件下的根系泌氧速率可达到 4.6 mmol $O_2 \cdot g^{-1} \cdot day^{-1}$,在相同条件下,非淹水时根系泌氧速率仅为 1.4 mmol $O_2 \cdot g^{-1} \cdot day^{-1}$。根系孔径新陈代谢抑制剂如 DNP、$NaN_3$ 以及 KCN 等物质明显增加根际 O_2 含量(Ando et al., 1983)。土壤 Eh 也影响植株通气组织向根系传输大气 O_2 的过程(Kludze et al., 1993)。通气组织对 O_2 的传输效率与土壤温度负相关,与光合作用以及根系的呼吸作用无关(Ando et al., 1983)。不同的水稻品种强烈影响根系泌氧对稻田土壤中 CH_4 的氧化。Jia et al.(2002)研究了 3 个水稻品种全生育期内根际 CH_4 的氧化能力,72031 水稻品种的根际 CH_4 氧化能力一直高于盐选水稻品种,而 9516 水稻品种的根际 CH_4 氧化能力则具有最大的变化幅度。不同的水稻生长季节也影响水稻根区 CH_4 氧化能力:在水稻分蘖期,不同水稻品种的根系气孔孔径较小且不同水稻品种之间没有显著差异;在水稻的成熟期,传统品种 Dular 具有较低的根际 CH_4 氧化能力而新品种则表现出较高的 CH_4 氧化能力(Wang et al., 1997a)。

在 20 世纪 80 年代和 90 年代初,稻田根际 CH_4 氧化多采用间接方法(Frenzel et al., 1992)研究。采用这一研究方法得出稻田土壤产生的 CH_4

大约50%~90%在水稻根际被氧化。20世纪90年代初至今,氟甲烷(MF)等根际甲烷氧化抑制剂的发现(Sass and Fisher,1997),使得原位研究水稻植株根际CH_4氧化成为可能。原位研究的结果表明:约23%~90%的稻田CH_4在植株根际被氧化(Banker et al.,1995)。

Wang et al.(1997b)报道水稻植株根系中CH_4浓度可达26 200 $\mu L \cdot L^{-1}$,不仅根系泌氧导致根际环境对CH_4的氧化(Butterbach-Bahl et al.,1997),根系本身对CH_4也具有很强的氧化能力(Bosse and Frezel,1997;Dan et al.,2001)。对水稻根际不同部位的研究表明,水稻植株根系对稻田CH_4的氧化主要是集中在新生根部位,水稻老根可能并不参与稻田根际CH_4的氧化(贾仲君,2002)。如表4.17所示,~0 mg·L^{-1} NH_4^+-N 初始浓度条件下,新生根悬液培养36小时后培养瓶内~53%的CH_4已被氧化,培养72小时则达到了97%;然而对于老根悬液,整个培养过程培养瓶内高浓度CH_4几乎没有发生变化。~100 mg·L^{-1} NH_4^+-N 初始浓度条件下,尽管老根在培养72小时后约氧化了培养瓶内50%的CH_4,然而,新生根几乎将培养瓶内CH_4消耗殆尽。然而,植株老根和新生根都不能氧化低浓度的CH_4(~5 $\mu L \cdot L^{-1}$),并且老根系悬液培养瓶内CH_4浓度明显增加(表4.17),表明水稻根表面的甲烷氧化细菌属于低CH_4亲和力、高CH_4氧化速率的类型。近年来,水稻植株茎基部和通气组织对CH_4的氧化也吸引了国内外研究者的注意。

表4.17 水稻灌浆期老根和新生根对CH_4氧化的影响
($\mu g\ N \cdot g^{-1}$新生根,贾仲君,2002)

	~5 $\mu L \cdot L^{-1}$ CH_4			~20 000 $\mu L \cdot L^{-1}$ CH_4		
	12 h	36 h	72 h	12 h	36 h	72 h
~0 mg·L^{-1}初始NH_4^+-N浓度						
老根	19.1	12.0	12.4	24 843	26 162	23 132
新根	28.7	9.5	27.3	25 896	12 127**	706**
~100 mg·L^{-1}初始NH_4^+-N浓度						
老根	19.0	10.8	31.2	24 157	26 841	10 624
新根	26.3	12.9	12.8	24 963	12 599**	729**

注:**表示处理在$P=0.01$水平上具有显著差异;nd表示测定值低于检测限。

4.2.4 氮肥施用

旱地土壤对大气 CH_4 的氧化是消耗大气 CH_4 的主要途径之一,但土壤这种自然调节大气 CH_4 浓度的功能却受到氮肥施用的抑制。大量野外原位和实验室研究结果证明铵态氮肥对土壤氧化 CH_4 有强烈的抑制作用。尿素施用使美国半干旱区草地土壤氧化 CH_4 减少 41%(Mosier et al.,1991)。Steudler et al.(1989)根据温带森林系统的研究结果认为,氮肥施用使土壤的 CH_4 氧化能力降低 33%。在阿拉斯加北部森林地,Schimel et al.(1993)也观测到施用$(NH_4)_2SO_4$ 使土壤氧化 CH_4 的能力显著降低。美国 Florida 灌木林沼泽地从 1987 年起每三个月施用一次尿素,1991 年测定时发现其对大气 CH_4 的氧化能力显著低于不施尿素的土壤,后者对大气 CH_4 的氧化能力是前者的 5~20 倍(Castro et al.,1994)。Cai and Yan (1999)通过培养试验发现,NH_4Cl 施用量为 32.1 $\mu mol \cdot g^{-1}$ 土壤时,最大 CH_4 氧化速率只有不施肥土壤的 7.68%。

硝态氮对 CH_4 氧化是否具有抑制作用报道不一。一些研究结果表明硝态氮对 CH_4 氧化无抑制作用(Hutsch et al.,1993)。但大多数试验结果表明硝态氮对 CH_4 氧化也有很强的抑制作用(Kightley,1995)。有些研究发现低浓度的硝态氮对 CH_4 氧化无抑制作用,但高浓度的硝态氮(>10 mM)对其有抑制作用(Dufield and Knowles,1995)。

有机肥对土壤 CH_4 氧化能力的影响取决于它们的 C/N 比,高 C/N 比的小麦和玉米秸秆能促进土壤氮的固定,因而不影响土壤 CH_4 氧化能力,而施用低 C/N 比的土豆藤和甜菜渣促进了土壤氮的矿化,发生对土壤 CH_4 氧化很强的抑制作用(Boeckx and Van Cleemput,1996)。

氮肥施用对土壤 CH_4 氧化的抑制作用可以表现为短期效应和长期效应两方面。前者指加入的氮在土壤溶液中消失之前对 CH_4 氧化的抑制作用;后者则指氮素在土壤溶液中消失后仍然存在的对 CH_4 氧化的抑制作用。各种形态的氮肥,在大多数试验中对土壤氧化 CH_4 有短期抑制作用,但似乎只有铵态氮肥对土壤 CH_4 氧化具有长期抑制效应,硝态氮则不具备这种长期抑制效应(Hutsch et al.,1993)。

氮肥施用抑制土壤氧化 CH_4 的主要机制有如下三种:

① 竞争机制。由于 CH_4 和 NH_4^+ 在分子形状和大小上的相似及催化 CH_4 和 NH_4^+ 氧化微生物反应的单氧化酶相对较低的选择性,甲烷氧化菌

和氨氧化菌都可以氧化 CH_4 和 NH_4^+，所以 CH_4 和 NH_4^+ 之间的竞争是 NH_4^+ 对 CH_4 氧化抑制作用的主要机制(Schimel et al.，1993)。

② 亚硝酸毒害作用。有研究发现，在低浓度 CH_4 条件下，加入 NH_4^+-N 对土壤氧化 CH_4 的抑制作用在一些土壤中比竞争机制预期的要大得多(Dufield and Knowles，1995)。CH_4 浓度低时，竞争作用不足以完全抑制甲烷氧化菌和氨氧化菌对 NH_4^+ 的氧化，而在土壤中出现 NO_2^--N。后者无论是外源加入的或是由氨氧化生成的，均对甲烷氧化菌氧化 CH_4 有毒害作用。因为 CH_4 的竞争作用将逐步减少 NH_4^+ 的氧化，因而 NO_2^--N 的生成也逐步减少，所以这一机制的作用可能随着 CH_4 浓度的升高而减弱(Dufield and Knowles，1995)。

③ 溶质效应。一些培养试验结果表明，KCl、$NaCl$、KNO_3 和 $NaNO_3$ 对土壤氧化 CH_4 也有一定的抑制作用(Crill et al.，1994；Kightley et al.，1995；Yan and Cai，1997)。可溶性盐施入土壤后，土壤溶液中离子浓度增加，从而增加甲烷氧化微生物细胞的渗透势，抑制土壤对 CH_4 的氧化(Nesbit and Breitenbeck，1992)。因此施用氮肥对土壤溶液溶质浓度的改变可能也是导致土壤 CH_4 氧化能力降低的抑制机制之一。

但是，上述机制都不足以解释铵态氮肥对土壤氧化大气 CH_4 抑制作用的长期效应。Mosier et al.(1991)在美国半干旱草地观察到施入土壤中的铵态氮消失，甚至停止施用氮肥 10 余年后土壤氧化大气 CH_4 的能力仍然不能恢复，但这种长期效应的机理仍然不明确。

由于水分不饱和土壤氧化大气 CH_4 能力因施用铵态氮肥或产铵态氮肥(如尿素)而降低甚至消失，并具有难以恢复的特性，所以，一种观点认为，全球大量氮肥的施用降低了水分不饱和土壤氧化大气 CH_4 的能力是导致大气 CH_4 浓度升高的一个重要原因。水稻生产中普遍大量施用铵态(或产铵态)氮肥，但水稻土氧化内源 CH_4 的能力并不因施用铵态氮肥而下降，更不消失。由于水分不饱和土壤不产生 CH_4，它们只能氧化低浓度的大气 CH_4；水稻田独特的水分养分条件决定了其必然是理想的产 CH_4 场所，稻田内源 CH_4 浓度非常高。Cai and Mosier(2000)研究了不同初始 CH_4 浓度条件下铵态氮对水稻土 CH_4 氧化能力的影响，他们发现，在低 CH_4 浓度下，铵态氮对 CH_4 氧化表现出抑制作用，且随着时间延长而不缓解；提高 CH_4 浓度可以缓解铵态氮对 CH_4 氧化的抑制作用。在高 CH_4 浓度下，铵态氮只在短时间内表现出对 CH_4 氧化的抑制作用，随着培养时间的延长，抑制作用逐渐减弱，并最终逆转为对 CH_4 氧化的促进作用。铵态氮在高浓

度 CH_4 条件下对 CH_4 氧化的抑制和促进的双重作用较好地解释了田间条件下,施用铵态氮肥后,CH_4 排放量的变化规律(Cai et al.,1997)。因此,高浓度 CH_4 的存在(最高可达 1.3 mM,Conrad,2007)是稻田土壤长期施用铵态或产铵态氮肥而仍能保持对内源 CH_4 的高氧化力的基础。在淹水稻田土壤中存在高浓度 CH_4 的条件下,氮肥的施用可能促进甲烷氧化菌类型Ⅰ的生长,提高土壤氧化内源 CH_4 的能力(Schimel,2000),但可能抑制类型Ⅱ的生长(Conrad,2007)。

4.2.5 土壤水分含量

在阐述土壤水分状况对土壤 CH_4 氧化的影响之前,首先介绍土壤水分含量的一些常用表示方法。在众多的文献中,土壤水分表示方法多有不同,这给比较不同研究者获得的结果造成了相当大的困难。常用的土壤水分表示方法如下:

① 重量含水量(gravimetric water content,Weight -%)。指单位重量干土所含有的水量;

② 体积含水量(volumetric water content,Vol -%)。指单位体积土壤含有的水体积量;

③ 田间持水量(field capacity,FC)。在实验室中,它是指一定体积的土壤所持有的最大含水量;在田间,它是指在排灌良好的条件下土壤的最大持水量;

④ 土壤充水孔隙(water-filled pore space,WFPS)。土壤总孔隙中被水充填的部分;

⑤ 土壤持水力(soil water holding capacity,SWHC)。意义与田间持水量相同,但多用于表示实验室培养土壤的水分含量。

由于 SWHC 和 WFPS 含水量表示方法能较直接地反映土壤的通气状况,且随土壤质地和结构变化而产生的差异较小,因而在评价田间 N_2O 排放的土壤湿度效应时,通常采用这两种土壤水分含量表示方法(郑循华等,1996;Granli and Bøckman,1994)。

土壤水分含量既影响甲烷氧化微生物的活性,又影响 O_2 和 CH_4 的扩散速率,因而必然影响土壤 CH_4 氧化能力。水分含量对土壤 CH_4 氧化能力影响的研究多见于旱地土壤,不同土壤所得到的结果差异很大。Mosier et al.(1996)的野外原位测定结果表明,半干旱草地土壤氧化大气 CH_4 的最佳水分含量为土壤持水孔隙的 15%。Boeckx and Van Cleemput(1996)发现一垃圾填埋场土壤氧化 CH_4 的最佳水分含量为 15%(重量含水量)。

Dasselaar et al. (1998)的培养试验结果表明,草地土壤氧化 CH_4 的最佳水分含量为中间水平,即20%~35%(重量含水量),这与田间实际水分含量接近。当土壤水分含量低于5%时,CH_4 氧化被完全抑制,这可能是由于甲烷氧化菌的水分生理胁迫。当水分含量高于50%时,CH_4 的吸收大大降低,可能是由于 O_2 和 CH_4 在土壤中的扩散受到限制。Gulledge and Schimel(1998)发现5种土壤氧化大气 CH_4 的最佳含水量介于20%~40%(田间持水量)之间,这也与这些土壤原位环境典型的土壤含水量相一致。

淹水土壤,如水稻土和沼泽土壤氧化 CH_4 的最佳含水量远大于旱地土壤。Whalen and Reeburgh(1996)发现两种旱地森林土壤氧化大气 CH_4 的最佳含水量分别为21%和27%(田间持水量),而一种沼泽土壤氧化 CH_4 的最佳含水量为50%。蔡祖聪和Mosier(1999)采用实验室培养试验研究土壤水分状况对 CH_4 氧化的影响,结果表明:当土壤水分含量为20%~95%WHC时,稻—麦轮作土壤 CH_4 氧化量与土壤水分含量的变化可用抛物线方程拟合($R^2=0.9342$,$P<0.01$),氧化 CH_4 的最佳土壤水分含量为71%WHC。对一年两熟且冬季休闲的常年淹水稻田土壤,CH_4 氧化量随着土壤含水量的增加而呈指数增加($R^2=0.9392$,$P<0.01$),该土壤在土壤含水量低于60%WHC时,CH_4 氧化量很小,高于60%WHC时,CH_4 氧化量迅速增加,大于90%WHC时仍未出现最大氧化量(图4.13)。同时发现,稻田土壤氧化的主要是土壤中生成的 CH_4 而不具备氧化大气 CH_4 的能力,对高浓度 CH_4 的氧化能力远大于其他土壤类型(如草地土壤)。一水一旱的稻—麦轮作水稻土氧化 CH_4 的最佳土壤水分含量显著低于常年淹水的水稻土,说明土壤所处环境的常年水分状况是决定其氧化 CH_4 最佳水分含量的主要因素,土壤常年水分含量越高,氧化 CH_4 的最佳水分含量越大,导致这一现象的原因可能是甲烷氧化微生物对环境的适应。

不仅土壤氧化 CH_4 时的水分含量影响 CH_4 氧化速率,而且土壤水分历史对其氧化 CH_4 潜力也有强烈影响(Xu et al.,2003)。研究整个非水稻生长期保持不同水分状况的土壤在相同土壤水分状况(土壤田间持水量的80%)下培养时的 CH_4 氧化潜力表明(Xu et al.,2003),CH_4 氧化能力总体上随非水稻生长期土壤水分含量的增加而增加。风干水分条件强烈抑制 CH_4 的氧化,即使在最适宜 CH_4 氧化的试验水分条件下培养239小时,剩余 CH_4 浓度仍高达1 293~1 732 $\mu L \cdot L^{-1}$(图4.14)。冬季持续淹水土壤氧化 CH_4 能力最强,这可能是由于淹水处理土壤整个冬季产生 CH_4,使土壤中 CH_4 浓度较高,而高浓度的 CH_4 可促进甲烷氧化菌生长和它们的氧化活性(Arif et al.,1996)。

4.2 水稻土 CH_4 氧化能力的影响因素

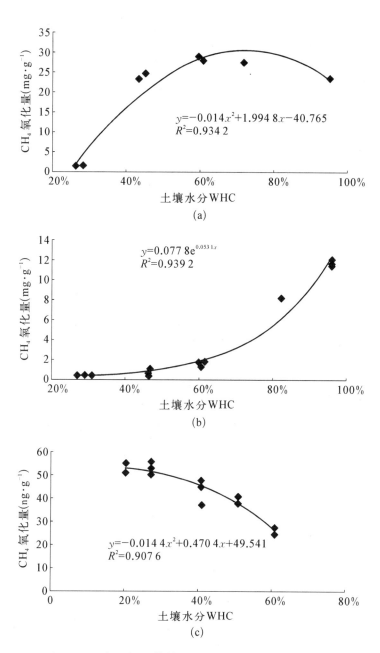

图 4.13 在 25℃下培养 72 小时土壤水分含量对 CH_4 氧化的影响(蔡祖聪和 Mosier,1999)

注:(a) 江苏省锡山市水稻土;(b) 江西省鹰潭市水稻土;(c) 美国科罗拉多州半干旱草地土壤。

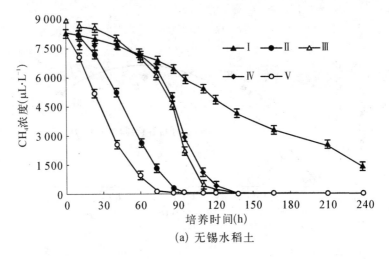

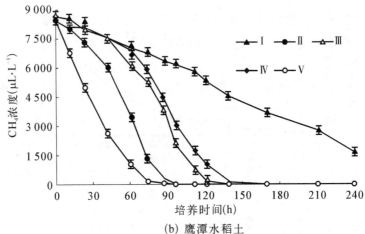

图 4.14 土壤水分含量为田间持水量 80% 培养时水稻土氧化
高浓度 CH_4 的过程（Xu et al., 2003）

注：Ⅰ、Ⅱ、Ⅲ、Ⅳ和Ⅴ分别表示冬季土壤水分含量为：风干水分条件、田间持水量的 25%～35%、50%～60%、75%～85% 及 107%（淹水）。

4.2.6 土壤温度

大多数甲烷氧化菌是中温性的，不过有的更能忍受高温（Knowles and Blackburn，1993）。没有关于嗜冷甲烷氧化菌的报道。Boeckx and Van Cleemput(1996)观测到垃圾填埋场土壤氧化 CH_4 的最佳温度范围为 25～30℃。Whalen and Reeburgh(1990)发现一垃圾填埋场土壤氧化 CH_4 的最佳温度为 31℃。Nesbit and Breitenbeck(1992)研究森林土壤 CH_4 氧化温度特性的结果表明,在 20~30℃下,土壤氧化 CH_4 的速率最大,10℃、40℃下氧化速率分别只有 30℃时的 51%~62% 和 10%~12%,50℃或 4℃时氧化活性几乎完全被抑制。Bender and Conrad(1995)得到的不同土壤氧化 CH_4 的最佳温度范围为 25~35℃,其中水稻土为 35℃。Cai and Yan(1999)发现水稻土氧化 CH_4 的最佳温度为 34.8℃。这说明不同生态环境下的土壤甲烷氧化菌所表现出的温度特性有一定差异。水稻生长期土壤温度一般较高,所以水稻土氧化 CH_4 的最佳温度一般也较高。以上都是实验室研究的结果,由于大田情况的复杂性,并没有观测到温度与土壤 CH_4 氧化能力的明显相关性。

4.3 稻田 N_2O 排放的影响因素

土壤 N_2O 的产生过程主要是硝化和反硝化作用。土壤中进行硝化和反硝化作用需要基质(即 NH_4^+、NO_3^- 和 NO_2^-)的存在以及硝化和反硝化微生物发生作用的环境条件。土壤水分含量决定土壤氮素转化的总体方向;土壤氮素有效性和氮肥施用及作物对氮素的吸收影响土壤中硝化和反硝化作用的基质供应;土壤 pH 值、土壤有机质、土壤质地和温度等因素则影响硝化和反硝化微生物的活性,因此,这些因素都对土壤 N_2O 排放量产生影响。以下分别讨论这些因素对稻田 N_2O 排放的影响。

4.3.1 土壤通气性

土壤通气状况由土壤水分含量、O_2 在土体中的扩散难易以及微生物和作物根系对 O_2 的消耗程度所决定。土壤是一个不均匀体,往往厌氧微域和好氧微域同时存在,这种不均匀性也表现在土壤团聚体中。因为 O_2 扩散受到限制,土壤团聚体内部常常表现为较强的厌氧环境,外部则可能呈好氧环境。土壤氧化还原的不均匀性为同时进行硝化作用和反硝化作用提供了环境条件,同时也给直接区分 N_2O 的硝化作用来源和反硝化作用来源造成了困难。

反硝化作用需要厌氧条件,所以土壤反硝化速率和 O_2 浓度成反比关系。研究表明,反硝化速率和 O_2 浓度的反比关系在土温较高时更为明显

(Focht and Verstraete，1977)。反硝化产物的组成和数量也受土壤 O_2 有效性的影响。随土壤环境条件的变化,土壤反硝化产物中 N_2O/N_2 比例可有较大的变化,N_2O 或 N_2 在一定的条件下可成为反硝化的唯一产物。由于 O_2 的存在对 N_2O 还原酶合成及活性的抑制比 NO_3^- 还原酶和 NO_2^- 还原酶更大,所以,反硝化的产物中 N_2O/N_2 比随着土壤 O_2 浓度的增加而增加。硝化作用需要好氧条件,随着土壤 O_2 供给的降低,土壤硝化速率降低,硝化产物中 N_2O/NO_3^- 比增加。土壤通气性对土壤形成和排放 N_2O 的影响很复杂,决定于各因素的相互作用。一般认为,在土壤和大气间气体交换严重受阻时,N_2 成为反硝化作用的主要甚至唯一产物(Smith et al.，1982)。

显然,在硝化和反硝化两个相反的过程中,适中的 O_2 浓度有利于 N_2O 的生成,当土壤处于好氧和厌氧区域共存或好氧、厌氧交替发生时,N_2O 的产生和排放较大。Khdyer and Cho(1983)的研究证明了这一点。他们发现,在一个土柱试验里,硝化过程发生于土柱上部的好氧区域,反硝化过程发生于土柱的下部厌氧区域,而 N_2O 则在好氧/厌氧界面大量生成。Masscheleyn et al.(1993)发现,由于稻田土壤氧化还原交替变化($+500\sim-250$ mV),有两个最强烈 N_2O 排放峰,分别处于 $+400$ mV 和 0 mV,前者主要由硝化作用引起,后者主要由反硝化作用引起。Kralova et al.(1992)在研究添加了 NO_3^- 的土壤悬浮液的反硝化作用时也得到了类似的结论,土壤 Eh 为 0 mV 时,土壤产生的 N_2O 量最大,在此值以下反硝化速率及 N_2 排放量都增加。Smith and Patrick(1983)研究添加 NH_4^+ 的土壤悬浮液 N_2O 产生量的结果表明,好氧—厌氧循环比持续好氧使 N_2O 产生量增加了 $10\sim20$ 倍,而持续厌氧条件下则没有 N_2O 产生。好氧—厌氧交替过程中土壤 Eh 波动较大,但始终高于持续厌氧、低于持续好氧时的电位。

4.3.2 土壤水分状况

提高土壤水分含量通过以下一些过程影响 N_2O 的产生和排放:
① 降低土壤好氧性,促进反硝化作用,减弱硝化作用。
② 如果土壤被充分湿润至达到或高于田间持水量,土壤孔隙被水充满或因粘土吸水膨胀而关闭,这将影响 N_2O 向大气排放。随着 N_2O 在土壤中停留时间的延长,N_2O 被还原的可能性增加,因此,表层土壤产生的 N_2O 比底层产生的 N_2O 更易排放至大气。

③ 通常土壤空气的 N_2O 含量在 $1\sim1\,000\,\mu L\cdot L^{-1}$ 之间,因降雨或灌溉而驱出 N_2O 浓度较高的土壤空气常导致 N_2O 的峰值排放。

④ 水分可起传输 N_2O 的作用。25℃下 N_2O 在水中的溶解度为 $0.7\,g\,N\cdot L^{-1}$(Wilhelm et al.,1977)。依据亨利定律,如果土壤空气中 N_2O 含量为 $10\,\mu L\cdot L^{-1}$,则意味着土壤水中 N_2O 含量为 $7\,\mu g\,N\cdot L^{-1}$。这些溶解的 N_2O 可随渗漏水或灌溉水进入水体,或在土壤干燥时排放到大气中。

⑤ 适宜的水分含量及土壤通气性都是微生物生长所必需的。在一定范围内,增加含水量可增加矿化速率和养分有效性。微生物活性的增加促进 O_2 的消耗。Linn and Doran(1984)报道,增加水分含量直至充水孔隙的60%,硝化作用增强,微生物活性提高。进一步增加水分含量直至孔隙全部充满水,硝化作用急剧降低,微生物活性有所降低,反硝化速率逐渐上升。因此,水分含量低时,微生物过程受水分供应的限制,而在水分含量高时,土壤通气性就成为最重要的限制因子。

⑥ 土壤中水分的分布影响溶质迁移、浓度及其对微生物的有效性。

土壤水分含量是决定反硝化速率的主要因素,大多数研究者发现土壤水分含量与反硝化速率间存在显著的正相关。如果没有其他限制因子的存在,降雨和灌溉往往伴随着旱地土壤 N_2O 的峰值排放。但如果土壤保持湿润状态较长的时间,反硝化速率反而降低甚至停止。经历干湿交替的土壤其反硝化速率要高于土壤水分含量一直较高的土壤,这些现象可能与土壤持续潮湿后 NO_3^- 含量大幅度下降有关(Jarvis et al.,1991;Ryden,1983)。然而,可能存在一个水分阈值,在此值之上,反硝化速率随水分含量增加急剧上升,在此值之下,水分含量则与反硝化速率关系不大(Klemedtsson et al.,1991),但是这个阈值因土壤质地而异。De Klein and Van Logtestijn(1994)发现,对于砂土、壤土和泥炭土,其阈值分别为30%、40%和55%(V/V)。进一步的研究发现,尽管阈值随土壤质地而异,但如以土壤水吸力表示,则都在 pF2 或田间持水量左右(De Klein and Van Logtestijn,1996)。

反硝化产物的 N_2O/N_2 比率一般随水分含量的增加而降低(Terry et al.,1981;Weier et al.,1993)。Qian et al.(1997)报道,当水分含量低于60%WFPS 时,N_2O 是主要的反硝化产物,而当因灌溉或降水使土壤水分含量大于70%WFPS 时,80%~98%的反硝化产物为 N_2。除非土壤水分含量极高,气体传输受阻,N_2O 被彻底还原为 N_2,一般情况下,N_2O 的排放量主要决定于反硝化速率而不是 N_2O/N_2 比率(Granli and Bøckman,1994)。

硝化反应速度受硝化细菌活性、氧的供应和反应底物铵态氮的传输速度的综合影响,而这些因素的影响都与土壤水分状况密切相关。在含水量低时,通气性好,O_2供应充足,但微生物活性低,铵态氮的传输速度也慢,因而硝化速率较低;而在水分含量很高时,反应底物的传输虽然较快,但因通气性差、O_2供应不足,硝化细菌活性低,硝化作用也将受阻。在一定水分含量范围内,硝化速率随水分含量增加而增加,当水分的增加使氧的供应受到限制时,硝化速率开始下降(Sitaula and Bakken,1993)。理论计算以及实验室和田间试验都表明,在50%~60%WFPS时,硝化速率最大(Linn and Doran,1984)。

图4.15形象地说明了土壤水分含量与产生于硝化和反硝化作用的N_2O(和N_2)排放量之间的关系。当水分含量低时,N_2O排放量也低。这是由于微生物活性低,并且氧供应充足导致反硝化速率低而硝化作用(速率也较低)进行彻底,硝化产物中N_2O/NO_3^-比极低。随着土壤水分含量的增加,土壤有机氮矿化速率和硝化速率增加,并且硝化产物中N_2O比例提高,反硝化也由于O_2扩散的受阻而开始进行,N_2O排放量大。随着土壤水分含量的进一步增加,硝化过程受到限制,反硝化过程以生成N_2为主,N_2O在土壤中的扩散也受到严重阻碍,N_2O排放量减少。因此,在同时适宜硝化和反硝化过程进行的土壤水分含量下,土壤将有最大的N_2O排放量。这一水分含量多在45%~75%WFPS之间(Hansen et al.,1993),接近于田间持水量。除了粘粒含量较高的土壤及降雨和灌溉后的表层土壤外,旱作土壤在作物生长季节水分含量通常低于田间持水量。众多研究者发现旱作季节N_2O排放量与水分含量呈正相关(郑循华等,1996;Hou et al.,2000)。

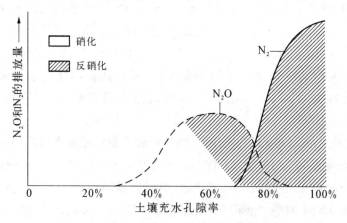

图4.15 土壤持水孔隙与N_2O和N_2排放量间的一般关系(Davidson,1992)

土壤含水量是通过对硝化、反硝化细菌酶活性的影响而对 N_2O 的生成和排放产生影响的。侯爱新等(1997)对水稻田的研究表明,在土壤含水量较高的淹水期,由于淹水造成的厌氧环境可以抑制硝化细菌的氨单氧化酶的活性,加之土壤氧化还原电位降至 0 mV 以下,因而其代谢产物以 N_2 为主,几乎没有 N_2O 的净排放。但在落干期,由于可利用的 O_2 增多,硝化细菌酶活性随之增强,反硝化作用中 N_2O 还原酶活性开始受到抑制,因而其代谢产物中 N_2O/N_2 的比例增大。

土壤含水量还影响到 N_2O 的排放过程和途径。研究表明,N_2O 气体在水分不饱和土壤中主要通过孔隙内的气体介质扩散进行传输,其扩散系数比在水分饱和土壤中大 2~4 个数量级,从而使得水分不饱和土壤中 N_2O 排放的日变化主要取决于土壤中 N_2O 的产生过程,而在水分过饱和的土壤中则主要取决于 N_2O 的扩散传输过程(侯爱新等,1997;郑循华等,1996)。淹水条件下,植株是稻田土壤 N_2O 排放的主要通道,其平均排放比例高达 87%;但当水层消失时,N_2O 主要通过土面排放,植株排放只占 17.5%(Yan et al.,2000a)。

土壤特别是水田土壤的干湿交替极大地促进了 N_2O 的排放(Cai et al.,1997;Davidson,1992)。土壤的干湿交替使得硝化作用和反硝化作用交替进行,从而促进了 N_2O 的产生。同时,土壤的干湿交替还能抑制反硝化过程中的 N_2O 的进一步还原,使得 N_2O 的产生量增大(王智平等,1994)。在较长时间处于较低水分含量的土壤,灌溉或降雨增加土壤水分时,N_2O 排放往往出现峰值。如 Terry et al.(1981)发现,一有机土壤在干旱季节的 N_2O 排放通量仅为 $4 \text{ g N} \cdot \text{hm}^{-2} \cdot \text{d}^{-1}$,但在降雨后却高达 $4\,500 \text{ g N} \cdot \text{hm}^{-2} \cdot \text{d}^{-1}$。同样,淹水土壤落干时,也往往出现 N_2O 排放峰值。这些现象的可能原因是:

① 土壤干燥过程杀死了部分微生物,增加了可降解的有机 C 含量(Patten et al.,1980)。硝化细菌和反硝化细菌都可以忍受极端干旱的条件,在干土湿润的短时间内活性很高(Davidson,1992)。

② O_2 促进微生物活动特别是硝化作用的进行(Groffman and Tiedje,1988)。当土壤因降雨或灌溉而重新湿润形成厌氧条件引发反硝化时,N_2O 产生的速度比其还原的速度快得多。因为如土壤厌氧状况不超过 24~72 小时,N_2O 还原酶尚未形成,从而妨碍 N_2O 还原为 N_2(Cates and Keeney,1987;Murakami and Kumazawa,1987)。

③ 干季土壤中 NO_3^- 积累(Davidson et al.,1993),为湿润后进行反硝化作用提供了充裕的基质;淹水时土壤中积累的铵态氮为落干后进行硝化

作用提供了丰富的基质。

④ 土壤由淹水到落干时,闭蓄于水和土壤中的 N_2O 得以释放(Cai et al.,1997)。

⑤ 干湿交替促进了土壤的 C、N 转化,尤其是土壤微生物量 C、N 的周转(Potthoff et al.,2001)。

硝化和反硝化细菌的活性需要适度的水、气、热条件。在土壤含水量很低和土壤长期淹水时,N_2O 排放量都很少。对稻田土壤来说,土壤水分含量始终处于很高或较高的水平,这时土壤通气性就成了微生物活性及 N_2O 产生、排放的最重要的制约因素。如果水稻生长期持续淹水则几乎没有 N_2O 排放。水稻生长期 N_2O 排放的早期观测多在持续淹水稻田进行,所以水稻田 N_2O 排放量曾长时间被认为可以忽略不计(Freney et al.,1981;Khalil et al.,1990;Smith et al.,1982),对于农田土壤 N_2O 排放的研究因而多集中于旱地。我国大多数稻田沿用前期淹水、中期烤田和后期干湿交替的水分管理措施。烤田和干湿交替改善了土壤通气性,促进稻田 N_2O 排放。通过在江西、江苏和河南的田间试验发现,虽然水稻生长期持续淹水期间 N_2O 排放确实微乎其微,但在烤田和干湿交替期间却有相当数量的 N_2O 排放,整个生长期平均 N_2O 排放通量和旱作土壤的观测结果相当接近,从而改变了稻田 N_2O 排放量可以忽略不计的传统观点(徐华等,1999c,1999d;Cai et al.,1997,1999;Xu et al.,1997)。Yagi et al.(1996)研究了水分管理对稻田 N_2O 和 CH_4 排放的影响,他们没有观测到间隙灌溉处理对 N_2O 排放的明显促进作用,这说明不是所有的间隙灌溉稻田都能大量排放 N_2O,取决于烤田程度和干湿交替周期。与稻田土壤相反,旱地土壤水分含量一般不会很高,土壤具有适宜的通气性,这时土壤水分条件成了限制因素,降雨与灌溉改善土壤水分条件,促进土壤 N_2O 的产生和排放(马静等,2006;马二登等,2007)。

土壤中 N_2O 的产生及其排放不仅与当时所处的水分条件有关,而且还受到此前水分状况(即土壤水分历史)的强烈影响。Groffman and Tiedje(1988)认为,反硝化速率与土壤水分的变化有关。他们将原状土柱的含水量从淹水降到田间持水量,发现反硝化速率急剧降低,进一步降低水分含量,反硝化速率的降低减慢,可是当土壤水分含量从干燥状态逐步增加时,很低的水分含量状态下,反硝化速率也急剧增加。在相同的含水量下,土壤由干变湿时的反硝化速率明显高于由湿变干的处理。其他研究者也报道了反硝化速率与土壤含水量的历史有关(Letey et al.,1980)。泥浆试验和土柱试验都表明,无论当时的水分状况和 NO_3^- 浓度如何,先前的土壤水分状况影响到还原酶浓度或酶的合成能力,从而影响反硝化过程(Dendooven and Anderson,1995;Dendooven et al.,1996)。

梁东丽等(2002)研究了土壤由湿变干和由干变湿对 N_2O 通量的影响。结果表明,前者的 N_2O 通量明显高于后者。土壤由干变湿时,N_2O 排放通量随土壤水分含量的增加而增加,至 100% WFPS 时达最大值;但由湿变干时,N_2O 排放通量在 70% WFPS 时达到最大,而且,其 N_2O 通量的绝对值也高于由干变湿时 N_2O 的最大通量。Wang et al.(2004)通过培养试验研究了水分前处理对土壤 N_2O 排放的影响,结果表明水分前处理显著地影响土壤的 N_2O 排放量:在低水分下培育时,经淹水前处理的水稻土 N_2O 排放量高于风干前处理的土壤;在高水分下培育时,结果却相反。水分前处理对旱地红壤 N_2O 排放的影响与水稻土不同:在低水分下培育时,经淹水前处理的土壤 N_2O 排放量低于经湿润前处理的土壤,而在 100% WHC 下培育时,经淹水前处理的土壤 N_2O 排放量大于经湿润前处理的土壤。旱地红壤和红壤性水稻土的反硝化活性低(Wang et al.,2004),只是在经过较长时间的淹水后,其反硝化活性才得以激发。

由于土壤 N_2O 排放量和排放过程受到其水分历史状况的强烈影响,所以,前作生长期间的水分状况可能会影响到后作生长期间 N_2O 排放量和排放过程。

4.3.3 氮肥的施用

作为硝化和反硝化反应的底物,土壤矿质氮(NH_4^+ 和 NO_3^-)的丰缺对 N_2O 产生和排放的影响是不言而喻的。

对于绝大部分土壤,反硝化速率与土壤 NO_3^- 浓度的关系符合米氏方程:

$$v = \frac{v_m c}{c + k_m} \quad (4.10)$$

式中,v 是反硝化速率;v_m 是最大反硝化速率;c 为土壤 NO_3^- 浓度;k_m 为常数,是反硝化速率达到最大速率一半时的 NO_3^- 浓度。当 NO_3^- 浓度远低于 k_m 时,反硝化速率与 NO_3^- 浓度呈一级反应关系。相反,当 NO_3^- 浓度远大于 k_m 时,反硝化近似为零级反应,不受 NO_3^- 浓度的影响。不同研究者报道的 k_m 值变异很大,所以使反硝化速率达到最大值的 NO_3^- 浓度变异也很大。Limmer and Steele(1982)发现,当土壤中 NO_3^- 浓度大于 25 mg N·

kg^{-1}时,反硝化势与NO_3^-浓度无关。一年之中耕地的表层土壤NO_3^-浓度多在$2\sim10$ mg N · kg^{-1}之间(Granli and Bøckman,1994),因此NO_3^-态氮肥的施用对反硝化作用大多具有促进作用。当施用量过多时,反硝化速率通常可能并不随施用量的增加而增高,而是稳定在最高的饱和水平上。土壤反硝化速率还受其他一些因素的影响。当这些因素成为限制因子时,反硝化速率对土壤NO_3^-含量的变化极不敏感。如有机碳供应不足时,NO_3^-浓度的增加并不影响反硝化速率。另外,如果土壤N_2O浓度增加到较高水平,土壤反硝化速率会降低。

NO_3^-通常能抑制或延缓N_2O还原为N_2,所以反硝化产物比N_2O/N_2随土壤NO_3^-浓度增加而加大。现在还不清楚NO_3^-对N_2O还原为N_2的影响是由于NO_3^-对N_2O还原的抑制作用还是由于NO_3^-比N_2O更易作为电子受体,或者两种机制同时存在。在极端还原的条件下,由于对电子受体的大量需求,NO_3^-对N_2O还原的抑制作用急剧下降以致消失。Letey et al.(1980)研究发现,当土壤厌氧条件形成后,NO_3^-还原酶迅速生长,而N_2O还原酶的生长滞后于NO_3^-还原酶,需要更多的时间,并且NO_3^-含量越高,滞后期越长。但是,即使在相对较高的土壤NO_3^-含量下,N_2O终究要被还原为N_2,而且N_2O还原得比NO_3^-更快。所以,土壤剖面中积累的反硝化过程早期生成的N_2O如不及时排放至大气,迟早将被还原为N_2。续勇波和蔡祖聪(2008)在严格厌氧条件下对反硝化作用相对较弱的红壤培养试验结果表明,在培养初期,培养瓶上部空间N_2O浓度随培养时间而升高,达到最大值后随着培养时间而下降,这一过程可以用两个指数方程描述。值得注意的是,当培养瓶上部空间N_2O浓度开始下降时,土壤中NO_3^-未必已经全部被还原。这一现象进一步证明N_2O还原酶的生长滞后于NO_3^-还原酶。

由于NO_3^-促进反硝化过程的进行且提高N_2O/N_2比率,土壤N_2O排放一般都随NO_3^-浓度的增加而增加。Mosier et al.(1983)清楚地表达了NO_3^-浓度与N_2O损失的关系(图4.16)。

NH_4^+的氧化速率往往高于土壤矿化产生NH_4^+的速率,因此硝化作用经常受到NH_4^+供应的限制,因而施用铵态氮肥能促进N_2O的排放。与已有大量NO_3^-对反硝化影响的试验研究相比,有关NH_4^+对硝化作用及N_2O形成影响的研究还很少。

施肥不仅影响硝化和反硝化反应的进行,还影响农作物的生长状况。而作物植株的传输作用则是N_2O从土壤进入大气的重要途径,特别是在稻

4.3 稻田 N_2O 排放的影响因素

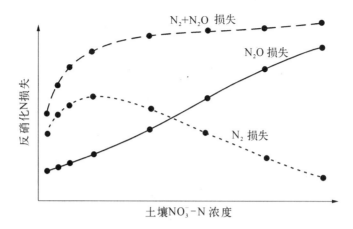

图 4.16 土壤中 NO_3^- 浓度与反硝化产物 N_2O 和 N_2 的
理想化关系（Mosier et al., 1983）

田生态系统中,这一作用尤为明显（Mosier et al., 1990）。另外,氮肥还能通过促进作物生长刺激作物根系生长和根系分泌物的增加,影响到土壤中微生物的生长及其活性,最终影响到 N_2O 的产生与排放。

上述讨论的是无机氮肥影响农田生态系统 N_2O 的直接排放,除此之外,施用无机氮肥还可以通过以下途径间接影响到 N_2O 的排放：① 氮肥分解转化后,生成 NH_3 与 NO_x 等可挥发性物质成分,而后通过沉降过程返回农田或其他陆地生态系统表面。② 硝态氮通过淋溶和径流进入地表水体或地下水。施用于农田的氮肥,通过各种途径转移到其他陆地生态系统,并在这些系统中转化产生和排放的 N_2O,称为农田 N_2O 的间接排放。与 N_2O 的直接排放相比,N_2O 的间接排放只占 N_2O 排放总量相当小的一部分（Zheng et al., 2004）,故此处不予讨论。

4.3.3.1 氮肥种类对稻田 N_2O 排放的影响

无机氮肥按其化学结构可分为两大类：① 铵态氮肥。主要包括碳酸氢铵、硫酸铵、氯化铵以及氨水等。另外,由于尿素经过水解可形成碳酸铵和碳酸氢铵,故也可列为铵态氮。② 硝态—硝铵态氮肥。主要包括硝酸铵、硝酸钠、硝酸钾等。按其形态,无机氮肥可分为普通氮肥、控释氮肥等。

氮肥品种对 N_2O 排放的影响还不是很清楚。一般认为除无水氨外,各品种氮肥引起的 N_2O 排放无显著差异。无水氨促进大量 N_2O 排放,其机制还有待研究。Focht and Verstraete(1977)认为可能是 NH_3 抑制了硝化细菌的活性导致 NO_2^- 的积累。无水氨主要在美国、加拿大、墨西哥等北美国家大量施用,我国农田化学氮肥以尿素和碳铵为主,少量硫铵。Xu et al. (1997)观测到稻田施用硫铵比施用尿素排放更多的 N_2O(表 4.18)。Breitenbeck et al.(1980)96 天的田间观测表明,尿素处理 N_2O 排放量始终低于硫铵处理。Lindau et al.(1990)也发现硫铵处理淹水稻田 N_2O 排放高于尿素处理,但都低于施用硝酸钾处理。虽然在稻田土壤中施用硫铵导致的 N_2O 经常高于尿素,但这种差异往往并不具有统计显著性,对其机理的研究也较少。在淹水的稻田中,NO_3^- 迅速反硝化,作为肥料施用时,短时间内 NO_3^- 浓度较高,反硝化产物中 N_2O/N_2 比例大,因此排放出较尿素、硫铵等铵态氮更多的 N_2O,氮的作物利用率低。由于这一原因,淹水稻田中一般不施用硝酸盐氮肥。

表 4.18 水稻生长期平均 N_2O 排放通量(Cai et al.,1997)

| 施氮量 | N_2O 排放通量($\mu g\ N\cdot m^{-2}\cdot h^{-1}$) | | |
($kg\ N\cdot hm^{-2}$)	硫 铵	尿 素	平 均 值
空白			5.1±3.7
100	6.5±4.5	6.3±2.5	6.4±3.7
300	36.5±28.7	23.0±9.9	29.7±22.5

控释氮肥(controlled availability fertilizer,CAF)是既适应作物全生长期不同生育阶段氮素营养的需求,而又不使土壤中剩余无机氮浓度过高的一种可控释放氮肥。对于这种形态的氮肥能否减少 N_2O 排放已有一些报告,但意见不一。Delgado and Mosier(1999)报道,在一大麦地上,CAF 施用后 21 天内,N_2O 排放量比施常规尿素的处理减少了 71%,虽然此后前者的 N_2O 排放量多于后者,但在整个作物生长季,CAF 和常规尿素处理的平均 N_2O 排放通量分别为 6.9 和 8.2 $g\ N\cdot hm^{-2}\cdot d^{-1}$,表明控释氮肥能在一定程度上减少 N_2O 排放。李方敏等(2004)也得到了水稻生长季施用控释氮肥能显著减少 N_2O 排放的结果,全水稻生长季,CAF 处理 N_2O 累积排放量只是尿素处理的 71.17%。然而,Yan et al.(2000b)进行的氮肥试验表明,施用控释氮肥未能有效地降低稻田 N_2O 排放(表 4.19)。他们的解释是:稻田 N_2O 的排放峰值主要出现在烤田和复水期间,由于 CAF 肥料的缓释性和持续释放性,烤田落干时施用 CAF 处理的土壤保持较高的 NH_4^+ 浓度,为落干时的硝化作用提供了更为丰富的基质,促进硝化作用,复水时则又积累了较多的硝态氮,促进了反硝化,因而导致 N_2O 排放增加。

从这一解释不难看出,如果速效性的尿素、碳铵等在烤田落干前施用,则有可能排放出较 CAF 氮肥更多的 N_2O。

表 4.19 水稻生长期内 N_2O 的平均排放通量、排放总量及其占所施肥料 N 的比例(Yan et al., 2000b)

处　理	N_2O 排放总量($\mu g\ N$)	平均排放通量 ($\mu g\ N \cdot m^{-2} \cdot h^{-1}$)	占施入 N 的比例
CAF1	5 120c	44.8	0.200%
CAF2	6 998ab	61.2	0.308%
CAF3	7 920a	69.3	0.361%
尿素	6 027bc	52.7	0.259%
对照	1 603d	14.0	—

注:同一列中附有相同字母的数据间没有显著差异。

4.3.3.2 氮肥施用量对稻田 N_2O 排放的影响

氮肥的施用量影响着 N_2O 的排放(Bouwman,1990;Byrnes and Freney,1995)。稻田水稻生长季,在水分管理一致的条件下,不论施用尿素或硫铵,N_2O 的排放量都随氮肥施用量增加而升高(表 4.18)。Ma et al. (2007)在宜兴连续 3 年的田间观测试验结果也表明稻田 N_2O 排放随尿素施用量的增加而增加(表 4.20)。

表 4.20 水稻生长期各氮肥和麦秆施用处理 N_2O 排放通量(Ma et al., 2007)

处　理	氮肥用量 ($kg\ N \cdot hm^{-2}$)	N_2O 排放通量($\mu g\ N \cdot m^{-2} \cdot h^{-1}$)		
		2003 年	2004 年	2005 年
无秸秆还田	0	1.47±1.05a	1.46±0.94a	1.67±0.35a
	200	9.05±8.13b	9.41±7.81b	3.47±1.52b
	270	16.96±17.57c	14.15±21.59c	6.05±5.22c
秸秆还田	0	1.28±1.17a	1.03±0.91a	0.67±0.89d
	200	5.93±4.63b	5.63±2.65d	1.81±1.31a
	270	13.69±11.45c	14.02±18.31c	2.43±2.19a

黄树辉等(2005)报告,水稻生长季 5 个不同施氮处理都观察到 N_2O 排放通量随氮肥施用量增加而有不同程度的升高(表 4.21)。但不施氮、施尿

素 90 kg N·hm^{-2} 和 180 kg N·hm^{-2} 的处理，N_2O 排放通量虽有随施氮量增加而升高的趋势，但差异并不显著。只有施氮量为 270 kg N·hm^{-2} 和 360 kg N·hm^{-2} 时，N_2O 排放通量才有明显升高。该试验是在浙江嘉兴进行的，嘉兴地处长江三角洲的中心。据谢迎新(2006)计算，长江三角洲地区农田每年由灌溉水和大气干湿沉降带入的氮接近 90 kg N·hm^{-2}。在这一地区，氮肥施用量在 180 kg N·hm^{-2} 以下，水稻的有效吸收使土壤中无机氮保持在较低的水平，施用量对 N_2O 排放量的影响较小。更高的氮肥施用量超过水稻能够有效吸收的范围，无机氮含量提高，从而 N_2O 排放量随着氮肥施用量的提高而明显提高。因此，过量施用氮肥将导致 N_2O 排放量的显著增加。

表 4.21 不同施氮量稻田 N_2O 排放(黄树辉等，2005)

施氮量 (kg N·hm^{-2})	N_2O 排放通量 (μg N·m^{-2}·h^{-1})	施氮量 (kg N·hm^{-2})	N_2O 排放通量 (μg N·m^{-2}·h^{-1})
0	12.66	270	24.75
90	14.95	360	44.53
180	15.18		

李曼莉等(2003)通过大田试验发现，旱作稻田使用推荐施肥法，即不施基肥，分蘖肥和穗肥施用量和施用时间与常规施肥方式相同，水稻生长季 N_2O 排放量比常规施肥处理低。常规施肥处理的氮肥用量仅比推荐施肥处理多 30%，但其 N_2O 排放却是常规施肥处理的 2.4 倍。

4.3.3.3 氮肥施用方式对稻田 N_2O 排放的影响

无机氮肥施用方式影响氮肥的利用率，因而可能显著影响 N_2O 排放。朱兆良等(1987)报道，尿素或碳酸氢铵无水层与土壤混合施用，与撒施方式相比可有效降低土壤反硝化损失，同时可使水稻增产。

Yan et al.(2000b)观测到同是施肥后持续淹水，基肥与土壤混施后持续淹水期间几乎没有 N_2O 排放，而追肥撒施入表层水后 7 天即出现明显的 N_2O 排放峰。Mosier et al.(1990)在田间和温室实验中都观察到尿素施入水田后几天内即出现 N_2O 排放峰值，该试验施肥方式是表施。氮肥混施和表施，N_2O 排放存在如此明显的区别，其原因在于水稻土中存在氧化层和还原层的分化，氧化层中的硝化过程对还原层中的反硝化过程起着至关重要的作用。基肥与土壤混施后，尽管土壤溶液中 NH_4^+ 的浓度高,但由于深层土壤缺乏好氧条件,施入的 NH_4^+ 不能被有效地氧化成 NO_3^-;由于缺乏基质,反硝化作用也不能有效地进行,N_2O 排放少。如果氮肥施用于表层,在土水界面好氧层中被氧化,生成 NO_3^-,硝化作用产生的 NO_3^- 扩散进入表层以下的厌氧层,进行反硝化作用。这两个过程都将产生和排放 N_2O,因而 N_2O 排放量较大。由此可以看出,铵态氮肥深施或混施不仅可以提高其作物利用率,也可以有效地减少 N_2O 的排放量。

4.3.3.4 氮肥施用时间对稻田 N_2O 排放的影响

在 4.3.3.1 节已经指出,控释氮肥对稻田 N_2O 排放影响的报道不一,可能与氮肥施用时间有关。在实施烤田的水稻生长季节和水分含量变化相对较大的冬季作物生长季节,氮肥的施用时间对 N_2O 排放量可以产生很大的影响。一般地说,土壤水分状态发生改变前施用氮肥将可能导致较多的 N_2O 排放;相反,土壤水分处于比较稳定阶段施用氮肥对 N_2O 排放的促进作用较小。

大田试验发现,在稻田小麦季合理调整追肥时间,降雨后追肥可以显著减少小麦返青拔节期的 N_2O 排放(表 4.22)。这是因为,土壤水分含量是控制麦季 N_2O 排放的重要因素,氮肥的施用虽然能为 N_2O 的产生过程提供反应的底物,但缺少合适的土壤水分条件,也不会有较高的 N_2O 排放。

表 4.22 稻田麦季不同追肥时间下返青拔节期 N_2O 排放(马二登等,未发表数据)

追 肥 时 间	N_2O 排放通量($\mu g\ N \cdot m^{-2} \cdot h^{-1}$)
降雨 6 天前追肥	30.09 ± 6.05
降雨 1 天前追肥	31.54 ± 10.73
降雨 5 天后追肥	6.34 ± 1.37

另有研究表明(马静等,2006),前茬稻季施用的氮肥似乎影响后续麦季 N_2O 排放量。图 4.17 表明,水稻生长季不施氮肥的处理,在小麦生长季施用与其他处理相同的氮肥时,N_2O 排放量有较其他处理更大的趋势。实施秸秆还田在一定程度上改变这种效应,但其原因尚不清楚。

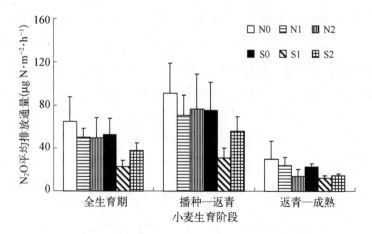

图 4.17 稻季氮肥和秸秆处理对后续麦季
N_2O 排放的影响(马静等,2006)

注:N0、N1、N2 分别表示稻季施用 0 kg N·hm^{-2}、200 kg N·hm^{-2}、270 kg N·hm^{-2}氮肥;S0、S1、S2 分别表示稻季施用 3.75 t·hm^{-2}麦秆及 0 kg N·hm^{-2}、200 kg N·hm^{-2}、270 kg N·hm^{-2}氮肥。各处理麦季施肥量均为298 kg N·hm^{-2}氮肥。

4.3.4 有机肥的施用

与无机氮肥相比,有机肥对 N_2O 排放的影响要复杂得多。这是因为,有机肥在分解过程中不仅能为土壤提供氮源,而且还提供有机碳源,促进土壤微生物的生长和活动,但是,如果有机肥的 C/N 过大,则在分解过程中净同化无机氮,使土壤无机氮含量下降;有机肥改善土壤结构和物理环境。上述一系列物理、化学和生物因素的改变均会对 N_2O 的产生和排放产生重要影响。

有机肥矿化作用能为土壤补充矿质氮,为 N_2O 的产生提供反应底物,同时也增强土壤微生物活性。有机肥分解过程将消耗土壤中的氧,在淹水条件下,使土壤的还原性进一步增强;在好氧条件下,造成土壤局部厌氧环境,有利于反硝化微生物活动。这些因素都将影响土壤 N_2O 排放。研究表明(黄宗益等,1999;蒋静艳等,2003),秸秆较高的 C/N 比容易引起土壤中氮素的固定,秸秆腐解过程中产生的化感物质会抑制土壤微生物活性。另外,作物秸秆施入土壤后将增加土壤中可溶性有机碳含量,从而降低反硝化产物中 N_2O/N_2 比率。这些因素均会导致农田 N_2O 排放的减少。

除了以上这些因素,有机肥的施用还导致土壤中参与硝化过程和反硝化过程的微生物在种类与数量上发生变化,这也是有机肥影响农田 N_2O 排放的一个方面。有机肥的施用还可以改善土壤结构,从而使土壤的持水性和通气性发生变化,影响 N_2O 排放。

与化学氮肥一样,有机肥对稻田 N_2O 排放的影响也因有机肥种类、施用量、施用方式和施用时间而异。

4.3.4.1 有机肥种类对稻田 N_2O 排放的影响

不同种类的有机肥不仅氮含量差异很大,而且有机物质的可分解性差异也很大。有机肥的组成成分导致它们施入土壤后对 N_2O 排放产生不同的影响。有机肥氮的含量可能是使不同有机肥对 N_2O 排放量影响差异的最关键指标。研究表明,无论是早稻还是晚稻,施用化肥+猪粪处理的 N_2O 排放都大于施用化肥+蘑菇肥的处理(杨军等,1999),但两处理的水稻产量相差不大(表4.23)。即在保证产量的情况下,用蘑菇肥作底肥与用猪粪作底肥相比,前者对稻田水稻生长季 N_2O 排放的贡献较小。陈玉芬等(1999)大田试验也发现了相同现象。造成这种结果的原因可能是由于两种有机肥供氮能力的差异,试验所用的两种有机肥(猪粪和蘑菇肥)的有机质含量之比为1.4:1,有效氮之比为1.2:1,猪粪肥中较高的含氮量为 N_2O 的产生提供更为充足的硝化和反硝化底物。邹建文等(2003)通过大田试验发现,菜籽饼肥对 N_2O 排放量的促进作用最大,牛厩肥、猪厩肥和秸秆还田处理的 N_2O 排放较少,且相互之间差异不大(表4.24)。显然这也与菜籽饼的氮含量高、C/N比小有关。

表4.23 稻田施用不同有机肥对 N_2O 排放的影响(杨军等,1999)

有机肥种类	N_2O 排放量($mg\ N\cdot m^{-2}$)	
	早稻	晚稻
猪粪肥	39.63	76.46
蘑菇肥	23.89	42.43

表4.24 施用不同有机肥稻田的季节 N_2O 排放量(邹建文等,2003)

处理	N_2O 排放量 ($kg\ N\cdot hm^{-2}$)	处理	N_2O 排放量 ($kg\ N\cdot hm^{-2}$)
菜饼	7.94	牛厩肥	5.12
秸秆	5.35	猪厩肥	5.31

Bronson et al.(1997)在试验中发现,微生物分解 C/N 大的草料时大量固定氮素,在旱季水稻生长季节,开花期排水的稻田,施用 C/N 比大的草料处理排放的 N_2O 少于施用 C/N 比小的绿肥的处理。同时,草料的施用加速了土壤好氧层和根际氧的消耗,导致土壤中可以发生硝化作用的微区减少。草料的加入而产生的高浓度 CH_4 可能还会对硝化作用起到抑制作用。这些因素均减少 N_2O 的排放。

4.3.4.2 有机肥施用量对稻田 N_2O 排放的影响

有关有机肥施用量对稻田 N_2O 排放影响的报道较少,蒋静艳等(2003)大田试验发现:连续淹水条件下,水稻田施用小麦秸秆,N_2O 累积排放量减少,且 N_2O 排放量与小麦秸秆的施用量成反比;中期烤田处理的稻田,小麦秸秆的施用量 $2.25\ t \cdot hm^{-2}$ 时,与不施秸秆的对照比较,N_2O 排放量无明显差异,当小麦秸秆的施用量为 $4.5\ t \cdot hm^{-2}$ 时,大大抑制 N_2O 的排放,其排放量仅为对照处理的 13% 左右。我们观测了不同麦秆和尿素施用量对间隙灌溉稻田 N_2O 排放的影响,结果表明,在所有 3 个尿素施用水平下,无论麦秆还田量多少,麦秆的施用都不同程度抑制 N_2O 的排放,在尿素施用量为 200 kg $N \cdot hm^{-2}$ 时,N_2O 排放量随着秸秆施用量的增加而有规律地下降(图4.18)。

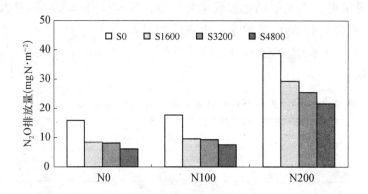

图 4.18 秸秆和氮肥施用对稻田 N_2O 排放的影响(未发表数据)

注:S0、S1600、S3200、S4800 分别代表秸秆还田量为 0 kg $\cdot hm^{-2}$、1 600 kg $\cdot hm^{-2}$、3 200 kg $\cdot hm^{-2}$、4 800 kg $\cdot hm^{-2}$;N0、N100、N200 分别代表氮肥施用量为 0 kg $N \cdot hm^{-2}$、100 kg $N \cdot hm^{-2}$、200 kg $N \cdot hm^{-2}$。

因为作物秸秆具有低氮含量和高 C/N 比的特点,它们在分解过程中可以不同程度地净同化无机氮,减少土壤进行硝化和反硝化作用基质(如图4.10)。因此,随着秸秆施用量的增加,被净同化的无机氮增加,N_2O 排放进一步减少(如图 4.18)。但是,如果有机肥的氮含量高,在分解过程中对土壤无机氮有净贡献,那么,随着该类有机肥施用量的增加,N_2O 排放量可能增加而不是减少。因此,有机肥施用量对 N_2O 排放量的影响也将因有机肥中氮含量的差异而出现截然相反的结果。

4.3.4.3 秸秆还田方式对稻田 N_2O 排放的影响

如前所述,秸秆还田方式不同,对稻田 CH_4 排放量的影响不同。秸秆还田方式也影响稻田 N_2O 的排放。肖小平等(2007)在双季稻稻田的研究表明,稻草免耕还田下的 N_2O 平均排放速率比翻耕还田和旋耕还田分别降低42.1%和16.7%。不同耕作和秸秆还田方式可能导致耕作层土壤的氧化还原程度和均匀程度不同。在理论上,土壤氧化还原的均匀性越好,N_2O 排放量越少;反之,土壤氧化还原的均匀性越差,越容易导致 N_2O 的产生和排放。

我们观测了不同秸秆还田方式对稻田 N_2O 排放通量的影响(表4.25)。墒沟埋草处理中,非墒沟区域的 N_2O 排放量高于均匀混施处理,而墒沟 N_2O 排放量低于均匀混施处理,这与高 C/N 比的秸秆分解固定有效氮、减少 N_2O 排放的一般情况相一致。以试验小区为单元比较,两者相抵,墒沟埋草处理的 N_2O 排放量显著高于均匀混施处理。麦秆条带状覆盖还田处理中,麦秆覆盖带和非麦秆覆盖带的 N_2O 排放量均高于均匀混施处理,因此,麦秆条带状覆盖还田的总 N_2O 排放量显著高于均匀混施处理。显然麦秆覆盖于土壤表面并不能起到固定土壤有效氮的作用。与不施秸秆的对照比较,麦秆焚烧后还田仍对 N_2O 排放有降低作用,但相对于均匀混施,焚烧后,抑制稻田 N_2O 排放的作用明显降低。与 CH_4 相同,秸秆烧灰过程中也有相当数量的 N_2O 排放(Streets et al.,2003),焚烧过程中排放的 N_2O 也应该考虑在秸秆处理方式对 N_2O 排放量影响的因素中。

表4.25 不同麦秆施用方式下稻田 N_2O 排放量(马静,2008)

麦秆施用方式	N_2O 排放量 ($mg\ N \cdot m^{-2}$)	麦秆施用方式	N_2O 排放量 ($mg\ N \cdot m^{-2}$)
不还田	113	条带状覆盖	129
均匀混施	25.1	焚烧还田	47.7
墒沟埋草	78.7		

马二登等(2007)发现,水稻收获后,水稻秸秆的还田方式也显著影响后续小麦生长季的 N_2O 排放量(表4.26)。稻秆表面覆盖处理的 N_2O 排放量最高,相对于对照增加了约13%。这是因为覆盖于土表的水稻秸秆能够为微生物进行硝化和反硝化活动保持较好的水热条件,从而促进麦田土壤

N_2O 排放。水稻秸秆与耕层土壤均匀混合及焚烧还田处理的 N_2O 排放量与对照相比分别减少 18% 和 24%。原因可能是,在均匀混施处理中,水稻秸秆与土壤充分接触,水稻秸秆的高 C/N 比引起了土壤氮素的微生物固定,从而减少了硝化和反硝化底物,抑制 N_2O 排放。秸秆焚烧还田造成秸秆中氮素的损失,就地焚烧过程可能导致土壤表层微生物死亡,进而导致 N_2O 排放的减少。

表 4.26 稻田麦季不同稻秆还田方式下 N_2O 排放量(马二登等,2007)

稻秆还田方式	N_2O 平均排放通量 ($\mu g\ N\cdot m^{-2}\cdot h^{-1}$)	稻秆还田方式	N_2O 平均排放通量 ($\mu g\ N\cdot m^{-2}\cdot h^{-1}$)
不还田	60.33±5.46a	均匀混施	49.70±6.12c
表面覆盖	69.35±7.39b	原位焚烧	45.79±9.60c

4.3.4.4 秸秆还田对后续作物季 N_2O 排放的影响

稻田水稻生长季节施用有机肥对后续小麦生长季的 N_2O 排放也能产生影响,作用程度和方向因有机肥种类不同而异。邹建文等(2006)的研究表明,与单施化肥相比,在相同化肥施用量的基础上,水稻种植前增施菜饼肥,对后续小麦生长季 N_2O 排放量无显著影响,在水稻种植前小麦秸秆还田,可使后续小麦生长季 N_2O 排放量减少 15%,牛厩肥和猪厩肥作为水稻的基肥,导致后续小麦生长季 N_2O 排放量分别增加 29% 和 16%。

马静等(2006)大田试验发现,水稻种植前秸秆还田能够显著减少后续小麦生长季的 N_2O 排放量,其影响主要体现在小麦播种至返青期的 N_2O 排放量上。但是,焦燕等(2004)盆栽试验发现,水稻种植前还田的小麦秸秆能导致后续小麦生长季 N_2O 排放的增加。他们发现水稻种植前还田的小麦秸秆增加了土壤中有效态铁的含量,而小麦生长季的 N_2O 排放量随土壤有效态铁含量的增加而增加。所以,他们认为,可能是有效态铁影响着硝化反硝化过程中亚硝酸还原酶的活性,从而影响 N_2O 排放。

邹建文等(2003)的研究表明,水稻种植前还田的小麦秸秆,对后续小麦生长季 N_2O 排放的影响受水稻生长期间田间灌溉管理方式的制约:常规灌溉方式下,水稻种植前还田的小麦秸秆(还田量为 225 $g\cdot m^{-2}$ 和 450 $g\cdot m^{-2}$)能显著降低后续小麦生长季的 N_2O 排放量;但是,水稻生长期间实施持续淹水灌溉的处理,水稻种植前还田等量的小麦秸秆并不能减少后续小麦生长季的 N_2O 排放量。

4.3.5 种植制度

我国稻田分布在不同的气候带,由于水热条件不同,稻田的种植制度殊异。稻田生态系统不同种植制度下的水分管理及其氮肥施用量有很大的差别,从而显著影响 N_2O 排放量。Xing et al.(2002)通过盆栽试验比较了单季稻+冬季淹水休闲、双季稻+冬季小麦和单季稻+小麦三种种植制度下,稻田生态系统全年的 N_2O 排放量。从图4.19可以看出,单季水稻+冬季淹水休闲,所需要的氮肥施用量最低(300 kg N·hm^{-2}·yr^{-1}),全年淹水时间最长,N_2O 排放量最小;单季水稻+冬季小麦,氮肥总施用量为 480 kg N·hm^{-2}·yr^{-1},全年淹水时间最短,N_2O 排放量最大;双季水稻+冬小麦,氮肥施用量高达 680 kg N·hm^{-2}·yr^{-1},淹水时间长于稻麦轮作,短于单季稻冬季淹水休闲处理,N_2O 排放量处于中间水平。显然,不同种植制下,水分管理方式不同是影响稻田生态系统 N_2O 排放量的最主要因素,氮肥施用量处于次要的地位。Huang et al.(2007)通过土柱试验,比较了三种不同灌溉状况 N_2O 排放量的差异,也得出了 N_2O 排放量主要受水分管理方式影响的结论。

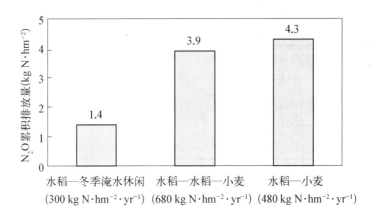

图 4.19　种植制度对稻田生态系统 N_2O 年排放量的影响(根据 Xing et al.,2002 结果绘制)

在水稻生长期间,即使采用间歇灌溉方式、实施烤田措施,一般情况下其 N_2O 排放量也小于冬季旱作物生长期间的 N_2O 排放量。事实上,稻—麦轮作的稻田生态系统中,如果冬小麦生长期间排水良好,即使麦季施氮量低于稻季,N_2O 排放量通常也仍然高于水稻生长期间的排放量(图4.20)。陈书涛等(2005)比较了水稻—冬小麦轮作的稻田生态系统改种双季旱作后

N_2O 排放量的变化。从表 4.27 可以看出,在等施氮量的情况下,玉米/小麦一年种植双季旱作,N_2O 年排放量显著高于水稻/冬小麦轮作的稻田生态系统。大豆固氮作用对 N_2O 排放具有显著的促进作用(Yang and Cai,2005)。大豆/小麦一年两季轮作,氮肥施用量仅为 200 kg N·hm^{-2}·yr^{-1},N_2O 排放量仍然高于水稻/小麦两季轮作。所以,在稻田生态系统的种植制度中,旱作物生长期间所占的时间份额越大,水稻生长期间所占的时间份额很小,N_2O 排放量越大。

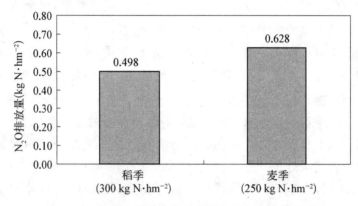

图 4.20 稻田生态系统水稻生长季和冬小麦生长季 N_2O 排放量比较(未发表数据)

表 4.27 稻田不同轮作体系对 N_2O 排放的影响(陈书涛等,2005)

夏季作物	施氮量 (kg N·hm^{-2})	越冬作物	施氮量 (kg N·hm^{-2})	N_2O 排放量 (kg N·hm^{-2}·yr^{-1})
水稻	300	小麦	200	11.7±0.7
玉米	300	小麦	200	18.5±0.7
大豆	0	小麦	200	13.2±0.4

4.3.6 脲酶/硝化抑制剂施用

脲酶抑制剂用于减缓土壤中酰胺态氮至铵态氮的水解过程速度,硝化抑制剂抑制 NH_4^+-N 至 NO_3^--N 的氧化过程。前者因为降低了 NH_4^+ 的浓度,可以减少 NH_3 挥发损失;后者抑制了硝化作用,使土壤中 NO_2^- 和 NO_3^- 浓度下降,可以减少 NO_2^- 和 NO_3^- 的径流与淋溶、N_2 与 N_2O 等气态损失(陈利军等,1995)。脲酶抑制剂与尿素配合施用,其作用时间一般较短,对尿素氮转化为 NH_3 以后的行为影响不大,甚至可能促进硝化和反硝化作用造成的氮损失;硝化抑制剂则适合与各种铵态氮肥或尿素配用,其作用效果受土壤环境和自身特性等综合因素的影响,在减少硝化和反硝化的同时加剧 NH_3 挥发的潜在几率,单独使用不能对尿素转化进行有效调控(Martin et al.,1993)。如果将两者合理配合施用,可使氮素转化全过程得到有效控制,使施入土壤的氮肥尽可能为作物吸收利用,减少 N_2O 和 N_2 等形式的氮损失。

土壤脲酶抑制剂主要包括以相对分子量大于 50 的重金属(如 Cu、Ag、Pb、Hg、Co、Ni、Au、As、Cr 等元素不同价态离子)为代表的无机化合物和以氨基苯磺酰胺、二硫代氨基甲酸盐、酚类、醌类、磷胺类化合物及其转化物为代表的有机化合物类。其中,N-丁基硫代磷酰三胺(NBPT)、苯基磷酰二胺(PPD)和环己基磷酰三胺(CHPT)等磷铵化合物的抑制效果最好(Byrnes and Freney, 1995)。氢醌(hydroquinone, HQ)被认为是经济有效的脲酶抑制剂(Zhao et al., 1992)。氢醌又名对苯二酚,分子式 $C_6H_6O_2$,分子量 110.11,白色针状结晶,可燃,熔点 172~175℃,沸点 285~287℃,相对密度 1.33 g·cm^{-3}(15℃),易溶于热水、乙醇及乙醚,微溶于苯。在空气中见光易变成褐色,碱性溶液中氧化较快。

国内外的研究表明脲酶抑制剂的抑制效果受脲酶抑制剂类型及施用量、氮肥种类及施入量、土壤类型和土壤质地等因素的影响(Majumdar and Mitra, 2004; Malla et al., 2005)。尿素施入土壤后,在土壤脲酶作用下水解生成 NH_3 和 CO_2,尿素的肥效很大程度上取决于土壤脲酶活性。土壤脲酶活性强,尿素一经施入土壤,通常只需 1~7 天即可全部水解。脲酶是一种分子量约为 48 万的含镍金属酶,它约有 77 个甲硫氨酰基,129 个半胱氨基,47 个巯基,其中有 4~8 个巯基(—SH)对酶的活性有重要作用。重金属离子和醌类物质的脲酶抑制作用机理相同,它们均能作用于脲酶蛋白中对酶促有重要作用的巯基(—SH),其抑制作用的效果与金属-巯化物和醌-巯化物复合体的解离能力呈反比(武志杰和陈利军,2003)。磷胺类化合物与尿素分子有相似的结构,可与尿素竞争脲酶的结合位点,而且与脲酶的亲和力高于尿素。此种结合使得脲酶减少与尿素作用的机会,达到抑制尿素水解的目的(武志杰和陈利军,2003; McCarty et al.,1990)。部分脲酶抑制剂还通过影响微生物活性来抑制或延缓脲酶的形成,降低尿素的水解速度,阻止酰胺态氮向铵和氨的转化(郑福丽等,2006)。

硝化抑制剂一般分为无机化合物和有机化合物。前者主要包括各种重金属盐;后者主要有吡啶类(pyridines)、嘧啶类(pyrimidines)、硫脲(thiourea)、巯基化合物(mercapto compounds)、乙炔(acetylene)和二硫化碳(carbon disulfide)等,比较常见的有双氰胺(dicyandiamide,DCD)、包被碳化钙(coated calcium carbide)、乙炔(acetylene)、硫脲(thiourea)、2-氯-6-(三氯甲基)吡啶(nitrapyrin)和嘧啶(pyrimidine)等(Hauck,1984)。硝化抑制剂的作用机理是抑制亚硝化单细胞菌属(*Nitrosomonas*)的活性,使施入土壤的铵态氮能够在土壤中保持较长的时间,减少 $NO_2^- -N$ 的积累,进而控制 $NO_3^- -N$ 的形成(Amberger,1989)。双氰胺是近年来研究较多的一种硝化抑制剂。双氰胺为氰氨(cyanamide)的二聚物,分子式为 $H_2NC(NH)_2CN$,白色晶体粉末,分子量为 84.08,密度为 400 $g·L^{-1}$,熔点为 210℃,不吸水,不挥发,不易燃,无毒,能溶于水(23 $g·L^{-1}$,13℃)和其他溶剂,物理和化学性质稳定。与其他硝化抑制剂相比,双氰胺具有较好的硝化抑制作用,并具有水可溶性、弱挥发性、降解完全性和在土壤中低于施氮量10%剂量时无毒性残留等优点,尤其是其经济高效性,使其具有大田推广的现实意义。

尽管脲酶抑制剂和硝化抑制剂种类繁多、应用情况复杂,但 HQ/DCD 是近年来稻田生态系统应用较多的组合(陈利军等,1995;徐星恺等,2000;Chen et al.,1998,2000)。HQ/DCD 在延缓尿素水解、减少 $NO_3^- -N$ 累积、抑制 NH_3 挥发及减缓 N_2O 排放、增加土壤氮素利用率以及影响 CH_4 排放、作物产量等方面具有一定的效果。

稻—麦轮作是亚洲亚热带地区的主要作物种植模式,总种植面积约2.6亿公顷(Ladha et al.,2003),脲酶抑制剂和硝化抑制剂对稻田生态系统水稻和小麦生长季节 CH_4 和 N_2O 排放的影响备受关注。表 4.28 总结了近年来关于 HQ/DCD 影响稻—麦轮作系统 CH_4 和 N_2O 排放的典型研究结果。对文献报道的田间实际测定数据进行统计分析表明,绝大部分农田 N_2O-N 排放量占施氮量的百分比(又称 N_2O 排放系数)变化于0.1%~2.0%之间(Bouwman,1990)。与水稻生长季相比,稻田生态系统麦季 N_2O-N 排放系数较大。与不使用抑制剂的对照相比,在稻田生态系统小麦生长季施用 HQ/DCD 能降低 N_2O 排放 6%~49%,在水稻生长季施用能降低 N_2O 排放 4%~26%,最高降幅达到62%(Zhao et al.,1992)。

表 4.28 HQ/DCD 对稻麦轮作系统 CH_4 和 N_2O 排放影响

	处理	CH_4 排放降低率	N_2O 排放降低率	N_2O-N 排放系数	资料来源
稻季	U			0.08%	Majumdar et al.,2002
	U+DCD	nd	11%(-)	0.07%	
	AT	nd		0.14%	
	AT+DCD	nd	26%(-)	0.092%	

4.3 稻田 N_2O 排放的影响因素

续表 4.28

	处 理	CH_4 排放降低率	N_2O 排放降低率	N_2O-N 排放系数	资料来源
稻季	U			0.018%	McCarty et al., 1990, 1991
	U+DCD	nd	18%(-)	0.010%	
麦季	U	nd		0.56%	
	U+DCD	nd	49%(-)	0.29%	
稻季	U			1.44%	Zhao et al., 1992
	U+HQ	30%(-)	11%(-)	1.01%	
	U+DCD	53%(-)	47%(-)	0.56%	
	U+HQ+DCD	58%(-)	62%(-)	0.28%	
麦季	U			1.37%	
	U+HQ	nd	11%(-)	1.22%	
	U+DCD	nd	22%(-)	1.07%	
	U+HQ+DCD	nd	25%(-)	1.03%	
稻季	U			0.63%	Bouwman, 1990
	U+HQ	12%(+)	4%(-)	0.61%	
	U+DCD	12%(-)	17%(-)	0.53%	
麦季	U			0.55%	
	U+HQ	nd	6%(-)	0.52%	
	U+DCD	nd	29%(-)	0.39%	

注：U 指尿素(urea)；AT 指硫代硫酸铵(ammonium thiosulphate)；nd 指没有数据(no data)；(+)、(-) 指 HQ/DCD 对 CH_4 和 N_2O 排放的促进和抑制作用。

DCD 单独与氮肥配合施用也能减少稻田生态系统 N_2O 排放量。有研究表明(Kumar et al., 2000)，DCD 与尿素、硫酸铵混施，可将单施氮肥时稻田的 N_2O-N 排放系数 0.28% 减低 0.14%。DCD 减少稻田生态系统 N_2O 排放的作用可能与肥料类型有关。长期稻—麦轮作试验的结果表明，DCD 与尿素、硫酸铵及硝酸钾配施，N_2O-N 排放量分别占尿素、硫酸铵及硝酸钾施氮量的 0.02%、0.023% 和 0.068%。Ghosh et al.(2003)指出，与 HQ/DCD 配合施用时相同，DCD 单独施用时，对于减少稻田生态系统小麦生长季的 N_2O 排放作用大于水稻生长季。Majumdar et al.(2000, 2002)较系统、深入地研究了硝化抑制剂对稻—麦轮作生态系统 N_2O 排放的影响，结果发现与不施 DCD 的处理比较，麦季 DCD 与尿素混施可减少 49% 的 N_2O 排放量，稻季可减少 18% 的 N_2O 排放量。麦季 N_2O 排放量占施氮量的比例为 0.20%～0.56%，明显高于稻季的 0.010%～0.013%。

Minami et al.(1994)也指出,麦季 DCD 与尿素混施可减少 53% 的 N_2O 排放量。可能的原因是,稻季大部分时间土壤持续淹水,硝化反应受阻,DCD 抑制效果受到限制,而麦季土壤水分含量较低,硝化作用相对比较强烈,DCD 的施用更有利于发挥抑制硝化作用。

脲酶/硝化抑制剂减少 N_2O 排放的作用还与施用时间有关。传统的脲酶/硝化抑制剂施用方法大都在移栽或播种前与基肥配合施用。就稻田而言,由于水稻移栽后中期烤田前持续淹水,土壤硝化作用受到极大抑制,移栽前施入硝化抑制剂基本发挥不了作用。稻田中期烤田及后期干湿交替时期,土壤水分变化剧烈,硝化反硝化反应强烈,此时施用硝化抑制剂可能发挥更好的作用。为此我们研究了不同 HQ/DCD 施用时间对稻田 N_2O 排放的影响。田间和大田试验结果都表明,DCD 配合与基肥施用(早施)对 N_2O 排放影响较小,配合与分蘖肥施用(缓施)明显降低 N_2O 的排放量($P<0.01$),降幅达 30.3%(盆栽试验)和 43.6%(大田试验),配合穗肥施用(晚施)效果不及配合分蘖肥施用(图 4.21)。

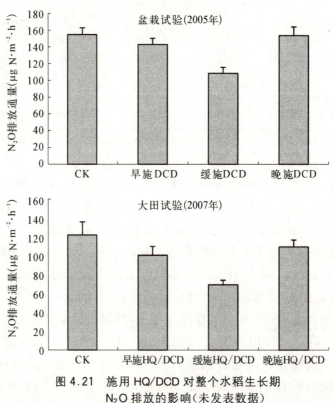

图 4.21 施用 HQ/DCD 对整个水稻生长期 N_2O 排放的影响(未发表数据)

注:CK,对照处理,施肥相同但不施加脲酶/硝化抑制剂;早施 HQ/DCD,与基肥混施;缓施 HQ/DCD,与分蘖肥混施;晚施 HQ/DCD,与穗肥混施。

水旱轮作的稻田生态系统,小麦生长季节基本不排放 CH_4,排放量可忽略不计。水稻生长期间施用 HQ/DCD 能抑制 CH_4 排放达 20%~58%(Boeckx et al.,2005),但也有研究指出 HQ 与尿素混施反而促进稻田 CH_4 排放(Malla et al.,2005)。

稻麦两季一水一旱的土壤水分状况不仅影响稻田 CH_4 和 N_2O 排放,而且影响 HQ/DCD 对 CH_4 和 N_2O 排放的抑制效果。水稻生长季节除烤田及干湿交替阶段外,其他时间土壤持续淹水,CH_4 排放量较高,即 HQ/DCD 对稻田 CH_4 排放的影响主要集中在烤田前淹水期。小麦生长季节土壤水分含量较低,土壤硝化作用剧烈,N_2O 产生排放潜势大,HQ/DCD 对麦季 N_2O 排放的抑制效果更加明显。

稻田 CH_4 和 N_2O 排放存在互为消长的关系,有利于抑制稻田 CH_4 排放的土壤环境常常促进 N_2O 排放(Ma et al.,2007)。大量的试验证明(表4.28),脲酶/硝化抑制剂与氮肥配合施肥降低稻田生态系统 N_2O 排放,但对 CH_4 排放的影响结果不一。脲酶/硝化抑制剂对稻田 CH_4 排放的影响主要有以下三种假说:

① 假说 1

HQ/DCD 通过影响产甲烷菌活性影响 CH_4 排放。研究发现,HQ 可抑制以醋酸盐为底物的产甲烷菌,降低 CH_4 排放(Wang et al.,1991)。DCD 抑制产甲烷菌活性(Gorelic et al.,1992; Lindau and Bollich,1993)。但也有研究发现,充足的碳源和氮源有利于微生物生存,大量铵态氮能刺激产甲烷菌生长,提高 CH_4 排放量(Bergstrom et al.,1994)。

② 假说 2

HQ/DCD 通过抑制甲烷氧化菌活性提高 CH_4 排放量。土壤中甲烷氧化菌和氨氧化菌都能氧化 CH_4,它们以 CH_4 为能量来源扩大自身微生物量(Majumdar and Mitra,2004)。HQ/DCD 的施入使稻田土壤氮素形态以 NH_4^+-N 为主,大量存在的 NH_4^+-N 抑制 CH_4 氧化。这是因为较高的 NH_4^+-N 浓度可导致硝化菌种群增大,削弱甲烷氧化菌种群,而且硝化菌对 CH_4 的氧化能力远远低于甲烷氧化菌,从而使 CH_4 氧化势降低,CH_4 排放增加(Hutsch et al.,1993; Willison et al.,1995)。诸如乙炔(acetylene)、2-氯-6-(三氯甲基)吡啶(nitrapyrin)等硝化抑制剂可抑制与甲烷氧化有关的单(加)氧酶(monooxygenase)活性而抑制 CH_4 氧化。

③ 假说 3

HQ/DCD 通过影响水稻生物量及水稻根际氧化还原状态影响 CH_4 排放。Xu et al.(2000a)研究发现,HQ/DCD 与尿素配合施用显著增加地上部分水稻植株生物量,水稻根际呈现较强的氧化状态,抑制 CH_4 产生和排放。与单施尿素的对照处理相比,施加脲酶抑制剂有效抑制 NH_3 挥发,减缓 NH_3 对水稻的毒害效应,促进作物生长进而影响 CH_4 的生成与排放(Krogmeier et al.,1989)。

总之,脲酶/硝化抑制剂效果受土壤质地、有机质含量、温度、水分、土壤pH、氮肥种类和耕作制度、脲酶/硝化抑制剂品种及用量等影响(王艳萍和谭大凤,1996)。不同条件下脲酶/硝化抑制剂对 CH_4 和 N_2O 排放的影响效果不尽相同,所以,应该因地制宜地在稻田生态系统施用 HQ/DCD。

4.3.7 土壤类型和质地

土壤产生和排放 N_2O 的能力随土壤物理特性而变,但却没有简单的关系。粘质土壤较轻质地土壤能较长时间维持较高的水分含量,所以产生 N_2O 的潜能也高,但 N_2O 向大气扩散没有在轻质地土壤中容易。深层土壤产生的 N_2O 在向土表移动过程中可能被进一步还原成 N_2,特别是在气体扩散慢的重质地土壤中。

硝化作用需要好氧条件。在通透性好的条件下,硝化作用强烈且生成的 N_2O 容易逸出土体。反硝化作用需要厌氧条件,该条件阻碍了反硝化过程产生的 N_2O 向大气的扩散。所以这两种生成 N_2O 的土壤微生物过程对土壤类型、质地等物理特性的依赖不同。

硝化作用通常在轻质地土壤中进行得较快,而重质地土壤适宜反硝化作用的进行。土壤 N_2O 排放量决定于土壤 N_2O 产生与扩散的平衡。土壤质地对土壤 N_2O 排放量影响的研究多见于旱地,总的来说,重质地土壤似乎比轻质地土壤有更高的 N_2O 排放量(Skiba et al.,1992;Vinther,1992),但也有相反的报道结果(Arah et al.,1991)。旱地土壤水分含量一般不是很高,气体扩散较容易,N_2O 排放量主要受 N_2O 生成强度的影响。由于重质地土壤 N_2O 产生量较大,所以旱地土壤 N_2O 排放量以重质地土壤为大,轻质地土壤则较小。另一方面,由于砂质土壤对有机质的结合作用较弱,即使在有机质含量较低的情况下,对产 N_2O 微生物的有机基质有效供给量可能仍然大于粘质土壤。在这样的条件下,轻质地旱地土壤有可能排放较多的 N_2O(徐华等,2000b)。徐华等(2000b;2000c)比较砂质、壤质和粘质土壤在种植水稻、小麦和棉花时的 N_2O 排放量,结果发现(表 4.29),种植水稻时,土壤的 N_2O 排放量以砂质土壤为最大,并随着质地的加重而减少。种植水稻时,土壤具有较高的水分含量,N_2O 排放量主要决定于

N_2O 在土壤中的扩散速率。砂质土壤有利于土壤中产生的 N_2O 向大气排放。此外,砂质土壤对氧化还原电位变化的缓冲作用较弱,土壤氧化还原电位易于变化,土壤硝化作用和反硝化作用易于交替发生,从而促进土壤 N_2O 产生和排放。种植小麦和棉花时,壤质土壤的 N_2O 排放最高,粘质土壤的 N_2O 排放量最小。这可能与壤质土壤既有较高的 N_2O 产生率又有较高的气体扩散速率有关。比较水稻和小麦、棉花旱作物的结果可以看出,土壤质地对 N_2O 排放量的影响可能因水分管理方式不同而异。

表 4.29 不同质地土壤作物生育期 N_2O 平均排放通量(徐华等,2000b,2000c)

土壤质地	N_2O 平均排放通量 ($\mu g\ N \cdot m^{-2} \cdot h^{-1}$)		
	水稻	小麦	棉花
砂 质	138	23.8	45.9
壤 质	87.5	37.9	70.4
粘 质	63.5	12.9	27.9

4.3.8 作物种植

作物的种植可从以下几个方面影响农田 N_2O 的产生和排放:豆科固氮作物的种植直接增加土壤氮源;植物枯枝落叶、根茬及根系分泌物为微生物提供大量的有机碳,从而增强微生物活性;植物根系分泌质子,消耗 O_2 或分泌 O_2(水稻),从而改变根际 pH 和氧化还原环境;植物根系吸收 NO_3^- 和 NH_4^+;植物消耗水,降低土壤水分含量;根系生长影响土壤结构,为气体逸散创造通道;植物的存在改变农田小气候,使土壤免受太阳直接照射,昼夜的温度变化减少;有些植物如水稻,内部有气体通道,从而有助于 N_2O 从土壤排放到大气。

大多数研究者认为,有植物的土壤的反硝化速率比无植物的休闲土壤高(Lindau et al., 1990;Mosier et al., 1990)。但是也有研究者指出,这需要视土壤 NO_3^- 浓度而定。当反硝化速率受 NO_3^- 供应的制约时,根系与微生物活动竞争 NO_3^-,此时根系活动可减弱反硝化作用(Heinemeyer et al., 1988),这也可能是休闲土壤有时比种作土壤排放 N_2O 多的原因(Terry et al., 1981)。如果 NO_3^- 供应过剩,则植物根系分泌的有机碳可促进反硝化作用。植物对反硝化的影响还与土壤本身的有机碳含量有关,有机碳含量低时,这种影响更明显(Stefanson,1972)。

豆科作物固定的氮可同肥料氮一样被硝化和反硝化而成为 N_2O 的源。此外,共生根瘤菌也可进行反硝化,产生 N_2O。豆科作物残体的分解可以增加 N_2O 的排放量。Duxbury et al.(1982)连续两年测定种植紫云英的矿质土壤的 N_2O 排放量分别为 4.2 和 2.3 kg N·hm^{-2}·yr^{-1},而牧草地的 N_2O 排放量分别为 1.7 和 0.9 kg N·hm^{-2}·yr^{-1}。这两块地都没有施肥,紫云英地的 N_2O 排放量相当于施用了 130 kg N·hm^{-2} 的玉米地的排放量。Eichner(1990)根据三个试验结果估算,1986 年豆科作物生长排放的 N_2O 达 23~315 Gg N,这不包括那些没有收获的豆科作物、豆科作物在苗期以及种植之前施入的肥料氮排放的 N_2O。盆栽试验表明:大豆在生长旺盛时期,N_2O 的排放很少;当大豆进入成熟期时,N_2O 开始排放量大幅度升高;在大豆营养生长期将地上部分割除,将根留在土壤中,N_2O 排放迅速升高(Yang and Cai,2005)。由此说明,大豆共生固氮本身并不排放或很少排放 N_2O,但当根或根瘤死亡,固定的氮释放后进入土壤氮循环时排放 N_2O。

Cribbs and Mills(1979)在一泥炭土中加入 100 mg NO_3^--N·kg^{-1},在种番茄和不种番茄下培养 8 天,发现种番茄土壤排放的 N_2O 几乎是不种植物的两倍。Klemedtsson et al.(1988a,1988b)的实验室研究也有类似的结果。但是也有作物种植并不增加 N_2O 排放量的报道(Duxbury et al.,1982;Stefanson,1973)。已如前述,这要视土壤 NO_3^- 含量等其他因素而定。Matson et al.(1992)报道,嫩甘蔗地 N_2O 排放量高于成熟甘蔗地,因为后者的根系可快速吸收土壤中的 NO_3^-。

除了豆科作物外,作物品种似乎并不是影响 N_2O 排放的重要因素,有时不同作物 N_2O 排放量的区别是由于不同的施肥管理措施所致。菜园土壤由于氮肥施用量高,其 N_2O 排放量往往很高。Ryden(1981)发现,氮肥施用量为 176~528 kg N·hm^{-2} 的菜园土壤,其 N_2O 的年排放量高达 19.6~41.8 kg N·hm^{-2}。水稻田由于大部分时间处于淹水状态,N_2O 闭蓄于土壤中容易被还原为 N_2,因而其 N_2O 排放量一般较低(Lindau et al.,1990;Smith et al.,1982)。但是,由于水稻具有通气组织,土壤气体可通过它排入大气。因此,有水稻存在时 N_2O 排放量仍然比没有水稻时高(Mosier et al.,1990)。

颜晓元(1998)发现水稻植株通过影响土壤水分状况及吸收土壤氮素而影响土壤 N_2O 排放的季节变化。

4.3.9 土壤pH值

反硝化速率随pH值的增加而增加,最佳pH值为7.0～8.0(Bryan,1981)。Weier and Gilliam(1986)研究了pH值对美国北卡罗来纳州6种土壤反硝化的影响,通过施用石灰将pH值从3.6～5.0升至7.2～7.8时,反硝化速率提高了2～3倍,当pH值大于6.5时,对反硝化作用的影响更明显。N_2O的还原比NO_3^-还原对酸性条件更敏感,所以N_2O/N_2比随pH值的增加而降低。在上述实验中,N_2O/N_2比从pH值为4.2～5.0时的0.63～0.93降至pH值大于5.8时的0,在pH值为3.8～5.0时,N_2O为唯一的或者是主要的反硝化产物,当pH值升至5.6～6.6时,N_2O只是在实验的初期为反硝化的主要产物,而N_2在pH值为6.9～8.0时成为反硝化的主要产物。

自养硝化细菌的生长和代谢在中性或略显碱性的pH值范围最旺盛(Focht and Verstraete,1977)。Duggin et al.(1991)报道自养硝化在pH值为5.5～6.0时缓慢进行,在pH值为4.5～5.5时进行得更慢,而当pH值小于4.5时自养硝化停止。Goodroad and Keeney(1984)研究了添加硫铵的土壤在不同pH值、土温及水分含量的好氧培养条件下土壤的硝化过程。他们把pH值为4.7时的硝化速率作为参照,pH值为5.1和6.7时的硝化速率分别提高了47%和80%,N_2O/NO_3^-比也相应增加了36%和23%。Martikainen and De Boer(1993)的实验结果却正好相反。他们发现pH值为4时的硝化速率比pH值为6时稍稍增加,而N_2O/NO_3^-增加了4～8倍。由于异养微生物在酸性条件下仍有较大的数量和较多的种类,酸性条件下,异养硝化可能在硝化过程发挥重要作用。硝化过程中N_2O/NO_3^-比值随pH值变化而变化的方向不同似乎与土壤是否施用过石灰有关。从Mørkved et al.(2007)报道的结果可以看出,在有施石灰历史的土壤中,N_2O/NO_3^-比值随pH值的升高而提高;在未施过石灰的酸性泥炭土中,结果则相反,N_2O/NO_3^-比值随pH值升高而降低。

土壤pH值对N_2O排放量的影响十分复杂,不同研究者在不同土壤上的研究结果不一致。Sahrawat et al.(1985)报道酸性土壤施用石灰使6种土壤中的5种N_2O排放量增加了2～3倍。Brumme and Beese(1992)却发现施用石灰降低了酸性土壤N_2O的排放量。

pH值对硝化作用、反硝化作用及N_2O排放的研究大多数是在实验室通过培养实验进行的,且pH值多经过了人为调节。较大、较快的pH值变化会影响土壤微生物及 N_2O 产生过程的自然状况。所以实验室人为调节 pH 值条件下观察到的规律能否用于田间自然土壤值得商榷。

4.3.10 土壤温度

微生物活性随温度而变,在某一临界温度下,生化反应进行的速率可忽略不计,在此值之上则遵从阿仑尼乌斯定律快速上升。产生 N_2O 的硝化过程和反硝化过程也不例外。此外,N_2O 在水中的溶解度也随温度而变,5℃时的溶解度是 40℃时的 3 倍左右(Wilhelm et al.,1977)。

尽管在零下 2~4℃的低温下反硝化反应也能缓慢进行,但较高的反硝化速率则至少需要>5℃的土壤温度(Malhi et al.,1990;Vinther,1990)。大量实验室研究表明反硝化速率与土壤温度间存在正相关性。土壤反硝化过程的最佳温度为 30~40℃。最佳温度的差异反映了反硝化细菌对特定环境的一定程度的适应性。土壤温度>50℃时,化学反硝化可能是 N_2O 产生的主要机制。当土壤温度>75℃时,反硝化反应停止,但 75℃以上的温度对土壤没有实际意义,因土壤温度通常在 60℃以下变动。随着土壤温度的上升,反硝化产物比 N_2O/N_2 下降(Vinther,1990)。硝化反应的最佳温度通常为 25~35℃,异养硝化的适宜温度一般要高于自养硝化。与反硝化不同,硝化反应产物比 N_2O/NO_3^- 随温度升高而增大。

硝化作用和反硝化作用的实验室研究皆证明,在 20~40℃之间,N_2O 产生量随温度升高快速增加(Granli and Bøckman,1994)。田间 N_2O 排放的昼夜变化及季节变化至少部分是由土壤温度的变化引起的(Christensen,1985;Goodrood and Keeney,1984)。Conrad et al.(1983)发现,草地 N_2O 排放通量与土壤温度日变化的关系可用阿仑尼乌斯公式描述,当土壤温度从 13℃升至 23℃时,N_2O 排放通量增加 2.8 倍。

参考文献

85-913-04-05 攻关课题组. 我国作物秸秆燃烧甲烷、氧化亚氮排放量变化趋势预测: 1990-2020[J]. 农业环境保护, 1995, 14(3): 111-116.

蔡祖聪, 颜晓元, 鹤田治雄, 等. 丘陵区稻田甲烷排放的空间分布[J]. 土壤学报, 1995, 32(增刊): 151-159.

蔡祖聪, 徐华, 卢维盛, 等. 冬季水分管理方式对稻田 CH_4 排放量的影响[J]. 应用生态学报, 1998, 9(2): 171-175.

蔡祖聪, Mosier A R. 土壤水分状况对 CH_4 氧化、N_2O 和 CO_2 排放的影响[J]. 土壤,

1999,31(6):289-294,298.

陈德章,王明星,上官行健,等. 我国西南地区的稻田 CH_4 排放[J]. 地球科学进展,1993, 8(5):47-54.

陈冠雄,黄国宏,黄斌,等. 稻田 CH_4 和 N_2O 的排放及养萍和施肥的影响[J]. 应用生态学报,1995,6(4):378-382.

陈利军,史弈,李荣华,等. 脲酶抑制剂和硝化抑制剂的协同作用对尿素氮转化和 N_2O 排放的影响[J]. 应用生态学报,1995,6(4):368-372.

陈书涛,黄耀,郑循华,等. 轮作制对农田 N_2O 排放的影响及驱动因子[J]. 中国农业科学,2005,38(10):2053-2060.

陈苇,卢婉芳,段彬伍,等. 稻草还田对晚稻稻田甲烷排放的影响[J]. 土壤学报,2002, 39(2):170-176.

陈玉芬,杨军,顾尉蓝,等. 广州地区晚稻田氧化亚氮排放量与施肥灌溉关系的研究[J]. 华南农业大学学报,1999,20(2):80-84.

韩琳,史奕,李建东,等. FACE 环境下不同秸秆与氮肥管理对稻田土壤产甲烷菌的影响[J]. 农业环境科学学报,2006,25(2):322-325.

侯爱新,陈冠雄,吴杰,等. 稻田 CH_4 和 N_2O 排放关系及其生物学机理和一些影响因子[J]. 应用生态学报,1997,8(3):270-274.

黄树辉,蒋文伟,吕军,等. 氮肥和磷肥对稻田 N_2O 排放的影响[J]. 中国环境科学,2005, 25(5):540-543.

黄宗益,张福珠,刘淑琴,等. 化感物质对土壤 N_2O 释放影响的研究[J]. 环境科学学报, 1999,19(5):478-482.

贾仲君. 水稻植株对稻田甲烷排放过程的影响[D]. 南京:中国科学院南京土壤研究所,2002.

江长胜,王跃思,郑循华,等. 耕作制度对川中丘陵区冬灌田 CH_4 和 N_2O 排放的影响[J]. 环境科学,2006,27(2):207-213.

蒋静燕,黄耀,宗良纲. 水分管理与秸秆施用对稻田 CH_4 和 N_2O 排放的影响[J]. 中国环境科学,2003,23(5):552-556.

焦燕,黄耀,宗良纲,等. 土壤理化特性对稻田 CH_4 排放的影响[J]. 环境科学,2002, 3(5):1-7.

焦燕,黄耀,宗良纲,等. 不同水稻土水稻生长季施用秸秆对后季麦田 N_2O 排放的影响[J]. 南京农业大学学报,2004,27(1):36-40.

康国定. 中国稻田甲烷排放时空变化特征研究[D]. 南京:南京大学,2003.

李曼莉,徐阳春,沈其荣,等. 覆草旱作稻田 CH_4 和 N_2O 的排放[J]. 中国环境科学, 2003,23(6):579-582.

李香兰,徐华,曹金留,等. 水分管理对水稻生长期 CH_4 排放的影响[J]. 土壤,2007, 39(2):238-242.

梁东丽,同延安,Emteryd O,等. 灌溉和降水对旱地土壤 N_2O 气态损失的影响[J]. 植物营养与肥料学报,2002,8(3):298-302.

林匡飞,项雅玲,姜达炳,等.湖北地区稻田甲烷排放量及控制措施的研究[J].农业环境保护,2000,19(5):267-270.

林而达.减少农业甲烷排放的技术选择[J].农村生态环境,1993(S1):9-12.

林敏,尤崇杓.水稻根分泌物及其与粪产碱菌的相互作用[J].中国农业科学,1989,22(5):6-12.

刘娟.大气CO_2浓度升高对土壤有机碳以及作物秸秆分解的影响[D].南京:中国科学院南京土壤研究所,2007.

刘娟,韩勇,蔡祖聪,等.FACE系统处理3年后淹水条件下土壤CH_4和CO_2排放变化[J].生态学报,2007,27(6):2184-2190.

马二登,马静,徐华,等.稻秆还田方式对麦田N_2O排放的影响[J].土壤,2007,39(6):870-873.

马静,徐华,蔡祖聪,等.稻季施肥管理措施对后续麦季N_2O排放的影响[J].土壤,2006,38(6):687-691.

马静.秸秆还田和氮肥施用对稻田CH_4和N_2O排放的影响[D].南京:中国科学院南京土壤研究所,2008.

闵航,陈美慈,赵宇华,等.厌氧微生物学[M].杭州:浙江大学出版社,1993.

秦晓波,李玉娥,刘克樱,等.不同施肥处理稻田甲烷和氧化亚氮排放特征[J].农业工程学报,2006,22(7):143-148.

单丽伟,冯贵颖,范三红.产甲烷菌的研究进展[J].微生物学杂志,2003,23(6):42-46.

邵可声,李震.水稻品种以及施肥措施对稻田甲烷排放的影响[J].北京大学学报(自然科学版),1996,32(4):505-513.

陶战,杜道灯,周毅,等.稻田施用沼渣对甲烷排放通量的影响[J].农村生态环境,1994,10(3):1-5.

陶战,杜道灯,周毅,等.不同农作措施对稻田甲烷排放通量的影响[J].农业环境保护,1995,14(3):101-104.

王大力,朱立民.CO_2浓度倍增对稻田CH_4排放的影响[J].植物生态学报,1999,23(5):451-457.

王明星,戴爱国,黄俊,等.中国稻田CH_4排放量的估算[J].大气科学,1993,17(1):52-64.

王明星,上官行健,沈壬兴,等.华中稻田甲烷排放的施肥效应及施肥策略[J].中国农业气象,1995,16(2):1-5.

王艳萍,谭大凤.影响硝化抑制剂效力的因素[J].青海大学学报(自然科学版),1996,14(2):36-38.

王智平,曾江海,张玉铭.农田土壤N_2O排放的影响因素[J].农业环境保护,1994,13(1):40-43.

武志杰,陈利军.缓释/控释肥料:原理与应用[M].北京:科学出版社,2003.

肖小平,伍芬琳,黄风球,等.不同稻草还田方式对稻田温室气体排放影响研究[J].农业现代化研究,2007,28(5):629-632.

谢迎新. 大气干湿沉降氮研究[D]. 南京：中国科学院南京土壤研究所, 2006.

熊效振, 沈壬兴, 王明星, 等. 太湖流域单季稻的甲烷排放研究[J]. 大气科学, 1999, 23(1): 9-18.

徐华. 冬季土地管理对水稻生长期甲烷排放的影响[D]. 南京：中国科学院南京土壤研究所, 1997.

徐华, 蔡祖聪. 种稻盆钵土壤甲烷排放通量变化的研究[J]. 农村生态环境, 1999, 15(1): 10-13, 36.

徐华, 蔡祖聪, 李小平. 土壤 Eh 和温度对稻田甲烷排放季节变化的影响[J]. 农业环境保护, 1999a, 18(4): 145-149.

徐华, 蔡祖聪, 李小平, 等. 冬作季节土壤水分状况对稻田 CH_4 排放的影响[J]. 农村生态环境, 1999b, 15(4): 20-23.

徐华, 邢光熹, 蔡祖聪. 土壤水分状况和氮肥施用及品种对稻田 N_2O 排放的影响[J]. 应用生态学报, 1999c, 10(2): 186-188.

徐华, 邢光熹, 蔡祖聪, 等. 丘陵区稻田 N_2O 排放的特点[J]. 土壤与环境, 1999d, 8(4): 266-270.

徐华, 蔡祖聪, 李小平. 烤田对种稻土壤甲烷排放的影响[J]. 土壤学报, 2000a, 37(1): 69-76.

徐华, 邢光熹, 蔡祖聪, 等. 土壤质地对小麦和棉花田 N_2O 排放的影响[J]. 农业环境保护, 2000b, 19(1): 1-3.

徐华, 邢光熹, 蔡祖聪, 等. 土壤水分状况和质地对稻田 N_2O 排放的影响[J]. 土壤学报, 2000c, 37(4): 499-505.

徐华. 土壤性质和冬季水分对水稻生长期 CH_4 排放的影响及机理[D]. 南京：中国科学院南京土壤研究所, 2001.

徐华, 蔡祖聪, 八木一行. 水稻土 CH_4 产生潜力及其影响因素[J]. 土壤学报, 2008, 45(1): 98-104.

徐星恺, 周礼恺, Van Cleemput O. 脲酶/硝化抑制剂对土壤中尿素氮转化及形态分布的影响[J]. 土壤学报, 2000, 37(3): 339-345.

续勇波, 蔡祖聪. 亚热带土壤氮素反硝化过程中 N_2O 的排放和还原[J]. 环境科学学报, 2008, 28(4): 731-737.

颜晓元, 蔡祖聪. 水稻土中 CH_4 氧化的研究[J]. 应用生态学报, 1997, 8(6): 589-594.

颜晓元. 水田土壤氧化亚氮的排放[D]. 南京：中国科学院南京土壤研究所, 1998.

杨军, 杨崇, 吕雪娟, 等. 广州地区施用不同有机肥对稻田 N_2O 排放的影响[J]. 华南农业大学学报, 1999, 20(1): 123-124.

郑福丽, 李彬, 李晓云, 等. 脲酶抑制剂的作用机理与效应[J]. 吉林农业科学, 2006, 31(6): 25-28.

郑家国, 姜心禄, 朱钟麟, 等. 季节性干旱丘区的麦秸还田技术与水分利用效率研究[J]. 灌溉排水学报, 2006, 25(1): 30-33.

郑循华, 王明星, 王跃思, 等. 稻麦轮作生态系统中土壤湿度对 N_2O 产生与排放的影响

[J]. 应用生态学报, 1996, 7(3): 273-279.

钟杭, 张勇勇, 林潮澜, 等. 麦稻秸秆全量整草免耕还田方法和效果[J]. 土壤肥料, 2003, 3: 34-37.

朱兆良, 张绍林, 徐银华. 种稻下氮素的气态损失与氮肥品种及施用方法的关系[J]. 土壤, 1987, 19: 5-12.

朱兆良, 文启孝. 中国土壤氮素[M]. 南京: 江苏科学技术出版社, 1992.

邹建文, 黄耀, 宗良纲, 等. 不同种类有机肥施用对稻田 CH_4 和 N_2O 排放的综合影响[J]. 环境科学, 2003, 24(4): 7-12.

邹建文, 黄耀, 宗良纲, 等. 稻田不同种类有机肥施用对后季麦田 N_2O 排放的影响[J]. 环境科学, 2006, 27(7): 1264-1268.

Abao Jr E B, Bronson K F, Wassmann R, et al. Simultaneous records of methane and nitrous oxide emissions in rice-based cropping systems under rainfed conditions[J]. Nutrient Cycling in Agroecosystems, 2000, 58: 131-139.

Amberger A. Research on dicyandiamide as a nitrification inhibitor and future outlook[J]. Communications in Soil Science and Plant Analysis, 1989, 20: 1933-1955.

Ando T, Yoshida S, Nishiyama I. Nature of oxidizing power of rice roots[J]. Plant and Soil, 1983, 72: 57-71.

Arah J R M, Smith K A, Crichton I J, et al. Nitrous oxide production and denitrification in Scottish arable soils[J]. European Journal of Soil Science, 1991, 42(3): 351-367.

Arif M A S, Houwen F, Verstraete W. Agricultural factors affecting methane oxidation in arable soil[J]. Biology and Fertility of Soils, 1996, 21: 95-102.

Armstrong W. Aeration in higher plants[J]. Advances in Botanical Research, 1979, 7: 225-332.

Banik A, Sen M, Sen S P. Effects of inorganic fertilizers and micronutrients on methane production from wetland rice (*Oryza sativa* L.)[J]. Biology and Fertility of Soils, 1996, 21(4): 319-322.

Banker B C, Kludze H K, Alford D P, et al. Methane sources and sinks in paddy rice soils: relationship to emissions[J]. Agriculture, Ecosystems & Environment, 1995, 53(3): 243-251.

Bender M, Conrad R. Kinetics of CH_4 oxidation in oxic soils exposed to ambient air or high CH_4 mixing ratios[J]. FEMS Microbiology Ecology, 1992, 101(4): 261-270.

Bender M, Conrad R. Effect of CH_4 concentrations and soil conditions on the induction of CH_4 oxidation activity[J]. Soil Biology & Biochemistry, 1995, 27(12): 1517-1527.

Bergstrom D W, Tenuta M, Beauchamp E G. Increase in nitrous oxide production in soil induced by ammonium and organic carbon[J]. Biology and Fertility of Soils, 1994, 18: 1-6.

Bodelier P L E, Laanbroek J H. Nitrogen as a regulatory factor of methane oxidation in soils and sediments[J]. FEMS Microbiology Ecology, 2004, 47(3): 265-277.

参 考 文 献

Boeckx P, Van Cleemput O. Methane oxidation in a neutral landfill cover soil: influence of moisture content, temperature and nitrogen-turnover[J]. Journal of Environmental Quality, 1996, 25: 178-183.

Boeckx P, Xu X, Van Cleemput O. Mitigation of N_2O and CH_4 emission from rice and wheat cropping systems using dicyandiamide and hydroquinone[J]. Nutrient Cycling in Agroecosystems, 2005, 72(1):41-49.

Bosse U, Frenzel P. Activity and distribution of methane-oxidizing bacteria in flooded rice soil microcosms and in rice plants (*Oryza sativa*)[J]. Applied and Environmental Microbiology, 1997, 63(4): 1197-1207.

Bouwman A F. Soils and the Greenhouse Effect[M]. New York: John Wiley and Sons, 1990.

Breitenbeck G A, Blackmer A M, Bremner J M. 1980. Effects of different nitrogen fertilizers on emission of nitrous oxide from soil[J]. Geophysical Research Letters, 1980, 7: 85-88.

Bronson K F, Neue H U, Singh U, et al. Automated chamber measurements of methane and nitrous oxide flux in a flooded rice soil: I. Residue, nitrogen, and water management[J]. Soil Sciences Society of America Journal, 1997, 61: 981-987.

Brumme R, Beese F. Effects of liming and nitrogen fertilization on emissions of CO_2 and N_2O from a temperate forest[J]. Journal of Geophysical Research, 1992, 97: 12851-12858.

Bryan B A. Physiology and Biochemistry of Denitrification [M]//Delwiche C C. Denitrification, Nitrification and Atmospheric Nitrous Oxide. New York: John Wiley and Sons, 1981.

Butterbach-Bahl K, Papen H, Rennenberg H. Impact of gas transport through rice cultivars on methane emission from rice paddy fields[J]. Plant, Cell & Environment, 1997, 20(9): 1175-1183.

Butterbach-Bahl K, Papen H, Rennenberg H. Scanning electron microscopy analysis of the aerenchyma in two rice cultivars[J]. Phyton, 2000, 40(1): 43-55.

Byrnes B H, Freney J R. Recent development on the use of urease inhibitors in the tropics [J]. Fertilizer Research, 1995, 42: 251-259

Cai Z C, Xu H, Zhang H H, et al. Estimate of methane emission from rice paddy fields in Taihu region, China[J]. Pedosphere, 1994, 4(4): 297-306.

Cai Z C, Xing G X, Yan X Y, et al. Methane and nitrous oxide emissions from rice paddy fields as affected by nitrogen fertilizers and water management[J]. Plant and Soil, 1997, 196(1): 7-14.

Cai Z C, Xing G X, Shen G Y, et al. Measurements of CH_4 and N_2O emissions from rice paddies in Fengqiu, China[J]. Soil Science and Plant nutrition, 1999, 45(1): 1-13.

Cai Z C, Yan X Y. Kinetic model for methane oxidation by paddy soil as affected by temperature, moisture and N addition[J]. Soil Biology & Biochemistry, 1999, 31: 715-725.

Cai Z C, Mosier A R. Effect of NH_4Cl addition on methane oxidation by paddy soils[J]. Soil Biology & Biochemistry, 2000, 32: 1537-1545.

Cai Z C, Tsuruta H, Gao M, et al. Options for mitigating methane emission from a permanently flooded rice field[J]. Global Change Biology, 2003, 9: 37-45.

Cai Z C, Shan Y H, Xu H. Effects of nitrogen fertilization on CH_4 emissions from rice fields[J]. Soil Science and Plant Nutrition, 2007, 53(4): 353-361.

Cao M, Dent J B, Heal O W. Modeling methane emission from rice paddies[J]. Global Biogeochemical Cycles, 1995, 9(2): 183-195.

Castro M S, Peterjohn W T, Melillo J M, et al. Effects of nitrogen fertilization on the fluxes of N_2O, CH_4 and CO_2 from soils in a Florida slash pine plantation[J]. Canadian Journal of Forest Research, 1994, 24(1): 9-13.

Cates R L, Keeney D R. Nitrous oxide production throughout the year from fertilized and manured maize fields[J]. Journal of Environmental Quality, 1987, 16: 443-447.

Chareonsilp N, Buddhaboon C, Promnart P, et al. Methane emission from deepwater rice fields in Thailand[J]. Nutrient Cycling in Agroecosystems, 2000, 58: 121-130.

Chen L, Boeckx P, Zhou L, et al. Effect of hydroquinone, dicyandiamide and encapsulated calcium carbide on urea N uptake by spring wheat, soil mineral N content and N_2O emission[J]. Soil Use and Management, 1998, 14(4): 230-233.

Chen L J, Zhou L K, Li R H, et al. Comparison of urea derived N_2O emission from soil and soil-plant system[J]. Pedosphere, 2000, 10(3): 207-212.

Christensen S. Denitrification in a sandy loamy soil as influenced by climatic and soil conditions[J]. Tidsskrift for Planteavl, 1985, 89: 351-365.

Conrad R, Seiler W, Bunsen G. Factors influencing the loss of fertilizer nitrogen into the atmosphere as nitrous oxide[J]. Journal of Geophysical Research, 1983, 88: 6709-6718.

Conrad R. Control of microbial methane production in wetland rice fields[J]. Nutrient Cycling in Agroecosystems, 2002, 64: 59-69.

Conrad R. Microbial Ecology of methanogens and methanotrophs[J]. Advances in Agronomy, 2007, 96: 1-63.

Corton T M, Bajita J B, Grospe F S, et al. Methane emission from irrigated and intensively managed rice fields in central Luzon (Philippines)[J]. Nutrient Cycling in Agroecosystems, 2000, 58: 37-53.

Cribbs W H, Mills H A. Influence of nitrapyrin on the evolution of N_2O from an organic medium with and without plants[J]. Communications in Soil Science and Plant Analysis, 1979, 10(4): 785-794.

Crill P M, Martikainen P J, Nyakanen H, et al. Temperature and N fertilization effects on methane oxidation in a drained peatland soil[J]. Soil Biology & Biochemistry, 1994, 26(10): 1331-1339.

Crozier C R, Devai I, Delaune R D. Methane and reduced sulfur gas production by fresh and dried wetland soils[J]. Soil Science Society of America Journal, 1995, 59(1): 277-284.

Daepp M, Suter D, Almeida J P F, et al. Yield response of *Lolium perenne* swards to free air CO_2 enrichment increased over six years in a high N input system on fertile soil[J]. Global Change Biology, 2000, 6(7): 805-816.

Dan J G, Krüger M, Frenzel P, et al. Effect of late season urea fertilization on methane emission from a rice field in Italy[J]. Agriculture, Ecosystems & Environment, 2001, 83: 191-199.

Dasselaar A P, Beusichem M L, Oenema O. Effects of soil moisture content and temperature on methane uptake by grasslands on sandy soils[J]. Plant and Soil, 1998, 204(2), 213-222.

Davidson E A. Sources of nitric oxide and nitrous oxide following wetting of dry soil[J]. Soil Science Society of America Journal, 1992, 56: 95-102.

Davidson E A, Matson P A, Vitousek P M, et al. Processes regulating soil emissions of NO and N_2O in a seasonally dry tropical forest[J]. Ecology, 1993, 74(1): 130-139.

De Bont J A M, Lee K K, Bouldin D F. Bacterial oxidation of methane in a rice paddy [J]. Ecological Bulletins, 1978, 26: 91-96.

De Klein C A M, Van Logtestijn R S P. Denitrification in the top soil of managed grasslands in the Netherlands in relation to soil type and fertilizer level[J]. Plant and Soil, 1994, 163(1): 33-34.

De Klein C A M, Van Logtestijn R S P. Denitrification in grassland soils in the Netherlands in relation to irrigation, N-application rate, soil water content and soil temperature[J]. Soil Biology & Biochemistry, 1996, 28(2): 231-237.

Delgado J A, Mosier A R. Mitigation altenatives to decrease nitrous oxides emissions and urea-nitrogen loss and their effect on methane flux[J]. Journal of Environmental Quality, 1999, 25(6): 1105-1111.

Dendooven L, Anderson J M. Maintenance of denitrification potential in pasture soil following anaerobic events [J]. Soil Biology & Biochemistry, 1995, 27(10): 1251-1260.

Dendooven L, Duchateau L, Anderson J M. Gaseous products of the denitrification process as affected by antecedent water regime of the soil[J]. Soil Biology & Biochemistry, 1996, 28(2): 239-245.

Denier van der Gon H A C, Neue H U, Lantin R S, et al. Controlling Factors of Methane Emission from Rice Fields[M]//Batjes N H, Bridges E M. World Inventory of Soil Emission Potentials. The Netherlands: Wageningen, 1992, 81-92.

Denier van der Gon H A C, Neue H U. Influence of organic matter incorporation on the methane emission from a wetland rice field[J]. Global Biogeochemical Cycles, 1995, 9(1): 11-22.

Dufield P, Knowles R. Kinetics of inhibition of methane oxidation by nitrate, nitrite, and ammonium in a humisol[J]. Applied and Environmental Microbiology, 1995, 61(8): 3129-3135.

Duggin J A, Voigt G K, Bormann F H. Autotrophic and heterotrophic nitrification in response to clear-cutting northern hardwood forest[J]. Soil Biology & Biochemistry, 1991, 23(8): 779-787.

Duxbury J M, Bouldin D R, Terry R E, et al. Emissions of nitrous oxide from soils[J]. Nature, 1982, 298: 462-464.

Eichner M J. Nitrous oxide emissions from fertlized soils: Summary of available data[J]. Journal of Environmental Quality, 1990, 19: 272-280.

Fey A, Claus P, Conrad R. Temporal change of ^{13}C-isotope signatures and methanogenic pathways in rice field soil incubated anoxically at different temperatures [J]. Geochimica et Cosmochimica Acta, 2004, 68(2): 293-306.

Focht D D, Verstraete W. Biochemical Ecology of Nitrification and Denitrification[M]// Alexander M. Advances in Microbial Ecology. New York: Plenum Press, 1977.

Freney J R, Denmead O T, Watanabe I, et al. Ammonia and nitrous oxide losses following applications of ammonium sulfate to flooded rice[J]. Australian Journal of Agricultural Research, 1981, 32: 37-45.

Frenzel P, Rothfuss F, Conrad R. Oxygen profiles and methane turnover in a flooded rice microcosm[J]. Biology and Fertility of Soils, 1992, 14(2): 84-89.

Ghosh S, Majumdar D, Jain M C. Methane and nitrous oxide emissions from an irrigated rice of North India[J]. Chemosphere, 2003, 51(3): 181-195.

Goodroad L L, Keeney D R. Nitrous oxide production in aerobic soils under varying pH, temperature and water content[J]. Soil Biology & Biochemistry, 1984, 16(1): 39-43.

Gorelic L A, Yanishevskii F V, Podkolzina G V, et al. Efficiency of the nitrification inhibitor dicyandiamide in field experiment of the NIUIF geo-netwoek [J]. Agrokhimiya, 1992, 9: 14-33.

Granli T, Bøckman O C. Nitrous oxide from agriculture[J]. Norwegian Journal of Agricultural Sciences, 1994, 12(Supplement): 1-128.

Groffman P M, Tiedje J M. Denitrification hysteresis during wetting and drying cycles in soil[J]. Soil Science Society of America Journal, 1988, 52: 1626-1629.

Gulledge J, Schimel J P. Moisture control over atmospheric CH_4 consumption and CO_2 production in diverse Alaskan soils[J]. Soil Biology & Biochemistry, 1998, 30(8): 1127-1132.

Hansen S, Maehlum J E, Bakken L R. N$_2$O and CH$_4$ fluxes in soil influenced by fertilization and tractor traffic[J]. Soil Biology & Biochemistry, 1993, 25(5): 621-630.

Hauck R D. Technological Approaches to Improving the Efficiency of Nitrogen Fertilizer Use by Crop Plants[M]// Hauck R D. Nitrogen in Crop Production. Madison, USA: American Soiciety of Agronomy, 1984, 551-560.

Harada N, Otsuka S, Nishiyama M, et al. Influences of indigenous phototrophs on methane emissions from a straw-amended paddy soil[J]. Biology and Fertility of Soils, 2005, 41: 46-51.

Heinemeyer O, Haider K, Mosier A. Phytotron studies to compare nitrogen losses from corn-planted soil by the ^{15}N balance or direct dinitrogen and nitrous oxide measurements[J]. Biology and Fertility of Soils, 1988, 6: 73-77.

Hoffland E, Findenegg G R, Nelemans J A. Solubilization of rock phosphate by rape Ⅱ. Local root exudation of organic acids as a response to P-starvation[J]. Plant and Soil, 1989, 113: 161-165.

Holzapfel-pschorn A, Seiler W. Methane emission during a cultivation period from a Italian rice paddy[J]. Journal of Geophysical Research, 1986, 91: 11803-11814.

Hoosbeek M R, Li Y, Scarascia-Mugnozza G. Free atmospheric CO$_2$ enrichment (FACE) increased labile and total carbon in the mineral soil of a short rotation poplar plantation[J]. Plant and Soil, 2006, 281: 247-254.

Hou A, Akiyama H, Nakajima, et al. Effects of urea form and soil moisture on N$_2$O and NO emissions from Japanese Andosols[J]. Chemosphere-Global Change Science, 2000, 2(3): 321-327.

Huang S H, Pant H K, Lu J. Effects of water regimes on nitrous oxide emission from soils [J]. Ecological Engineering, 2007, 31(1): 9-15.

Hutchin P R, Press M C, Lee J A, et al. Elevated concentrations of CO$_2$ may double methane emissions from mires[J]. Global Change Biology, 1995, 1(2): 125-128.

Hutsch B W, Webster C P, Powlson D S. Long-term effects of nitrogen fertilization on methane oxidation in soil of the Broadbalk wheat experiment[J]. Soil Biology & Biochemistry, 1993, 25(10): 1307-1315.

Ineson P, Coward P A, Hartwig U A. Soil gas fluxes of N$_2$O, CH$_4$ and CO$_2$ beneath Lolium perenne under elevated CO$_2$: The Swiss free air carbon dioxide enrichment experiment[J]. Plant and Soil, 1998, 198: 89-95.

Inubushi K, Cheng W G, Aonuma S, et al. Effects of free-air CO$_2$ enrichment (FACE) on CH$_4$ emission from a rice paddy field[J]. Global Change Biology, 2003, 9(10): 1458-1464.

Intergovernmental Panel on Climate Change (IPCC). Climate Change 2001: Synthesis Reports[M]. Cambridge, United Kingdom and New York, NY, USA: Cambridge

University Press, 2001.

Jäckel U, Schnell S, Conrad R. Effect of moisture, texture and aggregate size of paddy soil on production and consumption of CH_4[J]. Soil Biology & Biochemistry, 2001, 33: 965-971.

Jarvis S C, Barraclough D, Williams J, et al. Patterns of denitrification loss from grazed grassland: Effects of N fertilizer inputs at different sites[J]. Plant and Soil, 1991, 131: 77-88.

Jia Z J, Cai Z C, Xu H, et al. Effect of rice plants on CH_4 production, transport, oxidation and emission in rice paddy soil[J]. Plant and Soil, 2001, 230(2): 211-221.

Jia Z J, Cai Z C, Xu H, et al. Effects of rice cultivars on methane fluxes in a paddy soil [J]. Nutrient Cycling in Agroecosystems, 2002, 64: 87-94.

Jia Z J, Cai Z C, Tsuruta H. Effect of rice cultivar on CH_4 production potential of rice soil and CH_4 emission in a pot experiment[J]. Soil Science and Plant Nutrition, 2006, 52(3): 341-348.

Kang G D, Cai Z C, Feng X Z. Importance of water regime during the non-rice growing period in winter in regional variation of CH_4 emissions from rice fields during following rice growing period in China[J]. Nutrient Cycling in Agroecosystems, 2002, 64: 95-100.

Kartschall T, Grossman S, Pinter P J, et al. A simulation of phenology, growth, carbon dioxide exchange and yields under ambient atmosphere and free-air carbon dioxide enrichment (FACE) Maricopa, Arizona, for wheat[J]. Journal of Biogeography, 1995, 22: 611-622.

Khalil M A K, Rasmussen R A, Wang M X, et al. Emission of trace gases from Chinese rice fields and biogas generators: CH_4, N_2O, CO, CO_2, chlorocarbons and hydrocarbons[J]. Chemosphere, 1990, 20: 207-226.

Khalil M A K, Rasmussen R A, Wang M X, et al. Methane emissions from rice fields in China[J]. Environmental Science & Technology, 1991, 25: 979-981.

Khdyer I I, Cho C M. Nitrification and denitrification of nitrogen fertilizers in a soil column[J]. Soil Science Society of America Journal, 1983, 47: 1134-1139.

Kightley D, Nedwell D B, Cooper M. Capacity for methane oxidation in landfill cover soils measured in laboratory-scale soil microcosms[J]. Applied and Environmental Microbiology, 1995, 61(2): 592-601.

Kimura M, Asai K, Watanabe A, et al. Suppression of methane fluxes from flooded paddy soil with rice plants by foliar spray of nitrogen fertilizers[J]. Soil Science and Plant Nutrition, 1992, 38(4): 735-740.

King G M. Ecological aspects of methane oxidation, a key determinant of global methane dynamics[J]. Advances in Microbial Ecology, 1992, 12: 431-468.

Klemedtsson L, Sevensson B H, Rosswall T. Relationships between soil moisture content and nitrous oxide production during nitrification and denitrification[J]. Biology and Fertility of Soils, 1988a, 6(2): 106-111.

Klemedtsson K, Svensson B H, Rosswall T. A method of selective inhibition to distinguish between nitrification and denitrification as sources of nitrous oxide in soil[J]. Biology and Fertility of Soils, 1988b, 6(2): 112-119.

Klemedtsson L, Simkins S, Sevensson B H, et al. Soil denitrification in the cropping systems characterized by differences in nitrogen and carbon supply II. Water and NO_3^- effects on the denitrification process[J]. Plant and Soil, 1991, 138(2): 272-286.

Kludze H K, Delaune R D, Patrick Jr W H. Aerenchyma Formation and methane and oxygen exchange in rice[J]. Soil Science Society of America Journal, 1993, 57: 386-391.

Knowles R, Blackburn T H. Isotopic Techniques in Plant, Soil and Aquatic Biology[M]. San Diego, USA: Academic Press, 1993.

Kralova M, Masscheleyn P H, Lindau C W, et al. Production of dinitrogen and nitrous oxide in soil suspensions as affected by redox potential[J]. Water, Air, and Soil Pollution, 1992, 61: 37-45.

Krogmeier M J, McCarty G W, Bremner J M. Potential phytotoxicity associated with the use of soil urease inhibitors[J]. Proceedings of the National Academy of Sciences of the United States of America, 1989, 86(4): 1110-1112.

Kumar U, Jain M C, Pathak H, et al. Nitrous oxide emission from different fertilizers and its mitigation by nitrification inhibitors in irrigated rice[J]. Biology and Fertility of Soils, 2000, 32: 474-478.

Ladha J K, Dawe D, Pathak H, et al. How extensive are yield declines in long-term rice-wheat experiment in Asia?[J]. Field Crops Research, 2003, 81(2): 159-180.

Letey J, Hadas A, Valoras N, et al. Effect of preincubation treatments on the ratio of N_2O/N_2 evolution[J]. Journal of Environmental Quality, 1980, 9: 232-235.

Li Y, Lin E D, Rao M J. The effect of agricultural practices on methane and nitrous oxide emissions from rice field and pot experiments[J]. Nutrient Cycling in Agroecosystems, 1997, 49: 47-50.

Limmer A W, Steele K W. Denitrification potentials: measurement of seasonal variation using a short-term anaerobic incubation technique[J]. Soil Biology & Biochemistry, 1982, 14(3): 179-184.

Lindau C W, Delaune R D, Patric Jr W H, et al. Fertilizer effects on dinitrogen, nitrous oxide and methane emissions from lowland rice[J]. Soil Science Society of America Journal, 1990, 54: 1789-1794.

Lindau C W, Bollich P K, Delaune R D, et al. Effect of urea fertilizer and environmental factors on CH_4 emissions from a Louisiana, USA rice field[J]. Plant and Soil, 1991,

136(2): 195-203.

Lindau C W, Bollich P K. Methane emissions from Louisiana first and ratoon crop rice [J]. Soil Science, 1993, 156(1): 42-48.

Lindau C W. Methane emissions from Louisiana rice fields amended with nitrogen fertilizers[J]. Soil Biology & Biochemistry, 1994, 26(3): 353-359.

Linn D M, Doran J W. Effect of water-filled pore space on carbon dioxide and nitrous oxide production in tilled and nontilled soils[J]. Soil Science Society of America Journal, 1984, 48: 1267-1272.

Liou R M, Huang S N, Lin C W. Methane emission from fields with differences in nitrogen fertilizers and rice varieties in Taiwan paddy soils[J]. Chemosphere, 2003, 50(2): 237-246.

Lu W F, Chen W, Duan B W, et al. Methane emissions and mitigation options in irrigated rice fields in southeast China[J]. Nutrient Cycling in Agroecosystems, 2000, 58: 65-73.

Luo Y Q, Hui D F, Zhang D Q. Elevated CO_2 stimulates net accumulations of carbon and nitrogen in land ecosystems: a meta-analysis[J]. Ecology, 2006, 87(1): 53-63.

Ma J, Li X L, Xu H, et al. Effects of nitrogen fertiliser and wheat straw application on CH_4 and N_2O emissions from a paddy rice field[J]. Australian Journal of Soil Research, 2007, 45(6): 359-367.

Majumdar D, Kumar S, Pathak H, et al. Reducing nitrous oxide emission from an irrigated rice field of North India with nitrification inhibitors[J]. Agriculture, Ecosystems & Environment, 2000, 81(3): 163-169.

Majumdar D, Pathak H, Kumar S, et al. Nitrous oxide emission from a sandy loam Inceptisol under irrigated wheat in India as influenced by different nitrification inhibitors[J]. Agriculture, Ecosystems & Environment, 2002, 91(1): 283-293.

Majumdar D, Mitra S. Methane consumption from ambient atmosphere by a Typic Ustochrept soil as influenced by urea and two nitrification inhibitors[J]. Biology and Fertility of Soils, 2004, 39(3): 140-145.

Malhi S S, McGill W B, Nyborg M. Nitrate losses in soils: Effect of temperature, moisture and substrate concentration[J]. Soil Biology & Biochemistry, 1990, 22(6): 733-737.

Malla G, Bhatia A, Pathak H, et al. Mitigation nitrous oxide and methane emissions from soil in rice-wheat system of the Indo-Gangetic plain with nitrification and urease inhibitors[J]. Chemosphere, 2005, 58(2): 141-147.

Martikainen P J, De Boer W. Nitrous oxide production and nitrification in acidic soil from a Dutch coniferous forest[J]. Soil Biology & Biochemistry, 1993, 25(3): 343-347.

Matson P A, Vitousek P M, Zachariassen J. Trace gas fluxes in fertilized sugar cane fields [J]. Bulletin of the Ecological Society of America, 1992, 73: 263.

Masscheleyn P H, Delaune R D, Patrick Jr W H. Methane and nitrous oxide emissions from laboratory measurements of rice soils suspension: Effect of soil oxidation reduction status[J]. Chemosphere, 1993, 26: 251-256.

Martin H W, Graetz D A, Locascio S J, et al. Nitrification inhibitor influences on patato[J]. Agronomy Journal, 1993, 85(3): 651-655.

McCarty G W, Bremmer J M, Lee J S. Inhibition of plant and microbial urease by phosphoroamides[J]. Plant and Soil, 1990, 127: 269-283.

McCarty G W, Bremner J M. Inhibition of nitrification in soil by gaseous hydrocarbons[J]. Biology and Fertility of Soils, 1991, 11: 231-233.

Megraw S R, Knowles R. Methane production and consumption in a cultivation humisol[J]. Biology and Fertility of Soils, 1987, 5: 56-60.

Melillo J M, Aber J D, Muratore F. Nitrogen and lignin control of hardwood leaf litter decomposition dynamics[J]. Ecology, 1982, 63(3): 621-626.

Mikkelsen D S. Nitrogen budgets in flooded soils used for rice production[J]. Plant and Soil, 1987, 100: 71-97.

Minami K, Mosier A, Sass R. CH_4 and N_2O: Global Emissions and Controls from Rice Fields and Other Agricultural and Industrial Sources [M]. Tokyo: Yokendo Publishers, 1994.

Minamikawa K, Sakai N, Yagi K. Methane emission from paddy fields and its mitigation options on a field scale[J]. Microbes and Environments, 2006, 21(3): 135-147.

Mørkved P T, Dörsch P, Bakken L R. The N_2O product ratio of nitrification and its dependence on long-term changes in soil pH[J]. Soil Biology & Biochemistry, 2007, 39(8): 2048-2057.

Mosier A R, Parton W J, Hutchison G L. Modelling nitrous oxide evolution from cropped and native soils[J]. Ecological Bulletin, 1983, 35: 229-241.

Mosier A R, Mohanty S K, Bhadrachalam A, et al. Evolution of dinitrogen and nitrous oxide from the soil to the atmosphere through rice plants[J]. Biology and Fertility of Soils, 1990, 9: 61-67.

Mosier A, Schimel D, Valentine D, et al. Methane and nitrous oxide flux in native, fertilized and cultivated grasslands[J]. Nature, 1991, 350: 330-332.

Mosier A R, Duxbury J M, Freney J R, et al. Nitrous oxide emissions from agricultural fields: Assessment, measurement and mitigation[J]. Plant and Soil, 1996, 181: 95-108.

Murakami T, Kumazawa K. Measurement of denitrification products in soil by the acetylene inhibition method[J]. Soil Science and Plant Nutrition, 1987, 33(2): 225-234.

Naser H M, Nagata O, Tamura S, et al. Methane emissions from five paddy fields with different amounts of rice straw application in central Hokkaido, Japan[J]. Soil

Science and Plant Nutrition, 2007, 53(1): 95-101.

Nesbit S P, Breitenbeck G A. A laboratory study of factors influencing methane uptake by soils[J]. Agriculture, Ecosystems & Environment. 1992, 41(1):39-54.

Neue H U, Becher-Heidmann P, Scharpenseel H W. Organic Matter Dynamics, Soil Properties and Cultural Practices in Rice Lands and Their Relationship to Methane Production[M]//Bouwman A F. Soils and the Greenhouse Effect. Chichester, England: John Wiley and Sons, 1990.

Neue H U, Roger P A. Rice Agriculture: Factors Controlling Emissions[M]//Khalil M A K. Atmospheric Methane Sources, Sinks, and Role in Global Change. Berlin: Springer Verlag, 1993.

Neue H U, Wassmann R, Lantin R S, et al. Factors affecting methane emission from rice fields[J]. Atmospheric Environment, 1996, 30: 1751-1754.

Neue H U, Wassmann R, Kludze H K, et al. Factors and processes controlling methane emissions from rice fields[J]. Nutrient Cycling in Agroecosystems, 1997, 49: 111-117.

Norby R J, Cotrufo M F. Global change: A question of litter quality[J]. Nature, 1998, 396: 17-18.

Nouchi I, Mariko S, Aoki K. Mechanism of methane transportation from the rhizosphere to the atmosphere through rice plants[J]. Plant Physiology, 1990, 94: 59-66.

Nouchi I, Mariko S. Mechanism of Methane Transport by Rice Plants[M]// Oremland R S. Biogeochemistry of Global Change: Radiatively Trace Gases. New York: Chapman & Hall, 1993.

O'Neill E G, Norby R J. Litter Quality and Decomposition Rates of Foliar Litter Produced under CO_2 Enrichment [M]//Koch G W, Mooney H A. Carbon Dioxide and Terrestrial Ecosystems. San Diego: Academic Press, 1996, 87-103.

Parashar D C, Gupta P K, Rai J, et al. Effect of soil temperature on methane emission from paddy fields[J]. Chemsphere, 1993, 26: 247-250.

Patrick Jr W H. The Role of Inorganic Redox Systems in Controlling Reduction in Paddy Soils[M]//Institute of Soil Science, Academia Sinica. Proceedings of Symposium on Paddy Soils. Beijing: Science Press, 1981.

Patten D K, Bremner J M, Blackmer A M. Effects of drying and air-dry storage of soil on their capacity for denitrification of nitrate[J]. Soil Science Society of America Journal, 1980, 44: 67-70.

Ponnamperuma F N. Effects of Flooding on Soils[M]//Kozlowski T T. Flooding and Plant Growth. New York: Academic Press, 1984, 10-45.

Potthoff M, Joergensen R G, Wolters V. Short-term effects of earthworm activity and straw amendment on the microbial C and N turnover in a remoistened arable soil after summer drought[J]. Soil Biology & Biochemistry, 2001, 33: 583-591.

Prior S A, Rogers H H, Runion G B, et al. Free-air CO_2 enrichment of cotton: vertical and lateral root distribution patterns[J]. Plant and Soil, 1994, 165: 33-44.

Prior S A, Torbert H A, Runion G B, et al. Elevated Atmospheric CO_2 in agroecosystems: residue decomposition in the field[J]. Environmental Management, 2004, 33(1): S344-S354.

Qian J H, Doran J W, Weier K L, et al. Soil denitrification and nitrous oxide losses under corn irrigated with high-nitrate groundwater[J]. Journal of Environmental Quality, 1997, 26(2): 348-360.

Rath A K, Swain B, Ramakrishnan B, et al. Influence of fertilizer management and water regime on methane emission from rice fields [J]. Agriculture, Ecosystems & Environment, 1999, 76: 99-107.

Rath A K, Ramakrishnan B, Sethunathan N. Effect of application of ammonium thiosulphate on production and emission of methane in a tropical rice soil[J]. Agriculture, Ecosystems & Environment, 2002, 90: 319-325.

Ryden J C. Nitrous oxide exchange between a grassland soil and the atmosphere[J]. Nature, 1981, 292: 235-237.

Ryden J C. Denitrification loss from a grassland soil in the field receiving different rates of nitrogen as ammonium nitrate[J]. European Journal of Soil Science, 1983, 34(2): 355-365.

Sahrawat K L, Keeney D R, Adams S S. Rate of aerobic nitrogen transformations in six acid climax forest soils and the effect of phosphorus and $CaCO_3$[J]. Forest Science, 1985, 31(3): 680-684.

Sass R L, Fisher F M, Turner F T, et al. Methane emission from rice fields as influence by solar radiation, temperature and straw incorporation[J]. Global Biogeochemical Cycles, 1991, 5(4): 335-350.

Sass R L, Fisher F M. CH_4 Emission from Paddy Fields in the United States Gulf Coast Area[M]//Minami K, Mosier A, Sass R. CH_4 and N_2O: Global Emissions and Controls from Rice Fields and Other Agricultural and Industrial Sources. Tokyo: Yokendo Publishers, 1994, 65-77.

Sass R L, Fisher Jr F M. Methane emission from rice paddies: a process study summary [J]. Nutrient Cycling in Agroecosystems, 1997, 49: 119-127.

Schimel J P, Holland E A, Valentine D. Controls on Methane Flux from Terrestrial Ecosystem[M]//Harper L A, Mosier A R, Duxbury J M, et al. Agricultural Ecosystem Effects on Trace Gases and Global Climate Change. Madison, Wisconsin: ASA Special Publication, 1993, 55: 167-182.

Schimel J. Rice, microbes and methane[J]. Nature, 2000, 403: 375-376.

Schütz H, Holzapfel-Pschorn A, Conrad R, et al. A 3-year continuous record on the influence of daytime, season, and fertilizer treatment on methane emission rates from an Italian rice paddy[J]. Journal of Geophysical Research, 1989, 94 (D13): 16405-16416.

Schütz H, Seiler W, Conrad R. Influence of soil temperature on methane emission from rice paddy fields[J]. Biogeochemistry, 1990, 11(2): 77-95.

Shan Y H, Cai Z C, Han Y, et al. Organic acid accumulation under flooded soil conditions in relation to the incorporation of wheat and rice straws with different C: N ratios[J]. Soil Science and Plant Nutrition, 2008, 54(1): 46-56.

Shiratori Y, Watanabe H, Furukawa Y, et al. Effectiveness of a subsurface drainage system in poorly drained paddy fields on reduction of methane emissions[J]. Soil Science and Plant Nutrition, 2007, 53(4): 387-400.

Silvola J, Saarnio S, Foot J, et al. Effects of elevated CO_2 and N deposition on CH_4 emissions from European mires[J]. Global Biogeochemical Cycles, 2003, 17(2): 1068, doi:10.1029/2002GB001886.

Singh J S, Singh S, Raghubanshi A S, et al. Methane flux from rice/wheat agroecosystems as affected by crop phenology, fertilization and water level[J]. Plant and Soil, 1996, 183: 323-327.

Sitaula B K, Bakken L R. Nitrous oxide release from spruce forest soil, relation with nitrification, methane uptake, temperature, moisture and fertilization[J]. Soil Biology & Biochemistry, 1993, 25(10): 1415-1421.

Six J, Carpentier A, Van Kessel C, et al. Impact of elevated CO_2 on soil organic matter dynamics as related to changes in aggregate turnover and residue quality[J]. Plant and Soil, 2001, 234(1): 27-36.

Skiba U, Hargreaves K J, Fowler D, et al. Fluxes of nitric and nitrous oxide from agricultural soils in a cool temperate climate. Atmospheric Environment[J], 1992, 26: 2477-2488.

Smith C J, Brandon M, Patrick Jr W H. Nutrous oxide emission following urea-N fertilization of wetland rice[J]. Soil Science and Plant Nutrition, 1982, 28(2): 161-171.

Smith C J, Patrickx Jr W H. Nitrous oxide emissions as affected by alternate anaerobic and aerobic conditions from soil suspensions enriched with ammonium sulfate[J]. Soil Biology & Biochemistry, 1983, 15(6): 693-697.

Stefanson R C. Soil denitrification in seated soil-plant systems I. Effect of plant, soil water content and soil organic matter content[J]. Plant and Soil, 1972, 37(1): 113-127.

Stefanson R C. Evolution patterns of nitrous oxide and nitrogen in scaled soil-plant system [J]. Soil Biology & Biochemistry, 1973, 5(1): 167-169.

Steudler P A, Bowden R D, Mellio J M, et al. Influence of nitrogen fertilization on methane uptake in temperate forest soils[J]. Nature, 1989, 341: 314-316.

Streets D G, Yarber K F, Woo J-H, et al. Biomass burning in Asia: Annual and seasonal estimates and atmospheric emissions[J]. Global Biogeochemical Cycles, 2003, 17(4): 1099, doi:10.1029/2003GB002040.

Terry R E, Tate R L, Duxbury J M. Nitrous oxide emission from drained cultivated organic soils of south Florida[J]. Journal of Air Pollution Control Association, 1981, 31: 1173-1177.

Thurlow M, Kanda K, Tsuruta H, et al. Methane uptake by unflooded paddy soils: The influence of soil temperature and atmospheric methane concentration[J]. Soil Science and Plant Nutrition, 1995(2), 41: 371-375.

Towprayoon S, Smakgahn K, Poonkaew S. Mitigation of methane and nitrous oxide emissions from drained irrigated rice fields[J]. Chemosphere, 2005, 59(11): 1547-1556.

Ueckert J, Hurek T, Fendrik I, et al. Radial gas diffusion from roots of rice (*Oryza sativa* L.) and kallar grass (*Leptochloa fusca* L. Kunth), and effects of inoculation with *Azospirillum brasilence* Cd[J]. Plant and Soil. 1990, 122(1): 59-65.

Van Groeningen K-J, Harris D, Horwath W R, et al.. Linking sequestration of ^{13}C and ^{15}N in aggregates in a pasture soil following 8 years of elevated atmospheric CO_2[J]. Global Change Biology, 2002, 8(11): 1094-1108.

Vermoesen A, Ramon H, Van Cleemput O. Composition of the soil gas phase and hydrocarbons[J]. Pedologie, 1991, 41: 119-132.

Vinther F P. Effect of soil temperature on the ratio between N_2 and N_2O produced during the denitrification process[J]. Mitteilungen der Deutschen Bodenkundlischen Gesellschaft, 1990, 60: 89-94.

Vinther F P. Measured and stimulated denitrification activity in a cropped sandy and loamy soil[J]. Biology and Fertility of Soils, 1992, 14: 43-48.

Wang B, Xu Y, Wang Z, et al. Methane production potentials of twenty-eight rice soils in China[J]. Biology and Fertility of Soils, 1999, 29: 74-80.

Wang B, Neue H U, Samote H P. Effect of cultivar difference ('IR72', 'IR65598' and 'Dular') on methane emission[J]. Agriculture, Ecosystems & Environment, 1997a, 62(1): 31-40.

Wang B, Neue H U, Samonte H P. Role of rice in mediating methane emission[J]. Plant and Soil, 1997b, 189(1): 107-115.

Wang L F, Cai Z C, Yan H. Nitrous oxide emission and reduction in a laboratory-incubated paddy soil response to pretreatment of water regime[J]. Journal of Environmental Science, 2004, 16(3): 353-357.

Wang Y T, Gabbard H D, Pai P C. Inhibition of acetate methanogenesis by phenols[J]. Journal of Environmental Engineering, ASCE, 1991, 117: 487-500.

Wang Z P, Delaune R D, Lindau C W, et al. Methane production from anaerobic soil amended with rice straw and nitrogen fertilizers[J]. Fertilizer Research, 1992, 33: 115-121.

Wang Z P, Lindau C W, Delaune R D, et al. Methane emission and entrapment in flooded rice soils as affected by soil properties[J]. Biology and Fertility of Soils, 1993, 16(3): 163-168.

Wang Z Y, Xu Y C, Li Z, et al. A four-year record of methane emissions from irrigated rice fields in the Beijing region of China[J]. Nutrient Cycling in Agroecosystems, 2000, 58: 55-63.

Wassmann R, Schütz H, Papen H, et al. Quantification of methane emissions from Chinese rice fields (Zhejiang province) as influenced by fertilizer treatment[J]. Biogeochemistry, 1993, 20: 83-101.

Wassmann R, Neue H U, Bueno C, et al. Methane production capacities of different rice soils derived from inherent and exogenous substrates[J]. Plant and Soil, 1998, 203(2): 227-237.

Wassmann R, Buendia L V, Lantin R S, et al. Mechanisms of crop management impact on methane emissions from rice fields in Los Baños, Philippines[J]. Nutrient Cycling in Agroecosystems, 2000, 58: 107-119.

Wassmann R, Neue H U, Ladha J K, et al. Mitigation greenhouse gas emissions from rice-wheat cropping systems in Asia[J]. Environment, Development and Sustainability, 2004, 6: 65-90.

Watanabe A, Kimura M. Effect of rice straw application on CH_4 emission from paddy fields IV. Influence of rice straw incorporated during the previous cropping period[J]. Soil Science and Plant Nutrition, 1998, 44(4): 507-512.

Wechsung G, Wechsung F, Wall G W, et al. The effects of free-air CO_2 enrichment and soil water availability on spatial and seasonal patterns of wheat root growth[J]. Global Change Biology, 1999, 5(5): 519-529.

Weier K L, Gilliam J M. Effect of acidity on denitrification and nitrous oxide evolution from atlantic coastal plain soils[J]. Soil Science Society of America Journal, 1986, 50: 1202-1205.

Weier K L, Doran J W, Power J F, et al. Denitrification and the dinitrogen/nitrous oxide ratios as affected by soil water, available carbon and nitrate[J]. Soil Science Society of America Journal, 1993, 57: 66-72.

Whalen S C, Reeburgh W S. Consumption of atmospheric methane by tundra soils[J]. Nature, 1990, 346: 160-162.

Whalen S C, Reeburgh W S. Moisture and temperature, and nitrogen sensitivity of CH_4 oxidation in boreal soils[J]. Soil Biology & Biochemistry, 1996, 28: 1271-1281.

Whiting G J, Chanton J P. Primary production control of methane emission from wetlands [J]. Nature, 1993, 364: 794-795.

Wilhelm E, Battino R, Wilcock R J. Low-pressure solubility of gases in liquid water[J]. Chemical Reviews, 1977, 77(2): 219-262.

Willison T W, Webster C P, Goulding K W T, et al. Methane oxidation in temperature soils: effects of land use and the chemical form of nitrogen fertilizer[J]. Chemosphere, 1995, 30(3): 539-546.

Xing G X, Shi S L, Shen G Y, et al. Nitrous oxide emissions from paddy soil in three rice-bassed cropping systems in China[J]. Nutrient Cycling in Agroecosystems, 2002, 64: 135-143.

Xu H, Xing G X, Cai Z C, et al. Nitrous oxide emissions from three rice paddy fields in China[J]. Nutrient Cycling in Agroecosystems, 1997, 49: 23-28.

Xu H, Cai Z C, Li X P, et al. Effect of antecedent soil water regime and rice straw application time on CH_4 emission from rice cultivation[J]. Australian Journal of Soil Research, 2000a, 38: 1-12.

Xu H, Cai Z C, Jia Z J, et al. Effect of land management in winter crop season on CH_4 emission during the following rice flooded and rice growing period[J]. Nutrient Cycling in Agroecosystems, 2000b, 58: 327-332.

Xu H, Cai Z C, Jia Z J. Effect of soil water contents in the non-rice growth season on CH_4 emission during the following rice-growing period[J]. Nutrient Cycling in Agroecosystems, 2002, 64: 101-110.

Xu H, Cai Z C, Tsuruta H. Soil moisture between rice-growing seasons affects methane emission, production, and oxidation[J]. Soil Science Society of America Journal, 2003, 67: 1147-1157.

Xu Z J, Zheng X H, Wang Y S, et al. Effects of elevated CO_2 and N fertilization on CH_4 emissions from paddy rice fields[J]. Global Biogeochemical Cycles, 2004, 18, GB3009, doi:10.1029/2004GB002233.

Yagi K, Minami K. Effect of organic matter application on methane emission from some Japanese paddy fields[J]. Soil Science and Plant Nutrition, 1990, 36(4): 599-610.

Yagi K, Minami K, Ogawa Y. Effects of water percolation on methane emission from paddy fields[J]. Research Report of Environment Planning, 1990, 6: 105-112.

Yagi K, Minami K. Emission and production of methane in the paddy fields of Japan[J]. Japan Agricultural Research Quarterly, 1991, 25(3): 165-171.

Yagi K, Chairoj P, Tsuruta H, et al. Methane emission from rice paddy fields in the central plain of Thailand[J]. Soil Science and Plant Nutrition, 1994, 40(1): 29-37.

Yagi K, Tsuruta H, Kanda K, et al. Effect of water management on methane emission from a Japanese rice paddy field: Automated methane monitoring[J]. Global Bigeochemical Cycles, 1996, 10(2): 255-267.

Yagi K, Tsuruta H, Minami K. Possible options for mitigating methane emission from rice cultivation[J]. Nutrient Cycling in Agroecosystems, 1997, 49: 213-220.

Yang L F, Cai Z C. The effect of growing soybean (*Glycine max. L.*) on N_2O emission from soil[J]. Soil Biology & Biochemistry, 2005, 37(6): 1205-1209.

Yan X Y, Cai Z C. Laboratory study of methan oxidation in paddy soils[J]. Nutrient Cycling in Agroecosystems, 1997, 49: 105-109.

Yan X, Shi S, Du L, et al. Pathways of N_2O emission from rice paddy soil[J]. Soil Biology & Biochemistry, 2000a, 32(3): 437-440.

Yan X, Du L, Shi S, et al. Nitrous oxide emission from wetland rice soil as affected by the application of controlled-availability fertilizers and mid-season aeration[J]. Biology and Fertility of Soils, 2000b, 32: 60-66.

Yan X Y, Yagi K, Akiyama H, et al. Statistical analysis of the major variables controlling methane emission from rice fields[J]. Global Change Biology, 2005, 11(7): 1131-1141.

Yang S S, Chang E H. Effect of fertilizer application on methane emission/production in the paddy soils of Taiwan[J]. Biology and Fertility of Soils, 1997, 25(3): 245-251.

Yao H, Conrad R, Wassmann R, et al. Effect of soil characteristics on sequential reduction and methane production in sixteen rice paddy soils from China, the Philippines, and Italy[J]. Biogeochemistry, 1999, 47(3): 267-293.

Zak D R, Pregitzer K S, Curtis P S, et al. Elevated atmospheric carbon dioxide and feedback between carbon and nitrogen cycles[J]. Plant and Soil, 1993, 151(1): 105-117.

Zhao X Y, Zhou L K, Wu G Y. Urea hydrolysis in a brown soil: effect of hydroquinone [J]. Soil Biology & Biochemistry, 1992, 24(2): 165-170.

Zheng X H, Han S H, Huang Y, et al. Re-quantifying the emission factors based on field measurements and estimating the direct N_2O emission from Chinese croplands[J]. Global Biogeochemical Cycles, 2004, 18, GB2018, doi:10.1029/2003GB002167.

Zheng X H, Zhou Z X, Wang Y S, et al. Nitrogen-regulated effects of free-air CO_2 enrichment on methane emissions from paddy rice fields[J]. Global Change Biology, 2006, 12(9): 1717-1732.

Zou J W, Huang Y, Jiang J Y, et al. A 3-year field measurement of methane and nitrous oxide emissions from rice paddies in China: Effects of water regime, crop residue, and fertilizer application[J]. Global Biogeochemical Cycles, 2005, 19, GB2021, doi: 10.1029/2004GB002401.

第 5 章 稻田生态系统 CH_4 和 N_2O 排放基本过程的变化规律

稻田生态系统 CH_4 和 N_2O 排放都需要经历在土壤中的产生、转化和从土壤向大气传输的三个基本过程。受气候、土壤性质、水稻生长和水肥管理的影响,土壤中 CH_4 和 N_2O 产生、转化和传输过程的绝对速率和相对速率随着水稻生长而发生变化,从而导致稻田生态系统 CH_4 和 N_2O 排放通量在时间尺度上的昼夜变化、季节变化和年际变化。由于稻田土壤 N_2O 产生、转化变化规律的研究较少,本章重点介绍 CH_4 产生和氧化过程以及 CH_4 和 N_2O 传输过程随水稻生长过程而变化的研究结果。

5.1 稻田土壤 CH_4 产生能力的时间变化

生成 CH_4 是稻田生态系统排放 CH_4 的前提条件。稻田土壤生成 CH_4,使土壤中保持高于大气的 CH_4 浓度,在浓度梯度的驱动下,CH_4 从土壤向大气排放。即使在淹水条件下,由于水稻根系的泌氧作用,使水稻根际微区成为好氧环境,大气氧通过水层扩散,使土水界面具有氧化性。由于厌氧区域与好氧微区同时存在,在稻田土壤中同时进行着 CH_4 的产生、氧化和传输过程。所以,在田间条件下,通常采用的方法不足以直接测定稻田土壤的 CH_4 产生速率。采集土壤后,在实验室严格厌氧环境下测定的 CH_4 产生速率通常称为土壤 CH_4 产生潜力。

土壤溶液中 CH_4 浓度是控制 CH_4 排放通量的重要因素。在田间条件下,土壤溶液中 CH_4 浓度变化可以在一定程度上反映土壤 CH_4 产生能力的变化。在连续淹水条件下,土壤溶液 CH_4 浓度一般随着淹水时间的延长而提高。利用人工调节气候设施观测不同深度土壤溶液 CH_4 含量及其季节变化可以看出(表 5.1),淹水期间,稻田土壤溶液 CH_4 含量可高达 $2\,400\,\mu g \cdot mL^{-1}$ 以上。深层土壤溶液 CH_4 含量要明显低于表层。随着土壤淹水时间的延长,土壤溶液中 CH_4 持续积累,直至收获前一周排水,土壤溶液中 CH_4 浓度才开始下降。与上述过程截然不同,Alberto et al.(1996) 对菲律宾国际水稻研究所试验站内稻田土壤闭蓄态 CH_4 浓度测定表明,在水稻生长过程中,土壤中闭蓄态 CH_4 浓度呈马鞍形分布,分别在水稻移栽后的 20 天和 80 天左右出现峰值,浓度绝对值因处理不同而异,施用绿肥和秸秆还田的处理,土壤闭蓄态 CH_4 浓度显著高于施用化肥的处理。他们发现土壤溶液中 CH_4 浓度的季节变化与闭蓄态 CH_4 浓度的季节变化相一致(Alberto et al.,2000)。由测定土壤溶液和闭蓄态 CH_4 浓度的季节变化结果可以看出,稻田土壤的 CH_4 产生能力存在很大的季节变化,但变化模式因土壤类型、种植制度和是否施用有机肥等而异。

表 5.1 不同深度土壤溶液 CH_4 含量的季节变化(未发表数据)

处 理	日 期	CH_4 含量($\mu g \cdot mL^{-1}$)			
		2 cm	5 cm	10 cm	20 cm
对照(环境 CO_2 浓度)	6 月 26 日	10	5	12	17
	7 月 10 日	7	6	6	50
	7 月 17 日	13	9	9	20
	7 月 24 日	35	22	32	30
	8 月 7 日	155	111	81	96
	8 月 14 日	404	393	225	242
	8 月 21 日	1 001	597	476	385
	8 月 28 日	1 409	1 156	929	681
	9 月 4 日	1 382	1 040	997	841
	9 月 11 日	2 078	2 434	1 470	1 061
	9 月 18 日	2 130	1 757	1 360	1 105
	9 月 25 日	2 061	1 845	1 682	1 345
	10 月 2 日	2 281	2 448	1 801	1 299
	10 月 9 日	2 545	2 489	2 486	2 221

5.1 稻田土壤 CH₄ 产生能力的时间变化

续表 5.1

处　　理	日　　期	CH$_4$ 含量($\mu g \cdot mL^{-1}$)			
		2 cm	5 cm	10 cm	20 cm
对照(环境 CO$_2$ 浓度)	10月16日	3 906	**5 043**	3 530	3 793
	10月23日	1 323	2 971	**3 061**	2 109
	平　　均	**1 294**	1 290	1 006	879
升高 CO$_2$ 浓度	6月26日	6	**14**	6	8
	7月10日	5	**10**	4	6
	7月17日	8	**11**	9	10
	7月24日	**30**	29	26	17
	8月7日	**224**	136	82	68
	8月14日	**531**	352	260	204
	8月21日	**1 024**	704	417	406
	8月28日	**1 880**	1 254	732	962
	9月4日	**1 890**	1 188	1 216	1 113
	9月11日	3 292	**3 695**	2 013	1 573
	9月18日	**3 013**	2 288	2 234	2 127
	9月25日	**2 786**	2 493	2 745	2 360
	10月2日	3 344	**3 640**	3 045	2 293
	10月9日	**4 898**	3 717	4 137	3 196
	10月16日	7 328	**7 451**	7 139	5 174
	10月23日	1 201	1 509	**3 258**	2 167
	平　　均	**2 017**	1 799	1 604	1 301

注：表中下划线表示垂直剖面的最大值。

我们在江苏句容采集稻田土样，严格厌氧培养，测定土壤 CH$_4$ 产生潜力的季节变化，结果发现，无论是水稻生长阶段实施烤田(常规)或是连续灌溉(淹水)，土壤 CH$_4$ 产生潜力的季节变化模式相似，都在水稻移栽后 55 天左右出现峰值，随后土壤 CH$_4$ 产生潜力下降，在水稻成熟期，土壤 CH$_4$ 产生潜力又有回升趋势(图 5.1)。相对于连续淹水处理，实施烤田以后，土壤 CH$_4$ 产生潜力处于较低水平，烤田后再淹水，土壤产 CH$_4$ 潜力也未能恢复到连续淹水处理的水平。由此可以看出，降低土壤 CH$_4$ 产生潜力可能是烤田降低稻田再淹水后 CH$_4$ 排放量的部分原因。

土壤中 CH$_4$ 产生潜力不仅因水分管理、是否有秸秆还田及还田方式等不

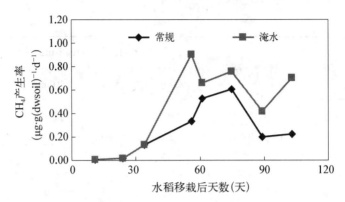

图 5.1　不同水分处理稻田土壤 CH_4 产生率的季节变化（江苏句容，未发表数据）

同而异,化学氮肥的施用也能影响土壤 CH_4 产生潜力。从图 5.2 可以看出,随着尿素施用量的增加,在整个水稻生长期,总体上土壤 CH_4 产生潜力呈下降趋势。在严格厌氧条件下,基本上可以排除 CH_4 氧化作用,因而也不存在尿素水解产生的铵态氮对 CH_4 氧化的影响。图 5.2 结果是否具有普遍性以及施用尿素降低土壤 CH_4 产生潜力的机理都还有待于进一步研究。

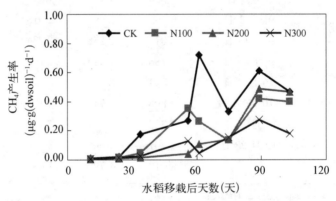

图 5.2　不同尿素施用量处理稻田土壤 CH_4 产生潜力的季节变化（江苏句容，未发表数据）

土壤是一个不均匀体。这种不均匀性不仅存在于水平空间,而且也存在于土壤的垂直方向。由于土壤有机质含量、组成及微生物数量和活性等的不均匀分布,即使在耕层土壤中,从上至下, CH_4 的产生潜力及实际生成量都存在一定的差异,并且有一定的规律性。Yagi et al.(1995)通过土壤原位培养观测了施用稻草和不施稻草的对照处理 CH_4 产生潜力的垂直分布和季节变化。对照处理大多数情况下上层土壤(0~3 cm) CH_4 产生潜力要高于下层土壤(4~10 cm)。稻草处理情况却不同,随着水稻生长的延续,

土壤 CH_4 产生潜力整体上逐渐提高,CH_4 产生潜力最高的区域向深层土壤转移。土壤排水以后,除最深层土壤外(9~10 cm),CH_4 产生潜力显著降低,越是深的土壤,CH_4 产生潜力下降得越慢。可见土壤排水减低了 CH_4 产生潜力,深层土壤水分状况受排水的影响较浅层土壤明显滞后。Sass et al.(1990)对美国德克萨斯稻田整个水稻生长期的测定结果也表明,稻田土壤 CH_4 产生潜力随土壤深度的增加而降低。但是,Schütz et al.(1989)观察意大利稻田 CH_4 产生潜力垂直分布,结果却相反,2 cm 土层以下,土壤 CH_4 产生潜力随土壤深度增加而增加,在 25 cm 深处依然有 CH_4 产生。

5.2 稻田土壤 CH_4 产生途径的季节变化

稻田土壤中 CH_4 主要通过乙酸途径和 CO_2 还原途径产生。虽然在理论上通过乙酸途径产生和通过 CO_2 还原途径产生的 CH_4 分别为 70% 和 30%(见 2.1.1 和 3.3 节),但在田间条件下,不同稻田土壤中,CO_2/H_2 和 CH_3COOH 这两种产甲烷前体对 CH_4 产生的贡献率并不是固定不变的,主要取决于土壤中微生物种群的差异。有些产甲烷菌"喜欢"乙酸或乙酸盐而有些则不然。土壤中分解复杂有机物质的菌族、有机物种类等不同也会引起 CH_4 由 CO_2/H_2 途径产生和由乙酸或乙酸盐途径产生相对贡献率的变化(王明星等,1998)。由于这些复杂因素的存在,由这两条途径产生的 CH_4 对土壤 CH_4 总产生量的相对贡献率也存在季节变化(Schütz et al.,1989)。第 3 章图 3.6 和图 3.7 给出了淹水后土壤通过 CO_2 还原途径产生的 CH_4 对 CH_4 总产生量贡献率的变化规律,在本节上对此作更详细的介绍。

受诸多因素影响,包括测定方法的不同,不同研究者得到的 CH_4 产生途径对 CH_4 产生量的相对贡献率变异及其季节变化较大(Achtnich et al.,1995;Krüger et al.,2001;Schütz et al.,1989;Sugimoto and Wada,1993;Takai,1970)。Schütz et al.(1989)应用 $NaH^{14}CO_3$ 和乙酸($^{14}CH_3COOH$)两种放射性同位素示踪剂连续两年(1985 年、1986 年)原位观测意大利稻田土壤,发现在整个水稻生长季内 CH_4 的产生量是增加的,且 1985 年和 1986 年水稻生长季 CH_4 的产生量都在 8 月份达到最大值。他们认为 H_2/CO_2 是重要的产甲烷前体,f_{H_2/CO_2} 值(CO_2 还原途径产生的

CH$_4$ 占 CH$_4$ 总生成量的百分数见 3.3 节)为 28%～51%。

Chin and Conrad(1995)用氯仿作抑制剂,分别在 15℃ 和 30℃ 条件下培养意大利水稻土泥浆,结果表明 f_{ac} 值(乙酸途径产生的 CH$_4$ 占 CH$_4$ 总产生量的百分数,见 3.3 节)为 79%～83%。Conrad and Klose(1999)采用氟甲烷抑制法,研究发现,培养初期 f_{H_2/CO_2} 值总小于 10%,30 天后增大到 25%～30%,随后保持相对稳定直至培养末期。Krüger et al.(2001)采用氟甲烷抑制方法,研究认为,在整个水稻生长期间,表层(0～4 cm)土层所产生的 CH$_4$ 主要由 H$_2$/CO$_2$ 还原而来,而亚表层(4～10 cm)土壤,直到淹水后 75 天,f_{ac} 值才大于 70%。并表明,f_{ac} 值与 f_{H_2/CO_2} 值之比只有在水稻生长末期才能达到 7:3。在随后的研究中,Krüger et al.(2002)发现,0～4 cm 土层的 f_{ac} 值在淹水后 33 天还为零,淹水 57 天后有所变大,为 9%,直至淹水后 75 天才增大至 68%,随后下降到 13%,平均为 22.5%。然而,4～10 cm 土层的 f_{ac} 值在 44%～93% 之间,平均为 75.5%。该研究还表明仅在水稻生长末期 f_{ac} 比 f_{H_2/CO_2} 才等于理论上的比值,即 2:1。

Sugimoto and Wada(1993)利用乙酸和 H$_2$/CO$_2$ 途径同位素碳分馏程度的差异,厌氧培养经过风干的日本水稻土,结果发现第 1 周时 f_{ac} 值小于 12%,第 2、3 周 f_{ac} 值迅速增大至 65%～100%,3～5 周 f_{ac} 值降至 16%～28%,5 周以后为 35%～40%(表 5.2)。从表 5.2 还可以看出,在第 1、4～5 周应用稳定性同位素示踪技术测定的 f_{ac} 值和自然丰度碳同位素法测定的 f_{ac} 值较为接近,但在第 2～3、6～11 周两者的 f_{ac} 值差异很大。然而,整个培养期间,f_{ac} 值的变化趋势大体一致:先逐渐增大而后减小,然后再出现一个增大的过程。

表 5.2 稳定性碳同位素技术和稳定性同位素示踪技术测定的 f_{ac}(Sugimoto and Wada,1993)

培养时间(周)	f_{ac}^a	f_{ac}^b
0～1(1)	5%	<12%
1～2(2)	67%	65%～100%
2～3(3)	18%	92%～100%
3～4(4)	25%	20%～28%
4～5(5)	32%	16%～20%
5～10(6～11)	70%～79%	35%～40%

注:a. 稳定性同位素示踪技术测定的 f_{ac};b. 自然丰度碳同位素法测定的 f_{ac}。

Conrad et al.(2002)研究发现,取不同的同位素分馏系数 α 以及 $\delta^{13}CH_{4(ac)}$,得到的 f_{H_2/CO_2} 值的季节变化趋势都一样(图3.6),即在培养前10天 f_{H_2/CO_2} 值总是逐渐减小,10天后开始变大。出现这种现象的原因可能是,土壤培养0~10天,随着土壤溶液中乙酸含量的逐渐增多,产甲烷细菌优先利用乙酸产 CH_4,使得此时 CH_4 主要由乙酸发酵而来,f_{ac} 值逐渐变大,f_{H_2/CO_2} 值逐渐减小。10天以后,由于产甲烷细菌对乙酸的大量消耗,导致土壤溶液中乙酸产生的速度小于乙酸被消耗速度,溶液中乙酸开始减少,使得乙酸发酵形成的 CH_4 量也开始减少,此时 f_{ac} 值逐渐变小,f_{H_2/CO_2} 值逐渐变大。

稻田土壤中这两条产 CH_4 途径对 CH_4 产生量贡献率的季节变化还因土壤类型、水稻品种等不同而异。Tyler et al.(1997)研究了在不同土壤类型(粘土和砂壤)的稻田上种植和不种植水稻时的 CH_4 产生途径(表5.3)。取乙酸生成 CH_4 过程中的同位素分馏系数 $\varepsilon = -21‰$,结果发现当取 CO_2/H_2 还原产生 CH_4 过程中的同位素分馏系数 $\alpha = 1.06$ 时,种植水稻的稻田的 f_{ac} 值在 57%~80% 之间,平均为 69%,未种植水稻的稻田的 f_{ac} 值为 51%~71%,平均值为 62%。这表明,尽管种植水稻的稻田其 CH_4 排放量远远高于未种植水稻的稻田,但是否种植水稻对其 CH_4 产生途径的相对贡献变化模式没有多大的影响。

表5.3 稳定性碳同位素方法测定稻田 CH_4 产生途径(Tyler et al.,1997)

测定环境	淹水后天数	f_{ac}^a	f_{ac}^b	测定环境	淹水后天数	f_{ac}^a	f_{ac}^b
粘土/种植	37	59%	74%	砂壤/种植	37	57%	74%
	52	67%	80%		52	47%	69%
	63	46%	66%		63	58%	75%
	72	36%	62%		72	52%	73%
	86	30%	57%		86	29%	60%
粘土/未种植	37	55%	71%	砂壤/未种植	37	34%	59%
	52	51%	69%		52	44%	65%
	63	37%	59%		63	24%	51%
	72	43%	64%		72	39%	61%
	86	39%	60%		86	42%	63%

注:a. 同位素分馏系数 $\alpha = 1.045$;b. 同位素分馏系数 $\alpha = 1.06$。

从表 5.3 还可以看出,不同稻田土壤、不同耕作情况下 CH_4 产生途径的季节变化趋势不同,具体表现在 f_{ac} 值的变化上。相对而言,同一耕作条件下粘土 f_{ac} 值的变化总体从大到小,且变化明显,而砂壤 f_{ac} 值的变化较为缓和。相同稻田土壤,有水稻种植稻田的 f_{ac} 值变化比较明显,而无水稻种植稻田的 f_{ac} 值变化则相对平缓,且其平均 f_{ac} 值不同于有水稻种植的土壤。另外,选择不同的同位素分馏系数 α,研究结果差异很大,同位素分馏系数 $\alpha=1.06$ 的 f_{ac} 值(60%以上)明显大于 $\alpha=1.045$ 的 f_{ac} 值(40%左右),但 f_{ac} 值的变化趋势一致。这表明,对同一稻田土壤而言,选用不同的同位素分馏系数 α 尽管不会影响对 CH_4 产生途径季节变化趋势的表征,但对具体的 f_{ac} 值影响较大。这就直接导致我们对同一稻田土壤的 CH_4 产生途径产生不同的判断:在整个水稻生长期,乙酸产 CH_4 占主导地位,还是 H_2/CO_2 还原产 CH_4 占主导地位。

水稻品种也可能影响产 CH_4 途径对 CH_4 产生量相对贡献率。Bilek et al.(1999)研究了 2 种水稻品种对土壤 CH_4 产生途径的影响(表 5.4)。取 CO_2/H_2 还原产生 CH_4 过程中的同位素分馏系数 $\alpha=1.045$ 时,对于水稻品种 Mars,淹水后 36 天和 49 天,f_{ac} 值达到一个相对较高的水平,分别为 65% 和 70%,淹水后 65 天,f_{ac} 值减小到 48%。与之相反,种植水稻品种 Lemont 的土壤,f_{ac} 值从淹水后 49 天的 41% 增加到淹水后 65 天的 62%。导致水稻品种对 CH_4 生成途径贡献率的影响不同可能与水稻的生理、生长特性差异有关,特别是水稻根系分泌物的组成和数量有关。

表 5.4 不同水稻品种 CH_4 产生途径(Bilek et al., 1999)

水稻品种	淹水后天数	f_{ac}[a]	f_{ac}[b]
Mars	36	65%	77%
	49	70%	81%
	65	48%	67%
Lemont	49	41%	62%
	65	62%	76%
未种植	65	48%	66%

注:a. 同位素分馏系数 $\alpha=1.045$;b. 同位素分馏系数 $\alpha=1.06$。

不同类型的稻田土壤,产生 CH_4 途径对 CH_4 产生量相对贡献随时间的变化比较一致,但在绝对值上有所差异。Yao and Conrad(2000)通过培养中国、菲律宾、意大利的共 16 个稻田风干土壤样品发现,淹水后土壤中通

5.2 稻田土壤 CH_4 产生途径的季节变化

过 CO_2 还原途径产生 CH_4 的贡献率存在相似性,都有一个先提高后降低的趋势,平均从 19% 到 35%(表 5.5)。Nakagawa et al.(2002)在更高的时间频度上比较了矿质和泥炭稻田土壤 CH_4 产生途径的相对贡献率及其季节变化。由表 5.6 可见,矿质土壤的 f_{ac} 值平均为 62%~81%,稍大于泥炭土壤的 f_{ac}(平均值为 57%~73%)。矿质土壤的 f_{ac} 值从 7 月到 9 月几乎为 100%,而整个冬季则在 50%~70% 之间。矿质土壤和泥炭土壤的 f_{ac} 值的季节变化总体一致,表现为春季逐渐增大,夏季达到极值,秋、冬季逐渐减小。

表 5.5 不同稻田土壤不同培养时间的 f_{H_2/CO_2}(Yao and Conrad,2000)

国 家	土壤来源	24 天	44 天	54 天	平 均
中 国	浙江	14%	28%	26%	23%±4%
	长春	14%	25%	21%	20%±3%
	广州	28%	40%	37%	35%±3%
	北京	26%	30%	19%	25%±3%
	句容	28%	29%	30%	29%±1%
	沈阳	20%	27%	28%	25%±2%
	清和	15%	23%	19%	19%±2%
菲律宾	Bugallon	20%	25%	34%	27%±4%
	Luisiana	16%	28%	25%	23%±3%
	Maahas	16%	26%	17%	20%±3%
	Pila	19%	28%	26%	25%±2%
	Gapan	24%	32%	33%	30%±2%
	Urdaneta	17%	24%	20%	20%±2%
	Maligaya	25%	32%	34%	30%±2%
意大利	Pavia	23%	19%	22%	21%±1%
	Vercelli	18%	24%	20%	21%±2%

表 5.6 不同稻田土壤的 CH_4 产生途径(Nakagawa et al., 2002)

时 间	矿 质 土 壤		泥 炭 土 壤	
	$f_{ac}{}^a$	$f_{ac}{}^b$	$f_{ac}{}^a$	$f_{ac}{}^b$
1 月	67%	52%	63%	50%
2 月	58%	45%	66%	52%
3 月	69%	53%	84%	65%

续表 5.6

时间	矿质土壤		泥炭土壤	
	f_{ac}^a	f_{ac}^b	f_{ac}^a	f_{ac}^b
4月	74%	57%	—	—
5月	—	—	—	—
6月	—	—	—	—
7月	88%	68%	93%	72%
8月	108%	83%	74%	58%
9月	98%	75%	68%	53%
10月	91%	70%	73%	57%
11月	80%	61%	64%	50%
12月	78%	60%	72%	56%
平均	81%	62%	73%	57%

注：a. 取 $\delta^{13}C_{acetate} = -43‰$；b. 取 $\delta^{13}C_{acetate} = -30‰$。

综上所述，由于不同地区的稻田在气候环境、耕作制度、种植情况、水稻品种以及土壤性质等方面存在差异，必然导致不同地区稻田土壤产甲烷微生物及产甲烷底物等的差异，因而影响 CH_4 的产生途径及其季节变化。根据不同研究方法研究同一稻田土壤得到的 CH_4 两种产生途径的相对贡献率 f_{ac} 值和 f_{H_2/CO_2} 值也存在差异。但是，不同研究方法得出的季节变化大体一致，且就整个水稻生长季而言乙酸产 CH_4 占主导地位。总体上，水稻生长初期 $f_{H_2/CO_2}/f_{ac}$ 比值较大，水稻生长中期 f_{ac} 值逐步增大，$f_{H_2/CO_2}/f_{ac}$ 比值减小，此时乙酸产 CH_4 占绝对主导地位，水稻生长后期 f_{H_2/CO_2} 值逐步增大，$f_{H_2/CO_2}/f_{ac}$ 比值变大。出现这种现象的原因可能是：水稻生长初期，一方面稻田淹水不久，有机质分解形成的乙酸量少，另一方面土壤温度较低，不利于有机质形成乙酸而产 CH_4，此时，有相当一部分的 CH_4 由 H_2/CO_2 还原产生，$f_{H_2/CO_2}/f_{ac}$ 比值相对较大；水稻生长中期，一方面，产甲烷细菌大量繁殖以及水稻根系发达，根系分泌物增多，另一方面，乙酸的大量形成且土壤温度较高，有利于乙酸产 CH_4，因此这一阶段的 CH_4 绝大部分由乙酸发酵产生，由于 f_{ac} 值的逐步增大，$f_{H_2/CO_2}/f_{ac}$ 比值减小；随着乙酸被大量消耗，水稻生长后期土壤中乙酸的量逐步减小，导致乙酸产 CH_4 的量逐步减少，使得 $f_{H_2/CO_2}/f_{ac}$ 比值变大。从这两条途径中产甲烷基质产生的条件以及在土壤中的浓度变化规律可以比较容易理解乙酸途径产生的 CH_4

所占的比例从低到高再下降的季节变化规律。CO_2 既可以在好氧条件产生,也可以在还原条件下产生,作为产甲烷基质,供应比较充分;乙酸的积累需要相对较强的还原条件,当还原条件不充分时,作为产甲烷的基质,供应受到限制,因而限制乙酸途径的 CH_4 产生量。所以,乙酸供应水平是决定这两条产 CH_4 途径相对贡献的关键因素。

5.3 稻田 CH_4 氧化率的季节变化

稻田土壤产生的 CH_4 在从土壤向大气排放过程中,相当一部分被根土界面和土水界面的甲烷氧化菌氧化。土壤氧化其本身产生的(内源)CH_4 的能力,是决定稻田土壤 CH_4 排放量的重要因素。土壤 CH_4 氧化率是指土壤中产生的 CH_4 排放到大气之前被氧化的比例。土壤 CH_4 氧化潜力是指在充分满足 CH_4 氧化条件下,土壤氧化 CH_4 的能力。如同 CH_4 产生途径的研究,CH_4 氧化率的测定也有多种方法(见 3.4 节)。采用不同方法测定的结果并不完全相同。以下按测定方法,介绍对稻田 CH_4 氧化率季节变化的研究结果。

表 5.7 列出了文献报道中采用严格厌氧条件下测定 CH_4 产生量与田间条件下测定 CH_4 排放量比较得到的稻田 CH_4 氧化率随淹水时间变化的结果。从中可以看出,由此方法测定的土壤 CH_4 氧化率变化范围很大,最大可达 95% 以上,最小仅为 4%,大部分高于 50%。上官行健等(1993a,1993b)研究发现,整个水稻生长季稻田土壤始终保持 5~10 cm 水层的条件下,土壤 CH_4 氧化率平均大于 70%。从表 5.7 还可以看出,在种植水稻的条件下,随着淹水时间的延长,土壤 CH_4 氧化率并不下降,而且多表现为增长趋势。

表 5.7 土壤厌氧培养测定 CH_4 氧化率

淹水后天数	CH_4 氧化率	参 考 文 献
42~45	4%~36%	Bilek et al., 1999
55~58	38%~70%	
17	29%~44%	Bosse and Frenzel, 1998

续表 5.7

淹水后天数	CH_4 氧化率	参 考 文 献
115	17%～38%	
74	0～64%	Holzapfel-Pschorn et al., 1985
105	22%～45%	
80	71%～81%	Holzapfel-Pschorn et al., 1986
36	45%	Schütz et al., 1989
41	56%～60%	
63	43%～86%	
69	64%	
整个水稻生长季	71.2%	上官行健等，1993a
整个水稻生长季	70%～95%	上官行健等，1993b

比较抑制和未被抑制 CH_4 氧化条件下 CH_4 排放量也可以计算稻田土壤的内源 CH_4 氧化率。通常使用的甲烷氧化抑制剂有氟甲烷（CH_3F）、乙炔（C_2H_2）、二氟甲烷（CH_2F_2）和氮气（N_2）（见 3.4 节）。由表 5.8 可见，添加不同的甲烷氧化抑制剂得出的 CH_4 氧化率差异很大。稻田淹水 80 天后，Holzapfel-Pschorn et al.(1985) 的测定结果表明，添加 N_2 所得 CH_4 氧化率(71%)比添加 C_2H_2 所得 CH_4 氧化率高 26%。有研究发现，C_2H_2 的添加浓度低于 0.01%，减小 CH_4 的产生量达 60%（Oremland and Culbertson，1992），而添加 N_2 会激发产甲烷菌产 CH_4（Denier and Neue，1996；Holzapfel-Pschorn et al.，1985），这也许是导致添加 C_2H_2 所得 CH_4 氧化率较低而添加 N_2 所得 CH_4 氧化率偏高的主要原因。

表 5.8 添加不同抑制剂测得的 CH_4 氧化率

淹水后天数	CH_4 氧化率	参 考 文 献
80	71%（加 N_2）	Holzapfel-Pschorn et al., 1985
80	26%（加 C_2H_2）	
90	7%～52%（加 CH_3F）	Epp and Chanton, 1993
50	31.4%（加 CH_3F）	Banker et al., 1995

续表 5.8

淹水后天数	CH_4 氧化率	参 考 文 献
90	11%(加 CH_3F)	
整个水稻生长季	31%~37%(加 N_2)	Gilbert and Frenzel, 1995
37	22%~34%(加 CH_3F)	Denier and Neue, 1996
65	0~27%(加 CH_3F)	
65	0~48%(加 N_2)	
100	0(加 CH_3F)	
44	3%~31%(加 N_2)	Sigren et al., 1997
57	31%~55%(加 N_2)	
28	38%~68%(加 N_2)	Wang et al., 1997
56	22%~65%(加 N_2)	
84	14%~68%(加 N_2)	
整个水稻生长季	14%~24%(加 N_2)	Gilbert and Frenzel, 1998
42~45	3%~29%(加 N_2)	Bilek et al., 1999
55~58	31%~55%(加 N_2)	
整个水稻生长季	0~33%(加 CH_2F_2)	Dan et al., 2001
35	40%(加 CH_2F_2)	Krüger et al., 2001
65	15%(加 CH_2F_2)	
105	0(加 CH_2F_2)	

不同研究者得到的 CH_4 氧化率的季节变化明显不同。Denier and Neue(1996)和 Krüger et al.(2001)研究结果显示 CH_4 氧化率随稻田淹水天数的增加而降低(表 5.8);而 Bilek et al.(1999)和 Sigren et al.(1997)研究结果则表明 CH_4 氧化率随稻田淹水天数的增加而有增大的趋势;其他研究结果的 CH_4 氧化率季节变化规律则不是很明显。

稻田土壤 CH_4 氧化率也可以用稳定同位素方法测定。Tyler et al.(1997)研究发现,淹水后 38 天,砂壤的 CH_4 氧化率为 36%±12%,淹水后 86 天后增大至 53%±12%,平均值为 43%±12%。而粘土淹水后 38 天 CH_4 氧化率为 24%±12%,淹水 56 天后减小到 19%±12%,淹水 86 天后急剧增大到 56%±11%,平均值为 36.75%±11%(表 5.9)。这说明在整个淹水期间(6~9 月持续淹水),质地不同的两种稻田土壤 CH_4 氧化率随着水稻生长而变化的规律不完全相同,砂质土壤在淹水期间的 CH_4 氧化率变化较小,而粘质土壤的变化范围较宽。

表 5.9　同位素方法测定的稻田土壤 CH_4 氧化率季节变化(Tyler et al., 1997)

土壤	淹水后天数	CH_4 氧化率	土壤	淹水后天数	CH_4 氧化率
砂壤	38	36%±12%	粘土	38	24%±12%
	56	46%±11%		56	19%±12%
	77	37%±12%		77	48%±11%
	86	53%±12%		86	56%±11%

Bilek et al.(1999)研究了 2 种水稻品种 Mars 和 Lemont 的对 CH_4 氧化率的影响,他们发现 CH_4 氧化率随淹水后天数的增加而变大。淹水后 36 天,Mars 的 CH_4 氧化率仅为 12%±10%,而后迅速增大,至淹水后 65 天达到 71%±10%;种植 Lemont 品种的土壤,CH_4 氧化率也从淹水后 49 天的平均 23%增加到淹水后 65 天的平均 39%,但增幅较小(表 5.10)。这表明不同水稻品种对 CH_4 氧化率随季节变化的影响不同。此外,该研究还发现不种水稻的稻田其 CH_4 氧化率明显小于种水稻的 CH_4 氧化率,这充分说明了水稻植株根际好氧环境对内源性 CH_4 氧化具有重要的作用。

表 5.10　稳定性碳同位素方法测定的稻田 CH_4 氧化率(Bilek et al., 1999)

水稻品种	淹水后天数	CH_4 氧化率
Mars	36	12%±10%
	49	23%±10%
	65	71%±10%
Lemont	49	23%±10%
	65	39%±10%
未种植	65	24%±4%

与上述两研究结果截然相反,Krüger and Frenzel(2003)研究结果表明,水稻生长初期 CH_4 氧化率大,而后逐渐变小。在水稻生长初期,稻田淹水 28 天时 CH_4 氧化率达 45%±0.2%,随着淹水天数的增加,其值逐渐减小,在水稻生长末期甚至出现负值(表 5.11)。若在淹水后第 43 天施用氮肥(尿素),CH_4 氧化率从施用氮肥前(淹水后第 42 天)的 19%±0.1%迅速增大到 45%(淹水后第 45 天测定)。因此,该研究认为氮素(尿素)是影响

CH_4 氧化率的主要因子。他们认为水稻生长初期(30 天以前)CH_4 氧化率较高一方面是由于此时 CH_4 的产生潜力相对较高,水稻植株、气泡和扩散途径排放 CH_4 的能力又相对较弱,导致高浓度的 CH_4 在土壤中积累,通过刺激甲烷氧化细菌生长促进 CH_4 的氧化;另一方面大量氮肥作基肥施入土壤,积累在土壤中促进甲烷氧化菌的生长,提高甲烷氧化菌的活性,有利于 CH_4 的氧化。随后水稻根系及植株通气组织逐渐发达,CH_4 不易在土壤中积累,此外,氮素被水稻生长大量消耗,甲烷氧化菌的生长活动受到抑制,降低了甲烷氧化菌的活性从而降低 CH_4 氧化率。

表 5.11 CH_4 氧化率季节变化(Krüger and Frenzel,2003)

淹水后天数	CH_4 氧化率	淹水后天数	CH_4 氧化率
28	45%±0.2%	70	6%±0.1%
42	19%±0.1%	84	4%±0.1%
56	14%±0.1%	99	−13%±0.1%

Krüger et al.(2002)在另一个试验中也得到了相似的结果。稻田 CH_4 的氧化在水稻生长初期比较大,随后逐渐减小。如 CH_4 氧化率从淹水后 33 天的 46%±0.2%下降到 75 天的 −21%±0.2%,然后又有所回升,至淹水后 112 天为 −1%±0.2%(表 5.12)。根据定义,土壤的 CH_4 氧化率不可能出现负值,显然表中的负值应该是测定方法的不完善所引起的。然而,添加甲烷氧化抑制剂 CH_2F_2 测定稻田淹水后土壤 CH_4 氧化率的变化,得出相同的变化趋势(表 5.12)。

表 5.12 稳定性碳同位素法和 CH_4 氧化抑制剂法测定的 CH_4 氧化率(Krüger et al.,2002)

淹水后天数	CH_4 氧化率[a]	CH_4 氧化率[b]	CH_4 氧化率[c]
33	46%±0.2%	36%±0.4%	41%±16%
57	32%±0.2%	36%±0.2%	23%±27%
75	−21%±0.2%	2%±0.3%	16%±17%
95	−8%±0.1%	18%±0.2%	−4%±17%
112	−1%±0.2%	16%±0.2%	4%±26%

注:a. δ_{final} 取孔隙水的 $\delta^{13}CH_4$;b. δ_{final} 取根际的 $\delta^{13}CH_4$;c. 用抑制剂 CH_2F_2 原位测定。

Conrad and Klose(2005)研究发现,施用磷钾肥的土壤 CH_4 氧化率比不施用磷钾肥土壤的 CH_4 氧化率高,且变化趋势不同。施用磷钾肥处理的土壤 CH_4 氧化率从淹水初期的约 20% 增大到淹水后期的 25% 以上,而不施用磷钾肥的土壤 CH_4 氧化率从淹水初期的约 15% 减小到淹水后期 5% 以下(图 5.3)。他们认为磷钾肥刺激并提高甲烷氧化菌的活性是导致出现上述现象的主要原因。这与 Krüger and Frenzel(2003)、Bodelier et al.(2000)研究的结果相似,即尿素或铵态氮肥的施用也能提高土壤中甲烷氧化菌的活性,增强氧化 CH_4 的能力,提高 CH_4 氧化率。

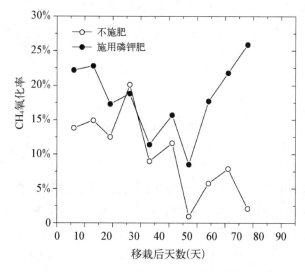

图 5.3 不同施肥方式下 CH_4 的氧化率与时间的
关系(Conrad and Klose,2005)

从上述讨论可以看出,不同研究者采用不同的研究方法,得到的稻田土壤 CH_4 氧化率随水稻生长而变化的规律不完全相同。文献报道的大部分研究(Bilek et al.,1999;Denier and Neue,1996;Krüger et al.,2001;Sigren et al.,1997;Schütz et al.,1989;Tyler et al.,1997)在整个水稻生长季节采样测定次数太少,所得到的结果实际上还不能很好地代表整个水稻生长季 CH_4 氧化率的季节变化。就现有研究结果来看,稻田 CH_4 氧化率的季节变化主要有两种趋势:一种是随着淹水天数的增加,稻田 CH_4 氧化率增大(如 Schütz et al.,1989;Tyler et al.,1997);一种是随着淹水天数的增加,稻田 CH_4 氧化率下降(如 Conrad and Klose,2005;Krüger et al.,2002;Krüger and Frenzel,2003)。施用氮肥(尿素)(Krüger and Frenzel,2003)或磷钾肥(Conrad and Klose,2005)能提高土壤中甲烷氧化菌的活性,增强氧化 CH_4 的能力,提高 CH_4 氧化率。甲烷氧化菌的生长和活性激发需要有 CH_4

的供应，因此，CH_4 供应水平的提高，相对地促进甲烷氧化菌的生长和活性 (Cai et al.，1997；Cai and Moiser，2000)，因而可能出现 CH_4 氧化率随淹水时间延长而提高的结果(如表 5.10)。但是，甲烷氧化菌的生长还需要 N、P、K 等养分的供应，当甲烷氧化菌生长受到养分供应的限制时，随着淹水时间的延长，CH_4 产生能力增加，而 CH_4 氧化能力不能同步增加，则 CH_4 氧化率相应降低，图 5.3 就是不施肥的结果。由于目前并不完全清楚甲烷氧化菌对养分的竞争能力以及限制其生长的养分临界含量，且测定方法不一致，因此，难以预测田间条件下 CH_4 氧化率的季节变化规律。但是，毫无疑问，稻田土壤的 CH_4 氧化率随着淹水时间的延长和水稻生长阶段的变化而变化。

5.4　稻田 CH_4 和 N_2O 的传输规律

稻田土壤中产生的 CH_4 和 N_2O 主要通过三个途径向大气排放：水稻植株的通气组织、气泡和液相扩散。在水稻的不同生长阶段，由于水稻生理、生化活动和气温环境条件的变化，通过这三条途径传输的 CH_4 和 N_2O 量有很大差异。表 5.13 归纳了三条不同排放途径对稻田 CH_4 和 N_2O 排放的相对贡献。

表 5.13　稻田 CH_4 和 N_2O 各个排放途径的贡献率

观测气体	地点	水稻种植	观测时间	各个排放途径的贡献率			参考文献
				植株通气组织	气泡	液相扩散	
CH_4	湖南桃源	早稻	整个生长季	73.18%	24.14%	2.68%	上官行健等，1993b
		晚稻	整个生长季	54.98%	40.52%	4.50%	
	浙江杭州	早稻	整个生长季	82.47%	—	—	闵航等，1993
		晚稻	整个生长季	70.9%~89.0%	—	—	
	辽宁沈阳	单季稻	整个生长季	83.0%~83.8%	—	—	Yu et al.，1997
	Vercelli, Italy	单季稻	6月6日[a]	0	100%	<1%	Schütz et al.，1989
			7月9日[a]	48%	52%	<1%	
			7月31日[a]	90%	10%	<1%	
			8月27日[a]	97%	3%	<1%	

续表 5.13

观测气体	地点	水稻种植	观测时间	各个排放途径的贡献率			参考文献
				植株通气组织	气泡	液相扩散	
CH_4	Los Baños, Philippines	旱季稻	整个生长季	—	15%[b]	—	Wassmann et al., 2000
				—	55%[c]	—	
		雨季稻	整个生长季	—	37%[b]	—	
				—	52%[c]	—	
N_2O	辽宁沈阳	单季稻	整个生长季	74.6%～85.7%	—	—	Yu et al., 1997

注：a. 水稻于 5 月份移栽；b. 施尿素处理；c. 施(尿素＋稻草)处理。

5.4.1 水稻植株通气组织

大量研究表明(闵航等，1993；上官行健等，1993b；王明星等，1998；Aulakh et al.，2000a，2000b；Holzapfel-Pschorn et al.，1986；Schütz et al.，1989)，稻田土壤中产生的 CH_4 绝大部分通过植株通气组织排放到大气中。植株通气组织对稻田 N_2O 排放贡献的研究不多。Yu et al.(1997) 采用分隔箱法同时观测了水稻植株 CH_4 和 N_2O 的排放量，发现植株通气组织对稻田 CH_4 和 N_2O 排放的贡献率分别为 83%～84% 和 75%～86%，植株通气组织既是稻田 CH_4 排放的主要途径，也是稻田 N_2O 排放的主要途径。

影响水稻植株传输 CH_4 的因素很多，如稻田土壤水中 CH_4 的浓度、水稻生长状况、水稻株高和形状、水稻品种等等。土壤溶液中 CH_4 浓度越高，通过植株排放的 CH_4 量越大(Sass and Fisher，1997)。Wassmann et al. (1996)发现水稻植株通气组织中存在明显的 CH_4 浓度梯度，水层以下的通气组织中 CH_4 浓度最高。Kludze et al.(1993)的研究表明：水稻植株传输 CH_4 的效率与水稻根系长度成正相关。分蘖数多的水稻植株传输 CH_4 的能力大于分蘖数少的水稻植株，在分蘖期，较小叶表面积的水稻植株排放的 CH_4 也低于较大叶表面积的水稻(Wassmann et al.，1996)。根系分压的微小增加也会提高植株传输 CH_4 效率(Hosono and Nouchi，1997)。水稻光合速率和蒸腾速率并不影响植株对稻田 CH_4 的传输，增加 CO_2 浓度或者将植株置于暗处对植株的传输效率没有显著的影响(Ando et al.，1983；Oremland and Culbertson，1992)。

5.4 稻田 CH_4 和 N_2O 的传输规律

^{13}C 标记试验表明：通过植株排向大气的 CH_4 大约 22%～29%来源于光合作用提供的碳源(Neue et al., 1997)。水稻品种也是影响植株传输 CH_4 的一个重要因素，在中国(Jia et al., 2001; Singh et al., 1998)、印度(Adhya et al., 1994; Shao and Li, 1997; Trolldenier, 1977)、日本(Mosier et al., 1990; Yagi and Minami, 1991)、美国(Satpathy et al., 1998; Seiler et al., 1984; Trolldenier, 1977)进行的研究已经证实了这一点。Lindau et al.(1995)研究了 6 个水稻品种对 CH_4 排放的影响，低秆品种 CH_4 排放量约为高秆品种的 64%。水稻干重、根体积、根系干重和孔径、分蘖数以及产量都与稻田 CH_4 排放量呈正相关(Ueckert et al., 1990)。Aulakh et al.(2000b)研究了 12 个水稻品种，发现通过水稻植株排向大气的 CH_4 占总排放量的 60%～90%，植株传输 CH_4 能力(MTC)和水稻品种的生理形态特征以及水稻生长期密切相关，MTC 和根干生物量以及地上部分生物量成正相关。然而，这种相关关系在一定程度上取决于水稻品种以及水稻生长阶段。此外，MTC 和淹水土壤中根系与通气组织之间的空隙成正相关(Kludze et al., 1993)。

由于水稻植株传输 CH_4 与其形态、生理等特征具有密切的关系，因此，不难理解，水稻植株通气组织对稻田 CH_4 排放的贡献率随生长季节而变化。对湖南桃源早、晚稻田的观测发现(上官行健等，1993b；王明星等，1998)，无论是早稻还是晚稻，水稻植株传输 CH_4 的相对重要性均随水稻的生长而增加，在抽穗中期达到最大，以后又随水稻的成熟而逐渐降低，水稻植株高度与其传输能力之间存在较密切的相关性。意大利稻田(Schütz et al., 1989)的观测结果显示，水稻植株对稻田 CH_4 排放的贡献率随水稻生长而逐渐增大。菲律宾和德国的盆栽试验发现(Aulakh et al., 2000a, 2000b)，从苗期到开花期，水稻植株的 CH_4 传输能力逐渐增大，水稻植株的 CH_4 传输能力与其分蘖数呈线性相关。水稻植株传输 CH_4 能力出现这种季节性变化的原因可能是：在水稻生长初期，植株尚未发育，其通气组织作为 CH_4 传输路径的作用还相对较小，再则，由于根系没有完全发育，对气泡的阻碍作用较弱，土壤中产生的 CH_4 通过气泡和液相扩散等方式排向大气的比例较高；在水稻生长中期，植株通气组织较发达，茂密的根系主动汲取溶有 CH_4 的土壤溶液，使 CH_4 通过植株通气组织排放到大气中比例增加，同时，充分发育的水稻根系形成屏障，阻碍稻田 CH_4 通过气泡和液相扩散等方式排向大气；在水稻成熟期，植株老化，其传输 CH_4 的能力也相应降低。

我们在江苏句容采用分隔箱法观测了 CH_4 不同传输途径稻田 CH_4 排

放的相对贡献。结果表明,植株通气组织排放 CH_4 占总排放量的 76.7%～99.1%,各处理植株通气组织排放 CH_4 比例没有明显的季节变化(图 5.4 和图 5.5)。在水稻生长初期施肥促进水稻生长,通过水稻植株排放 CH_4 的相对贡献率有所提高,施肥的这一作用随着水稻的生长逐渐消失,但是,在成熟期,这一作用又有所体现(图 5.4)。连续淹水与间歇灌溉的水分管理方式相比,水稻植株传输 CH_4 的贡献率未发生显著的差异(图 5.5),与一般规律不符,原因还有待于进一步研究。

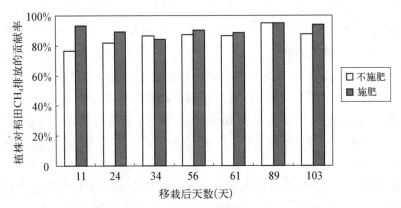

图 5.4 施肥对水稻生长期植株通气组织排放 CH_4 比例季节变化的影响(未发表数据)

注:施肥处理施用尿素 300 kg N·hm^{-2}。

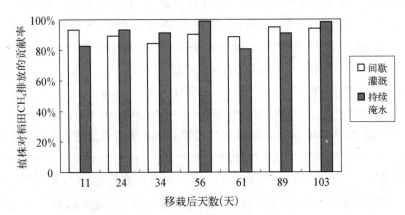

图 5.5 水分管理对水稻生长期植株通气组织排放 CH_4 比例季节变化的影响(未发表数据)

注:各处理施用尿素 300 kg N·hm^{-2}。

有关植株对稻田 N_2O 传输影响的研究很少。Yan et al.(2000)通过盆栽试验观测了水稻植株对 N_2O 传输的作用,并研究了土壤水分条件对其的影响。在田面无水层时,N_2O 主要通过土水界面的扩散排放;当田面有水层时,通过植株的排放量占 87.3%(表 5.14)。这一结果清楚地表明,同 CH_4 的排放一样,淹水时水稻植株是稻田土壤 N_2O 排放的主要通道。从表 5.14 还可看出,在没有水层时,通过植株的 N_2O 排放占 17.5%,但波动比较大,变动于 7.3%~24.4%。可能原因是,虽然同样不存在水层,但土壤的含水量仍然有差别,第 1 次和第 8 次测定都是在刚排干田面水分时进行的,而第 2 次是在田面水排干两天后测定的。土壤水分含量较高时,不利于 N_2O 的排放;当土壤水分降低时,土壤未充水孔隙增加,为 N_2O 排放提供了更多的气体扩散通道,从而通过扩散排放的 N_2O 比例提高。在淹水条件下通过植株排放的 N_2O 百分比的波动则小得多。

表 5.14 水稻土 N_2O 的排放途径(Yan et al., 2000)

测次序号	水层 (cm)	土水面排放 ($\mu g\ N \cdot pot^{-1} \cdot h^{-1}$)	植株排放 ($\mu g\ N \cdot pot^{-1} \cdot h^{-1}$)	植株排放
1	0	4.6(2.6)	1.8(1.3)	24.4%(9.52)
2	0	93(41)	6.7(1.7)	7.3%(2.06)
8	0	5.5(2.2)	1.3(0.2)	20.7%(8.46)
平均				17.5%
3	1.5	0.64(0.26)	7.92(6.02)	87.5%(10.44)
4	3.3	0.42(0.32)	4.82(3.65)	86.4%(11.96)
5	2.6	0.44(0.50)	5.89(5.03)	81.9%(20.8)
6	2.4	0.26(0.10)	9.71(0.20)	88.3%(16.78)
7	2.3	0.51(0.11)	6.40(0.49)	92.6%(2.02)
平均				87.3%

注:括号内数据表示标准差。

以下试验进一步证实了田面淹水时,水稻植株对于排放 N_2O 的重要性。在有淹水层时从水面之下割去水稻的地上部分,N_2O 的排放量立即减少,只有割去水稻地上部分植株前的 55.8%,而不割去植株的对照处理排放通量几乎不变(图 5.6)。两天后在对照处理 N_2O 排放通量略有上升的情况下,割去植株的处理 N_2O 排放通量只有割去地上部分前的 61.2%,只有对照处理的 51.1%(Yan et al., 2000)。

稻田土壤 N_2O 排放主要发生在排水落干阶段,虽然在淹水阶段,通过水稻植株排放的 N_2O 占总排放量的比例与 CH_4 接近(Yu et al., 1997),但从水稻全生育期 N_2O 排放总量考虑,通过水稻植株排放的 N_2O 所占的比例可能小于植株排放 CH_4 所占的比例。

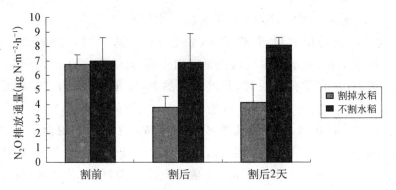

图 5.6 从水面之下割去水稻地上部对 N_2O 排放的影响(Yan et al., 2000)

5.4.2 气泡

稻田土壤中产生的 CH_4 和 N_2O 气体也可以通过气泡的形式直接排放到大气中。气泡的出现要求水溶液中气体的浓度较高，且产生压力超过土壤溶液的表面张力，因而通过气泡排放气体主要出现在水稻植株通气组织较少的生长前期、通气组织遭到破坏的衰老期以及土壤中有大量有机物（产甲烷基质）存在且温度较高的时候（上官行健等，1993b；Schütz et al., 1989；Wassmann et al., 2000）。

气泡是三种排放途径中效率最高的一种（上官行健等，1993b），原因在于：气泡中 CH_4 浓度较高，并且其中基本没有发现 O_2 的存在，CH_4 被氧化的可能性极小。气泡对稻田 CH_4 排放的贡献率主要取决于土壤 CH_4 产生能力、土壤温度以及水稻植株生长状况。在双季稻地区早稻生长季节和单季稻生长季节，由于水稻根系不发达时，温度也相应较低，稻田土壤中形成气泡的可能性较大；当温度提高时，水稻根系已较为发育，不利于气泡的形成，通过气泡排放的 CH_4 也很有限。所以，在双季稻地区早稻生长季节和单季稻生长季节，气泡可能并不是稻田 CH_4 排放的主要途径。但如果早稻移栽前，土壤中施用了较大数量的易分解有机肥或绿肥还田，且当温度较高时，气泡可能成为 CH_4 排放的主要途径。晚稻移栽初期，气泡可能是 CH_4 排放的主要途径。湖南桃源晚稻田的观测发现（上官行健等，1993b），晚稻移栽初期（7月底），土壤中含有早稻根等残余有机物以及人工添加的丰富的有机肥料，且气温很高，水稻植株尚未完全发育，稻田中气泡生成较多，通过气泡逸出成为稻田 CH_4 排放的主要途径。气泡排放在晴天大于阴天，下午大于上午，不种水稻的土壤中通过气泡的排放率要明显大于种水稻的情况。菲律宾旱、雨季稻田(Wassmann et al.,2000)的观测结果显示,与单施无机肥处理比较,稻田施用 60 kg N·hm^{-2} 的稻草,土壤中 CH_4 产生率增大,气泡对稻田 CH_4 排放的贡献率也明显增加。

气泡对稻田 N_2O 排放贡献的报道较少。Yu et al.(1997)研究认为,N_2O 在水中的溶解度是 CH_4 的 20 倍左右,不易形成含有大量 N_2O 的气泡。另外,在水稻淹水期间,土壤中反硝化生成的 N_2O 进一步还原为 N_2,N_2O 生成量小或不生成 N_2O。这些因素都决定了气泡不可能成为稻田 N_2O 排放的主要途径,气泡对 N_2O 排放的贡献率应低于气泡对稻田 CH_4 排放的贡献率。

5.4.3 液相扩散

由于土壤中气体浓度差的存在,在浓度梯度的驱使下,CH_4 和 N_2O 也可以通过扩散排放到大气中。湖南桃源早、晚稻田的观测发现(上官行健等,1993b),在稻田土壤的不同深度,CH_4 浓度是不同的,在耕作层的氧化层附近,由于 O_2 的存在,CH_4 浓度极小,CH_4 浓度随深度的增加而增大,在土壤 14 cm 深处达到最大值。CH_4 在稻田静水层不同深度的浓度也有明显的梯度,相对于紧贴水面的空气薄层中的 CH_4 浓度来说,溶解在水中的 CH_4 含量较高,相差 $10 \sim 10^2$ 数量级,这些均说明土壤中存在着 CH_4 向上层土壤乃至大气的液相扩散机制。

意大利稻田(Schütz et al.,1989)的观测结果显示,液相扩散对稻田 CH_4 排放的贡献率通常低于 1%。湖南桃源早、晚稻田的观测发现(上官行健等,1993b;王明星等,1998),液相扩散对早、晚稻田 CH_4 排放的贡献率分别为 2.68% 和 4.50%,只有气泡的 10% 左右,液相扩散的贡献率在下午最大时能达到气泡的 18% 左右。液相扩散对稻田 CH_4 排放的贡献小的原因在于:气体在溶液中的扩散速率比气相扩散慢约 4 个数量级,因而 CH_4 通过液相扩散的速率比以气相扩散为主的植株通气组织的传输要慢得多;水稻植株能遮挡阳光,降低气温对水层的影响并且使水面边界层的风速很小,从而使通过液相扩散的 CH_4 排放量减少。

从表 5.14 可以看出,当土壤有静水层存在时,通过水层表面排放的 N_2O 仅为总排放量的 0.26% ~ 0.64%,这比扩散对 CH_4 排放的贡献更低。由于淹水时 N_2O 产生量小或不产生,且 N_2O 在溶液中的溶解度大于 CH_4,所以,液相扩散排放对 N_2O 排放总量的贡献率低于 CH_4 是可以理解的。

参考文献

闵航,陈美慈,钱泽澍. 水稻田的甲烷释放及其生物学机理[J]. 土壤学报, 1993, 30(2): 125-130.

上官行健,王明星, Wassmann R, 等. 稻田土壤中甲烷产生率的实验研究[J]. 大气科学, 1993a, 17(5): 604-610.

上官行健,王明星,陈德章,等. 稻田 CH_4 的传输[J]. 地球科学进展, 1993b, 8(5): 13-21.

王明星,李晶,郑循华. 稻田甲烷排放及产生、转化、输送机理[J]. 大气科学, 1998, 22(4): 600-612.

Achtnich C, Schuhmann A, Wind T, et al. Role of interspecies H_2 transfer sulfate and ferric iron-reducing bacteria in acetate consumption in anoxic paddy soil[J]. FEMS Microbiology Ecology, 1995, 16(1): 61-70.

Adhya T K, Rath A K, Gupta P K, et al. Methane emission from flooded rice fields under irrigated conditions[J]. Biology and Fertility of Soils, 1994, 18(3): 245-248.

Alberto M C R, Neue H U, Lantin R S, et al. Determination of soil entrapped methane [J]. Communications in Soil Science and Plant Analysis, 1996, 27: 1561-1570.

Alberto M C R, Arah J R M, Neue H U, et al. A sampling technique for the determination of dissolved methane in soil solution[J]. Chemosphere-Global Change Science, 2000, 2(1): 57-63.

Ando T, Yoshida S, Nishiyama I. Nature of oxidizing power of rice roots[J]. Plant and Soil, 1983, 72: 57-71.

Aulakh M S, Bodenbender J, Wassmann R, et al. Methane transport capacity of rice plants. I. Influence of methane concentration and growth stage analyzed with and automated measuring system[J]. Nutrient Cycling in Agroecosystems, 2000a, 58: 357-366.

Aulakh M S, Bodenbender J, Wassmann R, et al. Methane transport capacity of rice plants. II. Variations among different rice cultivars and relationship with morphological characteristics[J]. Nutrient Cycling in Agroecosystems, 2000b, 58: 367-375.

Banker B C, Kludze H K, Alford D P, et al. Methane sources and sinks in paddy rice soils: relationship to emissions[J]. Agriculture, Ecosystems & Environment, 1995, 53(3): 243-251.

Bilek R S, Tyler S C, Sass R L, et al. Differences in CH_4 oxidation and pathways of production between rice cultivars deduced from measurements of CH_4 flux and $\delta^{13}C$ of CH_4 and CO_2[J]. Global Biogeochemical Cycles, 1999, 13(4): 1029-1044.

Bodelier P L E, Hahn A P, Arth I. Effects of ammonium-based fertilization on microbial processes involved in methane emission from soils planted with rice [J]. Biogeochemistry, 2000, 51(3): 225-257.

Bosse U, Frenzel P. Methane emissions from rice microcosms: The balance of production, accumulation and oxidation[J]. Biogeochemistry, 1998, 41(3): 199-214.

Cai Z C, Xing G X, Yan X Y, et al. Methane and nitrous oxide emissions from rice paddy fields as affected by nitrogen fertilizers and water management[J]. Plant and Soil, 1997, 196(1): 7-14.

Cai Z C, Mosier A R. Effect of NH_4Cl addition on methane oxidation by paddy soils[J]. Soil Biology & Biochemistry, 2000, 32: 1537-1545.

Chin K-J, Conrad R. Intermediary metabolism in methanogenic paddy soil and the influence of temperature[J]. FEMS Microbiology Ecology, 1995, 18(2): 85-102.

Conrad R, Klose M. How specific is the inhibition by methyl fluoride of acetoclastic methanogenesis in anoxic rice field soil? [J]. FEMS Microbiology Ecology, 1999, 30(1): 47-56.

Conrad R, Klose M, Claus P. Pathway of CH_4 formation in anoxic rice field soil and rice roots determined by ^{13}C-stable isotope fractionation[J]. Chemosphere, 2002, 47(8): 797-806.

Conrad R, Klose M. Effect of potassium phosphate fertilization on production and emission of methane and its ^{13}C-stable isotope composition in rice microcosms[J]. Soil Biology & Biochemistry, 2005, 37(11): 2099-2108.

Dan J G, Krüger M, Frenzel P, et al. Effect of late season urea fertilization on methane emission from a rice field in Italy[J]. Agriculture, Ecosystems & Environment, 2001, 83: 191-199.

Denier van der Gon H A C, Neue H U. Oxidation of methane in the rhizosphere of rice plants[J]. Biology and Fertility of Soils, 1996, 22(4): 359-366.

Epp M A, Chanton J P. Rhizospheric methane oxidation determined via the methyl fluoride inhibition technique[J]. Journal of Geophysical Research, 1993, 98: 18413-18422.

Gilbert B, Frenzel P. Methanotrophic bacteria in the rhizosphere of rice microcosms and their effects on porewater methane concentration and methane emission[J]. Biology and Fertility of Soils, 1995, 20(2): 93-100.

Gilbert B, Frenzel P. Rice roots and CH_4 oxidation: the activity of bacteria, their distribution and the microenvironment[J]. Soil Biology & Biochemistry, 1998, 30(14): 1903-1916.

Holzapfel-Pschorn A, Conrad R, Seiler W. Production, oxidation and emission of methane in rice paddies[J]. FEMS Microbiology Letters, 1985, 31(6): 343-351.

Holzapfel-Pschorn A, Conrad R, Seiler W. Effects of vegetation on the emission of methane from submerged paddy soil[J]. Plant and Soil, 1986, 92: 223-233.

Hosono T, Nouchi I. Effect of gas pressure in the root and stem base zone on methane transport through rice bodies[J]. Plant and Soil, 1997, 195(1): 65-73.

Jia Z J, Cai Z C, Xu H, et al. Effect of rice plants on CH_4 production, transport, oxidation and emission in rice paddy soil[J]. Plant and Soil, 2001, 230(2): 211-221.

Kludze H K, Delaune R D, Patrick Jr W H. Aerenchyma formation and methane and oxygen exchange in rice[J]. Soil Science Society of America Journal, 1993, 57: 386-391.

Krüger M, Frenzel P, Conrad R. Microbial processes influencing methane emission from rice fields[J]. Global Change Biology, 2001, 7(1): 49-63.

Krüger M, Eller G, Conrad R, et al. Seasonal variation in pathways of CH_4 production and in CH_4 oxidation in rice fields determined by stable carbon isotopes and specific inhibitors[J]. Global Change Biology, 2002, 8(3): 265-280.

Krüger M, Frenzel P. Effects of N-fertilisation on CH_4 oxidation and production, and consequences for CH_4 emissions from microcosms and rice fields[J]. Global Change Biology, 2003, 9(5): 773-784.

Lindau C W, Bollich P K, DeLaune R D. Effect of rice variety on methane emission from Louisiana rice[J]. Agriculture, Ecosystems & Environment, 1995, 54(1): 109-114.

Mosier A R, Mohanty S K, Bhadrachalam A, et al. Evolution of dinitrogen and nitrous oxide from the soil to the atmosphere through rice plants[J]. Biology and Fertility of Soils, 1990, 9: 61-67.

Nakagawa F, Yoshida N, Sugimoto A, et al. Stable isotope and radiocarbon compositions of methane emitted from tropical rice paddies and swamps in Southern Thailand[J]. Biogeochemistry, 2002, 61(1): 1-19.

Neue H U, Wassmann R, Kludze H K, et al. Factors and processes controlling methane emissions from rice fields[J]. Nutrient Cycling in Agroecosystems, 1997, 49: 111-117.

Oremland R S, Culbertson C W. Importance of methane-oxidizing bacteria in the methane budget as revealed by the use of a specific inhibitor[J]. Nature, 1992, 356: 421-423.

Sass R L, Fisher F M, Harcombe P A, et al. Methane production and emission in a Texas rice field[J]. Global Biogeochemical Cycles, 1990, 4(1): 47-68.

Sass R L, Fisher Jr F M. Methane emission from rice paddies: a process study summary [J]. Nutrient Cycling in Agroecosystems, 1997, 49: 119-127.

Satpathy S N, Mishra S, Adhya T K, et al. Cultivar variation in methane efflux from tropical rice[J]. Plant and Soil, 1998, 202(2): 223-229.

Schütz H, Seiler W, Conrad R. Processes involved in formation and emission of methane of rice paddies[J]. Biogeochemistry, 1989, 7: 33-53.

Seiler W, Holzapfel-Pschorn A, Conrad R, et al. Methane emission from rice paddies[J]. Journal of Atmospheric Chemistry, 1984, 1: 241-268.

Shao K S, Li Z. Effect of rice cultivars and fertilizer management on methane emission in a rice paddy in Beijing[J]. Nutrient Cycling in Agroecosystems, 1997, 49: 139-146.

Sigren L K, Byrd G T, Fisher F M, et al. Comparison of soil acetate concentrations and methane production, transport and emission in two rice cultivars [J]. Global Biogeochemical Cycles., 1997, 11(1): 1-14.

Singh S, Kashyap A K, Singh J S. Methane flux in relation to growth and phenology of a high yielding rice variety as affected by fertilization[J]. Plant and Soil, 1998, 201(1): 157-164.

Sugimoto A, Wada E. Carbon isotopic composition of bacterial methane in a soil incubation experiment: Contributions of acetate and CO_2/H_2 [J]. Geochimica et Cosmochimica Acta, 1993, 57(16): 4015-4027.

Takai Y. The mechanism of methane formation in flooded paddy soil[J]. Soil Science and Plant Nutrition, 1970, 16: 238-244.

Trolldenier G. Mineral nutrition and reduction processes in the rhizosphere of rice[J]. Plant and Soil, 1977, 47(1): 193-202.

Tyler S C, Bilek R S, Sass R L, et al. Methane oxidation and pathways of production in a Texas paddy field deduced from measurements of flux, $\delta^{13}C$ and δD of CH_4 [J]. Global Biogeochemical Cycles, 1997, 11(3): 323-348.

Ueckert J, Hurek T, Fendrik I, et al. Radial gas diffusion from roots of rice (*Oryza sativa* L.) and kallar grass (*Leptochloa fusca* L. Kunth), and effects of inoculation with *Azospirillum brasilence* Cd[J]. Plant and Soil, 1990, 122(1): 59-65.

Wang B, Neue H U, Samote H P. Effect of cultivar difference ('IR72', 'IR65598' and 'Dular') on methane emission[J]. Agriculture, Ecosystems & Environment, 1997, 62(1): 31-40.

Wassmann R, Neue H U, Alberto M C R, et al. Fluxes and pools of methane in wetland rice soils with varying organic inputs[J]. Environmental Monitoring and Assessment, 1996, 42: 163-173.

Wassmann R, Neue H U, Lantin R S, et al. Characterization of methane emissions from rice fields in Asia. I. Comparison among field sites in five countries[J]. Nutrient Cycling in Agroecosystems, 2000, 58: 1-12.

Yagi K, Minami K. Emission and production of methane in the paddy fields of Japan[J]. Japan Agricultural Research Quarterly, 1991, 25(3): 165-171.

Yagi K, Kumagai K, Tsuruta H, et al. Emission, Production, and Oxidation of Methane in a Japanese Rice Paddy Field[M]//Lal R, Kimble J M, Levine E, et al. Soil Management and Greenhouse Effect. Boca Raton: Lewis Publishers, 1995, 231-243.

Yan X, Shi S, Du L, et al. Pathways of N_2O emission from rice paddy soil[J]. Soil Biology & Biochemistry, 2000, 32(3): 437-440.

Yao H, Conrad R. Electron balance during steady-state production of CH_4 and CO_2 in anoxic rice soil[J]. European Journal of Soil Science, 2000, 51: 369-378.

Yu K W, Wang Z P, Chen G X. Nitrous oxide and methane transport through rice plants [J]. Biology and Fertility of Soils, 1997, 24(3): 341-343.

第6章 稻田生态系统 CH_4 和 N_2O 排放的时空变化

稻田生态系统 CH_4 和 N_2O 排放存在高度的时间和空间变化。根据时间尺度,稻田生态系统 CH_4 和 N_2O 排放的时间变化可以区分为昼夜变化、季节变化和年际变化;根据空间尺度,可以区分为试验小区或田块尺度、地理单元尺度、行政区域尺度、全国和全球尺度等。由于高度的时间和空间变化,测定 CH_4 和 N_2O 排放通量的点应有空间代表性和必要数量的处理重复,在水稻生长季节和非水稻生长季节必须有足够的采样测定次数,这样才能获得比较可信的稻田生态系统 CH_4 和 N_2O 季节或年排放量。掌握稻田生态系统 CH_4 和 N_2O 排放的时间和空间变化规律,对于确定 CH_4 和 N_2O 排放测定方案,估算季节排放量具有重要的意义。

6.1 CH_4 和 N_2O 排放的昼夜变化

稻田生态系统 CH_4 和 N_2O 排放通量在一天之内的变化称为昼夜变化。CH_4 和 N_2O 排放通量的昼夜变化与土壤环境、植株生长、气候因子等多种因素有关,呈现出一定的变化规律。如果采用手动方法测定稻田 CH_4 和 N_2O 的排放通量,由于不可能长期进行连续24小时采样测定,有限次数的测定结果能否代表测定当日的排放通量在很大程度上决定于选择的采样测定时间。

6.1.1 CH_4 排放通量的昼夜变化

稻田生态系统并非始终生长着水稻,事实上,即使是双季稻地区,水稻生长的时间也短于无水稻生长的时间。已如 4.1.8 节所述,水稻生长影响稻田生态系统的 CH_4 排放量,水稻生长也影响 CH_4 排放通量的昼夜变化。水稻生长季与非水稻生长季的水分和施肥管理等不同,导致水稻生长季和非水稻生长季的 CH_4 排放通量昼夜变化不完全相同。本节分水稻生长季和非水稻生长季介绍 CH_4 排放量的昼夜变化。

6.1.1.1 水稻生长期稻田 CH_4 排放通量的昼夜变化

在稻田水稻生长季节,由于连续或间歇淹水且温度较高,通常 CH_4 排放量较大,呈现出极其复杂的昼夜变化形式。按 CH_4 排放峰值出现的时间,水稻生长季 CH_4 排放的昼夜变化可以划分为日间极大值型、夜间极大值型以及随机型。湖南桃源早、晚稻田(上官行健等,1993,1994;王卫东等,1997)、杭州早稻田(上官行健等,1993)、沈阳单季稻田(陈冠雄等,1995)、苏州单季稻田(郑循华等,1997a;Zheng et al.,1999)、宜兴单季稻田(马静等,2007)、日本单季稻田(Yagi and Minami,1990)、印度雨季稻田(Adhya et al.,1994;Satpathy et al.,1997)等的观测结果发现,CH_4 排放峰值出现在午后 12~16 点,夜间 CH_4 排放较小。

按 CH_4 排放峰出现的数量,水稻生长季 CH_4 排放的昼夜变化可以划分为单峰型、双峰型以及多峰型。多数研究表明(陈冠雄等,1995;马静等,2007;上官行健等,1993,1994;王卫东等,1997;Adhya et al.,1994;Satpathy et al.,1997;Yagi and Minami,1990),稻田 CH_4 排放的昼夜变化形式为单峰型,CH_4 排放峰值出现在午后,与温度变化一致(如图 6.1)。然而,也有观测发现(陈德章和王明星,1993;戴爱国等,1991;上官行健等,1993)杭州早、晚稻田 CH_4 排放通量除了与温度变化一致的单峰型外,还呈现出双峰型和多峰型的日变化形式。苏州单季稻田(郑循华等,1997a;Zheng et al.,1999)的观测发现,CH_4 排放通量的昼夜变化呈现为单峰型和双峰型。观察广东鹤山早稻田 CH_4 排放通量的日变化呈双峰型及三峰型(刘惠等,2006)。

一般认为,温度的昼夜变化驱动稻田 CH_4 排放通量的昼夜变化。如图 6.2 所示,稻田 CH_4 排放通量的昼夜变化与气温、水温及表层土温的昼夜变化一致。原因包括以下几个方面:通常情况下,下午温度较高,有利于土

6.1 CH_4 和 N_2O 排放的昼夜变化 —————————————————————————— 235

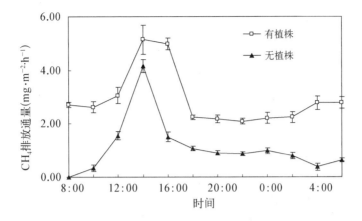

图 6.1 宜兴稻田 CH_4 排放的昼夜变化
(日间极大值型,马静等,2007)

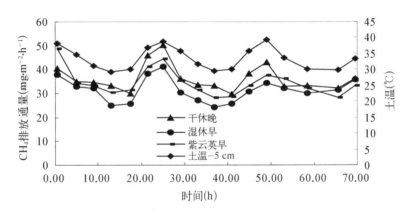

图 6.2 晴天 CH_4 排放通量与 5 cm 深度土温的昼夜变化
(观测从下午 4 时开始,徐华和蔡祖聪,1999)

注:干休晚:冬季休闲,休闲期内除雨水外,不接受任何其他外加水,土壤大部分时间呈干燥状态,稻草于休闲期结束时还田;湿休早:冬季休闲,整个休闲期用自来水维持 2~5 cm 水层,稻草于休闲期开始时还田;紫云英早:冬季种植紫云英,种植期内土壤保持生长所需湿度,稻草于紫云英播种前还田。

壤中有机质发酵产生 CH_4;水稻植株的呼吸作用和蒸腾作用均增强,促进 CH_4 通过水稻植株向大气的传输;土壤中的 CH_4 更易形成气泡释放到大气中;CH_4 在水中的液相扩散速率增快。

徐华和蔡祖聪(1999)通过温室盆栽试验观测晴天 CH_4 排放和土壤温度的昼夜变化(图 6.2)。CH_4 排放通量及土壤温度日变化类似于余弦波曲线,24 小时为一变化周期,可分别用(6.1)式和(6.2)式描述 CH_4 排放通量及土壤温度日变化的规律:

$$F = a\cos[2P \times (t + b)\omega 24] + c \qquad (6.1)$$

$$T = a\cos[2P \times (t + b)\omega 24] + c \qquad (6.2)$$

式中,F 为 CH_4 排放通量($mg \cdot m^{-2} \cdot h^{-1}$);$T$ 为土壤温度(℃);t 为时间(h);a、b、c 为常量。

不同处理 CH_4 排放通量及不同深度土温余弦波拟合的 a、b、c 值见表 6.1。从相位 b 值可知各处理 CH_4 排放通量约在下午 4 时至 5 时出现最大值,而在凌晨 4 时至 5 时出现最小值;不同深度土温出现极大值和极小值的时间则分别为下午 4 时和凌晨 4 时前后。通过比较相位可知土壤温度变化随着土壤深度增加而滞后,各处理 CH_4 排放通量与 5~10 cm 深土温几乎同步。由于盆钵土壤温度比大田土壤温度能更快地随气温变化而变化,大田 0~15 cm 不同深度土温间可存在 1~4 小时的滞后,这样大田 CH_4 排放通量更有可能与某特定深度的土温密切相关。Yagi et al.(1994)研究稻田 CH_4 排放通量日变化发现,CH_4 排放通量的日变化与表层土温密切相关。上官行健等(1993)在湖南和杭州稻田也观测到稻田 CH_4 排放通量的日变化与土壤灌溉水温及土壤表层(<2 cm)温度之间的相关性最好,随着土壤深度的加深,土壤温度与 CH_4 排放通量的相关性越来越差。Schütz et al.(1989)发现意大利稻田 CH_4 排放通量日变化与一定深度土温的相关性。在 5 月和 8 月,稻田 CH_4 排放通量日变化与浅层土温(1~5 cm)相关性最好,7 月与深层(10~15 cm)土温相关性最好。应该指出,稻田 CH_4 排放通量昼夜变化与某一土壤层次的温度相关只能说明它们在时间上的同步性,并不一定说明这一层次是稻田土壤 CH_4 产生的主要层次。

表 6.1 不同土壤深度土温及不同处理 CH_4 排放通量日变化余弦拟合的有关参数和相关性(徐华和蔡祖聪,1999)

拟合方程参数		a	b	c	相关系数
土壤温度	土表温度	3.89	-15.44	31.98	0.911**
	5 cm 深土温	4.54	-16.28	33.18	0.936**
	10 cm 深土温	4.70	-16.35	33.59	0.934**
CH_4 排放通量	处理Ⅰ	5.66	-15.97	36.02	0.724**
	处理Ⅱ	5.74	-15.96	31.13	0.829**
	处理Ⅲ	6.25	-16.52	34.23	0.785**

注:** 显著性水平 $P<0.01$。

然而,对杭州的晚稻田(陈德章和王明星,1993;戴爱国等,1991;上官

6.1 CH_4 和 N_2O 排放的昼夜变化

行健等，1993)和广东鹤山的早稻田(刘惠等，2006)的观测发现，CH_4 排放通量在夜间至凌晨出现极大值。这可能与水稻植株传输能力的昼夜变化有关：水稻植株在炎炎夏日的下午为防止植株体内水分的散失而关闭气孔，CH_4 向大气传输过程受到限制，未能排出的 CH_4 在晚间随着气孔的开启排向大气；白天水稻植株生理过程较夜间剧烈，对营养成分的需求也较为强烈，可能抑制根系对 CH_4 的吸收。

稻田 CH_4 排放通量的昼夜变化与天气条件密切相关。杭州地区早稻田(陈德章和王明星，1993)的观测发现，晴天 CH_4 排放通量的昼夜变化规律明显，且变化幅度较大，阴天的昼夜变化规律不明显，幅度较小。其原因可能是：不同天气条件下，温度的昼夜变化幅度不同，晴天的温度昼夜变化幅度大于阴天。在阴雨天气条件下，CH_4 排放通量常表现为随机型(上官行健等，1993，1994)，CH_4 排放通量峰值出现的时间无一定规律。这是因为阴雨天气温度变化规律性不明显，对土壤中 CH_4 产生和传输的影响无规律可循，从而造成稻田 CH_4 排放的无规律性。

稻田 CH_4 排放通量昼夜变化中的双峰型和多峰型可能和稻田中有机物含量的变化、温度的变化以及水稻生长周期变化有关，但尚需进一步研究证实。陈德章和王明星(1993)认为早稻生长后期出现双峰型的主要原因在于：早稻生长后期，水稻生长活动减弱，光合作用随日照强度的变化不明显，水稻中的有机物来自死亡腐败的稻根和其他有机物，这一时期晴天中午过高的温度实际上抑制了水稻的生长和 CH_4 的排放，从而使 CH_4 排放通量与温度的变化规律不一致。上官行健等(1993)认为杭州地区晚稻田 CH_4 排放通量昼夜变化呈双峰型的主要原因在于：尽管午后的高温会使水稻植株关闭气孔，但 CH_4 还能通过气泡等其他途径排放出来，在下午形成排放高峰；植株在晚间开启气孔，促进 CH_4 通过植株向大气的传输，形成夜间峰。郑循华等(1997a)则认为苏州单季稻田 CH_4 排放通量昼夜变化呈双峰型的原因在于：夜间水稻停止光合作用后多数气孔关闭，土壤中产生的 CH_4 不能及时通过气孔排出，积蓄在土壤中的 CH_4 积累过多后就形成气泡排出，从而形成夜间的 CH_4 排放次峰。

稻季 CH_4 排放通量的昼夜变化幅度与水稻生长情况、气候条件有关。杭州早稻田(上官行健等，1993)的观测发现，在水稻移栽后一周左右稻田 CH_4 排放的昼夜变化幅度最大，随着水稻生长，CH_4 排放通量的昼夜变化幅度相应减小。湖南桃源早稻田(上官行健等，1994)的观测结果显示，CH_4 排放通量昼夜最大值与最小值的比值在5月、6月和7月的平均值分别为11.4、5.4和5.4，总体上随着水稻生长而呈下降趋势。苏州单季稻田

(郑循华等，1997a；Zheng et al.，1999)也观测到水稻抽穗以后的 CH_4 排放昼夜变化幅度远小于抽穗以前。上述研究中，CH_4 排放通量昼夜变化幅度均呈现相似的季节变化规律，其原因可能是：随着水稻的生长，较茂盛的水稻植株遮挡阳光使之无法直接照射到整个植株以及土壤表面，从而降低温度昼夜变化对传输路径的影响。但是，也有例外，Wang et al.(1999)在菲律宾稻田采用三种水稻品种进行的培养试验发现，CH_4 排放通量昼夜最大值与最小值的比值在分蘖期、抽穗期和成熟期分别为 1.5～1.7、1.9～2.9、2.5～2.8，随着水稻生长而变化幅度增大。他们认为水稻生长前期的土壤 Eh 较高，水稻植株较小，不利于土壤中 CH_4 的产生和排放，随着水稻生长，CH_4 排放通量增大，昼夜变化幅度加大。由于温度变化对稻田 CH_4 排放通量昼夜变化的重要性，稻田 CH_4 排放量的昼夜变化幅度可能还与温度昼夜变化的幅度有关。但是，对此还缺乏直接证据。

稻田 CH_4 排放通量的昼夜变化是 CH_4 产生、氧化和传输昼夜变化的结果，昼夜变化多峰型的出现似乎主要是由于传输能力昼夜变化的结果。从上述结果可以看出，目前对昼夜变化规律的理解基本上还处于解释现象的阶段，能够提供这些解释的直接证据很有限，对 CH_4 产生、氧化和传输能力昼夜变化的直接研究较少。从表观上看，温度是昼夜变化的主要驱动力，但是，温度如何影响稻田土壤中 CH_4 产生、氧化和传输还不是很清楚。Ding et al.(2004)通过对自然湿地 CH_4 排放通量的昼夜变化、土壤溶液中可溶性有机碳、O_2、CH_4 浓度等变化的研究发现，CH_4 排放通量的昼夜变化主要由根际土壤的 CH_4 氧化能力所控制，而根际 CH_4 氧化能力的昼夜变化可能是光合作用昼夜变化影响对根际的 O_2 供应。由于温度变化的昼夜变化与光合作用强度的昼夜变化几乎是同步的，所以，通常情况下，在自然湿地中，CH_4 排放通量的昼夜变化与温度具有很好的相关性。在稻田生态系统的水稻生长季节，是否也存在着控制 CH_4 排放通量昼夜变化的相同机制是值得研究的课题。

应该指出，稻田 CH_4 排放通量的测定需要十分注意避免对被测区域扰动，特别是水稻淹水期间且 CH_4 排放量很大时，在被测区域的走动引起的轻微振动也可能导致闭蓄态 CH_4 的释放，从而使 CH_4 排放通量显著升高。不能排除采样不当引起晴好天气条件下稻田 CH_4 排放通量昼夜变化呈多峰型的可能性。

6.1.1.2 非水稻生长期稻田 CH_4 排放通量的昼夜变化

非水稻生长季节，稻田是否有 CH_4 的排放取决于稻田的水分情况，如果水稻收获后继续保持淹水,且温度满足 CH_4 产生的需要,土壤可能继续排放 CH_4。在我国的西南山区和丘陵区存在大量的非水稻生长季节继续连续淹水或间歇性淹水的稻田,这类稻田在其他地区也有存在。潜育性水稻土多为非水稻生长季节淹水或水分饱和的稻田,总面积约 2.7~4.0 百万公顷,占全国稻田的 12% 左右。估计这类稻田的 CH_4 排放约占全国稻田 CH_4 排放总量的 45%(蔡祖聪,1999)。田间条件下,非水稻生长季稻田继续淹水时 CH_4 排放通量的昼夜变化尚未见报道。通过温室盆栽试验观测非水稻生长期淹水休闲土壤 CH_4 排放通量和土壤温度的昼夜变化发现(图 6.3),CH_4 排放通量呈脉冲式增长的模式,只在下午 2~4 时大量排放。与大田相比,盆栽情况下土壤温度的缓冲性大为降低,特别在休闲时,由于缺少植物对阳光的遮挡,土壤温度变化更是剧烈,这可能是 CH_4 脉冲式排放的主要原因。

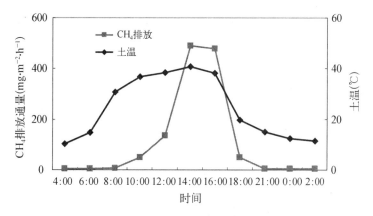

图 6.3 非水稻生长期淹水休闲土壤 CH_4 排放通量和
土壤温度的昼夜变化(未发表数据)

注:观测时间为 4 月 29~30 日,天气晴朗;休闲期开始时,
盆栽土壤中施用稻草 4.55 $g \cdot kg^{-1}$ 土。

在没有植物生长的条件下,土壤中 CH_4 产生、氧化和传输相对比较简单,不存在根际的 CH_4 氧化和植株对 CH_4 的传输途径。同时观测土壤溶液 CH_4 含量的昼夜变化发现(图 6.4),一天中土壤溶液 CH_4 含量波动不大,在 CH_4 排放通量出现峰值时,土壤溶液中 CH_4 浓度反而相对较低。对此结果的可能解释是:温度升高促进 CH_4 产生并不是 CH_4 排放通量昼夜变化的主要原因,相对于 CH_4 产生,温度升高似乎更有利于 CH_4 排放。

对于季节性淹水的自然湿地,当无淹水层存在、土壤处于水分不饱和时,通常都有氧化大气 CH_4 的能力,而且淹水时排放 CH_4 的能力越大,落

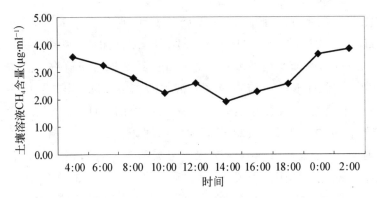

图 6.4 土壤溶液 CH_4 含量的昼夜变化（未发表数据）

干时氧化大气 CH_4 的能力也越强。虽然有报道指出，一些稻田生态系统在排水落干时能够氧化大气 CH_4，但已有的观察资料还不足以证明稻田生态系统排水落干时是否具有氧化大气 CH_4 的能力（Conrad，2007）。一些研究观察到稻田在排水落干时对大气 CH_4 氧化作用。从这些结果可以看出，非水稻生长季节，排水落干时，稻田氧化大气 CH_4 的能力也存在昼夜变化。刘惠等（2007）对广东鹤山冬闲稻田的 CH_4 排放通量昼夜观测结果显示，保留水稻残茬的稻田和裸田白天 CH_4 平均净排放通量为正值，夜间为负值，在一天中表现为对 CH_4 的弱吸收（图 6.5），CH_4 排放通量昼夜变化与土温、地表温度和气温均无明显相关关系。

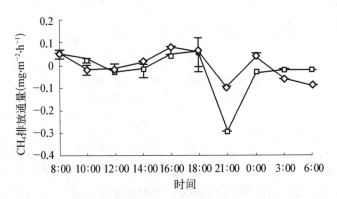

图 6.5 广东鹤山冬闲稻田 CH_4 排放的日变化（刘惠等，2007）

6.1.2 N_2O 排放通量的昼夜变化

相比较于稻田生态系统 CH_4 排放通量的昼夜变化，N_2O 排放通量的昼夜变化研究较少。稻田生态系统 N_2O 排放有很大的偶然性，而且经常是不连续的,即在一天中可能在某一时间段观察到 N_2O 的排放,而在另一时间段可能不再能观察 N_2O 的排放。所以,稻田 N_2O 排放通量昼夜变化更复杂,研究其发生的机理也相对比较困难。

6.1.2.1 水稻生长期 N_2O 排放通量的昼夜变化

水稻生长季节,稻田 N_2O 的排放主要受水分管理的影响。稻季 N_2O 排放几乎都发生在淹水初期和排水落干及随后短暂的再淹水期间(徐华等,2000a;Cai et al.,1997,1999;Xu et al.,1997)。稻田土壤 N_2O 的产生和排放更容易受瞬间因素的影响,因而排放通量呈现出复杂的昼夜变化形式。陈冠雄等(1995)对沈阳单季稻田 N_2O 排放的观测结果显示,大量 N_2O 排放发生在稻田非淹水期间,N_2O 排放通量的昼夜变化形式为双峰型,主峰出现在午后 13 点,次峰出现在傍晚 19 点。对苏州单季稻田(郑循华等,1997a;Zheng et al.,1999)的观测发现:稻田中期追施肥料后烤田以及后期干湿交替阶段,N_2O 排放显著增加;稻田水分过饱和时,氮肥施用促进 N_2O 排放,刚施肥后 N_2O 排放通量的昼夜变化规律不明显,但施肥后几天,N_2O 排放通量表现出明显的昼夜变化规律,排放峰值出现在中午 12 点左右;排水烤田导致 N_2O 排放显著增强,但昼夜中 N_2O 排放通量峰值出现的随机性很大;只有当天气持续晴朗、田间较长时间未施肥、土壤湿度相对稳定时,才能观测到有规律的昼夜变化,此时 N_2O 排放通量峰值出现在下午 13~17 点;N_2O 排放通量的昼夜变化与土壤水分状况有关,土壤水分过饱和稻田的 N_2O 排放通量峰值比水分不饱和稻田提前 1~5 小时(图 6.6)。对广东鹤山早稻田(刘惠等,2006)的观测发现,有水稻植株参与的稻田在

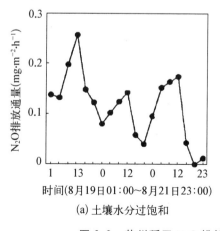
(a) 土壤水分过饱和

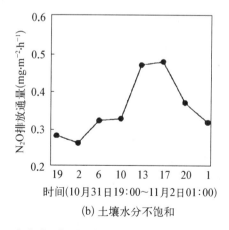
(b) 土壤水分不饱和

图 6.6 苏州稻田 N_2O 排放的昼夜变化(郑循华等,1997a)

水稻孕穗期和成熟期，N_2O 排放通量昼夜变化为双峰型，峰值分别出现在上午 10 点和凌晨 3 点，而无水稻植株参与的稻田，相同时期的 N_2O 排放峰值分别出现在下午 14 点和凌晨 8 点。对黑龙江三江平原单季稻田（陈卫卫等，2007）观测结果显示：水稻成熟期稻田排水时，N_2O 排放通量与土温、气温有较好的一致性，排放通量随温度的升高而增加，但每天凌晨 4：30 和晚上 21：30 有较高的 N_2O 排放。

从上述观察资料可以看出，不同观察者得到的稻田生态系统水稻生长季节 N_2O 排放通量昼夜变化存在很大的差异。N_2O 排放通量有规律的昼夜变化似乎只出现在土壤中稳定生成 N_2O 的时期，即排水落干的时段。排放通量峰值出现的时间与土壤的水分状况、是否有水稻生长、温度等因素有关。温度同时影响 N_2O 生成速率和在土壤中的扩散速率，N_2O 在溶液中的扩散传输速率比空气中慢 2~4 个数量级，对于水分过饱和的稻田，土壤中产生的 N_2O 难以及时排出而积蓄在土壤中，到白天温度上升后才因扩散速率加快而排放，因而 N_2O 排放的昼夜变化幅度大于水分不饱和的土壤，且排放通量的峰值出现在一天中温度最高的时间段（郑循华等，1997a；Zheng et al.，1999）。水稻生长吸收氮素改变土壤中无机氮的含量，水稻根系分泌 O_2 和有机物质促进硝化和反硝化作用，水稻植株提供 N_2O 排放通道，根系生长改变土壤的结构，这些因素都可能影响 N_2O 排放通量昼夜变化的幅度和峰值出现的时间（刘惠等，2006）。排水落干到一定程度时，土壤可能出现裂隙，为 N_2O 的排放提供通道，也可能影响到 N_2O 排放通量的昼夜变化（Huang et al.，2005）。

在我国的南方地区还存在稻田养鸭、养鱼等复合生态系统，鱼、鸭在稻田中的活动对土壤和田面水的扰动使 CH_4 和 N_2O 不易在土壤中闭蓄，促进从土壤向大气的排放，无疑会影响 CH_4 和 N_2O 排放的昼夜变化规律和变化幅度。Zhang et al.（2008）的研究表明，由于鸭子在早晨和傍晚活动，所以，在这两个时间段出现 N_2O 排放的峰值。

6.1.2.2 非水稻生长期 N_2O 排放通量的昼夜变化

非水稻生长期稻田生态系统 N_2O 排放与利用方式密切相关。非水稻生长季节种植冬小麦、油菜或绿肥，由于施用氮肥或绿肥的生物固氮作用，稻田会排放大量的 N_2O，是稻田生态系统主要的 N_2O 排放季节。水稻收获后，如果继续连续淹水（冬灌田），N_2O 排放可以忽略不计。非水稻生长季节排水休闲，虽不施用氮肥，但土壤中有机氮矿化释放的 NH_4^+ 为硝化作用提供基质，则也可能排放出相当数量的 N_2O。非水稻生长季 N_2O 排放通量也呈现出复杂的昼夜变化形式。苏州麦田(郑循华等,1997b,1997c)的观测结果显示,N_2O 排放通量于上午 8 点左右开始上升,下午 16 点左右达到排放高峰,而后逐渐下降,夜间排放相对稳定,N_2O 排放通量与气温和表层土温的日变化之间大约相差 2 小时左右。广东鹤山(刘惠等,2007)冬闲稻田的 N_2O 排放通量昼夜观测结果显示,残茬稻田和裸田夜间 N_2O 排放通量略高于白天,其夜间平均排放通量分别为日间的 1.79 和 1.58 倍,N_2O 排放通量日变化与土温、地表温度和气温均无明显相关关系,影响 N_2O 排放的主要因素可能是土壤水分和土壤通气状况。

6.1.3 测定时间的选择和排放通量的校正

已如上述,无论是水稻生长季节和非水稻生长季节,稻田生态系统 CH_4 和 N_2O 排放通量具有昼夜变化,但是,人们对发生昼夜变化机理的认识还很不深入,更未达到可以定量描述的程度。在稻田 CH_4 和 N_2O 排放研究中,广泛采用静态箱人工不连续观测方法,一般一天中进行一次或两次采样测定。显然,这样的测定结果不足以反映稻田生态系统 CH_4 和 N_2O 排放通量的昼夜变化。如果要使这样的采样测定结果能够代表一天中的平均排放通量,应该选择接近于一天中 CH_4 和 N_2O 平均排放通量的时刻进行采样测定。但是,能够代表一天中稻田 CH_4 和 N_2O 平均排放通量的时刻不一定相同,这给采样测定时间的选择增加了难度。如果掌握供研究的稻田 CH_4 和 N_2O 排放通量的昼夜变化规律,则可以通过对测定值的校正估计一天的平均 CH_4 和 N_2O 排放通量。一天中各个时刻 CH_4 或 N_2O 排放通量的矫正系数可以用下式进行计算(王明星,2001;Zheng et al.,1998):

$$C_i = F_{avg}/F_i \quad (6.3)$$

式中,$i=1,2,3,\cdots,n$,n 为一天中进行观测的次数,各次观测之间的时间间隔和持续的时间相等;C_i 为矫正系数;F_{avg} 为 CH_4 或 N_2O 日平均排放通量;F_i 为第 i 次观测的 CH_4 或 N_2O 排放通量。根据一天内 CH_4 或 N_2O 排放通量的观测数据,可以作出矫正系数随时间的分布图(如图 6.7)。某个时间段 CH_4 或 N_2O 排放通量的矫正系数为 1,则这个时间段的 CH_4 或 N_2O 排放通量最能代表一天的平均排放量,这个时间段也就可以确定为稻田 CH_4 或 N_2O 排放通量的最佳观测时间。

目前仅有少量关于水稻生长季稻田 CH_4 排放人工不连续最佳观测时间的报道。Zheng et al.(1998)在苏州稻田采用人工不连续观测和自动

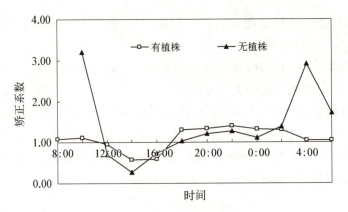

图 6.7 宜兴稻田 CH_4 排放通量矫正系数
随时间的分布(马静等,2007)

连续观测两种方法对比研究发现,人工不连续观测稻田 CH_4 排放的最佳时间为上午 11 点和傍晚 19 点。马静等(2007)在宜兴稻田的观测结果显示,有水稻植株的稻田观测 CH_4 排放的最佳时间不同于无水稻植株的稻田,观测有水稻植株稻田 CH_4 排放量的最佳时间在上午 8~10 点,无水稻植株稻田 CH_4 排放量最佳时间在傍晚 18 点左右(图 6.8)。Parkin(2008)对美国玉米生长阶段分别在 0 点、早晨 6 点、中午 12 点和傍晚 18 点测定 N_2O 排放通量,然后分别以不同时间点测定的 N_2O 排放通量和 4 个测定时间平均后作为一天的 N_2O 排放通量计算玉米生长期间的 N_2O 总排放量,结果表明,与 4 点平均值计算的 N_2O 排放总量相比较,上午测定的结果偏低 1.96%~14.3%,中午和下午测定的结果偏高 7.67%~8.6%,规律性并不是很好。

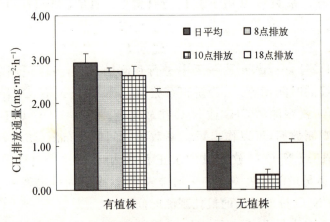

图 6.8 宜兴稻田 CH_4 日平均、8 点、10 点及
18 点排放通量(马静等,2007)

应该指出,稻田生态系统 CH_4 和 N_2O 排放的昼夜变化极为复杂,而且随时间而变化,通过特定某一天或某几天测定的 CH_4 和 N_2O 排放通量昼夜变化而计算得出的校正系数不一定都适用于整个水稻生长季节或非水稻生长季节。CH_4 和 N_2O 排放通量及其昼夜变化具有相当大的随机性,N_2O 排放通量及其昼夜变化的随机性更大,排放校正系数的引入可能更增加测定结果的系统误差。在水稻生长季节和非水稻生长季节,固定一天中的采样测定时间可能较引入校正系数得到的结果更接近客观实际。

6.2 CH_4 和 N_2O 排放的季节变化

在第 5 章中,我们介绍了稻田土壤的 CH_4 产生能力、氧化能力和传输能力的季节变化。由于决定 CH_4 排放通量的基本过程存在季节变化,因此,稻田生态系统 CH_4 排放通量在水稻生长季节和非水稻生长季节都存在季节的变化,且具有一定的规律性。在第 5 章中,对稻田土壤 N_2O 产生和转化的基本过程介绍很少,然而,稻田生态系统 N_2O 排放通量也存在季节变化,且有一定的规律性。由于稻田水分管理方式、水稻品种以及种植制度等的多样性,稻田生态系统 CH_4 和 N_2O 排放通量的季节变化也具有多样性。

6.2.1 常年淹水稻田 CH_4 排放通量的季节变化

常年淹水的稻田生态系统,土壤 Eh 始终处于较低的、适宜于 CH_4 产生的水平,所以,常年淹水稻田在水稻的生长初期即可观察到 CH_4 排放,水稻移栽或直播稻播种后,随着水稻生长和温度的逐渐升高,CH_4 排放通量逐渐提高,在水稻生长的中期 CH_4 排放呈现明显的峰值,进入到成熟期后,水稻根系提供的有机物质减少或同时伴随着温度的下降,CH_4 排放通量随之下降,但即使在收获时,如果田面仍然保持静水层,CH_4 排放通量一般不会下降到零。所以,在其他因素相对比较稳定的条件下,常年淹水稻田,水稻生长季节的 CH_4 排放通量呈现图 6.9 中处理Ⅳ那样的变化规律。

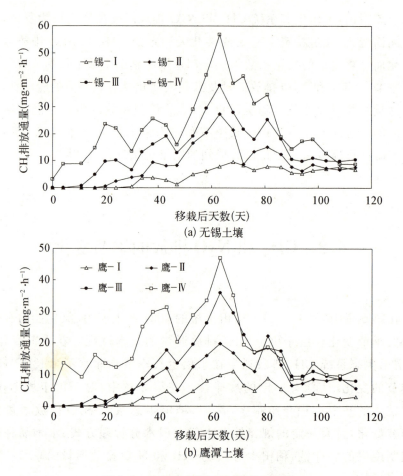

图 6.9 水稻生长期 CH_4 排放通量的
季节变化(Xu et al., 2003)

注：Ⅰ、Ⅱ、Ⅲ和Ⅳ分别表示冬季土壤水分含量为田间持水量的 25%～35%、50%～60%、75%～85% 及 107%(淹水)，水稻生长期持续淹水。

从图 6.10 可以看出，冬季淹水，在水稻移栽时，土壤 Eh 在 -150 mV 左右，对于 CH_4 的产生已经不是限制性因素。统计结果表明，对于此类水分管理，水稻生长季节 CH_4 排放通量与土壤 Eh 之间没有显著的相关性，而与不同深度土壤温度显著相关(表 6.2)。图 6.9 所显示的水稻生长中期出现的 CH_4 排放峰值不仅是同期最高土壤温度的结果，也可能与此水稻生长阶段丰富的根系分泌物和较强的植株传输 CH_4 能力有关。另外，在水稻成熟期由于水稻根系的腐败物质给土壤提供了较多的产甲烷基质，也可能会有相对较高的 CH_4 排放通量峰值出现(Xu et al., 2000; Sass and Fisher, 1994)。

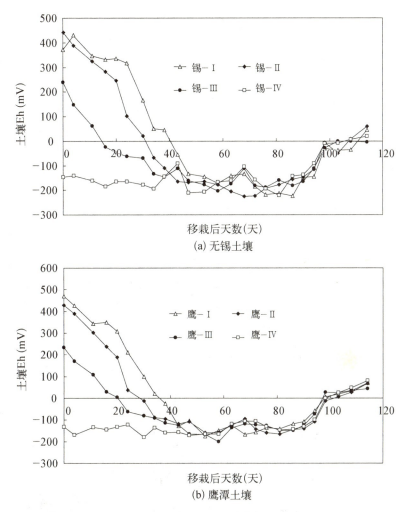

图 6.10 水稻生长期土壤 Eh 的季节变化 (Xu et al., 2003)

注：Ⅰ、Ⅱ、Ⅲ 和 Ⅳ 分别表示冬季土壤水分含量为田间持水量的 25%～35%、50%～60%、75%～85% 及 107%（淹水），水稻生长期持续淹水。

表 6.2 水稻生长期 CH_4 排放通量与土壤 Eh 和土壤温度之间线性回归的相关系数 (Xu et al., 2003)

处 理	CH_4 排放通量-土壤 Eh	CH_4 排放通量-土壤温度		
		0 cm	5 cm	10 cm
Ⅰ（鹰潭）	0.782*	0.026	0.127	0.128
Ⅱ（鹰潭）	0.779*	0.04	0.144	0.149
Ⅲ（鹰潭）	0.722*	0.157	0.268	0.269

续表 6.2

处　理	CH_4 排放通量-土壤 Eh	CH_4 排放通量-土壤温度		
		0 cm	5 cm	10 cm
Ⅳ(鹰潭)	0.33	0.551*	0.641*	0.648*
Ⅰ(无锡)	0.837*	0.316	0.315	0.309
Ⅱ(无锡)	0.769*	0.091	0.182	0.187
Ⅲ(无锡)	0.753*	0.224	0.348	0.352
Ⅳ(无锡)	0.351	0.444*	0.567*	0.548*

注：* $P<0.01$；Ⅰ、Ⅱ、Ⅲ和Ⅳ分别表示冬季土壤水分含量为田间持水量的 25%～35%、50%～60%、75%～85%及 107%(淹水)，水稻生长期持续淹水。

应该指出，图 6.9 和图 6.10 显示的是盆栽试验的结果，表现出很好的规律性。在实际田间条件下，水稻生长期连续淹水的稻田，CH_4 排放通量的季节变化类似于图 6.9 所示的结果，但由于一些不可确定因素的作用，其规律性可能不如盆栽试验所获得的结果。图 6.11 是连续三年对重庆常年淹水的冬灌田水稻生长期 CH_4 排放通量的测定结果(Cai et al., 2000)。

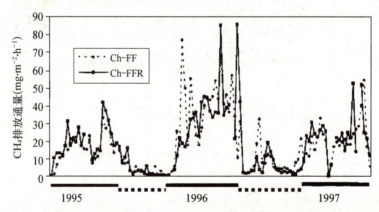

图 6.11 重庆冬灌田平作(Ch-FF)和垄作(Ch-FFR)条件下，水稻生长季节(横坐标实线段)和非水稻生长季节(横坐标虚线段)CH_4 排放通量季节变化(Cai et al., 2000)

常年淹水稻田不仅水稻生长期排放 CH_4，如果温度适宜，非水稻生长期也有 CH_4 排放。非水稻生长期 CH_4 排放一般呈"U"形季节变化模式(图 6.11)。在重庆单季稻地区，水稻收获时，温度仍然较高，CH_4 排放仍然处于较高的水平，但随着时间的推移，温度逐渐下降，CH_4 排放通量迅速下降。从 11 月至来年 3 月 CH_4 排放很少，4 月又开始上升。由于非水稻生长期没有作物生长,CH_4 排放主要受土壤温度的影响,CH_4 排放的"U"形季节变化模式也是土壤温度的变化模式,统计分析表明非水稻生长期 CH_4 排放和土壤温度显著相关(Cai et al.,2003)。图 6.11 中,水稻收获后,CH_4 排放通量的迅速下降可能不仅与温度降低有关,还与水稻根系分泌物的供应中断有关。水稻移栽前又都出现 CH_4 排放通量剧烈升高的现象。这与水稻移栽前耕翻、平整促进土壤有机质分解,产甲烷基质供应增加有关。

6.2.2 非水稻生长期排水稻田 CH_4 排放通量的季节变化

非常年淹水的稻田包括非水稻生长季节排水的稻田和水稻生长季节实施烤田的稻田。非水稻生长季节排水的稻田由于不具备强烈的还原条件,一般不再有 CH_4 的排放,但如果非水稻生长季节间歇性淹水,且一次淹水持续时间足够长而又温度条件合适,仍可能排放出少量的 CH_4。非水稻生长季节排水的稻田在水稻生长季节,稻田可能连续淹水,也可能实施烤田等管理方式而间歇性淹水,这两种水分管理方式下,稻田 CH_4 排放通量的季节变化规律不同。在诸多影响因素中,水分管理方式、温度、水稻生长阶段和种植制度是控制稻田生态系统水稻生长季节 CH_4 排放通量季节变化规律的关键性因素,其中,水分管理方式起着特别重要的作用。

6.2.2.1 水稻生长期持续淹水稻田 CH_4 排放通量的季节变化

非水稻生长期排水良好的稻田,水稻移栽伊始几乎没有 CH_4 排放,随着淹水时间的延长,CH_4 排放逐渐增加,随后呈现与常年淹水稻田类似的季节变化规律。由于非水稻生长期排水,土壤处于不同程度的好氧状态,土壤中氧化态物质,如 NO_3^-、Mn^{4+}、Fe^{3+} 等含量较高。淹水种植水稻后,土壤氧化态物质逐渐被还原,土壤 Eh 随之不断下降,CH_4 排放逐渐增加(图 6.9,图 6.10)。从图 6.9 和 6.10 可知,水稻移栽后土壤 Eh 下降的速率和 CH_4 开始排放的时间与非水稻生长期土壤水分含量(不同排水程度)具有密切的关系。非水稻生长期土壤水分含量越高,土壤 Eh 下降至适合 CH_4 产生的临界值所需时间越短,CH_4 开始排放的时间越早。由于非水稻生长期排水稻田水稻生长期一定时间内土壤 Eh 处于很高或较高的限制 CH_4 产生的水平,即使这时土壤产 CH_4 的其他条件具备,土壤 CH_4 排放量也非常低,只有到水稻移栽若干天后土壤 Eh 降到适宜 CH_4 产生的水平时,土壤才开始有 CH_4 排放。另一方面,在整个水稻生长期土壤温度则在适宜 CH_4 产生的范围内变动,对土壤 CH_4 产生和排放的限制作用较小,因而对于非水稻生长期排水的稻田,土壤 Eh 比土壤温度更有可能成为 CH_4 排放的控制因素。所以,如表 6.2 所示,非水稻生长季节排水的处理,水稻生长期间 CH_4 排放通量的季节变化与土壤 Eh 显著相关,且相关程度有随着非水稻生长期土壤水分的提高而下降,而与温度的相关性不显著。

6.2.2.2 水稻生长期间隙灌溉稻田 CH_4 排放通量的季节变化

以前期淹水、中期烤田、后期干湿交替为特征的间隙灌溉是我国稻田最常用的水分管理方式。间隙灌溉稻田中期烤田前持续淹水,在此期间 CH_4 排放的变化模式与持续淹水稻田相同,排水烤田期间和烤田后 CH_4 排放通量变化模式发生极大的变化。田间及盆栽试验结果表明,排水落干时,水层的消失使土壤闭蓄态 CH_4 得以释放,所以,烤田初期(大田,4~5 天;温室,16~42 小时,因天气状况不同而异)有大量 CH_4 排放,且在烤田后土壤呈微干松软状态时出现 CH_4 排放高峰,随着烤田的延续,土壤适合于 CH_4 产生的厌氧状态向好氧状态转变,CH_4 排放通量逐渐降低,至土壤呈干裂状态时 CH_4 排放通量降为零(图 6.12)。烤田期间对闭蓄态 CH_4 的释放作用可占水稻生长期 CH_4 总排放量的 4%~14%(曹金留等,1998;徐华等,2000b)。

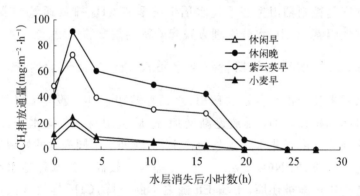

图 6.12 水稻生长中期烤田时 CH_4 排放通量
随时间的变化(徐华等,2000b)

注:休闲早:冬季休闲,稻草于休闲期开始时还田;休闲晚:冬季休闲,稻草于休闲期结束时还田;紫云英早:冬季种植紫云英,稻草于紫云英播种前还田;小麦早:冬季种植小麦,稻草于小麦播种前还田。

图 6.13 清晰地表明了烤田对水稻生长期间 CH_4 排放季节变化的影响。烤田期间,在经历极短时间较高的 CH_4 排放通量后迅速下降。在晴好天气状态下,田面水层消失后 25 小时,各处理的 CH_4 排放通量趋向于零(图 6.12)。当稻田再淹水后,CH_4 排放通量逐渐恢复,但恢复非常缓慢,在绝大多数情况下,直到稻田再次排水时,或排水准备收获时,CH_4 排放通量

仍然不能恢复到连续淹水处理的水平。所以,在烤田后,CH_4 排放通量始终较低(图 6.13,徐华,1997)。

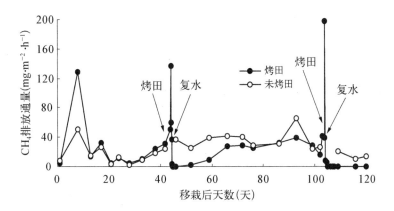

图 6.13　连续淹水和间歇灌溉模式下水稻生长季节 CH_4 排放通量变化(徐华等,2000b)

烤田和干湿交替对 CH_4 排放的影响主要是通过改变土壤氧化还原状况引起的。土壤落干时随着水分的逐渐消失,土壤 Eh 迅速增加(图6.14),复水后土壤 Eh 再降到适宜 CH_4 产生的水平需要一定的时间。如果在水稻生长后期采取灌溉后自然落干方式,每一干湿交替周期中的淹水时间只有一周左右,不足以将落干阶段升高的土壤 Eh 降至较低的水平,所以一般很少再有 CH_4 排放(图 6.15)。

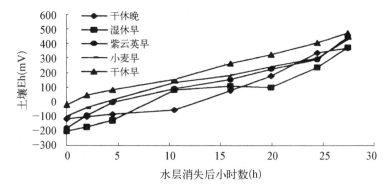

图 6.14　水稻生长中期烤田时土壤 Eh 随时间的变化(徐华等,2000b)

注:干休晚:冬季休闲,稻草于休闲期结束时还田;湿休早:冬季休闲,整个休闲期用自来水维持2~5 cm水层,稻草于休闲期开始时还田;紫云英早:冬季种植紫云英,稻草于紫云英播种前还田;小麦早:冬季种植小麦,稻草于小麦播种前还田;干休早:冬季休闲,稻草于休闲期开始时还田。

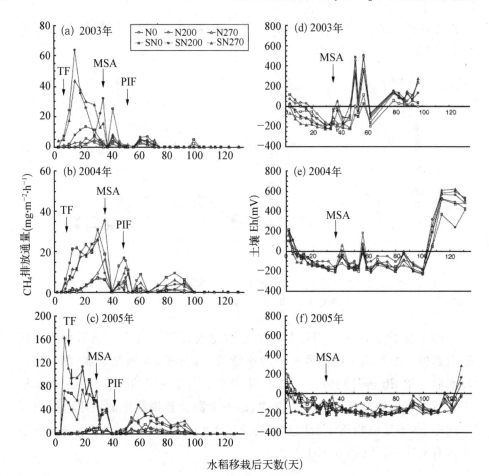

图 6.15 间歇灌溉方式下,水稻生长期 CH_4 排放通量和土壤 Eh 的季节变化(Ma et al.,2007)

注:N0、N200、N270 分别表示施用 0 kg N·hm^{-2}、200 kg N·hm^{-2}、270 kg N·hm^{-2} 氮肥;SN0、SN200、SN270 分别表示小麦秸秆还田量(3.75 t·hm^{-2})并施用氮肥 0 kg N·hm^{-2}、200 kg N·hm^{-2}、270 kg N·hm^{-2}。MSA:中期烤田;TF:分蘖肥;PIF:穗肥。

由于间隙灌溉稻田频繁的水分变化引起土壤 Eh 的剧烈变化,而只有在土壤 Eh 处于适宜 CH_4 产生的水平时才有 CH_4 排放,所以该类型稻田 CH_4 排放通量的季节变化几乎完全受控于土壤氧化还原状况的季节变化,水稻生长和土壤温度等其他因素对季节变化的作用被掩盖(徐华等,1999;邹建文等,2003;Ma et al.,2007)。

从以上不同水分管理稻田 CH_4 排放季节变化规律和影响因素可以看出,虽然由土壤水分变化驱动的土壤 Eh 变化以及土壤温度和水稻生长等都是影响 CH_4 排放的重要因素,但它们对 CH_4 排放的影响是否显现及其显现的程度则因其他限制 CH_4 生成的因素而异。所以,稻田 CH_4 排放的季节变化取

6.2 CH_4 和 N_2O 排放的季节变化

决于起决定作用的限制因素的水平,而不决定于所有可能影响 CH_4 产生、氧化和传输的因素。当水稻生长期土壤 Eh 处于适宜 CH_4 产生的水平时,土壤 Eh 对 CH_4 排放季节变化没有显著影响,这时土壤温度显著影响 CH_4 排放季节变化;当水稻生长期相当一段时间土壤 Eh 处于抑制 CH_4 产生的水平时,土壤 Eh 的季节变化与 CH_4 排放季节变化存在显著相关性,而土壤温度不显示与 CH_4 排放通量的相关性(如表 6.2 所示结果)。然而,水稻生长季节 CH_4 排放通量季节变化的幅度则很可能是所有影响因素的综合作用。

如果水稻移栽前施用有机肥,由于有机质中易分解部分的快速分解,通常在 10 天左右会出现一个 CH_4 排放通量峰值(Xu et al.,2000;Sass and Fisher,1994),但此 CH_4 排放通量具体出现的时间因有机肥组成成分、温度等因素而异。所以,施用有机肥的稻田在间歇灌溉和连续灌溉条件下,CH_4 排放通量季节变化模式可能会有所不同(图 6.15)。

6.2.2.3 早稻、晚稻和单季稻 CH_4 排放通量季节变化的差异

上述介绍的是单季稻和双季稻地区早稻生长期间稻田 CH_4 排放通量的季节变化规律。在双季稻地区,晚稻移栽前仅有短暂的排水过程或无排水过程,前茬根残留在土壤中,为 CH_4 的生成提供了大量的基质,且温度高,因此,常常在移栽后即出现 CH_4 排放通量的高峰。随着时间的延长、温度下降、新鲜有机物质数量减少,CH_4 排放通量呈现出逐渐下降的过程。水稻生长后期,排水落干,CH_4 排放通量趋近于零。同样,这种一般规律也可能因为生长中期烤田而被打破。

鉴于不同类型稻田 CH_4 排放季节变化规律的复杂性,我们尝试利用统计方法从大量现有观测数据中找出一般的规律性。为此,我们将不同地区、不同研究人员、不同处理的各种季节 CH_4 排放模式平均,得到一个一般化的季节排放模式。其中双季稻的资料来自 3 个测定点,即长沙、鹰潭、杭州(Cai et al.,2000;Li,2000),在每个点上测定至少连续进行了 3 年,一共有 27 组早稻排放数据,19 组晚稻排放数据。单季稻的资料来自以下测定地点:苏州、南京、杭州、重庆、乐山、北京(Cai et al.,2000;Lu et al.,2000;Khalil et al.,1998;Wang et al.,2000),一共有 58 组数据。先将每一组数据以该组数据的季节平均值为基准进行标准化,然后按水稻类型(早稻、晚稻、单季稻)将不同处理的季节排放模式平均,得到如图 6.16 所示的一般化的季节内逐日排放模型及 15 日滑动平均。

从图 6.16 可以看出,早稻、晚稻和单季稻生长期间的 CH_4 排放通量变化模型存在一定的差异,而最大的差异则表现在 CH_4 排放通量峰值出现的

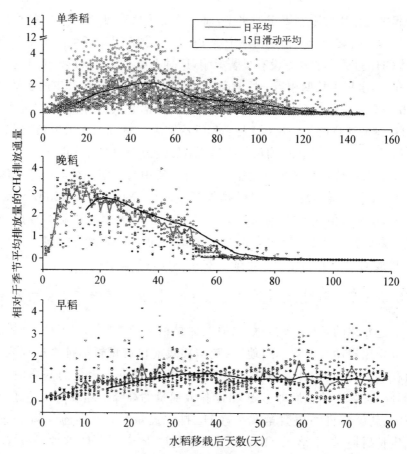

图 6.16　单季稻、晚稻和早稻生长期 CH_4 平均季节
排放规律（Yan et al., 2003）

注：CH_4 排放通量以观测日排放通量与季节平均排放通量的相对比例表示。

时间。早稻季前 15 日内的平均排放通量为季节平均通量的 0.6 左右，此后的季节波动比较小，接近于季节平均值。晚稻季在水稻移栽后 10 天左右即达到排放峰值，前 15 日的平均排放通量为季节平均通量的 2 倍，此后迅速下降，在水稻生长的后半期排放量几乎为零。在单季稻田上，水稻移栽后 CH_4 排放逐渐增加，大约在 50 天左右达到峰值，此后逐渐下降。呈现出这样的季节排放特征，主要与不同生长季节的土壤水分和温度变化有关。双季早稻田和单季稻田在种稻前经历了一个休闲或旱作季，在此期间土壤往往是排干的，淹水种植水稻后需要一定的时间来恢复产 CH_4 活性。相反，双季晚稻是在早稻收获后立即移栽的，稻田处于连续淹水或湿润状态或只经历了一个短暂的排水过程，产甲烷菌活性能够很快恢复，故而淹水移栽后 CH_4 排放迅速达到峰值。其次，早稻和单季稻移栽时温度较低，随着水稻生长过程温度逐渐升高;相反,晚稻移栽时温度处于最高的时间段,随着水稻生长温度不断下降。这也是导致晚稻生长季节 CH_4 排放通量的变化模型不同于早稻和单季稻的重要原因。

6.2.3 水稻生长期 N_2O 排放通量的季节变化

除非持续淹水,稻田在水稻生长期和非水稻生长期皆有 N_2O 排放。由于稻田 N_2O 排放的偶然性很大,认识 N_2O 排放通量的季节变化规律对于制订采样测定方案和估算季节排放量具有更重要的意义。在旱地、草地等通气性良好的土壤中,虽然 N_2O 排放通量天与天之间都有可能发生较大的变化,但整体上具有较好的连续性。对于这类土壤,Parkin(2008)通过自动每 6 小时测定一次 N_2O 排放通量,然后按一定规律选取部分 N_2O 排放通量测定结果,估计季节排放量,得出每 6 天测定一次 N_2O 排放通量可以满足对季节排放量的估算。稻田生态系统水稻生长季节 N_2O 排放一般并不连续,通常只发生在排水落干或淹水的最初几天,因此,Parkin(2008)的结论可能不宜应用于测定稻田 N_2O 排放通量。对于稻田土壤,在可能发生 N_2O 排放的时间段加密测定、N_2O 排放可能较小或不排放的时间段减少测定次数是一种比较好的选择。

硝化和反硝化是土壤中 N_2O 生成的两个最主要的微生物过程,毫无疑问,氮肥施用为水稻田 N_2O 的大量排放提供了基质,但是否转化成为 N_2O 排放则在很大程度上取决于土壤水分状况。水稻生长期 N_2O 排放季节变化受土壤水分条件的强烈影响,持续淹水条件下稻田仅有微量的 N_2O 排放甚至不发生 N_2O 排放。N_2O 排放主要集中在烤田和干湿交替的水分落干期(图 6.17 和图 6.18)。在充分烤田后的复水初期也有较高的 N_2O 排

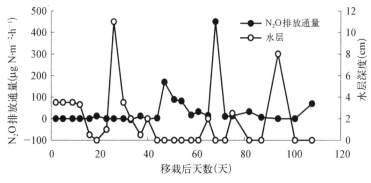

图 6.17 水稻生长期 N_2O 排放通量与稻田水层深度的关系(Xu et al., 1997)

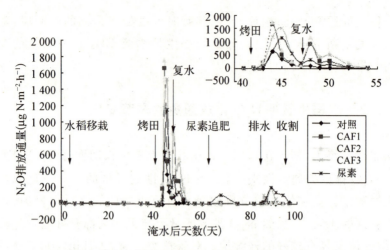

图 6.18 水稻生长期各处理 N_2O 排放通量（Yan et al., 2000）

注：CAF1、CAF2、CAF3 是不同类型的控释肥料。

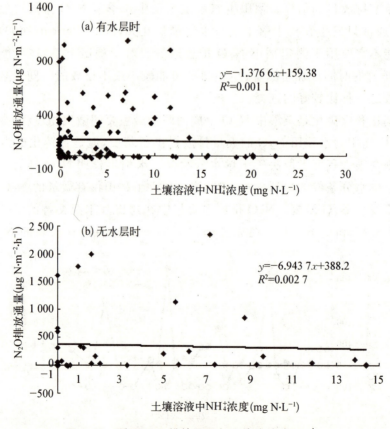

图 6.19 稻田 N_2O 排放通量与土壤溶液中 NH_4^+-N 浓度的关系（颜晓元，1998）

放,但持续时间很短,一般仅能持续5天左右,如果采样间隔时间长,则很容易忽略该时段 N_2O 排放,导致对 N_2O 季节排放量的低估。

水稻生长期间,有水层和无水层时 N_2O 的排放途径不同(见 5.4.1 节)。Yan et al.(2000)发现水稻生长期无论在有水层时和无水层时,N_2O 排放通量皆与土壤溶液中 NH_4^+ 浓度无显著相关性,而与土壤溶液中 NO_3^- 浓度之间具有显著相关性(图 6.19,6.20)。其他研究者也发现相同的规律(郑循华等,1997a;Eaton and Patriquin,1990;Mosier et al.,1983)。水稻生长期 N_2O 排放通量和土壤 NO_3^--N 含量之间的密切关系实际上恰恰反应了土壤水分而不是施肥对 N_2O 排放的重要影响。烤田、落干期间土壤 NO_3^--N 含量的增加是水稻生长期 N_2O 排放通量和土壤 NO_3^--N 含量之间密切关系的基础。同时,这也意味着,在水稻生长季节,硝态氮的反硝化作用可能是 N_2O 的主要来源。

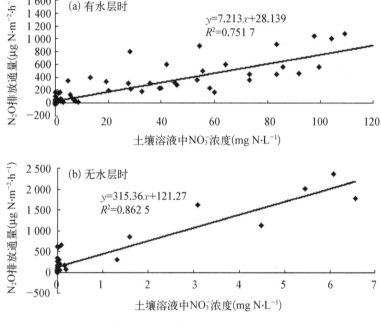

图 6.20 稻田 N_2O 排放通量与土壤溶液中 NO_3^--N 浓度的关系(Yan et al., 2000)

通常稻田在水稻移栽前几天淹水,而 N_2O 排放的测定通常在水稻移栽后进行,所以,施用基肥和淹水后开始几天的 N_2O 排放往往也被遗漏。如图 6.18 所示,水稻移栽后到第一次排水烤田,几乎未观察到 N_2O 排放。水稻土淹水后 N_2O 排放通量及排放持续时间与土壤水分历史关系密切(图 6.21)。非水稻生长期土壤水分含量越高,淹水后 N_2O 排放通量越小,持续时间也越短。非水稻生长期土壤水分含量为 55%～65% 及 75%～85% 田间持水量的土壤只在淹水开始时有一定量的 N_2O 排放,淹水 1 天后即不再有 N_2O 排放。非水稻生长季节土壤水分为风干状态和 35%～45% 田间持水量时,淹水后 2～6 天内 N_2O 排放非常高,这与各水分历史处理淹水后土壤溶液 NO_3^- 浓度的变化趋势一致(图 6.22)。

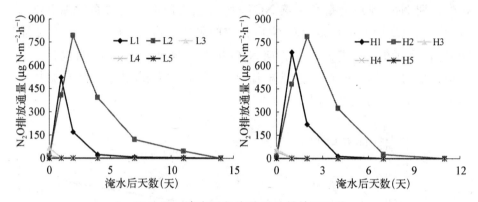

图 6.21 淹水后各处理 N_2O 排放通量的变化(未发表数据)

注：1、2、3、4 和 5 分别表示冬季土壤水分含量为：风干水分条件、田间持水量的 35%～45%、55%～65%、75%～85% 及 107%(淹水);H 和 L 分别表示冬季稻草施用量为 $4.5 g \cdot kg^{-1}$ 土和 $0.9 g \cdot kg^{-1}$ 土。

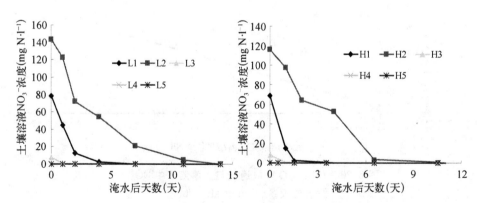

图 6.22 淹水后各处理土壤溶液中 NO_3^- 浓度的变化(未发表数据)

注：1、2、3、4 和 5 分别表示冬季土壤水分含量为：风干水分条件、田间持水量的 35%～45%、55%～65%、75%～85% 及 107%(淹水);H 和 L 分别表示冬季稻草施用量为 $4.5 g \cdot kg^{-1}$ 土和 $0.9 g \cdot kg^{-1}$ 土。

6.2.4 非水稻生长期 N_2O 排放通量的季节变化

稻田生态系统非水稻生长期间有不同的利用方式,在不同利用方式下,N_2O 排放通量可能存在较大的差异,但是,与水稻生长季节相同,非水稻生长季节 N_2O 排放通量的变化也具有鲜明的以水为主以施肥为辅的特色。虽然氮肥的施入为 N_2O 的产生提供了丰富的基质,但只有施肥伴随降雨或降雪后才出现明显的峰值排放(图 6.23,图 6.24)。在小麦生长后期,由于土壤有效氮含量很低(图 6.25,图 6.26),即使降雨后 N_2O 排放量也很低。

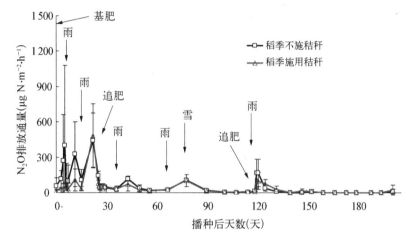

图 6.23 水稻移栽前小麦秸秆还田和未还田处理,后续冬小麦生长季节 N_2O 排放通量变化(未发表数据)

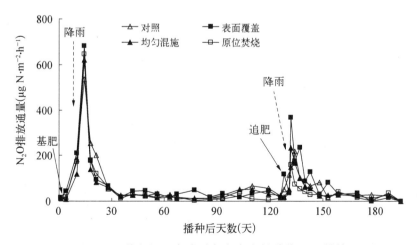

图 6.24 秸秆还田方式对冬小麦生长季节 N_2O 排放通量的影响(未发表数据)

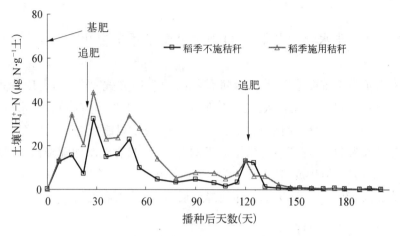

图 6.25　冬小麦生长季节土壤 NH_4^+-N 含量的季节变化（未发表数据）

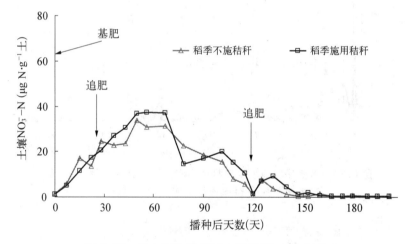

图 6.26　冬小麦生长季节土壤 NO_3^--N 含量的季节变化（未发表数据）

冬小麦生长期 N_2O 排放与土壤水分含量、土壤 NH_4^+-N 和 NO_3^--N 含量以及土壤温度之间相关分析结果也证明了土壤水分含量对 N_2O 排放的决定性影响（表 6.3，表 6.4）。冬小麦生长期各处理 N_2O 排放通量季节变化与土壤水分含量季节变化之间存在极显著正相关关系，与土壤 NH_4^+-N 含量仅在不施氮和秸秆处理（N0，表 6.3）有显著相关关系，在所有处理，与 NO_3^--N 含量均无相关性。这和水稻生长期间 N_2O 排放通量与 NO_3^- 含量有密切的相关性（图 6.20）有较大的差异。冬小麦生长期间，N_2O 排放通量季节变化与各土层温度也无显著的相关性（表 6.4）。

表 6.3 N_2O 平均排放通量与土壤温度、土壤 NH_4^+-N 和 NO_3^--N 含量的相关系数(马静等,2006)

处理	相关系数		
	Flux-SWC	Flux-NH_4^+	Flux-NO_3^-
N0	0.534**	0.445*	0.190
N1	0.572**	0.190	0.119
N2	0.478**	0.279	0.182
S0	0.476**	0.341	0.136
S1	0.537**	0.188	0.170
S2	0.360*	0.239	0.154

注:*和**分别表示在 $P=0.05$ 和 $P=0.01$ 水平上的显著相关性。Flux: N_2O 排放通量; SWC:土壤水分。N0、N1、N2 分别表示稻季施用 0 kg N·hm^{-2}、200 kg N·hm^{-2}、270 kg N·hm^{-2} 氮肥;S0、S1、S2 分别表示稻季施用 3.75 t·hm^{-2} 麦秆及 0 kg N·hm^{-2}、200 kg N·hm^{-2}、270 kg N·hm^{-2} 氮肥。

表 6.4 N_2O 平均排放通量与土壤温度、土壤水分的相关系数(马二登等,2007)

处理	相关系数			
	Flux-$ST_{0\,cm}$	Flux-$ST_{5\,cm}$	Flux-$ST_{10\,cm}$	Flux-SWC
对照	0.166	0.190	0.206	0.486**
秸秆表面覆盖	0.200	0.235	0.239	0.521**
秸秆均匀混施	0.143	0.190	0.197	0.466**
秸秆焚烧还田	0.095	0.158	0.175	0.459**

注:**表示在 $P=0.05$ 和 $P=0.01$ 水平上的显著相关性。Flux: N_2O 排放通量;ST:土壤温度;SWC:土壤水分。

6.3 CH_4 和 N_2O 排放的年际变化

稻田 CH_4 排放除了昼夜变化和季节变化外,还存在较大的年际变化。不同地区稻田 CH_4 排放年际变化大小不同,如在江苏苏州及重庆稻

田观测到的稻田 CH_4 排放年际变化明显大于在四川乐山稻田观测到的稻田 CH_4 排放年际变化。即使对同一块稻田,施肥、灌溉、作物品种及耕种方式均保持一致,实际观测的 CH_4 排放量仍表现出较大的年际变化(表 6.5)。

表 6.5 实测点位稻田 CH_4 排放的年际变化(康国定,2003)

年 份	重庆水稻生长期 CH_4 排放量 ($kg \cdot hm^{-2} \cdot yr^{-1}$)	四川乐山水稻 生长期 CH_4 排放量 ($kg \cdot hm^{-2} \cdot yr^{-1}$)	江苏苏州水稻 生长期 CH_4 排放量 ($kg \cdot hm^{-2} \cdot yr^{-1}$)
1988	—	965.9	—
1989	—	671.6	—
1990	—	924.4	—
1991	—	688.1	—
1992	—	832.8	—
1993	—	938.4	—
1994	—	860.0	—
1995	363.0	—	82.2
1996	871.0	—	363.1
1997	435.0	—	49.7
1998	350.0	—	90.4
1999	577.0	—	—
2000	1 435.0	—	—
年际平均	671.8±421.0	840.2±118.7	146.4±145.6
年际变化(CV)	62.7%	14.1%	99.5%

注:数据来源:重庆(Cai et al., 2000, 2003);四川乐山(Khalil et al., 1998);江苏苏州(王明星,2001)。

对于同一田块导致 CH_4 排放量年际变化的原因并无深入的研究。由于年际间的气候变化,水稻的作物产量具有年际变化,因此,水稻根系分泌的有机物质量、通气组织的发育程度等在年际之间可能也存在一定程度的变化,从而影响到 CH_4 排放量。水稻品种的改变、非水稻生长季节不同的田间水分条件、秸秆处理和有机肥施用量、水稻生长季节的水分和肥料管理等在年际间的变化等都可能导致稻田 CH_4 排放量的年际变化。Sass et al.(2002)在同一田块连续 9 年的研究表明,稻田 CH_4 季节排放量与水稻分蘖期的水稻植株高度呈显著正相关,而与氮肥施用量呈显著负相关,水稻植株高度和氮肥施用量合计可解释 70% 的平均 CH_4 季节排放量的变化。然而,这可能仅仅是一个特例,水稻植株高度和氮肥施用与稻田年际 CH_4 排放量的关系未必可以很好地解释不同地区稻田 CH_4 排放量年际变化。由于缺乏深入的研究,目前尚不能在田块尺度上建立影响因素与稻田 CH_4 排放量年际变化之间的定量关系。在宏观尺度上,各种农业措施的变化相对较慢,气候的年际变化可能是导致稻田 CH_4 排放量年际变化的主导因素。

至今,稻田生态系统 N_2O 排放的年际变化尚未见诸报道。为了明确稻田生态系统 N_2O 排放的年际变化规律,进行定点、长期的田间 N_2O 排放通量全年测定是十分必要。

6.4 CH_4 和 N_2O 排放的空间变化

中国幅员辽阔,水稻种植面积大,分布广,北至黑龙江,南到海南岛,东到台湾,西至新疆和西藏。由于不同地区水稻生长的气候、土壤、环境条件以及水肥管理方式不同,可以理解,稻田生态系统的 CH_4 和 N_2O 排放量存在空间变异。据 Cai et al.(2000)对全国不同地点测定的 CH_4 排放量的统计,实际测定的稻田 CH_4 排放在 $0.3\sim205\ g\cdot m^{-2}\cdot yr^{-1}$ 之间。这种空间变异的客观存在使得在某一特定地区测定的 CH_4 和 N_2O 排放量难以直接外推至测定区域以外的地区,因而对更大尺度的 CH_4 和 N_2O 排放量估算提出了挑战。认识稻田生态系统 CH_4 和 N_2O 排放量空间变化规律,是基于测定结果,外推至全国以至全球尺度 CH_4 和 N_2O 排放量的基础。

稻田生态系统 CH_4 和 N_2O 排放量的空间变化幅度与时间尺度有关。通常情况下,时间尺度单元越短,在同一空间尺度内的排放量变异幅度越大,随着时间尺度单元的增大,在同一空间尺度的变异幅度减小。如以特定时间测定的 CH_4 和 N_2O 排放通量为指标,即使在同一个处理小区内,CH_4 和 N_2O 排放通量也可以有很大的差异;当以季节排放总量或平均排放通量为指标时,同一处理的试验小区内,CH_4 和 N_2O 排放量空间变化幅度下降,甚至可能不再存在显著的差异。所以,在进行测定结果的外推时,选择适当时间尺度的 CH_4 和 N_2O 排放量作为基本单元是十分重要的。

6.4.1 试验小区或田块尺度 CH_4 排放的空间变化

在同一田块内设置不同的试验小区可测定田块内 CH_4 排放量的变化；在同一试验小区内设置多个采样点，则可直接测定试验小区内 CH_4 排放量的变化。一般认为在这样的尺度下，土壤理化性质、水肥管理、水稻品种和气候条件是相对均匀的，但不同位置的稻田 CH_4 排放量仍然可能有较大差异(王明星，2001)。

Khalil et al.(1998)在四川乐山水稻生长季节连续淹水的稻田中选择不同的田块，在每一田块中固定几个 CH_4 排放通量测定点，并且在每一田块的固定测定点，采用大采样箱内套小采样箱的方法研究不同尺度稻田 CH_4 排放量的空间变化。大采样箱和小采样箱内的水稻植株密度相等。他们的研究表明，对于每一次特定时间的测定，大采样箱测定的 CH_4 排放通量与大箱内小采样箱测定的 CH_4 排放通量及大采样箱外测定的 CH_4 排放通量通常有较大的差异。但是，CH_4 排放通量季节变化规律一致。将所有测定结果作为一个整体处理，以大采样箱测定的 CH_4 排放通量为 X 轴，以小采样箱测定的 CH_4 排放通量和大采样箱外测定的 CH_4 排放通量为 Y 轴，结果发现他们之间具有显著的相关性，且截距几乎为零，而斜率接近于1，分别为1.01和1.03。由此说明，以每一单个测定的 CH_4 排放通量为指标，即使在平方米级的空间尺度内，CH_4 排放通量也具有很大的空间变异性。但是，如果测定次数足够多，以这些测定的 CH_4 排放通量计算季节排放量，即以水稻生长季节作为时间尺度单元，在平方米级的空间尺度内，CH_4 季节排放通量的空间变异可以忽略不计。这也说明，为了获得比较可信的稻田季节 CH_4 排放量，必须保证有足够的且时间间隔大致相等的测定次数。

Khalil et al.(1998)在相邻的4个田块，每一个田块多点测定的结果表明(图6.27)，以每一测定点计算平均排放通量，发现每一测定点得到的平均排放通量差异很大，如以1990年的测定结果为例(图6.27(a))，最小值与最大值之间有近3倍的差异。由此说明，即使在同一田块，不同测定点获得的 CH_4 排放通量也存在很大空间变异。对在同一田块多点测定的 CH_4 排放通量求平均，得出田块平均排放通量(图6.27(b))。可以看出，田块之间平均 CH_4 排放通量也存在着差异，但是，变化幅度远小于单个测定点计算的平均排放通量。对所有测定点进行平均，结果如图6.27(c)。图6.27(c)中的点表现的是年平均排放通量，误差线反映了4

6.4 CH_4 和 N_2O 排放的空间变化

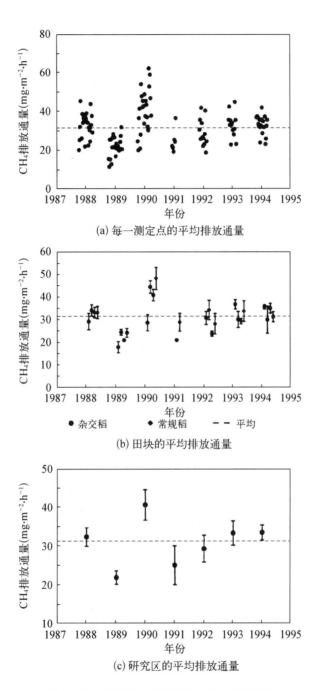

图 6.27 四川乐山稻田平均 CH_4 排放通量
(Khalil et al., 1998)

个田块各测定点之间的变异程度,不同年份的平均排放通量则反映了该供试田块 CH_4 排放量的年际变化。从图6.27可以看出,供试田块 CH_4 排放量的空间变异性存在年际差异,1990年的绝对空间变幅较大,而1994年的绝对空间变幅较小。

图6.28是美国德克萨斯A&M大学农场同一田块10个种植相同水稻品种的小区在1992年测定的年平均 CH_4 排放量。可以看出,在这一田块中,CH_4 排放量的变化范围为 $15.1\sim36.3 g \cdot m^{-2}$。美国稻田的田块较我国的田块大。他们发现,在同一田块内,土壤质地有较大的变化,统计分析发现,土壤砂粒含量和籽粒产量可以较好地解释该田块内 CH_4 排放通量的空间变化(Huang et al.,1998)。

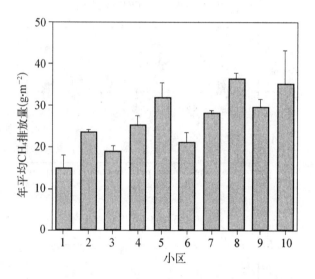

图6.28 同一田块不同小区的平均 CH_4 排放量
(Sass et al.,2002)

在地形变化较大的地区,如我国的丘陵和山区,由于不同地形部位稻田水分状况的差异,CH_4 排放量可以有很大的差异。蔡祖聪等(1995)在江西鹰潭丘陵区对不同坡位(坡底、坡中和坡顶)双季稻田的 CH_4 排放进行了对比研究,结果表明(表6.6),1993年早稻和晚稻的 CH_4 排放量都为坡底>坡中>坡顶,且早稻的空间变异性明显大于晚稻。1994年坡顶与坡中稻田 CH_4 排放量的测定结果与1993年的结果不同,这是因为坡顶稻田1994年施用较大数量的猪粪。但是,两年的测定结果都表明,坡底由于汇集来水,是常年渍水的稻田,即使无外源有机肥的施用,CH_4 排放量也始终大于坡顶和坡中稻田的 CH_4 排放量。由此可以看出，同一地形单元内，水分状况的不一致可能导致 CH_4 排放量的很大差异。

表 6.6　江西鹰潭不同坡位稻田 CH_4 平均排放通量
（单位：$mg \cdot m^{-2} \cdot h^{-1}$）（蔡祖聪等，1995）

地　点	1993 年		1994 年	
	早　稻	晚　稻	早　稻	晚　稻
坡　顶	10.88	31.88	16.57	21.18
坡　中	19.11	44.18	11.66	14.15
坡　底	41.32	53.01	34.77	25.04

6.4.2　全国尺度 CH_4 排放的空间变化

根据行政区划，在我国的国家尺度内，可以进一步划分为县级、省级和大区级空间尺度。但是，现有的田间测定数据积累尚不足以进行县级和省级稻田生态系统 CH_4 排放量空间变化规律的分析。

文献报道的稻田 CH_4 季节排放量可能因不同研究者所采用的测定方法和测定时间频度不同而缺乏严格的可比性。我们采用本课题组用统一测定方法获得的数据进行分析。对在江西鹰潭、湖南长沙、广东广州、江苏苏州、南京、句容和河南封丘每一测定点多年、多个处理测定的水稻生长季节稻田 CH_4 排放量进行平均，作为该地区稻田 CH_4 排放量的平均值，作图如图 6.29。可以看出，我国稻田生态系统 CH_4 排放量存在着很大的空间变化。在不包括常年淹水稻田生态系统 CH_4 排放量的情况下，多年、多点测定的河南封丘水稻生长季节 CH_4 平均排放量仅为 $1.9\ g \cdot m^{-2}$，而江西鹰潭水稻生长季节的排放量高达 $90.7\ g \cdot m^{-2}$。鹰潭和长沙的稻田年 CH_4 平均排放量远高于其他地区部分原因是这两地为双季稻地区，水稻生长时间长，相应地排放 CH_4 的时间也长，因而年平均排放量大。但是，这不足以解释同为双季稻的广州，稻田 CH_4 年平均排放量远低于这两地的现象。换言之，双季稻、单季稻等种植制度不同并不足以解释我国稻田 CH_4 排放量在全国尺度上的高度空间变异性。以 11 月 1 日至次年 3 月 31 日的降水量用 DNDC 模型计算该时间段的土壤平均降水量，结果发现，该时间段的土壤水分含量与稻田年平均 CH_4 排放量具有显著的相关性（$R^2 = 0.885$，$P < 0.01$）（Kang et al.，2002）。由此说明，虽然稻田

CH_4 排放量受诸多因素的影响,但是,在全国尺度上,11月至3月(简称为冬季)土壤水分的空间变异是导致我国稻田 CH_4 排放量空间变异的最关键因素。

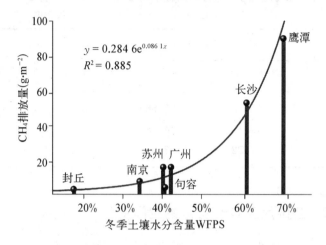

图 6.29　我国全国尺度上稻田 CH_4 年平均排放量与冬季土壤水分含量的关系

注:根据 Kang et al.(2002)结果重新绘制。

影响稻田 CH_4 排放的诸多因素并不等同地在不同空间尺度上显示出它们的影响作用。在某一特定的空间尺度上,显示出对稻田生态系统 CH_4 排放量的影响作用,至少需要满足以下条件:① 该因素对稻田 CH_4 排放量具有重要的影响作用;② 在此特定的空间尺度内,该因素具有足够大的变异性。冬季土壤水分对水稻生长季节 CH_4 排放量的影响作用已经在第 4 章中进行了详细的阐述,其作用机理至少包括三个方面:① 使水稻移栽或播种前土壤 Eh 保持在不同的水平上,影响淹水种植水稻后土壤 Eh 下降到适宜于产甲烷细菌活动的时间;② 决定水稻移栽或播种前土壤还原性物质和氧化性物质的数量(Xu et al.,2002);③ 影响水稻移栽前土壤产甲烷菌数量,冬季高的水分含量有利于产甲烷菌的生存,因此在水稻移栽时有较多的产甲烷菌存在(Ueki et al.,1997)。由于冬季土壤水分影响上述与 CH_4 产生、氧化具有密切关系的因素,所以,冬季土壤水分不同,水稻移栽后开始排放 CH_4 的时间不同,表现为随着冬季土壤水分含量的提高而提前,而且排放通量较大。显然,水稻生长季节的水分管理、土壤有机质含量和有机肥(包括还田的秸秆)施用量等因素都满足第一个条件。在第 4 章已经说明,与水稻生长季节连续淹水比较,间歇性灌溉可以大幅度降低稻田 CH_4 排放量;有机质为 CH_4 产生提供基

6.4 CH_4 和 N_2O 排放的空间变化

质,对稻田 CH_4 排放量也具有重要的影响作用。但是,以县或省行政区域为空间单元,在全国尺度上,尚难以证明水稻生长季节水分管理、土壤有机质含量和有机肥的施用量是否存在有规律的空间变化,且变化幅度足以影响全国尺度的稻田 CH_4 排放量。相反,在冬季,稻田一般不灌溉,且实施排水措施,受冬季降水量的影响,我国稻田土壤的冬季水分在全国尺度上具有很大的空间变异性。如根据 DNDC 模型的计算结果,封丘稻田土壤冬季水分约为 15%WFPS(土壤充水空隙),而在鹰潭则接近 70%WFPS。这是冬季土壤水分成为控制全国尺度水稻生长季节稻田 CH_4 排放量关键因素的主要原因。

在不采取灌溉措施且实施排水措施的条件下,在宏观尺度上,土壤水分主要受降水量的控制,因此,可以用冬季降水量替代冬季土壤水分。图 6.30 结果表明,我国水稻生长季节的 CH_4 排放量与冬季降水量(定义为 11 月 1 日到次年 3 月 31 日的降水量)存在显著的指数关系。但是,相关系数小于冬季土壤水分与水稻生长季节 CH_4 排放量的相关系数。虽然我国年降水量呈现从北到南下降的趋势,但是,11 月至 3 月的降水量的空间分布则不同,以 1989 年 11 月 1 日至 1990 年 3 月 31 日降水总量为例,形成一个以江西、湖南为降水量最大的中心(图 6.31)。这或可说明为什么我国湖南和江西稻田的 CH_4 排放最高。

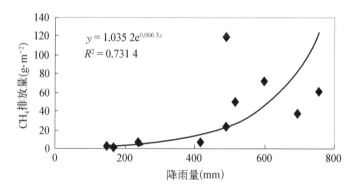

图 6.30 冬季降水量与水稻生长季节 CH_4 排放量之间的关系(Kang et al., 2002)

应该指出,在全国尺度上,冬季土壤水分或冬季降水量是决定我国水稻生长季节 CH_4 排放量的关键因素,但这并不说明在较小的空间尺度上,它们仍然是决定水稻生长季节 CH_4 排放量空间变化的关键因素。冬季降水量并不一定直接影响水稻生长季节 CH_4 排放量,可能主要通过影响冬季土壤水分含量而影响水稻生长季节 CH_4 排放量,所以,作为冬季

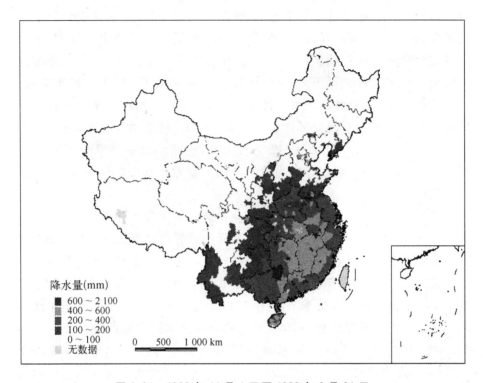

图 6.31　1989 年 11 月 1 日至 1990 年 3 月 31 日
全国降雨量空间分布

土壤水分的替代指标，它们并不完全等同。在小的空间尺度内，冬季降水量可能并无变化，可是地形和管理水平的差异，在这一空间尺度内的土壤水分仍可产生很大的差异。由此可见，小空间尺度内，冬季降水量并不能反映水稻生长季节 CH_4 排放的空间变化规律，但是，冬季土壤水分即使在田块的尺度上也能够在一定程度反映 CH_4 排放量的空间变化，如图 4.8。

在全国尺度上，由于缺乏土壤水分含量的数据，不可能利用图 6.29 所示的回归方程估算全国尺度的稻田 CH_4 排放量，然而，冬季降水量具有很好的数据记录，因此，可以用图 6.30 所示的回归方程估算全国稻田的 CH_4 排放 (Cai et al., 2005)。

6.4.3　N_2O 排放的空间变化

由于稻田 N_2O 排放的偶然性很大，测定结果反映稻田实际 N_2O 排放量的不确定性较大，即使在同一试验小区或田块设置多个采样点进行测

6.4 CH_4 和 N_2O 排放的空间变化

定,为了使测定数据能够在试验小区或田块尺度上更好地反映实际 N_2O 排放量,研究者也通常采用将多点测定的数据平均后发表。因此,目前文献中少有试验小区或田块尺度 N_2O 空间变化结果的报道。水稻生长季节水分状况是决定稻田 N_2O 排放的基础。可以相信在同一试验小区或田块中,当采用浅层灌溉时,很难保证所有田面都淹水,无水层覆盖的部分可能排放 N_2O,而在有水层处无 N_2O 的排放。由此可见,在这样的条件下,稻田 N_2O 排放量应该存在空间变异。这实际上也是田间测定过程中经常遇到的问题。

虽然非水稻生长季节是稻田生态系统 N_2O 排放的主要季节,总排放量大于水稻生长季节的 N_2O 排放量(Xing,1998),但水稻收获后在非水稻生长季节进行完整测定的数据更少,因此,进行该季节 N_2O 排放量空间变化分析尚缺乏足够的田间实际测定数据。

Zou et al.(2007)汇集了我国稻田水稻生长季节 N_2O 排放量测定的文献报道结果(表6.7)。在他们汇集的 N_2O 排放量田间测定数据中不包括施用缓释肥料和测定未进行一个完整的水稻生长季节的数据。从表6.7结果可以看出,我国稻田水稻生长季节的 N_2O 排放量从零排放到 6.17 kg N·hm^{-2},存在着巨大的差异。但是,稻田 N_2O 排放量并不如稻田 CH_4 排放量那样,具有明显的空间变化规律。如果将所有测定结果作为一个整体,稻田水稻生长季节的 N_2O 排放量与氮肥(包括有机氮)之间具有极显著的相关性($R^2=0.228$,$P<0.01$)。但是,从 R^2 值可以看出,氮肥施用量仅能解释稻田水稻生长季节 N_2O 排放量变异的 22.8%。如果首先按水分管理分类成水稻生长季节连续淹水、淹水—烤田—再淹水(F-D-F)和淹水—烤田—再淹水—湿润灌溉(F-D-F-M),然后分别与氮肥施用量进行回归分析,则发现,水稻生长季节连续淹水稻田的 N_2O 排放量与氮肥施用量无显著相关性,而后两者与氮肥施用量具有显著相关性(图6.32),且排放量呈现为连续淹水<F-D-F<F-D-F-M。由此可以得出:① 水稻生长季节水分类型是决定稻田 N_2O 排放量空间差异的最关键因素,其次是氮肥施用量;② 连续淹水稻田的 N_2O 排放量低,且与氮肥施用量无关,可能是一些偶然因素决定此类稻田的 N_2O 排放。水稻生长季节稻田 N_2O 排放量无明显的空间变化规律,表明不同地区水稻生长季节水分管理方式并不呈现明显的空间变化规律。熊正琴等(2003)通过盆栽试验也表明,稻田 N_2O 排放量首先决定于由稻田种植制度决定的水分管理类型,其次决定于氮肥施用量。

表6.7 水稻生长季节稻田 N_2O 排放田间测定数据汇总(Zou et al., 2007)

水分类型	地点	测定年	化学肥料 类型	化学肥料 施用量($kg N \cdot hm^{-2}$)	有机肥 类型	有机肥 施用量($kg N \cdot hm^{-2}$)	N_2O 排放量($kg N \cdot hm^{-2}$)
连续淹水	沈阳	1992	无	0	无	0	0
		1992	U	374	无	0	0
		1996	U	374	FM	42	0.04
	南京	2000	CF+U	277	无	0	0.06
		2000	CF+U	277	WR	18	0.03
	广州	1995	U	306	无	0	0.16
淹水—烤田—再淹水 (F-D-F)	南京	1994	无	0	无	0	0.14
		1994	U	100	无	0	0.17
		1994	AS	100	无	0	0.17
		1994	U	300	无	0	0.62
		1994	AS	300	无	0	0.98
		2000	U	277	无	0	1.55
		2000	U	277		18	1.43
	句容	1995	无	0	无	0	0.62
		1995	U	100	无	0	0.86
		1995	U	200	无	0	0.82
		1995	U	200	无	0	0.74
		1995	U	300	无	0	0.93
	鹰潭	2000	无	0	MV	124	0.26
		2000	无	0	MV	124	0.30
		2000	无	0	无	0	0.18
		2000	无	0	无	0	0.23
		2000	U	276	无	0	0.35
		2000	U	276	无	0	0.28
		2000	U	276	无	0	0.34
		2000	U	276	MV	124	2.81

续表 6.7

水分类型	地点	测定年	化学肥料 类型	施用量 (kg N·hm^{-2})	有机肥 类型	施用量 (kg N·hm^{-2})	N_2O 排放量(kg N·hm^{-2})
淹水—烤田—再淹水 (F-D-F)	广州	1994	U	162	PM	64	0.49
		1994	U	287	无	0	3.14
		1995	U	140	MR	10	0.24
		1995	U	140	PM	82	0.40
		1995	U	280	无	0	3.14
		1995	U	306	无	0	0.28
		1995	U	306	无	0	1.32
淹水—烤田—再淹水—湿润灌溉 (F-D-F-M)	北京	1992	AB	125	无	0	1.32
		1993	AB	125	无	0	1.21
	封丘	1994	AB+U	364.5	PM	67	4.42
		1994	AB+U	364.5	PM	67	2.01
		1994	AB+U	364.5	PM	67	1.71
	南京	2001	CF+AB	333	CM	29	3.26
		2001	CF+AB	333	PM	50	3.38
		2001	CF+AB	333	无	0	4.11
		2001	CF+AB	333	RC	146	4.83
		2001	CF+AB	333	WR	18	3.33
		2002	无	0	无	0	1.38
		2002	U	150	无	0	2.67
		2002	U	150	WR	36	2.97
		2002	U	225	WR	18	3.79
		2002	U	300	无	0	4.44
		2002	U	450	无	0	6.17
	无锡	2001	U	150	无	0	1.50
		2001	U	250	无	0	2.31
		2001	U	250	无	0	1.21
		2002	U	0	无	0	0.90
		2002	U	150	无	0	1.71
		2002	U	250	无	0	1.99
		2002	U	250	无	0	2.99

续表6.7

水分类型	地点	测定年	化学肥料 类型	化学肥料 施用量 (kg N·hm^{-2})	有机肥 类型	有机肥 施用量 (kg N·hm^{-2})	N$_2$O 排放量 (kg N·hm^{-2})
淹水—烤田—再淹水—湿润灌溉 (F-D-F-M)	苏州	1993	无	0	无	0	0.86
		1993	U	210	无	0	2.57
		1993	AS	220	无	0	3.27
		1993	U	210	PM	68	3.01
		1994	U	310	无	0	2.82
		1994	无	0	无	0	0.46
		1994	AB	191	无	0	1.24
		1994	AB	191	无	0	1.72
		1996	AB	191	无	0	1.52
		1996	无	0	无	0	0.50
		1996	U	161	RS	30	1.01
		1996	AB	191	无	0	3.45
		1996	U	191	无	0	1.92
	广州	2002	无	0	无	0	0.93
		2002	U	180	无	0	2.45

注: AS: 硫铵; U: 尿素; AB: 碳酸氢铵; CF: 复合肥; FM: 农家肥; WR: 小麦秸秆; MR: 蘑菇渣; MV: 紫云英; PM: 猪粪; CM: 牛粪; RC: 菜籽饼; RS: 稻草。

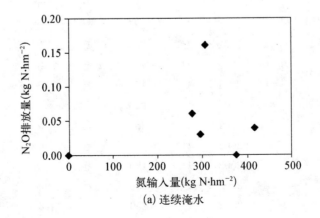

(a) 连续淹水

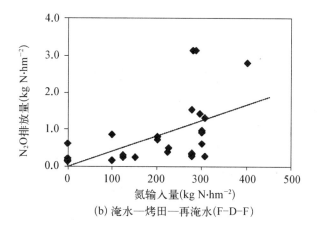

(b) 淹水—烤田—再淹水(F-D-F)

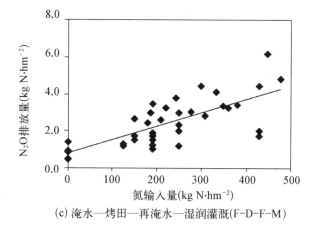

(c) 淹水—烤田—再淹水—湿润灌溉(F-D-F-M)

图 6.32 N_2O 季节排放量与氮肥施用量的关系
(Zou et al., 2007)

在实施间歇灌溉的稻田,土壤质地可能也是影响稻田 N_2O 排放量空间变化的因素之一。在封丘砂质、壤质和粘质土壤上的比较研究表明,N_2O 排放量呈现砂质土壤＞壤质土壤＞粘质土壤规律(Xu et al., 1997)。这一现象可以解释为质地粘重的土壤,当水分状况由淹水而落干时,由于透气性差,土壤氧化还原电位的变化较轻质土壤滞后,淹水时积累的铵态氮进行硝化作用的时间滞后且可能作用较弱,因而 N_2O 排放量较低,土壤通气性差还阻碍产生的 N_2O 的排放;当田面落干时,轻质土壤氧化还原电位发生剧烈变化,淹水时积累的铵态氮迅速进行硝化作用,产生 N_2O,且由于通气性好,产生的 N_2O 容易排放出土壤。

6.5 CH_4 和 N_2O 排放的相互消长规律

图 6.9 所示,充分好氧的土壤淹水后,并不立即排放出 CH_4。淹水后,只有当土壤氧化还原电位(Eh)下降到适宜于产甲烷菌活动时,才能生成和排放出 CH_4。一次淹水的连续时间越长,土壤还原环境越稳定,即使土壤中易矿化有机质被厌氧分解,作为产甲烷的基质数量减少,但由于水稻根分泌有机物的不断补充,稻田可以持续产生和排放 CH_4。因此,通常 CH_4 排放通量和累积排放量随着一次淹水持续时间的延长而增加。表 4.9 还说明,水稻种植之前,土壤持续排水的时间越长,淹水后 CH_4 排放量越小。反之,频繁的淹水和排水交替,导致土壤氧化还原频繁交替,不能形成稳定的产 CH_4 环境,稻田的 CH_4 排放通量和累积排放量降低。因而,间歇灌溉可以有效地减少稻田 CH_4 排放量。N_2O 产生于硝化和反硝化过程,它们分别以铵态氮和硝态氮为基质。当淹水土壤排水后,土壤氧化还原电位提高,淹水时积累的铵态氮开始被硝化,产生和排放 N_2O。对于绝大部分土壤,随着硝化作用的进行,铵态氮基质被不断地消耗,如图 6.33,受基质供应的限制,硝化作用强度下降,N_2O 排放减少,甚至降低至不能检测的水平。虽然

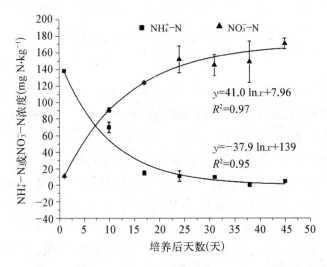

图 6.33 好氧条件下,随着硝化作用的进行土壤中铵态氮和硝态氮含量变化(Wang et al., 2005)

6.5 CH_4 和 N_2O 排放的相互消长规律

有机氮矿化可以补充铵态氮,但通常情况下仍不能维持强烈的硝化作用对铵态氮的需要,从而 N_2O 生成和排放量随着好氧时间的延长而减少,最终降低至不可检测(如图6.34)。如图6.34所示,在持续好氧条件下,扰动土壤促进有机质的分解,扰动后出现 CO_2 排放峰值,但 N_2O 排放量并未因此而出现相应的峰值。因此,土壤由淹水时的还原环境向排水后的好氧环境转化后,N_2O 的持续排放通常只能维持较短的时间。当排水土壤再淹水时,如果在好氧条件有硝态氮的积累,硝态氮反硝化,产生和排放 N_2O。由于淹水后,硝化作用受到限制,随着反硝化作用的进行,硝态氮迅速降低,N_2O 产生和排放减少。淹水一定时间后,即使水稻根际和水土界面的微域中仍然进行硝化作用产生硝态氮,由于硝态氮浓度总体上很低,土壤还原性强,反硝化作用彻底,生成和排放的 N_2O 很少,通常都在可检测的范围以下,甚至可能出现对大气 N_2O 的还原。续勇波和蔡祖聪(2008)的研究表明,在一个密封的体系中,随着淹水时间的延长和硝态氮的消耗,培养体系上部空间前期积累的 N_2O 气体可以被进一步还原。在大多数条件下,稻田土壤再淹水后,持续排放 N_2O 的时间更短。相反,频繁的淹水和排水交替,促进硝化和反硝化作用,因而排放较多的 N_2O(图6.35)。

从 CH_4 和 N_2O 的产生和排放对土壤水分条件的不同要求可以推测,它们应该在时间和空间上存在互为消长的关系,有利于 CH_4 排放的水分条件会不利于 N_2O 排放;相反,不利于 CH_4 排放的水分条件则有利于 N_2O 的排放。在水稻生长季节,间歇灌溉时,稻田 CH_4 和 N_2O 排放的这种相互消长关系已经被大量的田间测定所证实(陈冠雄等,1995;郑循华等,1997a;邹建文等,2003;Cai et al.,1997,1999;Ma et al.,2007)。即使无水稻生长的实验室条件下,连续淹水和间歇灌溉时,CH_4 和 N_2O 排放量的相互消长关系也存在(蔡祖聪,1999)。在时间上,这种相互消长关系表现为在水稻生长季节,当稻田持续淹水时有大量的 CH_4 排放而没有或只有极少量的 N_2O 排放;当稻田排水落干时,CH_4 排放量迅速下降,而 N_2O 排放量急剧升高,出现排放峰。

稻田 CH_4 和 N_2O 排放的消长关系不受有无水稻植株的影响,且此种关系在川中丘陵地区土壤水分变化不大的冬灌田仍然存在。连续一年的田间原位测定发现,无论种稻区还是对照区(未种稻区)、无论水稻生长期还是无水稻生长的冬季淹水期(冬灌田),CH_4 和 N_2O 排放随水分条件的变化都呈此消彼长的关系(江长胜,2005)。邹建文等(2003)通过比较无水稻植株的裸地和有水稻植株的稻田 CH_4 和 N_2O 排放,发现 CH_4 和 N_2O 排放也都

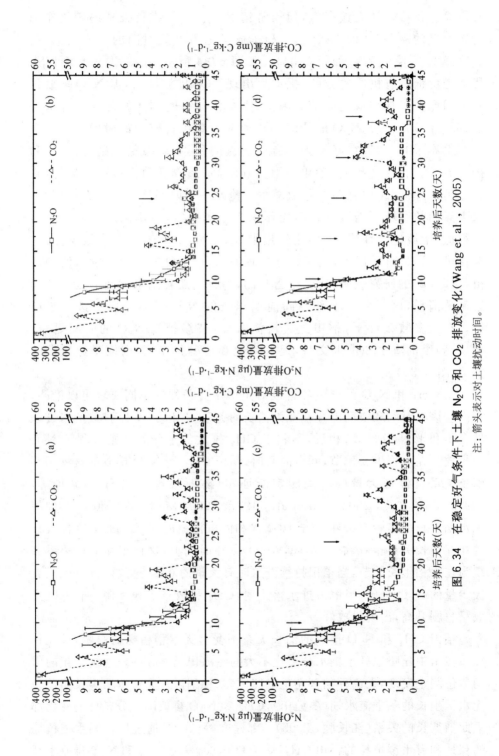

图 6.34 在稳定好气条件下土壤 N_2O 和 CO_2 排放变化(Wang et al., 2005)

注:箭头表示对土壤扰动时间。

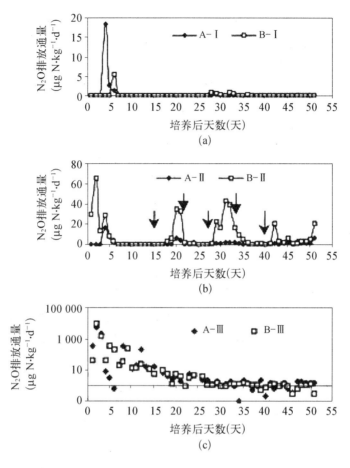

图 6.35 持续淹水(a)、间歇淹水(b)和持续好氧(c)条件下，
N_2O 排放动态变化(Cai et al., 2001)

注：A 为加秸秆处理，B 为不加秸秆处理。箭头表示排水和再淹水时间。

存在消长关系。

在空间上，由于不同地区稻田水分管理方式不同，降水量大的地区，特别是冬季降水量和全年降水量大的地区，即使采取烤田措施，烤田也经常不能使土壤真正处于氧化状态，CH_4 排放量的减少比较有限，水稻生长季节的 CH_4 排放量仍然较高，但同时不至于促进 N_2O 的大量排放。相反，降水量小、灌溉不充分的地区，由于难以维持连续淹水状态，CH_4 排放量低，而 N_2O 排放量高。所以，在氮肥施用量接近的不同地区之间也可能出现稻田 CH_4 和 N_2O 排放的相互消长关系，如图 6.36 所示。

土壤中施用大量 C/N 比大的作物秸秆为 CH_4 的生成提供丰富的基质，通常能增加 CH_4 排放量，但此类秸秆分解过程中同化无机氮，减少了硝

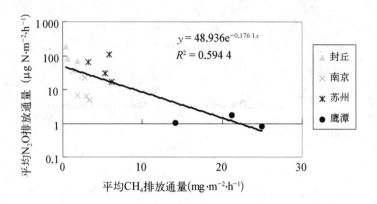

图 6.36　不同观测地区平均 CH_4 排放量和平均 N_2O 排放量之间的关系

注：根据以下文献整理：Cai et al., 2000；Xing and Zhu, 1997；Xu et al., 1997。

化和反硝化作用的无机氮基质，可能减少 N_2O 的排放。所以，在秸秆施用量不同的处理之间，稻田 CH_4 排放量与 N_2O 排放量之间也可能出现相互消长关系（如图 6.37）。Kaewpradit et al.(2008)用花生和水稻秸秆做试验，得到了类似的结果。

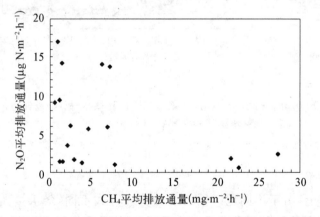

图 6.37　不同氮肥和秸秆施用处理平均 CH_4 排放量和平均 N_2O 排放量之间的关系(Ma et al., 2007)

在一定的水分条件下，N_2O 排放随着氮肥施用量的增加而增加（Zou et al., 2007）。虽然氮肥施用量与 CH_4 排放量之间的关系因土壤性质、环境条件而异，尚不能给出明确的结论，但有相当一部分稻田 CH_4 排放量随着氮肥施用量的增加而减少（Cai et al., 2007）。这时，稻田水稻生长季节 CH_4 和 N_2O 排放量之间也将表现为互为消长关系，如 Cai et al.(1997)在南京稻田观察到的结果。然而,如果出现 CH_4 排放量随氮肥施用量的增加而增加的情况时(Shan et al.,2008),那么就可能出现互为增长的关系。

其他条件相对一致,某一因素发生变化时,稻田 CH_4 与 N_2O 排放量之间存在相互消长关系已经成为共识,所以评估水稻生产导致的温室效应应该同时考虑 CH_4 和 N_2O 排放,评估减少稻田 CH_4 排放的措施时,应该考虑该措施可能对 N_2O 排放的促进作用。

应该指出:① 虽然稻田 CH_4 与 N_2O 排放存在普遍的相互消长关系,但并不意味着它们之间总是存在严格的数量关系,如图 6.37,CH_4 排放量高的处理,N_2O 排放量相对较少,而 N_2O 排放量大的处理,CH_4 排放量相对较少,但相关关系并不密切。② 稻田 CH_4 与 N_2O 排放存在相互消长关系,并不意味着在任何条件下,它们二者之和为一定值,换言之,同时减少稻田 CH_4 和 N_2O 排放量是可能的。如 Xu et al.(2001)报道,施用脲酶抑制剂和硝化抑制剂可同时减少 CH_4 和 N_2O 排放,但是,他们发现,在施用脲酶/硝化抑制剂的情景下,施用秸秆和不施用秸秆的处理中 CH_4 和 N_2O 排放之间的相互消长关系依然存在。对封丘不同质地的稻田 CH_4 和 N_2O 排放测定表明,砂质土壤不仅 CH_4 排放量大于粘质土壤,而且 N_2O 排放量也大于粘质土壤,因此,就土壤质地因素而言,CH_4 和 N_2O 排放并不是相互消长关系。但是,对于同一质地的土壤,在水稻生长季节,CH_4 与 N_2O 排放存在相互消长关系(Cai et al.,1999)。

参考文献

蔡祖聪,颜晓元,鹤田治雄,等. 丘陵区稻田甲烷排放的空间分布[J]. 土壤学报,1995,32(增刊):151-159.

蔡祖聪. 中国稻田甲烷排放研究进展[J]. 土壤,1999,5:266-269.

曹金留,任立涛,陈国庆,等. 水稻田烤田期间甲烷排放规律研究[J]. 农村生态环境,1998,14(4):1-4.

陈德章,王明星. 稻田 CH_4 排放和土壤、大气条件的关系[J]. 地球科学进展,1993,8(5):37-46.

陈冠雄,黄国宏,黄斌,等. 稻田 CH_4 和 N_2O 的排放及养萍和施肥的影响[J]. 应用生态学报,1995,6(4):378-382.

陈卫卫,张友民,王毅勇,等. 三江平原稻田 N_2O 通量特征[J]. 农业环境科学学报,2007,26(1):364-368.

戴爱国,王明星,沈壬兴,等. 我国杭州地区秋季稻田的甲烷排放[J]. 大气科学,1991,15(1):102-110.

江长胜,王跃思,郑循华,等.川中丘陵区冬灌田甲烷和氧化亚氮排放研究[J].应用生态学报,2005,16(3):539-544.

康国定.中国稻田甲烷排放时空变化特征研究[D].南京:南京大学,2003.

刘惠,赵平,林永标,等.华南丘陵区农林复合生态系统早稻田 CH_4 和 N_2O 排放通量的时间变异[J].生态环境,2006,15(1):58-64.

刘惠,赵平,孙谷畴,等.华南丘陵区冬闲稻田二氧化碳、甲烷和氧化亚氮的排放特征[J].应用生态学报,2007,18(1):57-62.

马二登,马静,徐华,等.稻秆还田方式对麦田 N_2O 排放的影响[J].土壤,2007,39(6):870-873.

马静,徐华,蔡祖聪,等.稻季施肥管理措施对后续麦季 N_2O 排放的影响[J].土壤,2006,38(6):687-691.

马静,徐华,蔡祖聪,等.水稻植株对稻田 CH_4 排放日变化的影响[J].土壤,2007,39(6):859-862.

上官行健,王明星,沈壬兴.稻田 CH_4 的排放规律[J].地球科学进展,1993,8(5):23-36.

上官行健,王明星,沈壬兴,等.我国华中地区稻田甲烷排放特征[J].大气科学,1994,18(3):358-365.

王明星.中国稻田 CH_4 排放[M].北京:科学出版社,2001.

王卫东,谢小立,上官行健,等.我国南方红壤丘岗区稻田 CH_4(甲烷)排放规律[J].贵州环保科技,1997,3(2):7-11.

熊正琴,邢光熹,施书莲,等.轮作制度对水稻生长季节稻田氧化亚氮排放的影响[J].应用生态学报,2003,14(10):1761-1764.

徐华.冬季土地管理对水稻生长期甲烷排放的影响[D].南京:中国科学院南京土壤研究所,1997.

徐华,蔡祖聪.种稻盆钵土壤甲烷排放通量变化的研究[J].农村生态环境,1999,15(1):10-13,36.

徐华,蔡祖聪,李小平.土壤 Eh 和温度对稻田甲烷排放季节变化的影响[J].农业环境保护,1999,18(4):145-149.

徐华,邢光熹,蔡祖聪,等.土壤水分状况和质地对稻田 N_2O 排放的影响[J].土壤学报,2000a,37(4):499-505.

徐华,蔡祖聪,李小平.烤田对种稻土壤甲烷排放的影响[J].土壤学报,2000b,37(1):69-76.

颜晓元.水田土壤氧化亚氮的排放[D].南京:中国科学院南京土壤研究所,1998.

续勇波,蔡祖聪.亚热带土壤氮素反硝化过程中 N_2O 的排放和还原[J].环境科学学报,2008,28(4):731-737.

郑循华,王明星,王跃思,等.华东稻田 CH_4 和 N_2O 排放[J].大气科学,1997a,21(2):231-237.

郑循华,王明星,王跃思,等.华东稻麦轮作生态系统的 N_2O 排放研究[J].应用生态学报，1997b，8(5)：495-499.

郑循华，王明星，王跃思，等. 温度对农田 N_2O 产生与排放的影响[J]. 环境科学，1997c，18(5)：1-5.

邹建文，黄耀，宗良纲，等. 稻田 CO_2、CH_4 和 N_2O 排放及其影响因素[J]. 环境科学学报，2003，23(6)：758-764.

Adhya T K, Rath A K, Gupta P K, et al. Methane emission from flooded rice fields under irrigated conditions[J]. Biology and Fertility of Soils, 1994, 18(3): 245-248.

Cai Z C, Xing G X, Yan X Y, et al. Methane and nitrous oxide emissions from rice paddy fields as affected by nitrogen fertilizers and water management[J]. Plant and Soil, 1997, 196(1): 7-14.

Cai Z C, Xing G X, Shen G Y, et al. Measurements of CH_4 and N_2O emissions from rice paddies in Fengqiu, China[J]. Soil Science and Plant Nutrition, 1999, 45(1): 1-13.

Cai Z C, Tsuruta H, Minami K. Methane emission from rice fields in China: Measurements and influencing factors[J]. Journal of Geophysical Reserach, 2000, 105(D13): 17231-17242.

Cai Z C, Laughlin R J, Stevens R J. Nitrous oxide and dinitrogen emissions from soil under different water regimes and straw amendment[J]. Chemosphere, 2001, 42(2): 113-121.

Cai Z C, Tsuruta H, Gao M, et al. Options for mitigating methane emission from a permanently flooded rice field[J]. Global Change Biology, 2003, 9: 37-45.

Cai Z C, Kang G D, Tsuruta H, et al. Estimate of CH_4 emissions from year-round flooded rice fields during rice growing season in China[J]. Pedosphere, 2005, 15(1): 66-71.

Cai Z C, Shan Y H, Xu H. Effects of nitrogen fertilization on CH_4 emissions from rice fields[J]. Soil Science and Plant Nutrition, 2007, 53(4): 353-361.

Conrad R. Microbial Ecology of methanogens and methanotrophs [J]. Advances in Agronomy, 2007, 96: 1-63.

Ding W X, Cai Z C, Tsuruta H. Diel variation in methane emissions from the stands of *carex Iasiocarpa* and *deyeuxia angustifolia* in a cool temperature freshwater marsh[J]. Atmospheric Environment, 2004, 38(2): 181-188.

Eaton L J, Patriquin D G. Denitrification in lowbush blueberry soils[J]. Canadian Journal of Soil Science, 1990, 69: 303-312.

Huang S H, Lu J, Tian G M. Effects of cracks and some key factors on emissions of nitrous oxide in paddy fields[J]. Journal of Environmental of Science, 2005, 17(1): 37-42.

Huang Y, Sass R L, Fisher Jr F M. A semi-empirical model of methane emission from flooded rice paddy soils[J]. Global Change Biology, 1998, 4(3): 247-268.

Kaewpradit W, Toomsan B, Vityakon P, et al. Regulating mineral N release and greenhouse gas emissions by mixing groundnut residues and rice straw under field conditions[J]. European Journal of Soil Science, 2008, 59(4): 640-652.

Kang G D, Cai Z C, Feng X Z. Importance of water regime during the non-rice growing period in winter in regional variation of CH_4 emissions from rice fields during following rice growing period in China[J]. Nutrient Cycling in Agroecosystems, 2002, 64: 95-100.

Khalil M A K, Rasmussen R A, Shearer M J. Flux measurements and sampling strategies: Applications to methane emissions from rice fields[J]. Journal of Geophysical Research-Atmospheres, 1998, 103(D19): 25211-25218.

Li C S. Modeling trace gas missions from agricultural ecosystems[J]. Nutrient Cycling in Agroecosystems, 2000, 58: 259-276.

Lu W, Chen W, Duan B, et al. Methane emissions and mitigation options in irrigated rice fields in southeast China[J]. Nutrient Cycling Agroecosystems, 2000, 58: 65-73.

Ma J, Li X L, Xu H, et al. Effects of nitrogen fertiliser and wheat straw application on CH_4 and N_2O emissions from a paddy rice field[J]. Australian Journal of Soil Research, 2007, 45(5): 359-367.

Mosier A R, Parton W J, Hutchinson G L. Modeling nitrous oxide evolution from cropped and native soils[J]. Ecological Bulletins, 1983, 35: 229-241.

Parkin T B. Effect of sampling frequency on estimates of cumulative nitrous oxide emissions[J]. Journal of Environmental Quality, 2008, 37: 1390-1395.

Sass R L, Fisher F M. CH_4 Emission from Paddy Fields in the United States Gulf Coast Area[M]//Minami K, Mosier A, Sass R. CH_4 and N_2O: Global Emissions and Controls from Rice Fields and Other Agricultural and Industrial Sources. Tokyo: Yokendo Publishers, 1994, 65-77.

Sass R L, Andrews J A, Ding A, et al. Spatial and temporal variability in methane emissions from rice paddies: Implications for assessing regional methane budgets[J]. Nutrient Cycling in Agroecosystems, 2002, 64: 3-7.

Satpathy S N, Rath A K, Ramakrishnan B, et al. Diurnal variation in methane efflux at different growth stages of tropical rice[J]. Plant and Soil, 1997, 195(2): 267-271.

Schütz H, Seiler W, Conrad R. Processes involved in formation and emission of methane of rice paddies[J]. Biogeochemistry, 1989, 7: 33-53.

Shan Y H, Cai Z C, Han Y, et al. Organic acid accumulation under flooded soil conditions in relation to the incorporation of wheat and rice straws with different C: N ratios[J]. Soil Science and Plant Nutrition, 2008, 54(1): 46-56.

Ueki A, Ono K, Tsuchiya A, et al. Survival of methanogens in air-dried paddy soil and their heat tolerance[J]. Water Science and Technology, 1997, 36(6): 517-522.

Wang B, Neue H U, Samonte H P. Factors controlling diel patterns of methane emission via rice[J]. Nutrient Cycling in Agroecosystems, 1999, 53(3): 229-235.

Wang Z Y, Xu Y C, Li Z, et al. A four-year record of methane emissions from irrigated rice fields in the Beijing region of China[J]. Nutrient Cycling in Agroecosystems, 2000, 58: 55 - 63.

Wang L F, Cai Z C, Yang L F, et al. Effects of disturbance and glucose addition on nitrous oxide and carbon dioxide emissions from a paddy soil[J]. Soil & Tillage Research, 2005, 82: 185 - 194.

Xing G X, Zhu Z L. Preliminary studies on N_2O emission fluxes from upland soils and paddy soils in China[J]. Nutrient Cycling in Agroecosystems, 1997, 49: 17 - 22.

Xing G X. N_2O emission from cropland in China[J]. Nutrient Cycling in Agroecosystems, 1998, 52: 249 - 254.

Xu H, Xing G X, Cai Z C, et al. Nitrous oxide emissions from three rice paddy fields in China[J]. Nutrient Cycling in Agroecosystems, 1997, 49: 23 - 28.

Xu H, Cai Z C, Jia Z J, et al. Effect of land management in winter crop season on CH_4 emission during the following rice flooded and rice growing period[J]. Nutrient Cycling in Agroecosystems, 2000, 58: 327 - 332.

Xu H, Cai Z C, Jia Z J. Effect of soil water contents in the non-rice growth season on CH_4 emission during the following rice-growing period[J]. Nutrient Cycling in Agroecosystems, 2002, 64: 101 - 110.

Xu H, Cai Z C, Tsuruta H. Soil moisture between rice-growing seasons affects methane emission, production, and oxidation[J]. Soil Science Society of America Journal, 2003, 67: 1147 - 1157.

Xu X K, Huang Y, Wang Y X, et al. One possible strategy for mitigation of CH_4 and N_2O emissions during rice growth: Application of urease and nitrification inhibitors [J]. Global Warming International Center-World Resource Review, 2001, 13(3): 385 - 396.

Yagi K, Minami K. Effect of organic matter application on methane emission from some Japanese paddy fields[J]. Soil Science and Plant Nutrition, 1990, 36(4): 599 - 610.

Yagi K, Chairoj P, Tsuruta H, et al. Methane emission from rice paddy fields in the central plain of Thailand[J]. Soil Science and Plant Nutrition, 1994, 40(1): 29 - 37.

Yan X, Du L, Shi S, et al. Nitrous oxide emission from wetland rice soil as affected by the application of controlled-availability fertilizers and mid-season aeration[J]. Biology and Fertility of Soils, 2000, 32: 60 - 66.

Yan X Y, Cai Z C, Ohara T, et al. Methane emission from rice fields in mainland China: Amount and seasonal spatial distribution[J]. Journal of Geophysical Research, 2003, 108(D16): 4505.

Zhang J E, Ouyang Y, Huang Z X. Characterization of nitrous oxide emission from a rice-duck farming system in South China[J]. Archives of Environmental Contamination and Toxicology, 2008, 54(2): 167 - 172.

Zheng X H, Wang M X, Wang Y S, et al. Comparison of manual and automatic methods for measurement of methane emission from rice paddy fields[J]. Advances in Atmospheric Sciences, 1998, 15(4): 569-579.

Zheng X H, Wang M X, Wang Y S, et al. Characters of greenhouse gas (CH_4, N_2O, NO) emissions from croplands of southeast China[J]. World Resource Review, 1999, 11(2): 229-246.

Zou J W, Huang Y, Zheng X H, et al. Quantifying direct N_2O emissions in paddy fields during rice growing season in mainland China: Dependence on water regime[J]. Atmospheric Environment, 2007, 41: 8030-8042.

第7章 稻田生态系统 CH_4 和 N_2O 排放量估算

大气温室气体具有多源和多汇性。明确大气温室气体各种排放源，估算其相对贡献率是确定温室气体排放源优先控制顺序的基础。稻田生态系统是重要的全球大气 CH_4 和 N_2O 排放源。评估水稻生产对大气温室效应的贡献、预测将来气候变化趋势，需要准确估算稻田 CH_4 和 N_2O 排放量。我国是《气候变化框架公约》和《京都议定书》签约国，提供准确的温室气体排放量清单也是我们的国际义务（王明星，2001）。

已如第6章所述，稻田生态系统 CH_4 和 N_2O 排放具有很大的时间和空间变异性，人们对此变化规律的认识还很不充分，这就给准确估算稻田生态系统 CH_4 和 N_2O 排放量带来了很大的困难。为了尽可能精确地估算稻田生态系统 CH_4 和 N_2O 排放量，至今已经发展出了多种估算方法，但是，估算值的不确定性仍然很大。本章重点介绍现有主要的稻田生态系统 CH_4 和 N_2O 估算方法、估算值和不确定性以及估算结果反映的时间和空间变化规律。

7.1 稻田生态系统 CH_4 和 N_2O 排放量估算方法

最初，当发现稻田排放 CH_4 时，采用了极简单的方法估算全球稻田生态系统 CH_4 排放量，即，将测定的单位面积 CH_4 排放量乘以全球水稻收获面积估算排放量(Koyama et al.，1963)。随着田间测定数据的不断积累，发现世界各地的稻田生态系统 CH_4 排放量并不相同，因而提出根据水稻生产特点，分区或分类型估算稻田 CH_4 排放量的方法。显然，这种方法只能在一定程度上减少稻田 CH_4 排放量估算值的不确定性，并不能从根本上解决问题。在这样的背景下，提出了用经验或过程模型估算稻田 CH_4 排放量的方法。受模型对稻田 CH_4 排放过程的反映程度和模型输入参数的限制，模型估算结果同样存在很大的不确定性。稻田 N_2O 排放量估算方法的发展过程与稻田 CH_4 排放量估算方法的发展过程极为相似，即估算方法从简单到复杂的过程。估算方法随着研究的深入而发展，必然经历一个由简单到复杂再到简单的过程。成熟的、不确定性小的估算方法应该是一种比较简单、易于掌握和推行的方法。以下分别介绍目前常见的稻田生态系统 CH_4 和 N_2O 排放量的估算方法。

7.1.1 IPCC 稻田 CH_4 排放量估算

根据《气候变化框架公约》，签约国均有义务向国际社会报告其温室气体排放量。为了方便签约国编制温室气体排放量清单，政府间气候变化专门委员会(IPCC)成立了温室气体排放量清单编制专家组，为各签约国编制本国的温室气体排放量清单提供指南。IPCC《国家温室气体清单指南》(Guidelines for National Greenhouse Gas Inventories)于 1996 年出版第一版，然后在 2000 年和 2006 年分别出版了修订版。

在 IPCC 出版的《国家温室气体清单指南》中(IPCC，2006)，稻田 CH_4 排放量清单编制作为独立的一节。根据各国对稻田 CH_4 排放研究程度的不同，IPCC《国家温室气体清单指南》将地区或国家分成三个层次：第一层次为对某一类或全部稻田不具有实际测定数据的地区或国家；第二层次为在部分类型的稻田进行了实际田间测定，具有实测 CH_4 排放量数据的地区或国家；第三层次是指建立了稻田 CH_4 排放测定网，并进行连续测定和建立了估算模型的地区和国家。对于第一层次的地区或国家，IPCC《国家温室气体清单指南》建议采用 IPCC 提供的缺省数据编制稻田生态系统 CH_4 排放量清单。对于第二层次的地区或国家，IPCC 鼓励对该地区或国家的稻田进行尽可能细地分类后，在田间实测数据的基础上对稻田水分类型等进行校正，采用与第一层次相同的方法进行估算。对于第三层次的地区或国家，则可以采用模型估算的方法，但模型必须经过田间实际测定数据的验证。由此可以看出，IPCC《国家温室气体清单指南》根据地区或国家对稻田生态系统 CH_4 排放研究程度的不同,提出了两种不同的稻田生态系统 CH_4 排放清单编制(估算)方法,即以缺省值(第一层次地区或国家)和田间实际测定数据(第二层次地区或国家)为基础的面积扩展方法和模型估算方法。

从 IPCC《国家温室气体清单指南》的 1996 年版到 2006 年版,在稻田生态系统 CH_4 排放量编制原则上并没有发生实质性的变化,修订主要在对于稻田类型分类的指标上。随着人们对稻田生态系统 CH_4 排放量认识的不断深入,被纳入到稻田类型分类的指标不断增加。在 1996 年版 IPCC《国家温室气体清单指南》中,稻田的类型仅按水分管理分类,在 2000 年版中增加了有机肥(包括秸秆)施用量和土壤类型指标,在 2006 年版中又增加了非水稻生长季节水分类型指标。随着分类指标的增加,稻田生态系统的类型划分更加细化。

IPCC 估算一个地区或国家稻田 CH_4 排放量的基本公式(7.1)如下(IPCC,2006):

$$CH_{4\text{rice}} = \sum_{i,j,k}(EF_{i,j,k} \cdot t_{i,j,k} \cdot A_{i,j,k} \cdot 10^{-6}) \tag{7.1}$$

式中,$CH_{4\text{rice}}$ 为稻田年 CH_4 排放量($Gg \cdot yr^{-1}$);$EF_{i,j,k}$ 为符合 i,j,k 条件的稻田类型的 CH_4 日排放量($kg \cdot hm^{-2} \cdot d^{-1}$);$t_{i,j,k}$ 为符合 i,j,k 条件的稻田类型的水稻生长时间(天);$A_{i,j,k}$ 为符合 i,j,k 条件的稻田类型的面积($hm^2 \cdot yr^{-1}$);i,j,k 代表不同的生态系统、水分管理、有机肥类型和数量以及导致 CH_4 排放量变化的其他条件。这也是面积扩展方法的一般公式。EF 也可以季节排放量为单位,此时,水稻生长时间 t 不出现在公式中。

对于第一和第二层次的地区或国家稻田生态系统 CH_4 排放量清单的编制,IPCC《国家温室气体清单指南》提供了基准值和各种类型稻田的扩展系数(scaling factor)。基准值(EF_c)定义为水稻种植之前连续未淹水不足 180 天、水稻生长季节连续淹水、未施用任何有机肥的稻田类型的 CH_4 日排放量。2006 年版 IPCC《国家温室气体清单指南》提供的基准值缺省值为 $1.3\ kg \cdot hm^{-2} \cdot d^{-1}$(变化范围 $0.8 \sim 2.2\ kg \cdot hm^{-2} \cdot d^{-1}$)。如果已经获得田间实际测定 CH_4 排放量基准值的地区或国家(即第二层次地区或国家),则可以采用实际测定的排放量作为基准值。扩展系数定义为相对于具有基准 CH_4 排放量的稻田类型,某一特定类型稻田 CH_4 日排放量的百分数。以基准值为基础,各种类型的稻田生态系统 CH_4 日排放量的计算公式如下(IPCC,2006):

$$EF_i = EF_c \cdot SF_w \cdot SF_p \cdot SF_o \cdot SF_{s,r} \tag{7.2}$$

式中,EF_i = 扩展的某一类型稻田 CH_4 日排放量;EF_c = 未施用有机肥的连续淹水稻田 CH_4 日排放量基准值;SF_w = 水稻生长季节其他水分类型稻田的扩展系数;SF_p = 水稻种植之前其他水分类型稻田的扩展系数;SF_o = 施用有机肥稻田,根据有机肥类型和施用量而变化的扩展系数;$SF_{s,r}$ = 土壤类型、水稻品种等的扩展系数。

关于水稻生长季节水分类型和水稻种植之前水分状态,2006 年版 IPCC《国家温室气体清单指南》给出了具体的扩展系数(表 7.1 和表 7.2)。对于有机肥类型和施用量的扩展系数,则给出了以下计算公式(IPCC,2006):

$$SF_o = \left(1 + \sum_i ROA_i \cdot CFOA_i\right)^{0.59} \qquad (7.3)$$

式中,SF_o = 施用的有机肥类型和施用量的扩展系数;ROA_i = i 种有机肥施用量,秸秆用干重表示,其他有机肥用鲜重表示($t \cdot hm^{-2}$);$CFOA_i$ = i 种有机肥转化为 CH_4 的系数(conversion factor),即,相对于水稻种植前施用秸秆的 CH_4 转化系数。该转化系数见表 7.3。

表 7.1 水稻生长季节不同水分管理方式下,相对于连续淹水方式的稻田类型的 CH_4 排放量扩展系数(IPCC,2006)

水分状况		总体情况		分类情况	
		扩展系数(SF_w)	误差范围	扩展系数(SF_w)	误差范围
	旱地[a]	0	—	0	—
灌溉[b]	连续性淹水			1	0.79~1.26
	间歇性灌溉—单次落干	0.78	0.62~0.98	0.60	0.46~0.80
	间歇性灌溉—多次落干			0.52	0.41~0.66
雨育和深水[c]	常规雨育			0.28	0.21~0.37
	易旱	0.27	0.21~0.34	0.25	0.18~0.36
	深水			0.31	ND

注:ND:没有确定。a. 多数时期从不淹水的田地。b. 多数时期都进行淹水并且充分控制水分状况的田地:连续淹水—在整个水稻生长季节都淹水,并仅可能在收获时干透的田地(一季结束时进行排水);间歇性灌溉—在种植季节里,田块至少有一次大于 3 天的落干期;单次落干—在种植季节的任何生长阶段,田地有一次落干(除了季节末的排水);多次落干—在种植季节中,田地有多次落干(除了季节末的排水)。c. 多数时期田地都进行淹水,并且水分状况仅取决于降水量:常规雨育—在种植季节里,水面可能上升到 50 cm;易旱—干旱期发生在每个种植季节中;深水—种植季节中,多数时期淹水超过 50 cm。其他的稻田生态系统,如沼泽地和内陆盐碱地或潮汐湿地,可以在每个亚类中区分。资料来源:Yan et al.,2005。

7.1 稻田生态系统 CH_4 和 N_2O 排放量估算方法

表 7.2 水稻种植前水分状况不同的稻田类型的
CH_4 排放量扩展系数(IPCC,2006)

种植期前水分状况 (图表中显示的阴影 部分表示淹水期)	总体情况		分类情况	
	扩展系数 (SF_p)	误差 范围	扩展系数 (SF_p)	误差 范围
季前180天内不淹水 <180 d			1	0.88~1.14
季前超过180天不淹水 >180 d	1.22	1.07~1.40	0.68	0.58~0.80
季前淹水(多于30天)[a] >30 d			1.90	1.65~2.18

注:a. 季前少于30天的淹水期,不考虑选择 SF_p。资料来源:Yan et al., 2005。

表 7.3 不同类型有机肥 CH_4 转化系数缺省值(IPCC,2006)

有 机 添 加 物	转化系数($CFOA$)	误差范围
种植前不久进行秸秆还田(<30天)[a]	1	0.97~1.04
种植前很久进行秸秆还田(>30天)[a]	0.29	0.20~0.40
堆 肥	0.05	0.01~0.08
农场粪肥	0.14	0.07~0.20
绿 肥	0.50	0.30~0.60

注:a. 秸秆施用意味着稻草已经还原到土壤中,不包括稻草仅置于土壤表层和在田间焚烧的情况。资料来源:Yan et al., 2005。

根据 IPCC《国家温室气体清单指南》(IPCC,2006)的方法,稻田类型并不按空间区域划分,而以水分管理、有机肥施用量、土壤类型等指标划分,这样对每一类型稻田面积的精确确定提出了挑战。例如,以水稻生长期水分类型而言,在世界和我国的统计资料中并不存在水稻生长期间连续淹水、落干一次、落干多次的稻田面积数据。虽然细分稻田生态系统类型,使每一类型内的 CH_4 排放量变化幅度降低到最低水平,可以使整个地区或国家的稻田生态系统 CH_4 排放量估算的不确定性下降,但是,这增加了获得各类稻田生态系统面积数据的难度。各类稻田生态系统面积数据的不确定性将成为地区或国家稻田 CH_4 排放量估算不确定性的重要因素。因此,即使对

某一影响稻田 CH_4 排放的指标进行了深入的研究,并且证明该指标对稻田 CH_4 排放具有重要影响,但如果按此指标分类的稻田面积无法精确获得,那么按此指标分类稻田生态系统,对于提高地区或国家的稻田 CH_4 排放量估算精度也没有实际意义。只有能够获得相对精确的稻田生态系统面积的分类指标才是具有实际意义的指标。

7.1.2 以田间测定数据为基础的面积扩展方法

这实际上就是 IPCC《国家温室气体清单指南》(IPCC,2006)建议第二层次地区或国家编制稻田生态系统 CH_4 和 N_2O 排放量清单的方法。这是一种通过对每一类型稻田 CH_4 和 N_2O 排放进行实际测定,然后用面积权重法计算的估算方法(沈壬兴等,1995),即公式(7.1)所表示的方法。该方法在最初的估算研究中被广泛应用。采用这一估算方法,关键问题是田间测定数据的积累、稻田生态系统类型的划分和各种类型稻田面积的确定。随着田间实际测定数据的不断积累,对于稻田类型的分类不断细化,这样排放量的估算不断接近客观实际。

当田间测定的数据有限时,即使将稻田分成多种类型,由于缺乏田间实际测定数据,也无法估算各种类型稻田的 CH_4 排放量。另一方面,在上一节已经说明,即使有丰富的田间实际测定数据,但是如果没有精确的稻田面积数据,仍然不可能提高估算精度。这是相辅相成的两个方面。在我国,对稻田生态系统分类最早采用的是水稻类型和种植区。在 20 世纪 90 年代初,首先将我国稻田区分成早稻、晚稻和单季稻,然后分别估算其 CH_4 排放量。如 Wang et al.(1990)根据浙江地区水稻田实地观测的 CH_4 平均排放通量(早稻 7.9 $mg \cdot m^{-2} \cdot h^{-1}$,晚稻 28.8 $mg \cdot m^{-2} \cdot h^{-1}$,单季稻 18.3 $mg \cdot m^{-2} \cdot h^{-1}$)和全国早稻、晚稻和单季稻种植面积,估计中国稻田 CH_4 年排放量为 13.8~22.8 $Tg \cdot yr^{-1}$。王明星等(1993)在中国 5 类水稻生产区(Chen,1981)选择代表性田块进行了 3 年连续系统观测(浙江杭州地区 1987~1989 年,四川乐山地区 1988~1990 年),发现杭州早稻田、晚稻田和乐山单季稻田 CH_4 排放通量分别为 16.2、75.9 和 216 $g \cdot m^{-2} \cdot yr^{-1}$,由此估算中国稻田 CH_4 排放量为 17 ± 2 $Tg \cdot yr^{-1}$。Lin(1993)利用北京附近稻田测定的 5 个 CH_4 排放通量(16 $mg \cdot m^{-2} \cdot h^{-1}$、11 $mg \cdot m^{-2} \cdot h^{-1}$、60 $mg \cdot m^{-2} \cdot h^{-1}$、7.8 $mg \cdot m^{-2} \cdot h^{-1}$ 和 23.2 $mg \cdot m^{-2} \cdot h^{-1}$)和《中国农业年鉴》中的水稻种植面积,估算中国稻田 CH_4 排放量为

11.3 Tg·yr^{-1}。Khalil et al.(1993)按水稻类型将中国水稻种植区分成早稻、晚稻、南方单季稻和北方单季稻区,根据4种水稻种植面积和相应的 CH$_4$ 排放通量估算我国稻田 CH$_4$ 排放量分别为 16 Tg·yr^{-1} 和 23 Tg·yr^{-1}。沈壬兴等(1995)综合中国5类水稻生产区各种耕作制度下的稻田 CH$_4$ 排放量资料及相应的稻田面积推算出中国稻田 CH$_4$ 排放量为 11.1 Tg·yr^{-1}(10.2~12.8 Tg·yr^{-1})。

随着研究数据的积累和认识的深入,研究者开始了以稻田生态系统 CH$_4$ 排放量影响因素为指标进行稻田生态系统分类的方法。首先发现有机肥的施用量和水分管理对稻田 CH$_4$ 排放量具有很大的影响,因而根据有机肥施用量和水分管理对稻田进行分类。Wassmann et al.(1993)根据浙江杭州地区稻田平均 CH$_4$ 排放通量(施用绿肥和钾肥:27.5 mg·m^{-2}·h^{-1},只施用绿肥:35.1 mg·m^{-2}·h^{-1})和菲律宾国际水稻研究所(IRRI,1991)提供的水稻种植面积,估算中国稻田 CH$_4$ 排放量为 18~28 Tg·yr^{-1}。Cai(1997)在总结文献报道结果的基础上,根据水分状况和有机肥施用情况,将我国稻田生态系统分为12种类型(表7.4),根据土壤性质和农业统计资料,确定各类型稻田的面积,估算中国稻田 CH$_4$ 排放量为 8.05 Tg·yr^{-1},根据每种稻田生态系统类型实际测定的 CH$_4$ 排放量的变化范围,给出全国稻田生态系统 CH$_4$ 排放量估算值的标准差为 3.69 Tg·yr^{-1}。

表7.4 水分状况和施肥情况对中国稻田 CH$_4$ 平均排放通量的影响(单位:mg·m^{-2}·h^{-1})(Cai,1997)

施 肥	水 分 状 况			
	烤 田	水稻生长期持续淹水	终年淹水	平 均
矿质肥料	2.69±1.85	8.03±5.80	17.03	4.66±4.51
有机肥<15 t·hm^{-2}	7.19±3.15	9.25±0.75	—	7.60±2.96
秸秆<15 t·hm^{-2}	18.74±10.08	—	38.54±10.17	24.02±13.37
有机肥>15 t·hm^{-2}	13.81±4.47	15.56±14.95	66.96±11.01	25.85±24.27
平 均	9.67±8.89	11.74±11.56	52.75±17.33	

随着研究的不断深入,发现不仅水稻生长期间的水分管理方式,而且非水稻生长期间的水分管理方式对稻田生态系统 CH$_4$ 排放量也具有重要的影响,这是决定我国稻田生态系统 CH$_4$ 排放的关键因素(Cai et al.,2000,

2003a),因此,对非水稻生长季节连续淹水的稻田(冬灌田)的 CH_4 排放量进行了单独的估算(Cai et al.,2005)。Yan et al.(2003a)分析了 23 个采样点共 204 个 CH_4 测量数据,显示有机肥施用情况(施或不施)、水分管理方式(间歇灌溉、持续淹水)、水稻类型(早稻、晚稻和中稻)和水稻生长区域(中国 5 类水稻生产区)是影响中国稻田 CH_4 排放通量的主要因素,并根据《中国农业年鉴》中的各省水稻种植面积及相应稻田 CH_4 排放通量观测值,按类似于(7.1)的公式估算出中国 1995 年稻田 CH_4 排放总量为 7.67 Tg (5.82~9.57 Tg)。

从上述介绍可以看出,目前对我国稻田类型的分类已经发展到相当高的程度,因而可以相信,我国稻田 CH_4 排放量的估算也正在日益迫近于客观实际。但是,虽然我国常年淹水稻田(俗称冬灌田)的面积不大,但 CH_4 排放量占了相当一部分(Cai et al.,2005),对这类稻田,影响 CH_4 排放量的关键因素尚不明确,对其空间变化规律的认识也很有限。所以,目前还只停留在按空间区域划分类型、根据各类型区的田间实际测定 CH_4 排放量分别进行估算的水平上(Cai et al.,2005)。对冬灌田 CH_4 排放量估算的不确定性可能是我国稻田 CH_4 排放量估算值不确定性的重要来源。

稻田 N_2O 排放量的估算方法也具有相似的发展历史。Xing(1998)将我国稻田划分成单季稻区、水稻—小麦区、双季稻或水稻—小麦或双季稻—旱作区、双季稻—旱作或三季稻、单季稻连续淹水区,根据田间实际测定的 N_2O 排放量,通过面积加权,分别估算其 N_2O 排放量,得出水稻生长季节全国稻田 N_2O 排放量为 35 Gg N。由于影响稻田 N_2O 排放量的最关键因素是水分管理和氮肥施用量,所以,根据稻田水分类型和氮肥施用量划分稻田类型成为必然的选择。Zou et al.(2007)将我国稻田的水分类型划分成水稻生长季节连续淹水、淹水—烤田—再淹水(F-D-F)和淹水—烤田—再淹水—湿润灌溉(F-D-F-M)三种类型,并根据文献报道的田间实际测定结果,通过回归分析,得出 N_2O 排放系数分别为 0.02%、0.42% 和 0.73%,然后估算出我国稻田水稻生长季节 N_2O 排放总量为 29.0 Gg N,不确定性为 30.1%。

7.1.3 采用转化系数估算稻田 CH_4 和 N_2O 排放量

转化系数(conversion factor)方法是指以产生 CH_4 或 N_2O 的基质为基础,根据基质转化成为 CH_4 或 N_2O 的比例估算 CH_4 和 N_2O 排放量的方法。IPCC《国家温室气体清单指南》中编制的(估算)农田(包括稻田生态系统)CH_4 和 N_2O 排放量清单都包括了转化系数方法。

7.1.3.1 转化系数法估算稻田生态系统 CH_4 排放量

在早期对稻田 CH_4 排放量的估算中,也曾采用 CH_4 排放转换系数的方法估算稻田 CH_4 排放量,转换的对象包括生态系统净初级生产力(NPP)、稻田土壤有机质含量和有机肥施用量等。在 2006 版 IPCC《国家温室气体清单指南》中,关于有机肥对 CH_4 排放量影响的估算实际上也是采用了转换系数方法(见公式 7.3 和表 7.3)。

Bachelet and Neue(1993)根据 Wilson and Henderson-Sellers(1985)的稻田空间分布,应用 Lieth(1973,1975)的温度 T 和降雨 PPT 模式计算稻田生态系统的净初级生产力(NPP)(公式 7.4,7.5),输入 Leemans and Cramer(1990)的月温度和降雨量记录,计算得出 NPP 为 202 Tg C·yr^{-1},然后假定水稻 NPP 转化为 CH_4 的折算系数为 5%(Aselmann and Crutzen,1989),采用水稻种植面积 32.149 9×10^6 hm^2(Matthews et al.,1991),从而估算中国稻田 CH_4 排放量为 13.46 Tg·yr^{-1}。对不同类型的土壤产 CH_4 潜力不同进行调整,估算 CH_4 排放总量为 9.11 Tg·yr^{-1}。

$$NPP_T = 3\,000/[1 + \exp(1.315 - 0.119 \times T)] \quad (7.4)$$
$$NPP_P = 3\,000/[1 - \exp(-0.000\,664 \times PPT)] \quad (7.5)$$

式中,T 为年平均温度,PPT 为年平均降雨量。取(7.4)和(7.5)式计算的较大的 NPP 为该年的 NPP 值。

Bachelet et al.(1995)应用 Lieth(1973,1975)的温度 T 和降雨 PPT 模式,按公式(7.4)和(7.5)计算 NPP,根据 GIS 环境条件下的气候驱动程序(Army Corps of Engineers,1988)以及 ARC/INFO 软件(Environmental Systems Research Institute,1992),计算出水稻的净初级生产量(NPP)为 136 Tg C·yr^{-1},假定 5% 的 NPP 转化成为 CH_4(Aselmann and Crutzen,1989)和 USDA 提供的水稻收获面积 31.987×10^6 hm^2(United States Department of Agriculture,1990),估算中国稻田 CH_4 排放量为 6.79 Tg·yr^{-1}。康国定(2003)通过对我国稻田 CH_4 排放量田间实测数据与用(7.4)和(7.5)式计算的 NPP 比较,得出我国稻田 CH_4 排放量的平均转化系数为 1.8%,远低于文献中常用的 5%。

假定稻田 CH_4 排放量是投入到土壤的有机碳或土壤有机质中碳含量的系数,然后根据施入到土壤的有机碳含量或土壤有机碳含量估算稻田

CH_4 排放量。吴海宝和叶兆杰(1993)根据土壤原有有机质和加入到土壤中的有机物质的 CH_4 转化率,估算中国稻田 CH_4 排放量为 7.02 Tg·yr^{-1}。Bachelet and Neue(1993)假定返回到土壤的有机碳转化为 CH_4 的系数最大为 0.3(Neue et al.,1990),根据水稻种植面积 $32.1499×10^6 hm^2$(Matthews et al.,1991)估算中国稻田 CH_4 排放量为 21.32 Tg·yr^{-1}。在此基础上参考 Zobler(1986)提供的土壤数据,根据不同类型的土壤产 CH_4 潜力不同进行调整,估算中国稻田 CH_4 排放量为 14.71 Tg·yr^{-1}。Bachelet et al.(1995)采用 USDA 提供的水稻收获面积 $31.987×10^6 hm^2$(United States Department of Agriculture,1990)和土壤有机碳含量,估算出中国稻田 CH_4 排放量为 16 Tg·yr^{-1}。

可以看出,CH_4 排放转换系数方法完全忽视了稻田水分管理对 CH_4 排放量的影响。但是,以 NPP 为基础的转化系数方法,由于以气象资料为依据,输入参数的可信度高,且容易获得,一定程度上反映了气候对稻田生态系统 CH_4 排放量的影响,如果在我国的全国尺度和全球尺度上稻田水分管理方式相对稳定,则对大尺度稻田 CH_4 排放量的估算值仍具有很高的参考价值。

7.1.3.2 转化系数法估算稻田生态系统 N_2O 排放量

农田,包括稻田生态系统,转化系数法估算 N_2O 排放量的转化对象很单一,即,施入到土壤中的各种形态的活性氮量(活性氮指 N_2 以外的所有氮),此法通常称为 N_2O 排放系数方法。由于在 IPCC《国家温室气体清单指南》中稻田并没有作为一种特殊的农田生态系统处理,本节讨论转化系数法估算 N_2O 排放量也不区分旱作农田和稻田。

农田 N_2O 排放量的变异非常大,极差可达几个数量级,而且具有高度的时间变异性和空间变异性。Eichner(1990)的统计结果表明,不同农田类型或作物种类、不同氮肥品种的 N_2O 排放系数有相当大的差异。基于这样认识,OECD/OCDE(1991)提出了根据不同氮肥的消耗量及氮肥转化为 N_2O 的系数来估算农田 N_2O 排放量的第一种估算方法:

$$N_2O\text{-}N 排放量 = \sum(F_f × E_f) \quad (7.6)$$

式中,F = 氮肥消耗量,E = 氮肥的 N_2O 排放系数,f = 氮肥种类。

OECD/OCED(1991)的第二种估算方法考虑了作物种类:

$$N_2O\text{-}N 排放量 = \sum(F_{fc} × E_{fc}) \quad (7.7)$$

式中,F = 氮肥消耗量,E = 氮肥的排放系数,f = 肥料类型,c = 作物类型。

世界范围内农业生态系统和氮肥品种多种多样。由于田间实际测定数据有限,Eichner(1990)统计分析得出的各种氮肥的 N_2O 排放系数变异性和不确定性都很大,单个观察值或少数的观察值可能会改变某种氮肥的 N_2O 排放系数(Mosier,1994)。OECD/OCED(1991)在提出第一种和第二种 N_2O 排放系数法估算农田 N_2O 排放量的同时也指出没有足够的资料来计算每种氮肥在每种作物上的排放系数。除上述存在的问题外,Eichner(1990)分析的资料中,大多只在作物生长季或生长季中部分时间测定了 N_2O 排放,作物种植前和收获后的 N_2O 排放情况并未加以考虑。

Bouwman(1990)对收集的田间测定数据进行统计分析以后得出,不同氮肥品种的 N_2O 排放系数没有明显差异。Byrnes(1990)认为,来自氮肥硝化、反硝化作用的 N_2O 排放与土壤性质的关系更大。Mosier(1993)则认为土壤管理措施和耕作制度比氮肥种类对 N_2O 排放的影响更大。基于以上分析,Mosier(1994)建议简化农田 N_2O 排放量的估算方法,只考虑氮肥的总用量:

$$N_2O\text{-}N 排放量 = \sum(F \times 0.01) \tag{7.8}$$

式中,F 是所有氮肥的消耗量。

即使是不施用氮肥的农田生态系统也排放 N_2O。不施肥条件下排放的 N_2O 称为背景排放。所以,采用 N_2O 排放系数法估算农田 N_2O 排放量不仅需要确定 N_2O 排放系数,而且需要确定背景排放量。关于农田 N_2O 排放量估算的研究中,相当数量的研究集中于确定背景排放量和 N_2O 排放系数的确定。Bouwman(1994)通过对收集到的田间 N_2O 排放量测定数据的回归分析,建立了回归方程,建议用下式估算农田 N_2O 直接排放量:

$$N_2O 排放量(kg\ N\cdot hm^{-2}) = 1(kg\ N\cdot hm^{-2}) + 0.0125 \times 氮肥消耗量(kg\ N\cdot hm^{-2}) \tag{7.9}$$

式中,$1\ kg\ N\cdot hm^{-2}$ 即为土壤的 N_2O 背景排放量,0.0125 为氮肥的排放系数。氮肥包括来自有机肥和化肥的各种氮。虽然该公式所估算的 N_2O 排放量也存在很大的不确定性,但其不确定性比 OECD/OCED(1991)提出的方法要小一些(Mosier et al.,1996)。

1996 年 IPCC《国家温室气体清单指南》提出了一个更加复杂的估算农田 N_2O 直接排放量的方法,并在 1997 年对《国家温室气体清单指南》进行了完善。该方法考虑了四种氮源,即化肥氮、用作肥料的动物排泄物氮、生物固定氮、还田秸秆中的氮,但不同的氮来源采用同一个 N_2O 排放系数,该

《国家温室气体清单指南》还考虑了有机土壤开垦导致的 N_2O 排放(IPCC,1997),其计算公式为

$$N_2O \text{直接排放量} = (FSN + FAW + FBN + FCR) \times EF_1 + FOS \times EF_2 \quad (7.10)$$

式中,FSN 为化肥氮,FAW 为用作肥料的动物排泄物氮,FBN 为固氮作物所固定的氮,FCR 为还田秸秆氮,EF_1 为这四种氮源的排放系数,缺省值为 1.25%;FOS 是已耕作的有机土面积;EF_2 为耕作有机土的 N_2O 排放系数,对于温带地区,缺省值为 5 kg N·hm^{-2}·yr^{-1},对于热带地区,缺省值为 10 kg N·hm^{-2}·yr^{-1}。

在上式中,FSN、FAW、FBN、FCR 分别按下列公式计算:

$$FSN = NFERT \times (1 - FRACGASF)$$
$$FAW = NEX \times (1 - (FRACFUEL + FRACGRAZ + FRACGASM))$$
$$FBN = 2 \times CROPBF \times FRACNCRBF$$
$$FCR = 2 \times (CROP0 \times FRACNCR0 + CROPBF \times FRACNCRBF) \times (1 - FRACR) \times (1 - FRACBURN)$$

其中,$NFERT$ 为一个国家化肥氮的总消耗量;$FRACGASF$ 为施入农田的化肥氮以 NH_3 和 NO_x 形式损失的部分;NEX 为一个国家畜牧排泄物氮总量;$FRACFUEL$ 为动物排泄物氮中在燃烧时排放的部分;$FRACGRAZ$ 为动物排泄物氮中在放牧时直接排泄到草地的部分;$FRACGASM$ 为动物排泄物氮中以 NH_3 和 NO_x 形式挥发的部分;$CROPBF$ 为一个国家大豆和豆科作物籽粒总产量;$FRACNCRBF$ 为固氮作物中氮的含量;$CROP0$ 为一个国家非固氮作物总产量;$FRACNCR0$ 为非固氮作物含氮量;$FRACR$ 作为收获作物从农田移走的氮所占的比重;$FRACBURN$ 为燃烧的作物残体所占的比重。

Bouwman et al.(2002)对 1999 年之前发表的农田 N_2O 排放测定资料进行统计分析之后发现,稻田的 N_2O 排放量明显低于旱地,平均 N_2O 排放量分别为 0.7 kg N·hm^{-2}·yr^{-1} 和 1.1~2.9 kg N·hm^{-2}·yr^{-1}。Yan et al.(2003b)分析了 2000 年之前发表的东亚、东南亚和南亚稻田 N_2O 排放测定资料后指出,施用于稻田的氮肥的 N_2O 平均排放系数为 0.25%,小于 1996 年和 2000 年版 IPCC《国家温室气体清单指南》中确定的缺省值 1.25%。Akiyama et al.(2005)分析了更多的稻田 N_2O 排放的测定结果,并区分了不同的水肥管理措施,发现在持续淹水稻田中,肥料氮的 N_2O 排放系数为 0.22%,种稻期间有排水过程的稻田中,肥料氮的 N_2O 排放系数为 0.37%,所有稻田的总平均排放系数为 0.31%。

基于这些分析结果,2006年版IPCC《国家温室气体清单指南》区分了稻田和旱地的N_2O排放系数缺省值,稻田的排放系数直接采用了Akiyama et al.(2005)的结果,为0.3%,变化范围为0~0.6%,旱地的排放系数综合了Bouwman et al.(2002)、Stehfest and Bouwman(2006)等的统计分析结果,为1.0%,变化范围为0.3%~3%(IPCC,2006)。

除排放系数以外,2006年版IPCC《国家温室气体清单指南》还就参与N_2O排放的氮源作了一些修改。前已述及,在1996年版《国家温室气体清单指南》考虑了四种氮源,即化肥氮、用作肥料的动物排泄物氮、固氮作物固定的氮和还田秸秆中的氮。在2006年版《国家温室气体清单指南》中去掉了固氮作物所固定的氮这一项,增加了土壤矿化氮。如果固氮作物进行秸秆还田,则归入秸秆还田项加以考虑(IPCC,2006)。

从2000年起,IPCC鼓励有充分资料的国家或地区采用自己的排放系数或方法,并且可以区分不同作物和不同氮源(IPCC,2000)。最新的排放清单指南同时还鼓励应用模型或直接测定结果估算农田N_2O排放量(IPCC,2006)。

虽然2006年版IPCC《国家温室气体清单指南》将稻田生态系统从旱作农田中分离出来,并为稻田单独赋予了N_2O排放系数,但是不考虑稻田生态系统水分管理对N_2O排放的影响显然是有很大不确定性的。如Zou et al.(2007)将我国稻田的水分类型划分成水稻生长季节连续淹水、淹水—烤田—再淹水(F-D-F)和淹水—烤田—再淹水—湿润灌溉(F-D-F-M)三种类型,并根据文献报道的田间实际测定结果,通过回归分析,得出N_2O排放系数随稻田生态系统水稻生长期水分管理方式而变化,分别为0.02%、0.42%和0.73%。Xing et al.(2002)发现,稻田生态系统的种植制度对N_2O排放量具有重要的影响,不同种植制度下N_2O的排放系数不同。另一方面,如果将稻田生态系统根据不同指标进行过细的分类,然后赋予不同的N_2O排放系数,这样可以减少N_2O排放系数本身的不确定性所带来的估算结果的不确定性,但是,各类稻田生态系统面积数据和各种氮投入量数据的不确定性增加,仍将使估算结果的不确定性增大。所以,寻找一个合适的平衡点是非常重要的。

即使是最新版的IPCC《国家温室气体清单指南》也没有明确区分稻田生态系统非水稻生长季节和水稻生长季节N_2O的排放。如果将N_2O排放系数缺省值0.3%用于估算非水稻生长季节稻田生态系统的N_2O排放量可能使估算值偏低,但如果采用旱地的N_2O排放系数缺省值则有可能使估算值偏高。

7.1.4 模型估算

在 IPCC《国家温室气体清单指南》中,将经过田间实际测定数据检验的模型估算方法作为第三层次地区或国家稻田生态系统 CH_4 和 N_2O 排放量清单编制方法。采用模型,尤其是过程(理论)模型方法估算稻田生态系统 CH_4 和 N_2O 排放量并预测其变化趋势是科学研究追求的目标。利用模型对不同情景下稻田生态系统 CH_4 和 N_2O 排放量作出科学预测,对于评估未来变化趋势、决策者选择最佳减排措施都是具有重要意义的。

自 20 世纪 90 年代以来,国内外相继开发了多种估算稻田生态系统 CH_4 和 N_2O 排放量的模型。目前用于估算稻田 CH_4 和 N_2O 排放量的模型可以区分为经验模型(包括半经验模型)和过程模型两类。经验模型通常是指利用田间实际测定的 CH_4 和 N_2O 排放量与影响因素指标值建立的经验(多为回归)方程。通过统计方法选入到经验方程的影响因素,它们对稻田 CH_4 和 N_2O 排放的作用机理并不一定明确,影响因素指标值与稻田 CH_4 和 N_2O 排放量之间的系数完全通过回归分析方法获得。半经验模型是指在计算稻田 CH_4 和 N_2O 排放量的公式中,至少有部分影响因素的作用机理是明确的,且至少有一部分系数是通过理论计算获得的或实验直接测定的。采用经验和半经验模型估算稻田 CH_4 排放量的文献很多。Bachelet et al.(1995)根据 C、N 的输入和温度对 CH_4 的多功能线性回归技术(Kern et al.,1995,1997),引用 USDA 提供的水稻收获面积 $31.987 \times 10^6 hm^2$(United States Department of Agriculture,1990),估算中国稻田 CH_4 排放量为 $10.47 Tg \cdot yr^{-1}$。Huang et al.(1998a,1998b)将水稻种植面积、生长时间、产量、土壤基本性质和温度等影响 CH_4 排放的因素输入其开发的半经验模型,分两种不同水稻种植制度(单季稻和双季稻)评估中国大陆种植水稻的 28 个省(自治区)的 CH_4 排放量,得出中国稻田 CH_4 排放量为 $9.66 Tg \cdot yr^{-1}$($7.19 \sim 13.62 Tg \cdot yr^{-1}$)。Kang et al.(2002)通过分析我国不同地区非水稻生长季节排水的稻田生态系统中实际测定的 CH_4 排放量与非水稻生长季节土壤水分含量的关系(图 6.29),建立了该土壤水分含量与水稻生长季节 CH_4 排放量的指数回归方程。从非水稻生长季节降水对土壤水分含量的影响,衍生出非水稻生长季节降水量与水稻生长季节 CH_4 排放量的指数回归方程(图 6.30)。利用这一回归方程和非水稻生长季节降水量估算出了我国非水稻生长季节排水的稻田生态系统 CH_4 排放量(康国定,2003)。

过程模型或称理论模型是指对稻田 CH_4 和 N_2O 排放各过程的定量描述，且定量描述的系数均可通过理论计算获得或实验直接测定。事实上，目前通用的过程模型真正达到这样程度的很少。很多过程模型对稻田 CH_4 和 N_2O 排放过程描述中，部分数量关系或系数可能是通过回归分析方法得出的或人为设定的。

过程模型或理论模型是在人们认识稻田生态系统 CH_4 和 N_2O 排放基本过程及其影响因素作用机理的基础上发展起来的。这些研究没有空间尺度概念。如 IPCC《国家温室气体清单指南》(IPCC，2006)所要求的，应用模型估算一个地区或国家的稻田 CH_4 和 N_2O 排放量，该模型首先必须经过验证。但是，IPCC 的《国家温室气体清单指南》中没有明确提出"验证"模型的具体要求。目前，模型的"验证"实际上是模型计算结果与点的(可以看作是无空间尺度的)田间实际测定数据的比较，包括动态过程和季节排放量的比较(如 Cai et al.，2003b)。由于目前尚无宏观空间尺度(至少在 $1 km×1 km$ 范围以上)的测定方法及采用宏观尺度测定方法获得的 CH_4 和 N_2O 排放量田间实际测定数据，所以，事实上不可能对宏观空间尺度的模型估算结果进行验证。

如果过程模型在无尺度情景下能够在合理的范围内估算稻田 CH_4 和 N_2O 排放量，并且能够完整地提供研究区域该模型需要的所有输入参数，从理论上说，该模型能够估算任何空间范围的稻田 CH_4 和 N_2O 排放量。但是，实际情况并非如此。在无尺度情景下，过程模型的输入参数，如温度、降水量、土壤有机质含量、土壤 pH 值等，通常是实际测定值。在宏观尺度情景下，通常将研究区域划分为若干基本单元，如网络法中的 $1 km×1 km$、$10 km×10 km$ 网格单元等，或以行政区域为基本空间单元。每一基本空间单元都应该有一套模型需要的输入参数。但是，这一套输入参数与无尺度情景下的输入参数在数据类型上是不同的。在无尺度条件下，输入参数为实际测定值或多为实际测定值。无论是实际测定数值还是统计数值，基本空间单元的输入参数都代表这一空间单元的平均状态，所以，都应该被看作是统计值。以 $1 km×1 km$ 网格单元为例，输入到模型的土壤有机碳、粘粒含量、pH 值是这 $1 km^2$ 的土壤的平均值，在 $1 km^2$ 内的各点，它们可能有很大的差异。即使假定每一空间单元的所有输入参数都能代表这一单元的平均状况，也只有当所有输入参数与输出量之间为线性关系，由此计算的输出量才能代表这一基本空间单元的平均状况。然而，事实上，所有输入参数与输入量的关系不可能都为线性关系。随着基本空间单元尺度的增大，输入参数在单元内和单元之间的变异程度发生变化，或增加或减少，因参数而异。吴乐知和蔡祖聪(2006)利用第二次土壤普查数据的研究表明,在全国范围内,随着剖面数的增加,土壤有机碳含量的变异程度提高,但是,当以县、省和大区为基本空间单元时,土壤有机碳含量的变异程度随着基本空间单元尺度的增大而下降。已如第4章所述,某一特定参数对稻田 CH_4 和 N_2O 排放量影响的显示程度与它们在研究区域内的变异程度有关。即使是一个对稻田 CH_4 和 N_2O 排放量非常重要的因素,如水稻生长期间的水分管理,如果该因素在空间单元之间的变异不显著,它们的作用将不能被显示。这是应用过程模型通过尺度扩展估算稻田生态系统 CH_4 和 N_2O 排放所面临的、未被很好地解决的问题。

为了准确计算出稻田 CH_4 和 N_2O 的排放量,已经开发了一系列过程模型。Matthews et al.(2000a)为模拟稻田 CH_4 排放开发了基于过程的稻田生态系统 CH_4 排放(MERES)模型,他们利用这一含有逐日气象数据、土壤数据和水稻生长统计数据的 MERES 模型,估算了中国、印度、印度尼西亚、菲律宾和泰国(Matthews et al.,2000b)的稻田 CH_4 排放量。Cao et al.(1995)开发了基于过程的 CH_4 排放模型(MEM)。Xu et al.(2007)研制了以水稻植株传输为核心的稻田 CH_4 排放过程模型。该模型包括了对稻田土壤中电子受体和电子供体浓度变化、温度对反应动力学和 CH_4 扩散过程的影响等。以重庆稻田的实际测定数据对模型进行了验证。由 Li(2000)开发的 DNDC(denitrification and decomposition)模型可同时模拟农田生态系统 CH_4、NO、N_2O、NH_3 和 CO_2 的形成过程和排放量。DNDC 模型包括点位模型和区域模型。在点位的尺度上将生态驱动因素(如气候、土壤性质、植被和人为活动等)与控制着有机碳和氮转换过程的土壤环境变量有机地联系起来,从而模拟 CH_4、NO、N_2O、NH_3 和 CO_2 的形成过程和逐日排放通量。区域模型用于模拟区域的温室气体排放。

DNDC 模型被广泛地应用于陆地生态系统痕量气体(包括温室气体)排放的模拟,在稻田生态系统中,该模型的应用更加广泛。Cai et al.(2003b)利用中国、日本和泰国农田生态系统测定的 CH_4 和 N_2O 排放数据对此模型进行了验证。从表7.5结果可以看出,该模型很好地拟合了中国稻田生态系统水稻生长期间的 CH_4 季节排放量,但是,对泰国稻田生态系统 CH_4 排放量的拟合效果较差。可能与泰国稻田土壤性质的特殊性和种植的水稻品种有关。对于日本旱作农田,除火山灰土壤外(表7.6,Tsukuba 处理),DNDC 模型对 N_2O 季节排放量能够较好地拟合,但是对于中国稻田水稻生长季节 N_2O 排放量的拟合结果较差(表7.6)。DNDC 模型最初是针对美国旱作农田土壤 N_2O 排放而开发出来的,所以,对稻田生态系统

N_2O 排放的拟合效果较差。然而,无论对 CH_4 和 N_2O 季节排放量的拟合程度如何,对 CH_4 和 N_2O 排放通量季节变化过程的拟合无不能达到令人满意的程度(Cai et al.,2003b)。DNDC 模型针对不同水稻生态系统特殊的土壤和环境条件,发展出了不同的版本,使该模型的应用更加广泛。

表 7.5 DNDC 模型估算值与田间测定的 CH_4 排放量比较(Cai et al.,2003b)

观 测 地 点	观测年份	CH_4 排放量($kg\ C \cdot hm^{-2}$)	
		观 测 值	估 算 值
中 国			
封　丘	1994	9.0	10.7
	1994	12.0	14.3
南　京	1994	57.8	47.1
句　容	1995	14.3	16.8
	1997	49.5	62.8
苏　州	1993	122	140
	1993	143	173
重　庆	1995	85.5	105
	1995	272	280
	1996	653	747
	1997	326	373
鹰　潭	1993	725	829
	1994	547	626
长　沙	1995	365	417
	1996	593	639
广　州	1994	56.3	74.7
	1994	382	430
泰 国			
Chiang Mai	2000	21.8	131
Surin	1994	34.9	124
Suphan Buri	1991	286	292
	2000	216	385
Prachin Buri	1996	182	67.1
	2000	94.8	129

表 7.6 DNDC 模型估算值与田间测定的 N_2O 排放量比较(Cai et al., 2003b)

观测地点	观测年份	N_2O 排放量($kg\ N \cdot hm^{-2}$)	
		观测值	估算值
	日	本	
Mikasa	1995	7.99	7.89
	1996	3.46	4.18
	1997	5.56	7.02
	1998	4.84	4.92
	1999	11.02	7.09
	2000	15.93	11.26
Tsukuba	1996	0.17	3.14
	中	国	
封丘	1994	1.69	0.53
	1994	1.99	0.41
南京	1994	0.62	5.70

应用模型估算稻田生态系统 CH_4 和 N_2O 排放量，通常需要具有确切空间坐标的输入参数，为此，需要与 GIS 系统相结合。Cao et al. (1995)应用 MEM 模型和用 GIS 整合的 329 个地区的气候、土壤性质、农业用地和当前农作物产量的地理学参考数据，得出 CH_4 日排放量和年排放量分别为 $0.44\ g \cdot m^{-2}$ 和 $59.9\ g \cdot m^{-2}$，根据水稻总种植面积 $3.1 \times 10^7\ hm^2$（全国农业区划委员会，1981）推算出中国稻田 CH_4 排放量为 $16.2\ Tg \cdot yr^{-1}$。Matthews et al. (2000b)应用 MERES 模型和 GIS 技术，根据中国 10 个气象站的逐日气象资料和以省、市、自治区为基本行政单元的土壤数据和水稻种植面积（Knox et al., 2000），分四种情况评估中国稻田 CH_4 排放量：① 水稻生长期稻田持续淹水且不施用有机肥；② 水稻生长期稻田持续淹水，施用 $3\ 000\ kg \cdot hm^{-2}$ 干重的绿肥；③ 水稻生长中期烤田 14 天，后期排干，不施用有机肥；④ 水稻生长中期烤田 14 天，后期排干，施用 $3\ 000\ kg \cdot hm^{-2}$ 干重的绿肥。在 4 种不同的情景下，估算出中国稻田 CH_4 排放量分别为 $3.73\ Tg \cdot yr^{-1}$、$8.64\ Tg \cdot yr^{-1}$、$3.35\ Tg \cdot yr^{-1}$ 和 $7.22\ Tg \cdot yr^{-1}$，并认为更切实际的估算值应在 $7.22 \sim 8.64\ Tg \cdot yr^{-1}$ 之间。Li et al. (2004)采用 GIS 格式的数据管理，储存与地理

坐标有关的地形、气候、植被类型、土壤类型、人口、牲畜种类等数据,以县为基本空间单元建立 GIS 数据库,运行 DNDC 模型,估算出在持续淹水条件下中国稻田 CH_4 排放量为 $8.53\sim16$ $Tg\cdot yr^{-1}$,烤田条件下 CH_4 排放量为 $2.27\sim10.53$ $Tg\cdot yr^{-1}$,其中估算值 2.27 $Tg\cdot yr^{-1}$ 是目前中国稻田 CH_4 排放量最小估算值。黄耀等(2006)结合 CH_4 排放模型 MOD 和 GIS 空间化数据库以及 ARCGIS 软件,模拟估计了中国大陆 2000 年稻田 CH_4 排放量为 6.02 $Tg\cdot yr^{-1}$,其中早稻田排放 1.63 $Tg\cdot yr^{-1}$,晚稻田排放 1.46 $Tg\cdot yr^{-1}$,单季稻田排放 2.93 $Tg\cdot yr^{-1}$。

7.1.5 全球和中国稻田 CH_4 排放量估算值

早在 20 世纪 60 年代初,Koyama et al.(1963)就报道全球稻田生态系统 CH_4 排放量为 190 $Tg\cdot yr^{-1}$。70 年代末,Ehhalt and Schmidt(1978)在研究大气 CH_4 的源与汇时估算全球稻田 CH_4 排放量为 280 $Tg\cdot yr^{-1}$,这是迄今为止最大的估算值。80 年代以后,世界各地的科学家就全球稻田生态系统 CH_4 排放量估算做了大量的研究工作,不同的研究都得出了极为不同的估算数值(表 7.7)。将表 7.7 数据按发表年份制成图 7.1,可以清楚地看出,20 世纪 90 年代以前估算的数值大多数都比较大,90 年代以后除个别估算值较大外,总体来说相对较小,而且估算值呈现下降趋势。稻田 CH_4 排放量估算数值的下降趋势,既可能是排放量实际下降的结果,也可能是实际排放量并无实质性变化,而估算方法或采用的数据发生变化的结果,或者二者兼有。目前尚难以判断哪一种可能性更大。

表 7.7 全球稻田 CH_4 排放量的估算

CH_4 排放量($Tg\cdot yr^{-1}$)	参 考 文 献
190	Koyama et al., 1963
280	Ehhalt and Schmidt, 1978
59	Cicerone and Shetter, 1981
39	Sheppard et al., 1982
95	Khalil et al., 1983
$35\sim59$	Seiler et al., 1983
$142\sim190$	Blake, 1984
$30\sim70$	Seiler, 1984
$120\sim200$	Crutzen, 1985

续表 7.7

CH_4 排放量 $(Tg \cdot yr^{-1})$	参　考　文　献
140~190	Blake and Rowland, 1986
70~170	Bolle et al., 1986
70~170	Holzapfel-Pschorn and Seiler, 1986
60~170	Cicerone and Oremland, 1988
60~140	Aselmann and Crutzen, 1989
50~150	Schütz et al., 1989a
70~170	Schütz et al., 1989b
25~170	IPCC, 1990
53~114	Bouwman, 1990
25~60	Neue et al., 1990
64~107	Wang et al., 1990
22~73	Yagi and Minami, 1990
92	Bouwman, 1991
97	Anastasi et al., 1992
20~100	IPCC, 1992
80	Stevens, 1993
12~113	Minami, 1994
25~54	Sass et al., 1994
53	Cao et al., 1996
35~56	Wang and Shangguan, 1996
83	Hein et al., 1997
40~80	Khalil et al., 1998
31	Scheehle et al., 2002
60	Wuebbles and Hayhoe, 2002
28.2	Yan et al., 2003c
54	Mikaloff et al., 2004
57	Wang et al., 2004
39	Olivier et al., 2005
112	Chen and Prinn, 2006

20 世纪 80 年代在世界范围内兴起了对稻田生态系统 CH_4 排放量的田间测定。通过连续多年的田间观测和测定,为稻田生态系统 CH_4 排放量估算提供了大量的更为真实的稻田生态系统 CH_4 排放量数据。随着估算方法以及测定技术的不断改进和完善,全球稻田生态系统 CH_4 排放量的估算

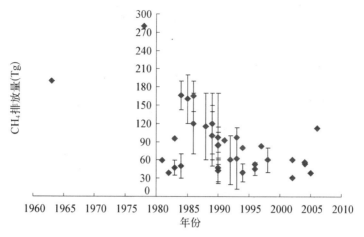

图 7.1 不同年份发表的全球稻田 CH_4 排放量估算值(数据来源：表 7.7)

值日益接近于客观实际。

我国是世界水稻生产大国,根据菲律宾国际水稻研究所(IRRI)对世界和我国水稻种植面积的统计,我国水稻收获面积占世界水稻总收获面积的比例持续下降,但是近年来仍维持在 20% 左右,总产量维持在世界水稻总产量的 30% 左右(IRRI,2008)。与世界稻田生态系统 CH_4 排放量的估算值随发表时间而变化的趋势相同,我国稻田生态系统 CH_4 排放量的估算值也有随发表时间而呈下降的趋势(表 7.8,图 7.2)。与世界水稻收获面积呈增加趋势不同,我国水稻收获面积近 20 年来呈下降趋势(图 7.3)。我国稻田生态系统 CH_4 排放量估算值下降可能有排放量实际下降的因素,如水稻收获面积下降(图 7.3)。但 Li et al.(2005)认为由于我国稻田生态系统水分管理方式由连续淹水向间歇灌溉转变,使稻田单位面积 CH_4 排放量和 CH_4 排放总量下降。Khalil and Shearer(2006)将我国稻田 CH_4 排放量估算值下降的现象归因于我国稻田化学氮肥施用量的增加。他们认为稻田生态系统 CH_4 排放量随着氮肥施用量的增加而减少。但是,一个不可回避的事实是:20 世纪 90 年代初期以前,由于田间实际测定数据的限制,且测定数据多来自于常年淹水的稻田或类似于常年淹水的稻田,对我国和全球稻田生态系统 CH_4 排放量做了过高的估算。如 Bachelet et al.(1995)采用 NPP 转换法估算时,转换系数设定为 5%,明显高于我国稻田生态系统的实际测定结果(平均为 1.8%,康国定,2003)。Cao et al.(1995)应用 MEM 模型得出稻田 CH_4 日排放量 0.44 $g \cdot m^{-2} \cdot d^{-1}$,显著高于 IPCC《国家温室气体清单指南》设定的稻田 CH_4 排放量基准值范围(0.8~2.2 $kg \cdot hm^{-2} \cdot d^{-1}$,相当于 0.08~0.22 $g \cdot m^{-2} \cdot d^{-1}$)(IPCC,2006)。

表 7.8　中国稻田 CH_4 排放量的估算

估算方法	估算值($Tg \cdot yr^{-1}$)	参　考　文　献
以田间测定数据为基础的面积扩展方法	13.8~22.8	Wang et al., 1990
	30	Khalil et al., 1991
	15~19	王明星等, 1993
	16~23	Khalil et al., 1993
	11.3	Lin, 1993
	18~28	Wassmann et al., 1993
	13~17	Wang et al., 1994
	11.1(10.2~12.8)	沈壬兴等, 1995
	41.1~41.4	Mudge and Adler, 1995
	11.4~15.2	Wang and Shangguan, 1996
	8.0(4.4~11.8)	Cai, 1997
	7.7(5.8~9.6)	Yan et al., 2003a
	8.2~10.5	王明星, 2001
	10	Khalil and Shearer, 2006
转化系数法	9.1~13.5[a]	Bachelet and Neue, 1993
	6.8[a]	Bachelet et al., 1995
	7.0[b]	吴海宝和叶兆杰, 1993
	14.7~21.3[b]	Bachelet and Neue, 1993
	16[b]	Bachelet et al., 1995
模型估算	10.5	Bachelet et al., 1995
	16.2	Cao et al., 1995
	9.7~12.7	Wang et al., 1996
	5.1~12.9	Kern et al., 1997
	9.7(7.2~13.6)	Huang et al., 1998a, 1998b
	7.6	蔡祖聪, 1999
	3.4~8.6	Matthews et al., 2000b
	3.8~9.9	康国定, 2003
	2.3~16.0	Li et al., 2004
	6.0	黄耀等, 2006

注: a. NPP 转换系数法的估算值; b. 投入到土壤的有机碳或土壤有机质中碳量转换系数法的估算值.

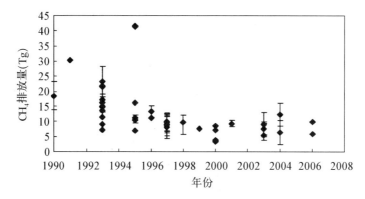

图 7.2 不同年份发表的我国稻田 CH$_4$ 排放量估算值
（数据来源：表 7.5）

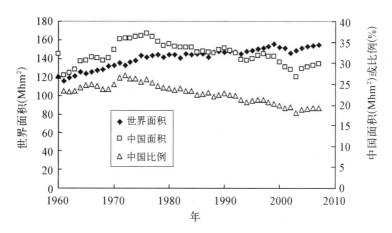

图 7.3 世界和中国稻田收获面积及中国占世界稻田收获
面积的比例变化（IRRI，2008）

Yan et al.(2003c)总结了文献报道的亚洲地区稻田生态系统 CH$_4$ 排放量田间测定数据，得出亚洲地区稻田生态系统 CH$_4$ 排放量为 25.1 Tg·yr^{-1}。亚洲的水稻收获面积占世界的 89%，假定亚洲地区以外的稻田生态系统与亚洲地区的稻田生态系统平均 CH$_4$ 排放量相同，据此估计，全球稻田生态系统 CH$_4$ 排放量为 28.2 Tg·yr^{-1}，中国稻田生态系统的 CH$_4$ 排放量为 7.67 Tg·yr^{-1}，占全球稻田生态系统 CH$_4$ 排放量的 27.2%。这一比值与中国水稻总产量占世界水稻总产量的比值相当。从这一结果可以看出：① 中国稻田生态系统 CH$_4$ 排放在全球稻田 CH$_4$ 排放中占有重要的地位；② 在全球尺度上，稻田生态系统 CH$_4$ 排放量的变化可能与总产量相一致。

7.2 中国稻田生态系统 CH_4 排放量及其时空变化

如上所述,稻田生态系统 CH_4 排放量的估算方法很多,估算结果逐渐接近,但仍有较大差异。由于不同研究者估算的年份不同,即使估算的是同一年份的稻田生态系统 CH_4 排放量,所用的基础数据资料也不尽相同。因此,很难进行严格意义上的不同估算方法之间的比较。再一方面,现有的研究大多是对某特定年份排放量的估算,对于逐年变化的研究较少,因此不能很好地反映稻田生态系统 CH_4 排放量的年际变化。为此,我们使用完全相同的基础数据资料,分别采用 IPCC 方法(1996 年版)、DNDC 模型、NPP 转化系数方法和我们建立的 WinSM 模型估算了全国稻田生态系统从 1990 年到 2000 年逐年 CH_4 排放量。本节介绍以 WinSM 模型估算结果为基础的中国稻田生态系统 CH_4 排放量及其时间和空间变化。

7.2.1 WinSM 模型

WinSM 模型是一个混合模型,对于非水稻生长季节排水的稻田生态系统,水稻生长季节 CH_4 排放量以 CH_4 排放量与冬季降水量关系的回归方程估算,对于非水稻生长季节继续淹水的稻田生态系统,水稻生长季节和非水稻生长季节 CH_4 排放量采用与 IPCC 指南相同的方法,即根据实际测定的 CH_4 排放量,将稻田分类后估算。

7.2.1.1 数据源

稻田 CH_4 排放的模拟和估算涉及中国凡种植水稻的县(旗)的土壤性质、气候数据、农业土地利用数据(如水稻种植面积、耕作方式、灌溉方式、肥料施用量等)、实地测量的 CH_4 排放数据等。上述数据不仅面广量大、具有空间和时间特征,而且来源不同。数据源既有原始数据又有经过处理加工后的数据,因此,有必要对它们分别进行整理和描述。

1. 气候数据

气候数据主要来自于中国国家气象总局提供的 600 个气象台站的 12 年(1989~2000 年)逐日数据,将这些台站以相邻原则分配至全国种植水稻的各县。根据不同估算模型对气候数据类型和时段的要求,分别建立相应的气候数据子集,用计算机程序将这些数据转换为相应格式,供模型调用。

2. 农业土地利用数据

计算稻田 CH_4 排放的区域和年际变化所用的稻田面积数据,采用中国农科院提供的数据。由于只有各县的稻田播种面积数据,没有分早、中、晚稻,依据不同年份的《中国农业年鉴》提供的省级种植各类稻田面积,计算其各自所占的比例,按比例分配到各省、市或自治区所辖的各县(旗),计算出各县(旗)早、中、晚稻田种植面积数据。

3. 土壤性质

估算中国四个年份(1990 年、1995 年、1998 年和 2000 年)稻田 CH_4 排放量时,DNDC 模型所需关于土壤性质的输入参数(以县为空间单元)采用 DNDC 模型内含的数据。

4. 行政边界

行政边界包括国界、省界和县(旗)界的多边形矢量图(1:1 000 000)由中国科学院南京土壤研究所土地资源与遥感应用室提供。这些多边形用于表达稻田 CH_4 排放量的空间分布。

7.2.1.2 估算方法

WinSM(基于冬季土壤水分管理的稻田 CH_4 排放量估算模型)首先根据作物生长季节,将稻田生态系统划分成水稻生长季节和非水稻生长季节。然后根据非水稻生长季节的水分管理划分成两类:① 非水稻生长季节连续淹水,即通常所称的冬灌田、冷浸田等;② 非水稻生长季节排水,该类稻田生态系统在非水稻生长季节可能种植冬季作物(如小麦、油菜等)、绿肥或休闲。根据对各类型稻田生态系统不同生长季节 CH_4 排放的实际认识程度,采用不同的方法估算 CH_4 排放量。WinSM 模型假定非水稻生长季节排水的稻田生态系统,该时期不排放 CH_4,因此,模型由三部分构成,分别估算非水稻生长季节排水的稻田生态系统水稻生长季节 CH_4 排放量(第一类排放量)、非水稻生长季节连续淹水稻田生态系统水稻生长季节 CH_4 排放量(第二类排放量)和该类稻田生态系统非水稻生长季节 CH_4 排放量(第三类排放量)。

国内外关于稻田生态系统 CH_4 排放量的绝大部分研究集中于非水稻生长季节排水的稻田生态系统水稻生长季节,即第一类排放,因此,对第一类 CH_4 排放的研究最为深入。第 6 章 6.4.2 节详细地讨论了我国第一类 CH_4 排放量空间变化规律以及与非水稻生长季节土壤水分含量及降水量(定义为 11 月 1 日至次年 3 月 31 日累积降水量)的关系。在全国尺度上直接影响第一类 CH_4 排放量的关键因素是水稻种植前一季的土壤水分含量(图 6.29)。但是各类统计资料中并无非水稻生长季节土壤水分含量的数据,田间的实际测定也很少进行,所以,采用图 6.29 中的回归方程受到土壤水分含量数据的限制而不可能实际应用,WinSM 模型对第一类 CH_4 排放量的估算采用图 6.30 给出的与非水稻生长季节降水量关系的回归方程:

$$f_a = 1.0352e^{0.0063x} \tag{7.11}$$

式中,f_a 为第一类 CH_4 排放系数,单位为 $g \cdot m^{-2}$;x 为非水稻生长季节降水量,即 11 月 1 日至次年 3 月 31 日的累积降水量。第一类 CH_4 排放量的估算以县为基本空间单元,根据公式(7.11)计算的某一县的 CH_4 排放系数,乘以该县该类水稻种植面积,得到该县第一类 CH_4 排放量,然后累积为省级第一类 CH_4 排放量和全国第一类 CH_4 排放量(F_1,单位为 $Tg \cdot yr^{-1}$),用公式表示为

$$F_1 = \sum\sum (f_{aij} \times A_{aij}) \times 10^{-8} \tag{7.12}$$

式中,f_{aij} 和 A_{aij} 分别为 i 省 j 县第一类 CH_4 排放量($g \cdot m^{-2} \cdot yr^{-1}$)和第一类水稻种植面积($hm^2$)。当由公式(7.11)计算的特定空间单元第一类 CH_4 排放量(f_a)等于或大于表 7.9 中该空间单元所在区域第二类 CH_4 排放量(f_b)时,则认为该空间单元非水稻生长季节已经处于连续淹水状态,此时,f_a 值取表 7.9 中该空间单元所在区域的第二类 CH_4 排放量。

表 7.9 各区非水稻生长季节淹水稻田生态系统水稻生长季节 CH_4 排放量(Cai et al., 2005)

稻田分区	种植面积 ($10^3 hm^2$)	水稻生长季节		
		单位面积 CH_4 排放量 ($g \cdot m^{-2} \cdot yr^{-1}$)	观测地点	CH_4 排放量 ($Gg \cdot yr^{-1}$)
I	469	57.2	句容	268
II	608	67.2	重庆	408
III	442	76.0	广州	336

7.2 中国稻田生态系统 CH$_4$ 排放量及其时空变化

续表 7.9

稻田分区	种植面积 (10^3 hm^2)	水稻生长季节		
		单位面积 CH$_4$ 排放量 (g·m^{-2}·yr^{-1})	观测地点	CH$_4$ 排放量 (Gg·yr^{-1})
Ⅳ	684	104	长沙	708
Ⅴ	457	159	鹰潭	724
总计	2 660			2 444

对于第二类 CH$_4$ 排放,已经积累了一定数量的田间测定数据,但是,至今仍然未能揭示其空间变化规律和影响其排放量空间变化的关键因素。考虑到对该类 CH$_4$ 排放的实际认识程度,WinSM 模型对第二类 CH$_4$ 排放量估算采用分类型扩展的方法。根据每一类型实际测定的 CH$_4$ 排放量和相应的面积估算 CH$_4$ 排放量。稻田分区考虑:① 是否存在有效的田间直接测定数据;② 气候、种植制度、管理方式等方面的尽可能相似原则。从文献中收集到的第二类 CH$_4$ 排放的有效田间测定数据列于表 7.9。为此,将全国稻田生态系统区划分成 5 个区(图 7.4),分别根据每一区实际测定的单

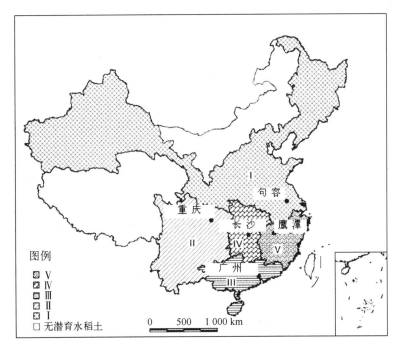

图 7.4 用于估算非水稻生长季节淹水稻田生态系统水稻生长季节 CH$_4$ 排放量的全国稻田分区(Cai et al., 2005)

位面积 CH_4 排放量和该类稻田的面积估算,如公式(7.13):

$$F_2 = \sum (f_{bi} \times A_{bi}) \times 10^{-8} \quad (7.13)$$

式中,F_2 为第二类 CH_4 排放量,单位为 $Tg \cdot yr^{-1}$;f_{bi} 为表 7.9 中 I～V 区单位面积的 CH_4 排放量($g \cdot m^{-2} \cdot yr^{-1}$);$A_{bi}$ 为表 7.9 中 I～V 区的非水稻生长季节淹水稻田的种植面积(hm^2)。由于长江以北地区无第二类 CH_4 排放的田间测定结果,根据尽可能相似原则,把有第二类田间测定数据的江苏省划入到第 I 区(Cai et al., 2005)。

国内外稻田生态系统 CH_4 排放量的测定基本上只局限于水稻生长季节,很少进行全年测定。常年淹水稻田生态系统非水稻生长季节是一个不可忽视的 CH_4 排放源(Cai et al., 2003a),但是,田间实际测定数据积累很少,在文献中仅有对重庆冬灌田非水稻生长季节连续多年的测定数据,对于其排放量空间变化规律的认识更加不足。为了避免用单一地点的测定数据估算全国第三类 CH_4 排放,采用在重庆冬灌田 CH_4 排放量观察研究中建立的非水稻生长季节 CH_4 排放通量与温度关系的回归方程(Cai et al., 2003a),计算第三类 CH_4 排放通量(f_c,单位为 $mg \cdot m^{-2} \cdot h^{-1}$):

$$f_c = 11.556 e^{0.1218T} \quad (7.14)$$

式中,T 为气象台站记录的气温(℃)。然后根据各县非水稻生长季节淹水稻田面积,用与公式(7.1)相似的公式估算各省和全国第三类 CH_4 排放量(F_3)。

全国稻田生态系统 CH_4 总排放量(F)则为三类 CH_4 排放量之和:

$$F = F_1 + F_2 + F_3 \quad (7.15)$$

中国农业统计数据仅提供全国早、中、晚、单季稻种植面积,并不提供非水稻生长季节继续淹水的稻田面积。所以,该类稻田生态系统面积的确定成为另一个估算 CH_4 排放量的关键因素。李庆逵(1992)《中国水稻土》书中估计中国现有各类冬季淹水的稻田面积约为 $2\,730 \times 10^3\,hm^2$,约占全国稻田总面积的 12%,主要分布在西南地区。但是,并没有以县为空间单元的分布数据。为此,采用了以下解决办法。① 将全国第二次土壤普查时,确定的潜育性水稻土作为非水稻生长季节连续淹水的稻田类型。康国定(2003)从《中国土壤普查数据》(全国土壤普查办公室,1997)得到的潜育性水稻土面积为 $2\,524 \times 10^3\,hm^2$。但是比较《中国土壤普查数据》和《中国土种志》1～6 卷(全国土壤普查办公室,1993,1994,1995,1996)可以发现,《中国土壤普查数据》一书并没有收集所有省份的潜育性水稻土面积(Cai et al., 2005)。结合这两本书提供的面积,得到非水稻生长季节淹水稻田面积为 $2660 \times 10^3 \ hm^2$,在五个区都有分布,但以第Ⅳ区(中南区)的面积最大(表7.9)。② 根据各县水稻种植面积和非水稻生长季节连续淹水稻田面积,按比例分配到各县。

由于根据多年田间实际测定的平均 CH_4 排放量估算第二类 CH_4 排放量以及稻田面积数据采用第二次土壤普查时的潜育性水稻土面积数据均无逐年数据,所以 WinSM 模型给出的第二类 CH_4 排放量是一个固定值,而不是每年的估算数据。根据康国定(2003)确定的潜育性水稻土面积,估算得到全国第二类 CH_4 排放量为 $2.36 \ Tg \cdot yr^{-1}$;根据表7.9的面积数据,全国第二类 CH_4 排放量为 $2.44 \ Tg \cdot yr^{-1}$,其中第Ⅴ区(图7.4),即东南地区的第二类 CH_4 排放量最大(表7.9)。

蔡祖聪(1999)发现,非水稻生长季节淹水稻田,在水稻生长期的 CH_4 排放量(y)与非水稻生长季节的降雨量(x)有很高的相关性:$y = 31.45e^{0.0029x}$。由于非水稻生长季节降水量大小并不影响非水稻生长季节淹水稻田的土壤水分状况,所以,这两者之间何以具有很高相关性的内在机理并不清楚。根据此回归方程,用各省5年平均非水稻生长季节降雨量估算单位面积的第二类 CH_4 排放量,以该类稻田的总面积 $2730 \times 10^3 \ hm^2$ 估算第二类 CH_4 排放总量为 $2.41 \ Tg \cdot yr^{-1}$。这一数值与 WinSM 模型估算该类稻田的总面积为 $2660 \times 10^3 \ hm^2$ 的结果 $2.44 \ Tg \cdot yr^{-1}$(表7.9)非常接近。

7.2.1.3 与其他估算方法的比较

根据康国定(2003)采用的非水稻生长季节连续淹水稻田的面积估算得到的1990年至2000年11年三类 CH_4 排放量及总排放量列于表7.10。采用 WinSM 模型估算出中国 1990～2000 年的 CH_4 排放量变化在 $3.83～9.86 \ Tg \cdot yr^{-1}$,平均为 $5.35 \ Tg \cdot yr^{-1}$。非水稻生长季节连续淹水的稻田排放的 CH_4 占总排放量的40%～78%,平均为54%。由此可见,非水稻生长季节连续淹水的稻田生态系统是我国稻田生态系统最重要的 CH_4 排放贡献者。该类稻田生态系统不仅水稻生长季节 CH_4 排放量大,而且在非水稻生长季节继续排放 CH_4,平均占水稻生长季节的 CH_4 排放量的24%,占全国稻田生态系统 CH_4 总排放量的6%～17%,平均为11%。所以,非水稻生长季节连续淹水稻田非水稻生长季节的 CH_4 排放也是不可忽略的。

表7.10 1990～2000年中国稻田 CH_4 排放量(康国定,2003)

年 份	稻田 CH_4 排放量($Gg \cdot yr^{-1}$)			
	冬季排水稻田	冬季淹水稻田		合 计
		水稻生长期	非水稻生长期	
1990	2 319	2 356	557	5 232
1991	4 267	2 356	582	7 204
1992	4 316	2 356	559	7 231
1993	1 478	2 356	561	4 395
1994	1 305	2 356	559	4 220
1995	1 701	2 356	550	4 607
1996	1 087	2 356	565	4 008
1997	1 266	2 356	584	4 206
1998	6 910	2 356	596	9 862
1999	826	2 356	643	3 825
2000	1 045	2 356	599	3 999
平均	2 411	2 356	578	5 345

采用同一套数据,分别用DNDC模型、IPCC方法(1996年修正版)和NPP转换系数方法对我国全国稻田生态系统 CH_4 排放量进行了估算。DNDC模型以县为基本单元进行估算。根据田间实际测定值与公式(7.4)和(7.5)计算的 NPP 值比较, CH_4 转化系数取1.82%估算全国稻田生态系统的 CH_4 排放量。通过对田间实际测定数据的分析,对缺乏实际测定数据的类型用IPCC(1996)提供的缺省值估算,最终确定区域特定 CH_4 排放系数如表7.11。然后按IPCC《国家温室气体清单指南》1996年修正版估算全国稻田 CH_4 排放量。这三种方法以及WinSM模型对1990年、1995年、1998年和2000年全国稻田生态系统 CH_4 排放量的估算值列于表7.12。

表7.11 基于田间实测数据和IPCC扩展系数获得的区域特定 CH_4 排放系数(单位: $mg \cdot m^{-2} \cdot h^{-1}$, Yan et al., 2003a)

区 域	有机肥	早 稻		中 稻		晚 稻	
		IR	CF	IR	CF	IR	CF
Ⅰ.中国北方中稻/单季稻区	有	—	—	9.76	19.68	—	—
	无	—	—	2.75	8.70	—	—

续表 7.11

区域	有机肥	早稻		中稻		晚稻	
		IR	CF	IR	CF	IR	CF
ⅡA. 中国东中部单/双季稻区	有	10.22[a]	15.60	5.48	10.80	16.40[a]	22.00
	无	5.11	6.49	3.60	4.41	8.20	7.76
ⅡB. 中国西南部中/单季稻区	有	—	—	15.60	25.16	—	—
	无	—	—	7.80[a]	12.58[a]	—	—
Ⅲ. 中国中部和南部双季稻区	有	12.89	19.70	8.41	17.71	18.79	32.36
	无	11.29	6.21	6.68	8.85[a]	10.26	17.59
Ⅳ. 中国东北和西部稻区	有			0.49	7.05		
	无			0.25[a]	3.53[a]		

注：IR 表示间歇灌溉，CF 表示连续淹水。a. 该值表示施加有机肥的稻田 CH_4 排放通量等于不施加有机肥稻田 CH_4 排放通量乘以 IPCC 缺省校正系数 2，或表示不施加有机肥稻田 CH_4 排放通量等于施加有机肥的稻田 CH_4 排放通量乘以 IPCC 缺省校正系数 0.5(IPCC，1997)。

采用 IPCC 方法估算时，区域特定排放系数是多年田间测定数据平均的结果，并不存在年际变化，所以，由此方法估算的稻田生态系统 CH_4 排放量的年际变化仅仅是由于水稻种植面积变化的结果。从表 7.12 可以看出，由 IPCC 方法估算的全国稻田生态系统 CH_4 排放量平均为 $8.19\ Tg \cdot yr^{-1}$，在 4 种估算方法中平均估算值最大，年际变化最小，4 年的变异系数仅为 8.0%。由 NPP 转化系数估算的稻田 CH_4 排放量反映了年气温和/或年降水量的变化，4 年平均 CH_4 排放量略低于 IPCC 方法估算的排放量，年际变化略大，变异系数为 9.2%。DNDC 模型同时考虑了温度、降水、土壤性质等因素，由此模型估算的 CH_4 排放量年际变化较大，变异系数达 30.6%，4 年平均值与 WinSM 模型估算的排放量十分接近，分别为 5.97% 和 5.93%。但是，应该指出，其他几种估算方法都未包括非水稻生长季节连续淹水稻田的 CH_4 排放（即 WinSM 模型中的第三类排放）。与其他方法比较，WinSM 模型估算的 CH_4 排放量年际变化最大，1998 年的排放量是所有模型 4 年排放量估算值中的最大值，4 年的变异系数达到 45.1%；虽然包括了第三类 CH_4 排放，但 4 年平均排放量仍然是最小的。

表 7.12　用同一套数据采用 4 种方法估算中国稻田
CH_4 排放量比较（康国定，2003）

年　份	稻田 CH_4 排放量($Tg \cdot yr^{-1}$)			
	WinSM	IPCC 方法	DNDC	NPP 转换[a]
1990	5.23	8.98	4.86	7.24
1995	4.61	8.38	4.05	6.31
1998	9.86	7.91	7.96	6.77
2000	4.00	7.46	7.03	5.85
平均	5.93	8.19	5.97	6.54
CV(%)	45.1	8.00	30.6	9.20

注：a. 1.8% NPP 转换为 CH_4 排放。

值得注意的是这 4 种估算方法估算的全国稻田生态系统 CH_4 排放量无显著的相关性。WinSM 和 DNDC 模型都估算 1998 年全国稻田生态系统 CH_4 排放量最大，但它们对 2000 年的估算值则相去甚远。WinSM 模型估算 2000 年的 CH_4 排放量最小，而 DNDC 模型估算该年的 CH_4 排放量仅次于 1998 年。该年 WinSM 模型的估算值仅为 DNDC 模型估算值的 57%。由于不可能对模型估算的全国稻田生态系统 CH_4 排放量进行直接的验证，因而也不可能判断哪一种估算方法估算的结果更加接近客观实际。WinSM 模型对第一类 CH_4 排放量的估算是建立在对稻田生态系统 CH_4 排放量空间变化规律认识的基础上的，而且温室、渗漏池试验和大田观察都证明非水稻生长季节土壤水分对水稻生长季节 CH_4 排放量的重要作用。因此，该模型可能更好地反映了全国稻田生态系统 CH_4 排放的年际变化。但是，该模型是在中国水稻种植制度下建立的，它不一定能够适用于种植制度不同的稻田生态系统的 CH_4 排放。在东南亚地区，雨季和旱季分明，水稻分雨季和旱季。在这些地区，稻田生态系统并不存在中国稻田生态系统那样明显的水稻生长季节和非水稻生长季节。由此可见，在宏观尺度上估算稻田生态系统 CH_4 排放量仍然是一个具有很大挑战性的科学问题。

7.2.2　全国稻田 CH_4 排放量时间变化

在第 6 章中已经详细介绍了田间实际测定的稻田生态系统 CH_4 排放

7.2 中国稻田生态系统 CH$_4$ 排放量及其时空变化

量年际变化。从表6.5引用的田间实际测定数据可以看出,在同一地点,不同年份测定 CH$_4$ 排放量,年际之间的变化很大,如江苏苏州4年连续测定的 CH$_4$ 排放量从1997年的49.7 kg·hm^{-2}·yr^{-1} 到1996年的363.1 kg·hm^{-2}·yr^{-1},相差达7倍多。重庆连续6年的 CH$_4$ 排放量也有很大的年际变化,变异系数达62.7%,只有乐山稻田连续测定的 CH$_4$ 排放量年际变化较小,变异系数为14.1%。随着空间尺度的扩大,稻田 CH$_4$ 排放量的空间变异程度可能会有所下降,但毫无疑问,即使在全国尺度上,稻田生态系统也应该存在年际变化。但是,全国尺度上稻田生态系统 CH$_4$ 排放量的年际变化并不能通过田间实际测定数据进行分析,而必须借助于对全国稻田生态系统 CH$_4$ 排放量的估算。从表7.12结果可以看出,IPCC方法不能用于分析全国稻田生态系统 CH$_4$ 排放量的年际变化。在此,我们借助于 WinSM 模型估算的全国稻田生态系统 CH$_4$ 排放量,分析其年际变化及其与大气 CH$_4$ 浓度升高速率的关系。

从1990年到2000年,WinSM模型估算的全国稻田生态系统 CH$_4$ 排放量从3.83 Tg·yr^{-1} 到9.86 Tg·yr^{-1}(表7.10),排放量最小值与最大值相差2.6倍。但这一差值较江苏苏州和重庆稻田同一地点连续测定的年际变化(表6.5)要小得多。WinSM模型不能反映第二类 CH$_4$ 排放的年际变化,所以,由 WinSM 模型估算的稻田 CH$_4$ 排放量年际变化来源于第一类和第三类 CH$_4$ 排放的年际变化。无论从绝对值还是从相对值看,全国稻田 CH$_4$ 排放量的年际变化主要是由第一类 CH$_4$ 排放的年际变化所引起的,第三类 CH$_4$ 排放的年际变化很小,变异系数仅为4.7%,而第一类 CH$_4$ 排放的变异系数达到80.2%,总排放量的变异系数为36.2%。

从第一类 CH$_4$ 排放量的估算方法可知,该类 CH$_4$ 排放量仅取决于非水稻生长季节的降水量,随着降水量的增加而呈指数增长(公式7.11)。第三类 CH$_4$ 排放量的估算值取决非水稻生长季节的温度。显然,非水稻生长季节温度的年际变化引起的全国稻田 CH$_4$ 排放量年际变化远小于非水稻生长季节降水量的年际变化。这不仅与温度对 CH$_4$ 排放量影响作用较小有关,还与具有第三类 CH$_4$ 排放能力的稻田面积较小有关。

对全球大气 CH$_4$ 浓度的测定表明,从1990年到2000年,大气 CH$_4$ 浓度的增长速率发生了很大的波动,在1991年和1998年出现增长率峰值,而在1992年、1995年和1999年出现增长率低谷(图7.5)。对此,不同学科背景的研究者从不同的角度解释这时期大气 CH$_4$ 浓度增长率不寻常的波动现象。这些解释主要从 CH$_4$ 排放源和大气 CH$_4$ 光化学分解速率变化出发。如1992年大气 CH$_4$ 浓度增长率出现低谷被认为是人为 CH$_4$ 排放源减少(Dlugokencky et al.,1994；Law and Nisbet,1996)或大气中 CH_4 光化学分解作用的增加(Bekki et al.,2002)的结果。

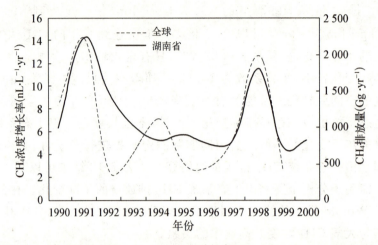

图 7.5　1990 年代全球大气 CH_4 浓度增长率(Dlugokencky et al.,2001)
与湖南省稻田 CH_4 排放年变化趋势(康国定,2003)

比较图 7.5 大气 CH_4 浓度增长率与 WinSM 模型估算的全国稻田生态系统 CH_4 排放量可以看出,除 1992 年的数据外,全国稻田 CH_4 排放年际变化与全球大气 CH_4 年增长率变化存在显著的相关性(图 7.6)。其中,1991 年和 1998 年 CH_4 排放量的峰值与全球大气 CH_4 浓度增长率的两个异常峰值(Dlugokencky et al.,2001)出现的年份一致。1999 年估算的全国稻田生态系统 CH_4 排放量最小,而当年大气 CH_4 浓度增长率也最小。WinSM 模型估算的湖南省的稻田 CH_4 排放量年变化与全球大气 CH_4 年增长率波动趋势更加一致(图 7.5)。

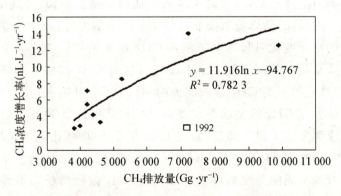

图 7.6　全球大气 CH_4 浓度增长率(Dlugokencky et al.,2001)
与中国稻田 CH_4 排放年变化关系(康国定,2003)

值得指出:中国稻田生态系统 CH_4 排放年变化与全球大气 CH_4 年增长率变化具有显著相关性,并不意味着中国稻田生态系统是全球 CH_4 排放源的主要贡献者,因为中国稻田 CH_4 排放量只占全球 CH_4 排放量(598 $Tg \cdot yr^{-1}$,IPCC,2001)的 1.1% 左右,不足以改变全球大气 CH_4 浓度增长速率。但是,这一结果暗示着中国稻田生态系统非水稻生长季节时间段降水量可能也是影响全球陆地生态系统 CH_4 排放量和对大气 CH_4 氧化量的重要因素;20 世纪 90 年代陆地生态系统 CH_4 排放量年际变化可能是影响大气 CH_4 增长率异常变化的一个重要因素。

可从三个方面解释中国稻田生态系统非水稻生长季节时间段降雨量的年际变化可能影响全球陆地生态系统 CH_4 排放量和对大气 CH_4 的氧化能力:① 这一时间段降雨量影响全球湿地面积。对于干、湿交替的季节性湿地生态系统,干旱季节的降水量对全年 CH_4 排放量的影响可能与中国稻田生态系统具有相似之处。② 这一时间段降雨量的增加导致非水稻生长季节淹水稻田面积增加,使得水稻生长期 CH_4 排放量增大。根据 WinSM 模型估算时的统计,中国在 1998 年增加淹水稻田面积为 3.93 百万公顷,占当年非淹水稻田面积的 21%。③ 这一时间段降雨量的增加或减少使湿地面积减少或增加,导致土壤氧化大气 CH_4 量发生变化,从而影响大气 CH_4 增长速率。干、湿交替的季节性湿地生态系统,在落干期间具有很强的氧化大气 CH_4 的能力,这类湿地的面积变化和土壤含水量变化都将影响它们对大气 CH_4 的氧化能力。但是,如何证明我国稻田生态系统非水稻生长季节这一时间段降水量对全球陆地生态系统 CH_4 排放量的实质性影响还需要大量的研究工作。

虽然从整体上看,中国稻田生态系统 CH_4 排放量的变化对大气 CH_4 浓度产生实质性的影响很小,但是,对大气 CH_4 浓度的变化率可能产生实质性的影响,这是大气 CH_4 浓度年变化率不可忽视的影响因素。1998 年全球大气 CH_4 平均增长速率达到 12.7 $nL \cdot L^{-1} \cdot yr^{-1}$,而 1999 年大气 CH_4 平均增长速率降为 2.6 $nL \cdot L^{-1} \cdot yr^{-1}$(Dlugokencky et al.,1998)。将此增长率换算为大气 CH_4 增加量,1999 年大气 CH_4 增加量较 1998 年增加量减少了约 21 Tg。根据 WinSM 模型计算,1999 年中国稻田生态系统 CH_4 排放量较 1998 年减少 6 Tg(表 7.10),占这两年大气 CH_4 增量变化的 28%。显然这已经是一个不可忽略的因素。由此说明,1998 年全球大气 CH_4 增长率的异常增加,很可能与中国非水稻生长季节降雨量的异常导致稻田生态系统 CH_4 排放量异常增加有关。

由于中国稻田生态系统具有极为分明的水稻生长季节和非水稻生长季节,而且稻田生态系统 CH_4 排放量主要发生在水稻生长季节,因此,全国稻田

生态系统 CH_4 排放量具有很强的月变化。Yan et al.(2003a)分析发现我国稻田生态系统 CH_4 排放从 4 月到 8 月呈线性增加,排放峰值出现在 8 月,然后急剧下降,12 月到第二年 3 月无明显 CH_4 排放;8 月的 CH_4 排放量约占 CH_4 年总排放量的三分之一,6、7 两个月的 CH_4 排放量约占 CH_4 年总排放量的 40%(图 7.7)。从图 7.7 还可以看出,早稻的 CH_4 排放主要发生在 5~6 月,单季稻的 CH_4 排放主要发生在 6~7 月,晚稻的 CH_4 排放主要发生在 8 月,是全国稻田生态系统 CH_4 排放量在 8 月出现排放峰值的最主要贡献者。

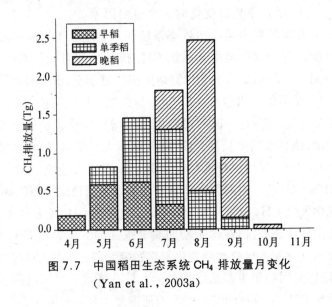

图 7.7 中国稻田生态系统 CH_4 排放量月变化
(Yan et al., 2003a)

7.2.3 全国稻田 CH_4 排放量空间分布

第 6 章已经介绍了中国稻田生态系统 CH_4 排放量的空间变化规律,证明非水稻生长季节土壤水分含量是决定中国稻田生态系统 CH_4 排放量空间变化的关键因素。关于稻田生态系统 CH_4 排放量空间变化规律的讨论基础是单位面积稻田的 CH_4 排放量。在本节中,将稻田 CH_4 排放量空间分布定义为空间单元 CH_4 排放量的空间变化。空间单元稻田 CH_4 排放量是由该空间单元单位稻田面积的 CH_4 排放量和该空间单元稻田所占的比例共同决定的。

7.2.3.1 第一类 CH_4 排放量的空间分布

图 7.8 是利用 WinSM 模型以县为空间单元估算的 1990 年、1995 年、

1998年和2000年全国稻田生态系统第一类CH_4排放量空间分布。虽然年际之间变化很大,但总体上,我国北方地区第一类CH_4排放量较小,南方地区第一类CH_4排放量较大。如1990年、1995年、1998年和2000年的北京、天津、河北、山西、内蒙古、辽宁、吉林、黑龙江、西藏、陕西、甘肃、宁夏和新疆13个省市自治区稻田CH_4排放量分别为25.24 Gg、28.00 Gg、28.33 Gg和33.08 Gg,分别占全国第一类CH_4排放总量的1.1%、1.6%、0.41%和3.2%,而这一地区水稻种植面积占全国水稻种植面积的比例从1990年的约8%逐年增加到2000年的13%。显然这一地区水稻种植面积的比例远大于CH_4排放量占全国第一类CH_4排放量的比例。这是由于这一地区非水稻生长季节降水量少,土壤水分含量低,影响水稻生长季节的CH_4排放量。从公式(7.11)还可以看出,当降水量小时,降水量变化引起的第一类CH_4排放量绝对值变化也较小。所以,从图7.8可以看出,第一类CH_4排放量的年际变化较大的地区主要也发生在南方地区。1998年南方地区第一类CH_4排放量明显增加,但北方地区的变化很小。

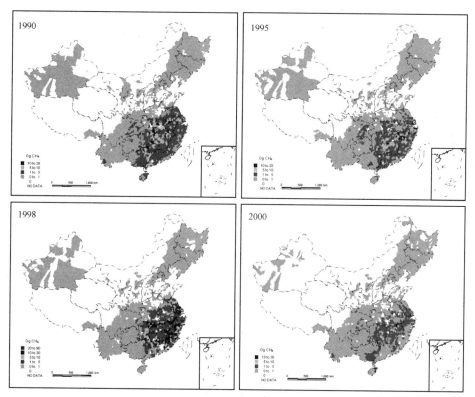

图7.8　1990年、1995年、1998年和2000年中国稻田生态系统第一类CH_4排放量空间分布(康国定,2003)

7.2.3.2 稻田 CH_4 排放总量的空间分布

利用 WinSM 模型估算的 1990 年和 1998 年包括第一、二和三类排放的全国稻田 CH_4 排放量空间分布如图 7.9。从中可以看出，CH_4 总排放量空间分布与第一类 CH_4 排放量的空间分布非常一致，全国稻田生态系统的 CH_4 排放主要发生在江西、湖南等为中心的地区。在排放量最大的 1998 年，高排放区扩展到浙江和福建。

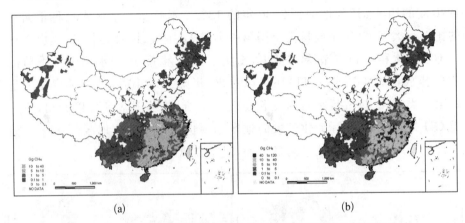

图 7.9 WinSM 模型估算的 1990 年(a)和 1998 年(b)全国稻田生态系统 CH_4 排放量分布(康国定，2003)

采用同一套数据，应用 DNDC 模型对 1998 年全国稻田生态系统 CH_4 排放量及其空间分布进行估算，结果如图 7.10 所示。总体上，DNDC 模型估算的全国稻田生态系统 CH_4 排放量分布与 WinSM 模型估算的结果一致，但也

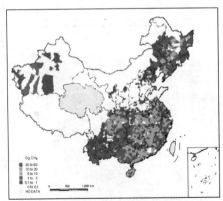

图 7.10 DNDC 模型估算的全国稻田生态系统 1998 年 CH_4 排放量空间分布(康国定，2003)

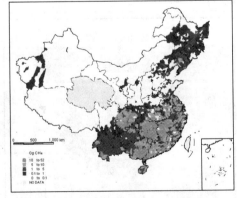

图 7.11 IPCC 方法估算的全国稻田生态系统 2000 年 CH_4 排放量空间分布(康国定，2003)

存在一些细微的差异。如 DNDC 模型估算的 CH_4 高排放量分布区较 WinSM 模型估算的要分散一些。采用 IPCC 方法估算的全国稻田生态系统 CH_4 排放量空间分布(图 7.11)在总体上也与其他方法估算的结果相一致。

由此可以看出,南方地区是我国稻田生态系统 CH_4 排放量最主要的贡献区。这一地区水稻种植面积占国土面积的比例大,水稻种植指数大(多为双季稻地区),而且单位稻田面积的 CH_4 排放量大。这些因素都使这一地区成为我国稻田生态系统 CH_4 排放量的主要贡献者。

图 7.12 是 Yan et al.(2003a)采用类似于 IPCC 方法估算的全国各省稻田生态系统 CH_4 排放量。该图更加直观地展示了全国各省稻田生态系统 CH_4 排放总量及其与水稻种植面积的关系。根据这一估算结果,湖南、四川和江西是稻田生态系统 CH_4 排放量最大的省份。而且单位稻田面积排放的 CH_4 量高于全国平均值。相反,湖北、安徽、江苏和东北各省单位稻田面积的 CH_4 排放量小于全国平均值。

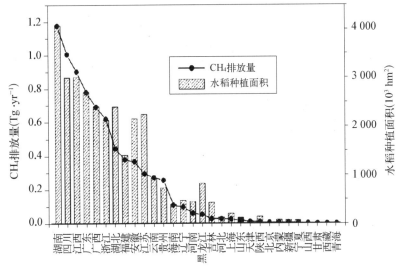

图 7.12 中国各省水稻种植面积及 CH_4 排放量(Yan et al., 2003a)

Yan et al.(2003a)研究结果表明湖南省的洞庭湖平原、江西省的鄱阳湖地区、浙江省的钱塘江三角洲地区以及四川盆地是中国最主要稻田 CH_4 排放区,90% 的 CH_4 排放分布在 23°N 到 33°N 之间。Huang et al.(1998a,1998b)用模型评估中国大陆种植水稻的 28 省(自治区)的稻田 CH_4 排放量时,也发现湖南、四川两省稻田 CH_4 排放量最大,两省稻田 CH_4 排放量(湖南 $1.3\ Tg \cdot yr^{-1}$,四川 $1.5\ Tg \cdot yr^{-1}$)之和约占总稻田 CH_4 排放量($9.66\ Tg \cdot yr^{-1}$)的 30%。他们估计将近 70% 的 CH_4 排放量来源于中国大陆 25°N 到 32°N 之间的稻田。

7.2.3.3 稻田 CH_4 排放总量空间分布的时间变化

图 7.8 和图 7.9 在一定程度上说明了全国稻田生态系统 CH_4 排放量分布存在时间变化。由于气候变化,特别是 WinSM 模型所采用的非水稻生长季节降水量(决定第一类 CH_4 排放)和温度(决定第三类 CH_4 排放)在空间分布上不同年份之间的差异可以使不同年份全国稻田生态系统 CH_4 排放量空间分布发生较大的变化。水稻种植面积及其空间分布随时间的变化也可能导致全国稻田生态系统 CH_4 排放量空间分布发生时间变化。从 20 世纪 80 年代以来,中国水稻种植面积及其分布发生了很大的变化。表 7.13 是根据菲律宾国际水稻研究所提供的中国各省水稻种植面积的统计结果。以 1980~1984 年 5 年平均值为基数,全国 2002~2006 年 5 年平均水稻种植面积减少了 15.1%。其中,单位稻田面积 CH_4 排放量大的湖南、江西和四川水稻种植面积分别减少了 17.2%、11.2% 和 9.9%(已包括了重庆水稻种植面积),其他几个水稻种植面积和单位稻田面积 CH_4 排放量较大的南方省份如江苏、浙江、广东、福建等水稻种植面积减少的比例更大。相反,单位稻田面积 CH_4 排放量较小的北方省份中,相当一部分省份的水稻种植面积增加,特别是东北三省增加尤其显著,其中黑龙江省的水稻种植面积增加 5.7 倍。全国水稻种植面积南缩北扩的变化模式必然对全国稻田生态系统 CH_4 排放总量、单位面积排放量和空间分布格局发生影响。但是,目前的研究能力尚不足以定量地描述水稻种植面积及其分布格局变化对全国稻田生态系统 CH_4 排放量及空间分布格局的影响程度。

表 7.13 全国及各省以 1980~1984 年 5 年平均值为基准,2002~2006 年 5 年平均水稻种植面积变化(根据 IRRI(2008)统计数据计算)

全国及省	1980~1984 年平均水稻种植面积($\times 10^3$ hm^2)	2002~2006 年平均水稻种植面积($\times 10^3$ hm^2)	变化率
全国	33 284.0	28 246.2	-15.1%
天津	33.8	14.0	-58.6%
河北	132.6	90.2	-32.0%
辽宁	404.8	559.0	38.1%
吉林	263.6	625.0	137.1%
黑龙江	239.2	1 603.6	570.4%
上海	292.0	115.0	-60.6%

续表 7.13

全国及省	1980~1984 年平均水稻种植面积（×10³ hm²）	2002~2006 年平均水稻种植面积（×10³ hm²）	变化率
江苏	2 562.4	2 075.8	−19.0%
浙江	2 504.4	1 047.6	−58.2%
安徽	2 140.6	2 092.0	−2.3%
福建	1 631.0	978.2	−40.0%
江西	3 347.4	2 971.6	−11.2%
山东	125.0	127.6	2.1%
河南	412.8	519.0	25.7%
湖北	2 628.2	1 979.8	−24.7%
湖南	4 407.6	3 648.2	−17.2%
广东	4 038.0	2 143.0	−38.8%
广西	2 745.4	2 354.0	−14.3%
海南[a]	—	328.4	—
重庆[a]	—	749.2	—
四川	3 127.2	2 069.6	−9.9%
贵州	777.0	722.2	−7.1%
云南	1 089.4	1 061.2	−2.6%
陕西	160.8	142.2	−11.6%
宁夏	49.2	68.0	38.2%
新疆	94.8	68.6	−27.6%
其他	76.8	93.4	21.6%

注：a. 海南省和重庆市水稻种植面积分别归入到广东省和四川省。

7.3 中国稻田生态系统 N_2O 排放量估算

稻田生态系统在水稻生长期大部分时间处于淹水状态，土壤处于强还原条件下，硝化作用受到抑制，反硝化作用彻底，早期报道的稻田生态系统 N_2O 排放量都很有限（Denmead et al.，1979；Freney et al.，1981；Smith et al.，1982），因而当时并未对稻田生态系统的 N_2O 排放给予足够的重视。

Eichner(1990)在总结施肥土壤的 N_2O 排放时甚至没有收集稻田土壤 N_2O 排放数据。Khalil et al.(1990)在四川乐山的淹水稻田中偶尔进行了几次 N_2O 排放的测定,其平均结果为一个很小的负通量,据此宋文质等(1996)估算中国稻田 N_2O 排放量为 -2 Gg N·yr^{-1}。田间实际测定数据的不断积累彻底改变了这一观点。Minami(1987)报道了较高的稻田 N_2O 排放量,他选择研究的 3 种日本水稻田在约 4 个月内 N_2O 排放量达到 $0.27\sim0.55$ kg N·hm^{-2}。继而,在中国稻田上观测到更大的 N_2O 排放量(徐华等,1995;Xing and Zhu,1997)。Xing(1998)在分析了中国稻田 N_2O 排放的观测资料后指出,中国稻田在水稻生长季平均 N_2O 排放量为 1.26 kg N·hm^{-2}。

很有意思的是,IPCC 对稻田生态系统 N_2O 排放经历了完全相反的过程。在 IPCC《国家温室气体清单指南》的 1999 年版至 2000 年版,均采用与旱作农田相同的 N_2O 排放系数估算稻田 N_2O 排放量。直至 2006 年版才分别估算稻田和旱地的 N_2O 排放,且为稻田提供的 N_2O 排放系数缺省值小于旱地。换言之,IPCC《国家温室气体清单指南》将稻田具有与旱地相同的 N_2O 排放强度这一观点持续至 2006 年版。随着田间测定数据不断积累和认识的不断深入,对稻田生态系统 N_2O 排放有了一个比较公认和客观的认识:稻田生态系统也是重要的 N_2O 排放源,但 N_2O 排放系数小于旱地农田。

早期测定的稻田生态系统 N_2O 排放可以忽略不计可能有以下三个原因:① 选择用于田间测定 N_2O 排放量的是连续淹水的稻田或者在进行 N_2O 排放通量的测定时,稻田已经连续多天淹水。在连续淹水的条件下,稻田排放的 N_2O 可以忽略不计,但全球相当比例的稻田在水稻生长季节采取了排水烤田措施。② 测定频度不够。稻田 N_2O 主要发生在排水落干的短时间内。如果这一时间没有进行采样测定,就有可能在水稻生长季节只观察到很少的 N_2O 排放。③ 稻田的概念狭义地定义为水稻生长的时间,因而不考虑非水稻生长季节排水落干时 N_2O 的排放。将种植水稻的稻田概念扩展至以种植水稻为基础、同时种植或不种植其他作物的稻田生态系统后,则必须考虑在非水稻生长季节的 N_2O 排放。除常年淹水外,稻田生态系统水稻生长季节和非水稻生长季节的水分状况完全不同,N_2O 排放模式也有很大的差异,对于稻田生态系统区分水稻生长季节和非水稻生长季节,然后分别估算这两个不同时期的 N_2O 排放是很有必要的。但是,在稻田生态系统上进行以年为周期的 N_2O 田间测定很少,大多只在水稻生长季节进行测定。由于田间测定数据积累不足,对稻田生态系统非水稻生长季

7.3.1 区域面积扩展法

Xing(1998)较早地采用稻田分区,根据各区田间测定的 N_2O 排放量,采用面积扩展法估算了全国稻田 N_2O 排放量,这一估算值还包括了非水稻生长季节的 N_2O 排放量。根据《中国水稻土》(李庆逵,1992)一书,Xing(1998)将中国稻田分为 5 个区域,并根据当时已有的田间测定结果,为每个区的稻田估算了一个基于面积的 N_2O 排放量(表 7.14)。5 个区域分别为:

① 单季稻区:包括辽宁、吉林、黑龙江、甘肃、宁夏及新疆的稻田,占全国稻田总面积的 4%。陈冠雄等(1995)在沈阳的田间测定结果表明,该区稻田在水稻种植期间没有 N_2O 排放,但在春季土壤解冻后排放相当量的 N_2O,平均达 1.63 kg N·hm^{-2}。因此 Xing(1998)使用该单位面积排放量为这个区域内稻田 N_2O 平均排放强度,估算出该区稻田生态系统 N_2O 年总排放量为 2 Gg N。

表 7.14 中国不同区域稻田 N_2O 排放量(Xing,1998)

区域[a]	面积 ($\times 10^4 hm^2$)	占总面积比例	排放强度 (kg N·hm^{-2}·yr^{-1})		排放量 (GgN·yr^{-1})	
			水稻生长季	全年	水稻生长季	全年
Ⅰ	99	4%	0	1.63	0	2
Ⅱ	149	6%	2.88	4.96	4.41	7
Ⅲ	1 640	66%	1.43	3.98	24.08	65
Ⅳ	348	14%	1.99	4.22	7.11	14
Ⅳ	249	10%	0	0	0	0
总计	2 485	100%			35.6	88

注:a. Ⅰ:单季稻区;Ⅱ:稻—麦轮作区;Ⅲ:双季稻、稻—麦或双季稻—旱作地区;Ⅳ:双季稻—旱作或三季稻地区;Ⅴ:持续淹水的单季稻田。

② 稻—麦轮作区:包括北京、天津、河北、河南、江苏、安徽、山西、陕西,占全部稻田面积的 6%。根据 Xu et al.(1997)在河南封丘不同质地土壤的稻田中测定的 N_2O 排放数据,确定水稻生长季节平均 N_2O 排放量为 2.88 kg N·hm^{-2},冬小麦生长季节平均 N_2O 排放量为 2.08 kg N·hm^{-2},单位面积 N_2O 年排放量为 4.96 kg N·hm^{-2}。根据该区域内稻田

生态系统面积,估算该区域 N_2O 总排放量为 7 Gg N,其中水稻生长季节 N_2O 排放量为 4.4 Gg N。

③ 双季稻、稻—麦或双季稻—旱作地区:为主要水稻种植区,北至淮河以南,南至南岭以北,包括整个长江流域,占全国稻田面积的 66%。根据在苏州、南京、鹰潭等地的田间测定数据得出该区稻田在水稻生长季节的 N_2O 排放量为 1.31 kg N·hm^{-2},非水稻生长季节的 N_2O 排放量为 2.67 kg N·hm^{-2},稻田生态系统 N_2O 年排放量为 3.98 kg N·hm^{-2}。据此,进行面积扩展后,估算该区稻田生态系统总 N_2O 排放量为 65 Gg N,其中水稻生长季节的排放量为 24 Gg N。

④ 双季稻—旱作或三季稻地区:南岭以南的热带亚热带地区,包括云南、台湾、广东、海南以及福建中南部,占总面积的 14%。根据在广州稻田生态系统的田间测定数据,确定该区稻田生态系统 N_2O 年排放量为 4.22 kg N·hm^{-2}。根据这一 N_2O 排放强度和该区稻田生态系统总面积,估算该区稻田生态系统 N_2O 年排放总量为 14 Gg N。

⑤ 持续淹水的单季稻田:分布在西南地区的丘陵和山区,占全部稻田面积的 10%左右。这类稻田由于排水不畅,持续淹水,N_2O 排放很弱。Xing(1998)采用 Khalil et al.(1990)在四川乐山稻田的测定结果,认为其 N_2O 排放可以忽略。

Xing(1998)在进行以上估算时,采用的是 1995 年全国水稻种植面积,所以,由此估算的稻田生态系统 N_2O 排放量被作为 1995 年的排放量,总量为 88 Gg N,其中 35.6 Gg N 是在水稻生长季节排放的,占稻田生态系统全年 N_2O 排放量的 40%。从这一估算结果可以看出,稻田生态系统 N_2O 主要是在非水稻生长季节排放的。

采用面积扩展法估算稻田生态系统 N_2O 排放量基于稻田生态系统面积和排放强度。由于有统计数据可以使用,面积数据的不确定性较小,所以,由此方法估算的 N_2O 排放量的不确定性主要来自排放强度的代表性。通过在区域内增加测定点可以减少特定区域稻田生态系统 N_2O 代表性排放强度的不确定性,从而降低区域 N_2O 排放量估算值的不确定性。

7.3.2 单位氮肥 N_2O 排放系数法

这是目前最常用的方法,也是 IPCC《国家温室气体清单指南》推荐的方法。该方法以一个地区或国家的氮肥(包括有机氮肥和秸秆还田带入的氮等)消耗量为基础,根据氮肥的 N_2O 排放系数估算排放量。采用该方法,需要获得以下数据:① 氮肥施用量;② N_2O 排放系数;③ N_2O 背景排放量。

通常情况下,一个地区或国家的氮肥消耗量具有相当可信度的统计数据,在 FAO 的数据库中可以自由下载。但是,通常的统计数据并不包括一个地区或国家消耗的氮肥在各种农作物之间的分配,这给估算一个地区或国家各种农作物的 N_2O 排放量带来很大的困难。在我国也是如此,在统计数据中一般只有氮肥的总消耗量,而无氮肥消耗于旱作农田和稻田的数据。所以,Xing and Yan(1999)用 IPCC《国家温室气体清单指南》推荐的缺省方法,只估算了 1995 年中国农田 N_2O 总排放量为 336 Gg N,但并没有区分稻田和旱地。在随后的研究中,Yan et al.(2003b)提出了对畜牧业排泄物进入土壤的氮量、秸秆还田带入土壤的氮量等的估算方法。在只有化肥氮总消耗量的情况下,Yan et al.(2003b)提出了一个地区或国家,化肥氮在水稻和旱地作物中施用的计算公式:

$$F_{rice} = FSN/(A_{rice} + R \times (A_{total} - A_{rice})) \quad (7.16)$$

式中,F_{rice} 为单位面积水稻的化肥氮施用量;FSN 为一个地区或国家化肥氮总施用量;A_{rice} 为水稻种植面积;A_{total} 为所有作物的总种植面积;R 为旱作物与水稻氮肥施用量的比值,Yan et al.(2003b)采用了 IFA/IFDC/FAO 的数据,取 $R = 0.6$。Zheng et al.(2004)则假设除豆科作物和蔬菜外,全国单位面积的旱作物与水稻的氮肥施用量相同。

N_2O 排放系数方法估算农田 N_2O 排放量的另一个关键因素是排放系数。为了获得在研究区域具有相对代表性的 N_2O 排放系数,以田间观察数据为基础进行了大量的统计分析。Yan et al.(2003b)在文献报道的田间测定数据中,只取有不施氮肥对照设计的测定数据,得出东亚、东南亚和南亚地区稻田的 N_2O 排放系数为 0.25%。Zheng et al.(2004)针对田间测定过程中存在的问题,如测定频度不足、未进行全年测定、未设置不施肥对照处理、田间管理未能代表当地的主要管理方式等,假定由于这些不足引起的误差呈正态分布,采用蒙特卡罗随机数学方法对每一个田间测定的排放系数进行校正。经过 Zheng et al.(2004)处理后得出水稻生长季节 N_2O 排放系数为 0.60% ± 0.32%,非水稻生长季节高达 2.8% ± 1.5%。Zou et al.(2007)在排除非常见施肥措施或肥料类型等处理下获得的田间测定数据后,采用 N_2O 排放量与氮肥施用量的线性回归斜率作为 N_2O 排放系数,分别获得了水稻生长季节连续淹水、烤田和烤田 + 后期湿润灌溉水分管理下的 N_2O 排放系数。

不同研究者对稻田生态系统 N_2O 的背景排放量估算也采用了不同的方法。Yan et al.(2003b)通过对不施氮肥对照处理的田间测定 N_2O 的统计分析,得出稻田生态系统水稻生长季节背景排放量为 0.26 kg N·hm^{-2}。采用同样的方法,Akiyama et al.(2005)统计得出水稻生长季节连续淹水稻田和间歇灌溉稻田及所有类型稻田平均的 N_2O 背景排放量分别为 0.211 kg N·hm^{-2}、0.372 kg N·hm^{-2} 和 0.352 kg N·hm^{-2}。Zou et al.(2007)则以线性回归的截距作为 N_2O 背景排放量。

非水稻生长季节的 N_2O 排放量在稻田生态系统 N_2O 排放总量中占有极为重要的地位。对非水稻生长季节 N_2O 排放量的估算同样需要这几方面的数据资料。但是,由于田间直接测定数据不足,非水稻生长季节 N_2O 排放估算的不确定性更大。Yan et al.(2003b) 和 Akiyama et al.(2005)采用从水稻生长季节测定的 N_2O 背景排放量估算非水稻生长季节的背景排放量。Yan et al.(2003b)估算表明,非水稻生长季节稻田 N_2O 背景排放量与旱地土壤无实质性差异,因而全年 N_2O 背景排放量取与旱地土壤的相同值(1.22 kg N·hm^{-2})。而 Akiyama et al.(2005)统计分析的非水稻生长季节 N_2O 背景排放量高达 1.495 kg N·hm^{-2}。Zheng et al.(2004)通过校正田间测定数据后,得出非水稻生长季节 N_2O 排放系数高达2.8%±1.5%,显著高于 IPCC 提供的旱地土壤的缺省值。

Zheng et al.(2004)将全国农业生产分成 6 个区,再根据种植制度、作物等进一步分成 2 个层次,采用蒙特卡罗随机数学方法校正的 N_2O 排放系数,估算全国农田 N_2O 排放量为 275 Gg N·yr^{-1},其中稻田生态系统 N_2O 排放量占 33%,即 91 Gg N·yr^{-1}。稻田生态系统水稻生长季节排放的 N_2O 为 50 Gg N·yr^{-1},非水稻生长季节为 41 Gg N·yr^{-1}。这一稻田生态系统全年 N_2O 排放量估算值与 Xing(1998)采用田间实测数据分区面积扩展法估算的结果(88 Gg N·yr^{-1})极为接近,但是水稻生长季节 N_2O 排放量估算值较 Xing(1998)的估算值高 39%,非水稻生长季节低 21%。

Zou et al.(2007)将全国稻田生态系统水分管理方式划分为三类:水稻生长季节连续淹水、淹水—烤田—再淹水(F-D-F)和淹水—烤田—再淹水—湿润灌溉(水分不饱和)(F-D-F-M)。通过线性回归分别求出各类水分管理方式下水稻生长季节 N_2O 排放系数和背景排放量。根据文献资料设定全国各类水分管理方式的稻田面积(表 7.15)和氮肥施用量,估算出全国稻田生态系统水稻生长季节 N_2O 排放量为 29 Gg N·yr^{-1},并计算出不确定性范围为 30.1%。这一估算值仅为 Zheng et al.(2004)估算值的

58%,为 Xing(1998)估算值的 81%。Zou et al.(2007)和 Zheng et al. (2004)都未估算稻田生态系统非水稻生长季节的 N_2O 排放量。

表 7.15　中国稻田生态系统水稻生长季节 N_2O 排放量
估算(根据 Zou et al., 2007 整理)

水 分 管 理	N_2O 排放系数	N_2O 背景排放(kg N · hm^{-2})	稻田面积比	N_2O 排放量
连 续 淹 水	0.02%	0	12%	
淹水—烤田—再淹水	0.42%	0	75%	29 Gg N · yr^{-1} ±30.1%
淹水—烤田—再淹水—湿润灌溉	0.73%	0.79	13%	

7.3.3 模型估算

Chen et al.(2000)通过大田试验研究了包括水稻在内的 4 种作物农田生态系统的 N_2O 排放,在此基础上,收集了一些其他大田研究结果以及有关的天气(降雨量、气温)、土壤性质(pH 值、总 N、C/N)和施氮量等数据,并且将这些数据作为独立因子,建立了计算稻田和旱地 N_2O 排放量的经验公式。其中稻田 N_2O 排放量的计算公式为:

$$N_2O\ flux(kg\ N \cdot hm^{-2} \cdot yr^{-1}) = a \times total\ N \times \lg c_t \times N/C + b \times N\ application \quad (7.17)$$

式中,c_t 为累积气温,a 和 b 为相关系数。对于单一作物农田生态系统,c_t 取全值;对于轮作农田生态系统,c_t 取其一半值。在获得有关水稻栽种面积以及稻田氮肥使用量的相关数据后,通过以上公式估算出 1992 年我国稻田 N_2O 排放量约为 37.45 Gg N。

通过机理模型估算农田的温室气体排放量正成为一种趋势,这是因为机理模型能够考虑较多的影响因素、解释排放量的时间和空间变异。在估算中国农田温室气体排放量方面应用得最频繁的是 DNDC 模型(Li et al., 1992)。该模型是一田块尺度的生物地球化学过程模型,在点尺度上将生态驱动因素(即气候、土壤、植被及人为活动)、环境因子(即辐射、温度、湿度、pH 值、Eh 和有关化合物的浓度梯度等)及有关生物化学和地球化学反应联系起来,从而预测 C、N 和水分的生物地球化学循环。该模型在全球很多观测点上得到了验证。当把 DNDC 的预测由点位扩展到区域时,实际上是将待研究的区域划分为许多小单元,并认为每一小单元内部各种条件都是均匀的,使 DNDC 对所有单元进行逐一计算以实现对全区域的模拟(李长生,2003)。Li et al.(2004)应用该模型对中国稻田 N_2O 排放量进行的两种水分管理方案下的模拟估计:在持续淹水方案下,全国稻田年 N_2O 排放量为 290~410 Gg N,在中期烤田方案下,全国稻田年 N_2O 排放量为 420~610 Gg N。不过,同样应用该模型,该作者先前的一篇文章中报告,中国所有农田(包括水田和旱地)的 N_2O 年排放总量为 310 Gg N(Li et al.,2001),而在另一篇文章中,该作者报告用该模型模拟的中国农田 N_2O 排放量为 556~1 980 Gg N,中值为 1 265 Gg N(李长生,2003)。但从表 7.6 可以看出,DNDC 模型对中国稻田生态系统点位测定数据的拟合尚不能达到令人满意的程度,因此,以点位模拟为基础扩展的全国尺度稻田生态系统 N_2O 排放量的估算值可能也存在很大的不确定性。

7.4 研究展望

驱动稻田生态系统的 CH_4 和 N_2O 排放研究是人们对大气 CH_4 和 N_2O 浓度升高导致温室效应严重的关注。无疑,人们首先需要知道的是稻田生态系统对大气 CH_4 和 N_2O 排放源的贡献。所以,对稻田生态系统 CH_4 和 N_2O 排放量做出及时、精确的估算是这一项研究的首要任务。对稻田生态系统 CH_4 和 N_2O 排放量进行及时、精确的估算也是评估减少稻田生态系统 CH_4 和 N_2O 排放的措施是否有效及其效果如何的基础。但是,从上述各节的介绍可以看出,目前对稻田生态系统 CH_4 和 N_2O 排放量估算的研究水平远远未能达到"及时、精确"这样的要求。不同研究者采用不同的方法估算稻田生态系统 CH_4 排放量,估算值正在接近;对 20 世纪 80 年代和 90 年代不符合客观实际的估算值做了修正,认识上正在逐渐统一;但估算值的不确定性仍然很大,与实时估算的要求相去甚远。对于稻田生态系统 N_2O 排放量,既纠正了 20 世纪 80 年代和 90 年代稻田生态系统 N_2O 排放量可以忽略不计的观点,也纠正了 IPCC 将稻田 N_2O 排放与旱地 N_2O 排放同等看待的过高估算。但是,对稻田生态系统 N_2O 排放量的估算值具有更大的不确定性,非水稻生长季节的估算基本上还是处于凭经验阶段。

稻田生态系统 CH_4 和 N_2O 排放的高度时间和空间变异性及其排放量

受多种因素影响的特点使实现"及时、精确"估算其排放量具有很大的挑战性。田间实际测定数据不足、已有数据质量不高也是导致对稻田生态系统 CH_4 和 N_2O 排放量估算的研究进展缓慢的重要原因。目前所依靠的田间测定数据是多年测定积累的数据,为了能够有更多的数据进行统计分析,必须将多年测定的数据作为一个整体进行处理,这样也就不可能进行年际变化的分析。由于耗时、耗力、耗经费,同一时间对不同地点的稻田生态系统进行 CH_4 和 N_2O 排放量的测定过去未能实现,将来也不太可能实现。所以,零星的、不同时间段测定的排放量数据将来也仍然是在这一领域进行研究的科学工作者的数据基础。

在国家、全球空间尺度上,采用排放系数方法或依据田间实际测定数据进行面积扩展等方法均可能对稻田生态系统 CH_4 和 N_2O 排放量做出比较令人满意的估算。但是,这些方法都难以进行不同空间尺度的稻田生态系统 CH_4 和 N_2O 排放量的估算。如以同一个 N_2O 排放系数估算我国不同省份稻田生态系统 N_2O 排放量可能产生很大的偏差。以同一个 NPP 转化为 CH_4 的系数,估算全国稻田生态系统 CH_4 排放量可以获得比较接近实际的估算值,但是应用于不同的省份则可能出现很大的偏差,将对北方地区的省份做出过高的估算,对南方地区特别是湖南、江西等省份做出偏低的估算。这样在不同的空间尺度上需要确定不同的排放系数或转化系数。采用过程或机理模型则有可能较容易地解决估算不同空间尺度稻田生态系统 CH_4 和 N_2O 排放量的问题。在理论上,符合客观实际过程的机理模型应该可以在不同的时间和空间尺度上估算稻田生态系统 CH_4 和 N_2O 排放量。因此,发展稻田生态系统 CH_4 和 N_2O 排放的过程或机理模型是今后应该努力的方向。

如同 IPCC《国家温室气体清单指南》所要求的,应用于估算稻田生态系统 CH_4 和 N_2O 排放的模型必须先经过验证。由于不具有宏观空间尺度(如 1 km×1 km 以上的空间尺度)的稻田生态系统 CH_4 和 N_2O 排放量田间测定数据,所以,宏观尺度的模型验证实际上是不可能的。目前所做的模型验证是应用点位测定数据对模型的验证,这种验证并不能代替宏观尺度的验证。依靠 GIS 技术提供具有空间属性的输入参数使过程或机理模型估算全国甚至全球稻田生态系统 CH_4 和 N_2O 排放量成为可能。过程或机理模型与 GIS 技术结合进行稻田生态系统 CH_4 和 N_2O 排放量估算的通常步骤是:GIS 系统为过程或机理模型提供网格单元的属性数据作为模型的输入参数,模型以此输入参数为依据进行运算,输出各网格状的 CH_4 和 N_2O 排放量,累加研究区域所有网格的排放量为该区域排放量的估算值。

7.4.1节已经讨论过,过程或机理模型要求具有确定性的输入参数,如土壤性质、气象等的测定数据,而GIS提供的是代表网格单元的统计数据。过程或机理模型要求的输入参数与GIS系统提供的空间属性数据在类型上的不一致可能是尺度扩展的关键问题。这一问题或许可以通过改变GIS系统的数据类型而得到解决。将GIS系统代表网格单元属性的统计数据改变成具有确切空间坐标的实际测定数据(确定性数据),将具有空间坐标的确定性数据作为过程或机理模型的输入参数,通过模型运算,输出该空间点的CH_4和N_2O排放量。研究者依据模型输出的点状的CH_4和N_2O排放量,分析其空间分布规律,统计不同空间尺度内的CH_4和N_2O排放量。这样,模型本身不再承担空间尺度扩展的任务,同时可能解决上述讨论的问题:① 输入参数类型与模型要求的一致,不再存在随网格单元尺度的变化而变化的问题;② 模型输出量可以通过点位的田间测定验证,解决了模型验证的问题;③ 解决同一时间田间测定数据不足的问题。

参考文献

蔡祖聪. 中国稻田甲烷排放研究进展[J]. 土壤, 1999, 5: 266-269.

陈冠雄, 黄国宏, 黄斌, 等. 稻田CH_4和N_2O的排放及养萍和施肥的影响[J]. 应用生态学报, 1995, 6(4): 378-382.

黄耀, 张稳, 郑循华, 等. 基于模型和GIS技术的中国稻田甲烷排放估计[J]. 生态学报, 2006, 26(4): 980-988.

康国定. 中国稻田甲烷排放时空变化特征研究[D]. 南京: 南京大学, 2003.

李长生, 肖向明, Frolking S, 等. 中国农田的温室气体排放[J]. 第四纪研究, 2003, 23(5): 493-503.

李庆逵. 中国水稻土[M]. 北京: 科学出版社, 1992.

全国农业区划委员会. 中国综合农业区划[M]. 北京: 农业出版社, 1981.

全国土壤普查办公室. 中国土种志.第一卷[M]. 北京: 中国农业出版社, 1993.

全国土壤普查办公室. 中国土种志.第二卷[M]. 北京: 中国农业出版社, 1994.

全国土壤普查办公室. 中国土种志.第三卷[M]. 北京: 中国农业出版社, 1994.

全国土壤普查办公室. 中国土种志.第四卷[M]. 北京: 中国农业出版社, 1995.

全国土壤普查办公室. 中国土种志.第五卷[M]. 北京: 中国农业出版社, 1995.

全国土壤普查办公室. 中国土种志.第六卷[M]. 北京: 中国农业出版社, 1996.

全国土壤普查办公室. 中国土壤普查数据[M]. 北京: 中国农业出版社, 1997.

沈壬兴, 上官行健, 王明星, 等. 广州地区稻田甲烷排放及中国稻田甲烷排放的空间变化[J]. 地球科学进展, 1995, 10(4): 387-392.

宋文质, 王少彬, 苏维瀚, 等. 我国农田土壤的主要温室气体CO_2、CH_4和N_2O排放研究

[J]. 环境科学, 1996, 17(1): 85-88.

王明星, 戴爱国, 黄俊, 等. 中国稻田 CH_4 排放量的估算[J]. 大气科学, 1993, 17(1): 52-64.

王明星. 中国稻田 CH_4 排放[M]. 北京: 科学出版社, 2001.

吴海宝, 叶兆杰. 我国稻田甲烷排放量初步估算[J]. 中国环境科学, 1993, 13(1): 76-80.

吴乐知, 蔡祖聪. 中国土壤有机质含量变异性与空间尺度的关系[J]. 地球科学进展, 2006, 21(9): 965-972.

徐华, 邢光熹, 张汉辉, 等. 太湖地区水田土壤 N_2O 排放通量及其影响因素[J]. 土壤学报, 1995, 32(增刊): 144-149.

Akiyama H, Yagi K, Yan X Y. Direct N_2O emissions from rice paddy fields: Summary of available data [J]. Global Biogeochemical Cycles, 2005, 19, GB1005, doi: 10.1029/2004GB002378.

Anastasi C, Dowding M, Simpson V J. Future CH_4 emission from rice production[J]. Journal of Geophysical Research, 1992, 97(7): 7521-7525.

Army Corps of Engineers. GRASS Users and Programmers Manual[M]. USA: Army Corps of Engineers Construction Engineering Research Laboratory, 1988.

Aselmann I, Crutzen P J. Global distribution of natural freshwater wetlands and rice paddies, their net primary productivity, seasonality and possible methane emissions [J]. Journal of Atmospheric Chemistry, 1989, 8(4): 307-358.

Bachelet D, Neue H U. Methane emissions from wetland rice areas of Asia [J]. Chemosphere, 1993, 26: 219-237.

Bachelet D, Kern J, Tölg M. Balancing the rice carbon budget in China using spatially-distributed data[J]. Ecological Modelling, 1995, 79: 167-177.

Bekki S, Law K S, Pyle J A. Effect of ozone depletion on atmospheric CH_4 and CO concentration[J]. Nature, 1994, 371: 595-597.

Blake D R. Increasing concentrations of atmospheric methane[D]. USA: University of California, 1984.

Blake D R, Rowland F S. World-wide increase in tropospheric methane, 1978-1983[J]. Journal of Atmospheric Chemistry, 1986, 4(1): 43-62.

Bolle H J, Seiler W, Bolin B. Other Greenhouse Gases and Aerosols, Assessing Their Role for Atmospheric Radioactive Transfer[M]//Bolin B, Doos B R, Warrick B, et al. The Greenhouse Effect, Climate Change and Ecosystems. New York: John Wiley and Sons, 1986.

Bouwman A F. Soils and the Greenhouse Effect[M]. New York: John Wiley and Sons, 1990.

Bouwman A F. Agronomic aspects of wetland rice cultivation and associated methane emissions[J]. Biogeochemistry, 1991, 15(2): 65-88.

Bouwan A F. Method to estimate direct nitrous oxide emissions from agricultural soils

[R]. The Netherlands: National Institute of Public Health and Environmental Protection, 1994.

Bouwman A F, Boumans L J M, Batjes N H. Emissions of N_2O and NO from fertilized fields: Summary of available measurement data[J]. Global Biogeochemical Cycles, 2002, 16 (4): 1058, doi: 10.1029/2001GB001811.

Byrnes B H. Environmental effects of N fertilizer use-An overview[J]. Nutrient Cycling in Agroecosystems, 1990, 26: 209 – 215.

Cai Z C. A category for estimate of CH_4 emission from rice paddy fields in China[J]. Nutrient Cycling in Agroecosystems, 1997, 49: 171 – 179.

Cai Z C, Tsuruta H, Minami K. Methane emission from rice fields in China: Measurements and influencing factors[J]. Journal of Geophysical Reserach, 2000, 105(D13): 17231 – 17242.

Cai Z C, Tsuruta H, Gao M, et al. Options for mitigating methane emission from a permanently flooded rice field[J]. Global Change Biology, 2003a, 9: 37 – 45.

Cai Z C, Sawamoto T, Li C S, et al. Field validation of the DNDC model for greenhouse gas emissions in East Asian cropping systems[J]. Global Biogeochemical Cycles, 2003b, 17(4), 1107, doi: 10.1029/2003GB002046.

Cai Z C, Kang G D, Tsuruta H, et al. Estimate of CH_4 emissions from year-round flooded rice fields during rice growing season in China[J]. Pedosphere, 2005, 15(1): 66 – 71.

Cao M, Dent J B, Heal O W. Modeling methane emission from rice paddies[J]. Global Biogeochemical Cycles, 1995, 9(2): 183 – 195.

Cao M K, Gregson K, Marshall S, et al. Global methane emissions from rice paddies[J]. Chemosphere, 1996, 33(5): 879 – 897.

Chen G X, Huang B, Xu H, et al. Nitrous oxide emissions from terrestrial ecosystems in China[J]. Chemosphere-Global Change Science, 2000, 2: 373 – 378.

Chen H Z. Geographical Distribution of Paddy Soils in China[M]//Institute of Soil Sciences, Chinese Academy of Sciences. Proceedings of the Symposium on Paddy Soil. Beijing: Science Press, 1981.

Chen Y H, Prinn R G. Estimation of atmospheric methane emission between 1996 and 2001 using a three-dimensional global chemical transport model[J]. Journal of Geophysical Research, 2006: 111, D10307, doi: 10.1029/2005JD006058.

Cicerone R J, Shetter J D. Sources of atmospheric methane-Measurements in rice paddies and a discussion[J]. Journal of Geophysical Research, 1981, 86: 7203 – 7209.

Cicerone R J, Oremland R S. Biogeochemical aspects of atmospheric methane[J]. Global Biogeochemical Cycles, 1988, 2(4): 299 – 327.

Crutzen R J. The Role of the Tropics in Atmospheric Chemistry[M]//Dickinson R E. The Geophysiology of Amazonia. New York: John Wiley and Sons, 1985.

Dlugokencky E J, Masarice K A, Lang P M, et al. A dramatic decrease in the growth rate of atmospheric methane in the northern hemisphere during 1992[J]. Geophysical Research Letters, 1994, 21(1): 45-58.

Dlugokencky E J, Masarice K A, Lang P M, et al. Continuing decline in the growth rate of the atmospheric methane burden[J]. Nature, 1998, 393: 447-450.

Dlugokencky E J, Walter B P, Masarie K A, et al. Measurements of an anomalous global methane increase during 1998 [J]. Geophysical Research Letters, 2001, 28(3): 499-502.

Denmead O T, Freney J R, Simpson J R. Nitrous oxide emission during denitrification in a flooded field[J]. Soil Science Society of America Journal, 1979, 43: 716-718.

Ehhalt D H, Schmidt U. Sources and sinks of atmospheric methane[J]. Pure and Applied Geophysics, 1978, 116: 452-464.

Eichner M J. Nitrous oxide emissions from fertilized soils: Summary of available data[J]. Journal of Environmental Quality, 1990, 19: 272-280.

Environmental Systems Research Institute. ARC/INFO User's Guide, version 6.0[M]. USA: Environmental Systems Research Institute, 1992.

Freney J R, Denmead O T, Watanabe I, et al. Ammonia and nitrous oxide losses following applications of ammonium sulfate to flooded rice[J]. Australian Journal of Soil Research, 1981, 32: 37-45.

Hein R, Crutzen P J, Heimann M. An inverse modeling approach to investigate the global atmospheric methane cycle[J]. Global Biogeochemical Cycles, 1997, 11(1): 43-76.

Holzapfel-pschorn A, Seiler W. Methane emission during a cultivation period from a Italian rice paddy[J]. Journal of Geophysical Research, 1986, 91: 11803-11814.

Huang Y, Sass R L, Fisher Jr F M. A semi-empirical model of methane emission from flooded rice paddy soils[J]. Global Change Biology, 1998a, 4(3): 247-268.

Huang Y, Sass R L, Fisher Jr F M. Model estimates of methane emission from irrigated rice cultivation of China[J]. Global Change Biology, 1998b, 4(8): 809-821.

Intergovernmental Panel on Climate Change (IPCC). The IPCC Scientific Assessment [M]. Cambridge, United Kingdom and New York, NY, USA: Cambridge University Press, 1990.

Intergovernmental Panel on Climate Change (IPCC). The Supplementary Report to the IPCC Scientific Assessment[M]. Cambridge, United Kingdom and New York, NY, USA: Cambridge University Press, 1992.

Intergovernmental Panel on Climate Change (IPCC). Revised 1996 IPCC Guidelines for National Greenhouse Gas Inventories[M]. UK Meteorological Office, Bracknell: IPCC/OECD/IGES, 1996.

Intergovernmental Panel on Climate Change (IPCC). Agriculture: Nitrous Oxide from Agricultural Soils and Manure Management[M]. Paris: OECD, 1997.

Intergovernmental Panel on Climate Change (IPCC). Good Practice Guidance and

Uncertainty Management in National Greenhouse Gas Inventories[M]. Japan: IGES, 2000.

Intergovernmental Panel on Climate Change (IPCC). Climate Change 2001: The Scientific Basis [M]. Cambridge, United Kingdom and New York, NY, USA: Cambridge University Press, 2001.

Intergovernmental Panel on Climate Change (IPCC). 2006 IPCC Guidelines for National Greenhouse Gas Inventories[M]. Japan: IGES, 2006.

International Rice Research Institute (IRRI). World Rice Statistics, 1990 [M]. Philippines: IRRI, 1991.

International Rice Research Institute (IRRI). World Rice Statistics[EB/OL]. IRRI, 2008. http://www.irri.org/science/ricestat/data.

Kang G D, Cai Z C, Feng X Z. Importance of water regime during the non-rice growing period in winter in regional variation of CH_4 emissions from rice fields during following rice growing period in China[J]. Nutrient Cycling in Agroecosystems, 2002, 64: 95-100.

Kern J S, Bachelet D, Tölg M. Organic Matter Inputs, Climate, and Methane Emissions from Paddy Soils in Major Rice Growing Regions of China[M]//Lal R, Kimble J, Levine E, et al. Advances in Soil Science. USA: CRC Press, 1995: 189-198.

Kern J S, Gong Z T, Zhang G L, et al. Spatial analysis of methane emission from paddy soils in China and the potential for emissions reduction[J]. Nutrient Cycling in Agroecosystems, 1997, 49: 181-195.

Khalil M A K, Rusmussen R A. Sources, sinks, and seasonal cycle of atmospheric methane [J]. Journal of Geophysical Research, 1983, 88(C9): 5131-5144.

Khalil M A K, Rasmussen R A, Wang M X, et al. Emissions of trace gases from Chinese rice fields and biogas generators: CH_4, N_2O, CO, CO_2, chlorocarbons, and hydrocarbons[J]. Chemosphere, 1990, 20: 207-226.

Khalil M A K, Rasmussen R A, Wang M X, et al. Methane emissions from rice fields in China[J]. Environmental Science & Technology, 1991, 25: 979-981.

Khalil M A K, Shearer M J, Rasmussen R A. Methane sources in China: historical and current emissions[J]. Chemosphere, 1993, 26: 127-142.

Khalil M A K, Rasmussen R A, Shearer M J, et al. Factors affecting methane emissions from rice fields [J]. Journal of Geophysical Research, 1998, 103 (D19), 25219-25231.

Khalil M A K, Shearer M J. Decreasing emissions of methane from rice agriculture[J]. International Congress Series, 2006, 1293: 33-41.

Knox J W, Matthews R B, Wassmann R. Using a crop/soil simulation model and GIS techniques to assess methane emissions from rice fields in Asia. Ⅲ. Databases[J]. Nutrient Cycling in Agroecosystems, 2000, 58: 179-199.

Koyama T. Gaseous metabolism in lake sediments and paddy soils and the production of atmospheric methane and hydrogen[J]. Journal of Geophysical Research, 1963, 68: 3971-3973.

Law K S, Nisbet E G J. Sensitivity of the CH_4 growth rate to changes in CH_4 emissions from natural gas and coal[J]. Journal of Geophysical Research, 1996, 101(D9): 14387-14397.

Leemans R, Cramer W. The IIASA Database for Mean Monthly Values of Temperature, Precipitation and Cloudiness of a Global Terrestrial Grid[M]//International Institute of Applied Systems Analyses. Working Paper WP-90-41. Austria: Laxenburg, 1990.

Li C S, Frolking S, Frolking T A. A model of nitrous oxide evolution from soil driven by rainfall events: 1. model structure and sensitivity[J]. Journal of Geophysical Research, 1992, 97(D9): 9759-9776.

Li C S. Modeling trace gas missions from agricultural ecosystems[J]. Nutrient Cycling in Agroecosystems, 2000, 58: 259-276.

Li C S, Zhuang Y H, Cao M Q, et al. Comparing a process-based agro-ecosystem model to the IPCC methodology for developing a national inventory of N_2O emissions from arable lands in China[J]. Nutrient Cycling in Agroecosystems, 2001, 60: 159-175.

Li C S, Mosier A, Wassmann R, et al. Modeling greenhouse gas emissions from rice-based production systems: Sensitivity and upscaling[J]. Global Biogeochemical Cycles, 2004, 18, GB1043, doi: 10.1029/2003GB00 2045.

Li C S, Frolking S, Xiao X M, et al. Modeling impacts of farming management alternatives on CO_2, CH_4, and N_2O emissions: A case study for water management of rice agriculture of China[J]. Global Biogeochemical Cycles, 2005, 19(3), GB3010, doi: 10.1029/2004GB002341.

Lieth H. Primary production: Terrestrial ecosystems[J]. Human Ecology, 1973, 1(4): 303-332.

Lieth H. Modeling the Primary Productivity of the World[M]//Lieth H, Whittaker R H. Primary Productivity of the Biosphere. New York: Springer Verlag, 1975: 237-263.

Lin E D. Agricultural techniques: Factors Controlling Methane Emissions[M]//Gao L, Wu L, Zheng D, et al. Proceedings of the International Symposium on Climate Change, Natural Disasters, and Agricultural Strategies. Bejing: China Meteorological Press, 1993: 120-126.

Matthews E, Fung I, Lerner J. Methane emission from rice cultivation: Geographic and seasonal distribution of cultivated areas and emissions[J]. Global Biogeochemical Cycles, 1991, 5: 3-24.

Matthews R B, Wassmann R, Arah J. Using a crop/soil simulation model and GIS techniques to assess methane emissions from rice fields in Asia. I. Model development

[J]. Nutrient Cycling in Agroecosystems, 2000a, 58, 141-159.

Matthews R B, Wassmann R, Knox J W, et al. Using a crop/soil simulation model and GIS techniques to assess methane emissions from rice fields in Asia. Ⅳ. Upscaling to national levels[J]. Nutrient Cycling in Agroecosystems, 2000b, 58: 201-217.

Mikaloff F S E, Tans P P, Bruhwiler L M, et al. CH_4 sources estimated from atmospheric observations of CH_4 and its $^{13}C/^{12}C$ isotopic ratios: 1. Inverse modeling of source processes [J]. Global Biogeochemical Cycles, 2004, 18, GB4004, doi: 10.1029/2004GB002223.

Minami K. Emission of nitrous oxide from agro-ecosystem [J]. Janpan Agricultural Research Quarterly, 1987, 21: 21-27.

Minami K. Methane emission from rice production[J]. Fertilizer Research, 1994, 37(3): 167-179.

Mosier A R, Bouwan A F. Nitrous Oxide Emissions from Agricultural Soils[M]//van Amstel A R. Methane and Nitrous Oxide: Methods in National Emissions Inventories and Options for Control Proceedings. The Netherlands: National Institue of Public Health and Environmental Protection, 1993.

Mosier A R. Nitrous oxide emissions from agricultural soils[J]. Fertilizer Research, 1994, 37(3): 191-200.

Mosier A R, Duxbury J M, Freney J R, et al. Nitrous oxide emissions from agricultural fields: Assessment, measurement and mitigation[J]. Plant and Soil, 1996, 181: 95-108.

Mudge F, Adler W N. Methane fluxes from artificial wetlands: A global appraisal[J]. Environmental Management, 1995, 19(1): 39-55.

Neue H U, Becher-Heidmann P, Scharpenseel H W. Organic Matter Dynamics, Soil Properties and Cultural Practices in Rice Lands and Their Relationship to Methane Production[M]//Bouwman A F. Soils and the Greenhouse Effect. Chichester, England: John Wiley and Sons, 1990.

OECD/OCDE. Estimation of Greenhouse Gas Emissions and Sinks[R]. Paris: OECD/OCDE, 1991.

Olivier J, van Aardenne J, Dentener F, et al. Recent trends in global greenhouse emissions: regional trends 1970-2000 and spatial distribution of key sources in 2000 [J]. Environmental Sciences, 2005, 2: 81-99.

Sass R L, Fisher F M, Lewis S T, et al. Methane emissions from rice fields: effects of soil properties[J]. Global Biogeochemical Cycles, 1994, 8(2): 135-140.

Scheehle E A, Irving W N, Krüger D. Global Anthropogenic Methane Emission[M]//van Ham J, Baede A P M, Guicherit R, et al. Non-CO_2 Greenhouse Gases: Scientific Understanding, Control Options and Policy Aspects. The Netherlands: Millpress, 2002.

Schütz H, Holzapfel-Pschorn A, Conrad R, et al. A 3-year continuous record on the influence of daytime, season, and fertilizer treatment on methane emission rates from an Italian rice paddy[J]. Journal of Geophysical Research, 1989a, 94 (D13): 16405-16416.

Schütz H, Seiler W, Conrad R. Processes involved in formation and emission of methane of rice paddies[J]. Biogeochemistry, 1989b, 7: 33-53.

Seiler W, Holzapfel-Pschorn A, Conrad R, et al. Methane emission from rice paddies[J]. Journal of Atmospheric Chemistry, 1983, 1(3): 241-268.

Seiler W. Contribution of Biological Processes to the Global Budget of CH_4 in the Atmosphere[M]//Kluq M J, Reddy C A. Current Perspective in Micrological Ecology. Washington DC, USA: American Society for Microbiology, 1984: 468-477.

Sheppard J C, Westberg H, Hopper J F, et al. Inventory of global methane sources and their production rates [J]. Journal of Geophysical Research, 1982, 87 (C2), 1305-1312.

Smith C J, Brandon M, Patrick Jr W H. Nitrous oxide emission following urea-N fertilization of wetland rice[J]. Soil Science and Plant Nutrition, 1982, 28(2): 161-171.

Stehfest E, Bouwman L. N_2O and NO emission from agricultural fields and soils under natural vegetation: summarizing available measurement data and modeling of global annual emissions[J]. Nutrient Cycling in Agroecosystems, 2006, 74: 207-228.

Stevens C M. Isotopic Abundances in the Atmosphere and Sources[M]//Khalil M A K. Atmospheric Methane: Sources, Sinks and Role in Global Change. Berlin, Germany: Springer Verlag, 1993: 62-88.

United States Department of Agriculture (USDA). China: Grain Statistics[M]. USA: USDA, 1990.

Wang M X, Dai A G, Shen R X, et al. CH_4 emission from a Chinese rice paddy field[J]. Acta Meteorologica Sinica, 1990, 401: 265-275.

Wang M X, Dai A G, Shangguan X J, et al. Sources of Methane in China[M]//Minami K, Mosier A, Sass R. CH_4 and N_2O: Global Emission and Controls from Rice Fields and Other Agricultural and Industrial Sources. Tokyo: Yokendo publishers, 1994.

Wang M X, Shangguan X J. Methane emission from various rice fields in P. R. China[J]. Theoretical and Applied Climatology, 1996, 55: 129-138.

Wang M X, Shangguan X J, Ding A. Methane in the Agriculture[M]//IAP. Form Atmospheric Circulation to Global Change, Celebrating the 80th Birthday of Professor Ye Duzheng. Beijing: China Meteorological Press, 1996.

Wang J S, Logan J A, McElroy M B, et al. A 3-D model analysis of the slowdown and interannual variability in the methane growth rate from 1988 to 1997[J]. Global

Biogeochemical Cycles, 2004, 18, GB3011, doi: 10.1029/2003GB002180.

Wassmann R, Schütz H, Papen H, et al. Quantification of methane emissions from Chinese rice fields (Zhejiang province) as influenced by fertilizer treatment[J]. Biogeochemistry, 1993, 20: 83-101.

Wilson M F, Henderson-Sellers A. A global archive of land cover and soils data for use in general circulation climate models[J]. International Journal of Climatology, 1985, 5(2): 119-143.

Wuebbles D J, Hayhoe K. Atmospheric methane and global change[J]. Earth Science Reviews, 2002, 57: 177-210.

Xing G X, Zhu Z L. Preliminary studies on N_2O emission fluxes from upland soils and paddy soils in China[J]. Nutrient Cycling in Agroecosystems, 1997, 49: 17-22.

Xing G X, Yan X Y. Nitrous oxide emission from agricultural field in China as estimated by the IPCC methodology[J]. Environmental Science and Policy, 1999, 2: 355-361.

Xing G X. N_2O emission from cropland in China[J]. Nutrient Cycling in Agroecosystems, 1998, 52: 249-254.

Xing G X, Shi S L, Shen G Y, et al. Nitrous oxide emissions from paddy soil in three rice-bassed cropping systems in China[J]. Nutrient Cycling in Agroecosystems, 2002, 64: 135-143.

Xu H, Xing G X, Cai Z C, et al. Nitrous oxide emissions from three rice paddy fields in China[J]. Nutrient Cycling in Agroecosystems, 1997, 49: 23-28.

Xu S P, Jaffé P R, Mauzerall D L. A process-based model for methane emission from flooded rice paddy systems[J]. Ecological Modelling, 2007, 205: 475-491.

Yagi K, Minami K. Effect of organic matter application on methane emission from some Japanese paddy fields[J]. Soil Science and Plant Nutrition, 1990, 36(4): 599-610.

Yan X Y, Cai Z C, Ohara T, et al. Methane emission from rice fields in mainland China: Amount and seasonal spatial distribution[J]. Journal of Geophysical Research, 2003a, 108(D16): 4505, doi: 10.1029/2002JD003182.

Yan X Y, Akimoto H, Ohara T. Estimation of nitrous oxide, nitric oxide and ammonia emissions from croplands in East, Southeast and South Asia[J]. Global Change Biology, 2003b, 9(7): 1080-1096.

Yan X Y, Ohara T, Akimoto H. Development of region-specific emission factors and estimation of methane emission from rice fields in East, Southeast, and South Asian countries[J]. Global Change Biology, 2003c, 9(2): 237-254.

Yan X Y, Yagi K, Akiyama H, et al. Statistical analysis of the major variables controlling methane emission from rice fields[J]. Global Change Biology, 2005, 11(7): 1131-1141.

Zheng X H, Han S H, Huang Y, et al. Re-quantifying the emission factors based on field measurements and estimating the direct N_2O emission from Chinese croplands[J].

Global Biogeochemical Cycles, 2004, 18, GB2018, doi: 10.1029/2003GB002167.

Zobler L. A World Soil File for Global Climate Modeling (NASA Technical memorandum 87802)[M]. New York, USA: NASA Goddard Institute for Space Studies, 1986.

Zou J W, Huang Y, Zheng X H, et al. Quantifying direct N_2O emissions in paddy fields during rice growing season in mainland China: Dependence on water regime[J]. Atmospheric Environment, 2007, 41: 8030-8042.

第8章 稻田生态系统 CH_4 和 N_2O 排放的减缓对策

无论人们是否接受全球正在变暖这一观点,这一命题已经成为全人类必须面对的问题。IPCC 第四次评估报告不仅以更加肯定的语气明确全球正在变暖,而且以更加肯定的语气指出这种现象主要是由于人类活动导致大气温室气体浓度持续增加的结果,并且评估了全球变暖可能对灾害性气候、海平面、极地冰川、生物多样性、农业生产以及人类生活等各方面的影响(IPCC,2007a)。CH_4 和 N_2O 是仅次于 CO_2 的两种最重要温室气体。过去二百多年,特别是近一个世纪以来,大气 CH_4 和 N_2O 浓度在不断增加,这给各国政府,特别是气象、环境主管部门带来越来越大的压力。随着《京都议定书》于 2005 年 2 月 16 日正式生效和我国作为温室气体排放大国减排压力增大,开展具有实际应用价值的减排技术措施研究具有重要意义。

自从确认稻田生态系统是大气 CH_4 的重要来源后,如何减少稻田 CH_4 排放成为一个受人关注的问题,国内外对此进行了大量深入的研究(Aulakh et al.,2002;Cai and Xu,2004;Inubushi et al.,1997;Wassmann et al.,2000;Yagi et al.,1997;Zheng et al.,2000a)。一些减少 CH_4 排放措施的有效性已得到大量田间试验结果的支持,如水稻生长期间隙灌溉(Wassmann et al.,1993;Yagi et al.,1997)、以堆肥和沼渣肥替代稻草、绿肥等新鲜有机肥(Shin et al.,1996;Wassmann et al.,2000;Zheng et al.,2000a)、休闲季节施用有机肥以便其在淹水前有时间进行充分的好氧分解(Cai and Xu,2004;Shin et al.,1996;Yagi et al.,1997)、施用含硫氮肥以代替尿素和碳酸氢铵(Cai et al.,1997;Inubushi et al.,1997)、选择合适的水稻品种(Aulakh et al.,2002)等等。稻田 CH_4 排放是

土壤中 CH_4 产生、氧化和传输三个过程共同作用的结果。因此,减少稻田 CH_4 排放的措施也应从这三个方面着手进行研究:或改变适宜产甲烷菌存活和发挥活性的环境条件以抑制 CH_4 产生,或创造甲烷氧化菌存活和发挥活性的条件以促进 CH_4 氧化,或阻断 CH_4 向大气的排放途径以减少 CH_4 排放。针对影响稻田生态系统 CH_4 排放量的因素:水分管理、施肥管理、耕作方式、水稻品种、研制和应用甲烷抑制剂等,可以制订相应的措施,以使某一影响因素成为限制稻田 CH_4 排放的因素,从而减少 CH_4 排放。针对稻田生态系统不同的生长季节,可以采取不同的措施。针对不同类型的稻田生态系统具有不同 CH_4 排放量的特点,可以选择优先减少 CH_4 排放量的稻田生态系统类型或区域等。

在研究稻田生态系统 CH_4 减排措施时,必须充分注意以下几个方面:

① 水稻生产在全球粮食保障体系中发挥着举足轻重的作用。任何减少稻田生态系统 CH_4 和 N_2O 排放量的措施都应该以不降低水稻产量为前提。

② 稻田生态系统既是 CH_4 排放源也是 N_2O 排放源,而且相互之间存在互为消长关系(详见 6.6 节),减少稻田 CH_4 排放的措施可能促进 N_2O 的排放;同样减少稻田 N_2O 排放的措施可能促进 CH_4 的排放。所以,评估减少稻田生态系统 CH_4 和 N_2O 排放量的措施时,必须同时考虑对这两种温室气体的影响。CH_4 和 N_2O 产生的温室效应是不相同的,通常以 CO_2 当量为单位来计算稻田 CH_4 和 N_2O 的综合温室效应。IPCC(2007)第四次报告更是将所有温室气体的排放量折算成为 CO_2 当量。以 100 年时间尺度计算,单位质量 CH_4 和 N_2O 的全球增温潜势(global warming potential,GWP)分别是 CO_2 的 25 和 298 倍,据此,可以由下式计算稻田 CH_4 和 N_2O 排放量的 CO_2 当量:

$$CO_2 - eq = CH_4 \times 25 + N_2O \times 298 \tag{8.1}$$

式中,CO_2、CH_4、N_2O 以公斤、吨等为单位。

③ 采用稻田生态系统 CH_4 和 N_2O 减排措施时必须考虑其实际可行性及其对生态和环境的其他影响(Yagi et al., 1997)。

本章主要讨论减少稻田生态系统 CH_4 或 N_2O 排放量的可能措施,以及这些措施可能对生态、环境等带来的协同效应和负效应。由于资料的缺乏和研究水平的限制,目前对于绝大部分减少稻田生态系统 CH_4 或 N_2O 排放的对策措施在全国尺度上产生的减排潜力尚缺乏估算,本章对减排措施的减排效果评估主要以排放量的相对减少量为指标。

8.1 水 分 管 理

在一定阶段淹水是稻田生态系统不同于旱作农田生态系统的标志。稻田生态系统排放 CH_4 的关键是水分。在第 4 章和第 6 章的讨论都已充分说明,影响稻田生态系统 N_2O 排放量的首要因素也是水分管理。所以,稻田生态系统 CH_4 和 N_2O 减排首先应该从水分管理着手。稻田生态系统可分为两个时期:夏季水稻生长期和冬季非水稻生长期。水稻生长期始于 3 月底至 6 月中旬,8 月底至 11 月结束,因从华南到华北的地理位置和水稻种植制度不同(双季稻或单季稻)而异。相邻两年水稻生长期之间即为非水稻生长期。

8.1.1 水稻生长期水分管理

水稻生长期不同的灌溉方式是决定 CH_4 和 N_2O 排放的重要因素。以下介绍不同灌溉方式对于减少稻田生态系统水稻生长期 CH_4 和 N_2O 排放的作用。

8.1.1.1 间歇灌溉

水稻生长期通常采用持续淹水和间隙灌溉两种水分管理方式,其中以前期淹水、中期烤田、后期干湿交替为特征的间隙灌溉是我国及东亚地区国家水稻生产中沿用已久的水分管理措施。在水稻生长的分蘖期排水烤田,可以提高土壤氧化还原电位,避免稻田土壤过强的还原性抑制水稻根系生长,促进光合作用产物向地下输送,促进根系生长,抑制分蘖,控制水稻群体数量。在我国,水稻种植密度大,这一水分管理措施对于提高水稻产量尤其重要。与持续淹水相比,间隙灌溉能显著减少稻田 CH_4 排放量(李香兰等,2007;Cai et al.,1994;Lu et al.,2000;Sass et al.,1992;Wang et al.,1999;Yagi et al.,1996),原因在于:排水烤田增强土壤通透性,提高土壤 Eh(烤田时土壤 Eh 可达 400~800 mV),破坏产甲烷菌的生存条件,从而抑制 CH_4 的产生和排放;土壤中 CH_4 氧化主要发生在 10 cm 左右的土层中,明显受土壤水分状况的影响,CH_4 氧化的最佳土壤含水量为 20%~70%,

8.1 水分管理

烤田为甲烷氧化菌提供了合适的水分条件(丁维新和蔡祖聪,2003)。Jia et al.(2001,2006)的研究表明,非根际土壤较根际土壤具有更强的氧化内源 CH_4 的能力。在淹水条件下,由于氧气供应的限制,非根际土壤不能发挥氧化内源 CH_4 的潜力,但当排水落干、氧气进入非根际土壤时,非根际土壤氧化 CH_4 的潜力可能成为氧化 CH_4 的现实。根据 Yan et al.(2003)对已经发表文献资料的统计,实施间歇灌溉的稻田,水稻生长期 CH_4 排放量仅为持续淹水稻田的53%。由此可见,间歇灌溉对于减少稻田生态系统水稻生长季节 CH_4 排放量的作用是极为显著的。统计结果还表明,在我国,实际采取间歇灌溉的稻田生态系统,水稻生长季节减少 CH_4 排放程度因早稻、晚稻和单季稻(包括中稻)而异。田间实际采取的间歇灌溉措施在晚稻和中稻生长季节减少 CH_4 排放量的效果明显,在早稻生长期减少 CH_4 排放量的效果不明显(表8.1)。

表8.1 水稻生长期间歇灌溉与持续淹水条件下中国现有 CH_4 排放通量平均值的比较(蔡祖聪和徐华,2004)

水稻生长季节	平均 CH_4 排放通量($mg \cdot m^{-2} \cdot h^{-1}$)		
	间 隙	持 续	间歇/持续
早 期	10.9	10.1	108%
中 期	5.3	12.8	41%
晚 期	12.4	19.2	65%

间歇灌溉模式,即烤田开始时间、烤田持续时间、烤田次数等干湿交替方式(紧邻两次淹水之间落干持续时间和紧邻两次落干之间淹水持续时间)等的不同,对稻田 CH_4 排放的影响很大。第6章6.2.1节已经介绍对于单季稻(包括中稻)、双季稻中的早稻,水稻移栽或播种后, CH_4 排放通量都有一个上升达到排放通量峰值后下降的一般模式。如果排水落干达到不再有稻田 CH_4 排放的程度,再淹水后,稻田 CH_4 排放通量恢复是一个比较缓慢的过程。因此,从理论上说,排水落干的时间越早,烤田越彻底(使土壤水分含量尽可能地降低),减少稻田 CH_4 排放量的作用越大。Wassmann et al.(2000)总结中国、印度、印度尼西亚、泰国和菲律宾的田间观测数据后发现,与通常水分管理方式相比,增加田面落干时间或提早进行中期烤田的优化灌溉模式使稻田 CH_4 排放减少20%~93%。Towprayoon et al.(2005)研究表明,增加烤田频率能更有效地减缓稻田 CH_4 的排放,在稻田幼穗分化前烤田7天可使稻田 CH_4 排放量比淹灌降低29%,在分蘖后期烤田3天以

及幼穗分化期烤田4天可降低36%的CH_4排放量。李香兰等(2007)通过盆栽试验研究了不同烤田开始时间对稻田CH_4和N_2O排放的影响,结果表明:随着烤田开始时间提前,水稻生长期CH_4平均排放通量逐渐减小。CH_4平均排放通量存在如下关系:提前烤田<正常烤田<推迟烤田(表8.2)。晚稻生长季节CH_4排放通量的峰值通常出现在晚稻移栽后的初期(图6.16),因此,有效地减少晚稻生长季节CH_4排放量可能需要更早地实施排水落干措施。

表8.2 烤田开始时间对水稻生长季节CH_4排放量的影响
(李香兰等,2007,2008,部分未发表数据)

试验类型	处理	CH_4排放通量 (mg·m^{-2}·h^{-1})	N_2O排放通量 (μg N·m^{-2}·h^{-1})	综合温室效应 (mg CO_2-eq·m^{-2}·h^{-1})	产量 (t·hm^{-2})
2005年盆栽试验	提前烤田	0.86±0.10b	189±17a	109.8a	4.88±0.59b
	正常烤田	0.96±0.05b	158±33b	98.2a	5.46±0.42a
	推迟烤田	1.45±0.12a	148±28c	105.5a	5.19±0.89ab
2007年大田试验	提前烤田	1.49±0.55c	132±45a	99.0a	6.54±0.77b
	正常烤田	1.78±0.20b	78.1±10.0b	81.0b	7.89±0.38a
	推迟烤田	2.17±0.37a	57.8±7.9c	81.3b	7.12±0.96ab

注:同一列不同字母表示0.05水平差异显著性(LSD法);综合温室效应根据公式8.1计算(IPCC,2007a)。

烤田程度也是影响CH_4减排效果的重要因素。6.2.1节中已经指出,烤田过程促进闭蓄于土壤中的CH_4的释放,这一期间排放的CH_4可以达到整个水稻生长季节CH_4排放量的4%~14%(曹金留等,1998;徐华等,2000)。如果烤田抑制CH_4排放的作用不能抵消促进闭蓄态CH_4排放的作用,烤田的实际效果可能不是减少而是提高CH_4排放量。

虽然烤田开始时间提前、烤田程度加深(延长烤田时间)、增加烤田次数都可能提高水稻生长期CH_4减排的效果,但是,实际采取烤田措施还必须考虑水稻生长对水分的要求。生长前期淹水条件是水稻生长的需要,烤田提前到不能满足水稻生长对水分的要求时,则可能导致水稻产量下降(表8.2)。采取排水烤田措施抑制稻田CH_4排放要选择水稻对水分较不敏感时期和稻田CH_4排放量较大的生长阶段,最适宜的烤田时期是水稻分蘖期至幼穗分化前(一般在追施分蘖肥后15天左右),这一阶段水稻生长旺盛、通气组织发达,是控制稻田CH_4排放的关键时期,且能有效提高作物产量

(表 8.2)。烤田程度过深可能使水稻处于水分胁迫状态,影响水稻的正常生长和产量。其次,间歇灌溉可能增加需水量和提高灌溉需要的能量消耗。

对于稻田生态系统的 N_2O 排放,结果则相反,水稻生长期连续淹水时,N_2O 排放量最小,且随着排水落干的次数增加,N_2O 排放量增加。Zou et al.(2007)对文献报道资料的统计分析表明,与水稻生长季节连续淹水比较,水稻生长期间烤田,然后再复水灌溉(F-D-F 模式),或再复水后进行水分不饱和的节水灌溉(F-D-F-M 模式),N_2O 排放系数依次从 0.02% 增加到 0.42% 和 0.73%。但是,对于稻田生态系统,在一般情况下,排放的 CH_4 在综合温室效应中占绝对主导地位,N_2O 排放导致的温室效应仅占很少的比例,特别是对于连续淹水的稻田生态系统,N_2O 排放所占的比例更小。对大量田间测定结果的统计表明,间歇灌溉或节水灌溉促进的 N_2O 排放仅能抵消 15%~20% 减少的 CH_4 排放量(Akiyama et al.,2005)。然而,对于已经实施间歇灌溉、CH_4 排放量不高的稻田生态系统,采取过分的烤田措施可能导致综合温室效应的净增加,如表 8.2 中提前烤田不仅没有减少综合温室效应,反而增加了综合温室效应。

间歇灌溉能有效地控制分蘖数,并能避免土壤极端还原条件的形成发展,在我国是作为提高水稻产量的一项有效措施,而不是作为减少稻田生态系统 CH_4 排放的有效措施,已经在水稻生产中广泛应用。Li et al.(2005)用 DNDC 模型估算得出,从 20 世纪 80 年代以来,由于推广间歇灌溉等水分管理方式,已经使全国稻田 CH_4 排放量减少了约 5 $Tg \cdot yr^{-1}$。Zou et al.(2007)研究表明,水稻生长期连续灌溉的稻田仅占全国稻田面积的 12%(表 7.15),由此可见,进一步推广间歇灌溉以减少稻田 CH_4 排放的潜力已非常有限。

8.1.1.2 节水灌溉

随着人们节水意识的提高,"薄浅湿晒"、"薄露"、"浅湿晒"、"控制灌溉"、"半旱栽培"、"覆膜旱作"等节水灌溉模式得到了大面积的推广应用,它们的共同特点是在水稻生育期的特定时间段,排干使田面无水层或土壤含水量低于饱和含水量。节水灌溉条件下,土壤通气状况得到极大改善,既促进 CH_4 氧化又部分抑制 CH_4 产生。在非充分灌溉条件下,水稻植株会受到一定程度的水分胁迫而可能关闭部分气孔,减少植株途径的 CH_4 排放(李晶等,2003)。Khalil et al.(1998)研究表明,常湿灌溉对稻田 CH_4 的减排作用最大,但水稻有较大幅度减产。近年发展起来的 GCRPS 系统(ground cover rice production system)是一种有效的节水灌溉系统

(Christine，2007)：水稻旱直播后覆盖稻草或薄膜，水稻生长期土壤保持较高的土壤水分含量但不出现淹水的情况。这一灌溉措施不仅能有效降低CH_4排放量，而且能节省大量水资源。在缺水较为严重的华北平原，GCRPS节水灌溉系统值得推广应用。

但是，Zheng et al.(2000b)对我国东南部地区水稻/小麦一年两熟稻田生态系统的研究表明：土壤水分在田间持水量的110%左右时，N_2O排放量达到最大值；低于这一含水量时，N_2O排放量随着含水量的增加而呈指数增加，而当高于这一含水量时，N_2O排放量迅速下降。节水灌溉时，水稻生长阶段有相当长一段时间土壤水分含量处于最有利于N_2O产生和排放的范围，所以，这样的灌溉方式可能极大地促进N_2O排放，从而使N_2O排放成为综合温室效应的主要贡献者。

贾宏伟等(2007)研究发现，节水灌溉抑制稻田CH_4排放的同时促进N_2O排放，但对全年而言，采取节水措施增加的N_2O排放量抵消减少的CH_4排放量。Yu et al.(2004)研究水(淹水灌溉与湿润灌溉)、肥(有机肥施用与否)对稻田CH_4和N_2O排放的影响，结果表明湿润灌溉(节水灌溉的一种方式)系统能够有效地减少稻田CH_4排放，促进N_2O排放，但引起的综合温室效应下降。在不施有机肥的情况下，湿润灌溉处理的N_2O排放产生的温室效应已经超过CH_4排放产生的温室效应(表8.3)。事实上，在表8.2中，N_2O排放也已经成为综合温室效应的主要贡献者。

表8.3 水肥管理对稻田CH_4和N_2O排放的影响(Yu et al., 2004)

测定项目	处理			
	淹水灌溉	湿润灌溉	淹水灌溉+有机肥	湿润灌溉+有机肥
CH_4排放通量($mg \cdot m^{-2} \cdot d^{-1}$)	10.80(94)	3.12(42)	25.20(97)	5.28(67)
N_2O排放通量($mg\ N \cdot m^{-2} \cdot d^{-1}$)	0.04(6)	0.23(58)	0.04(3)	0.14(33)
综合温室效应($mg\ CO_2\text{-eq} \cdot m^{-2} \cdot d^{-1}$)[a]	289	186	649	198
产量($t \cdot hm^{-2}$)	9.7	8.8	11.5	10.9

注：a. 综合温室效应根据100年尺度上单位质量CH_4和N_2O的增温潜势分别为单位质量CO_2和25和298倍(IPCC，2007a)重新计算。括号中数据是CH_4或N_2O对综合温室效应的贡献率。

8.1.1.3 深水淹灌

常规灌溉稻田的土壤水层厚度一般为3~5 cm，为CH_4产生提供适宜的厌氧环境,温度稍高时便出现大量 CH_4 排放。李晶等(1997)研究发现,水稻生长期保持 10 cm 水层的深水灌溉能有效阻碍稻田 CH_4 向大气排放,而且有利于保持土壤中的有机物,对水稻产量影响也较小。上官行健等(1993a)指出,深灌方式(水深 10 cm)在早稻期降低 CH_4 产生率的效果明显好于晚稻期。这可能是因为早稻期较低的气温和较深的水层使土壤中生成的 CH_4 向大气排放的效率降低;而晚稻期间气温较高,较深的水层不能有效阻止土壤中生成的 CH_4 向大气传输。

深水灌溉对稻田 N_2O 排放影响的研究很少。从稻田土壤中 N_2O 产生和传输过程可以推测,深水灌溉也将极大地减少 N_2O 排放。考虑到灌溉水源问题以及深水灌溉对农田设施提出的新要求和水稻生长对深水灌溉的适应性等尚未进行深入研究的问题,深水灌溉并不是减少稻田生态系统 CH_4 和 N_2O 排放量的切实可行的方法。

8.1.2 非水稻生长期水分管理

非水稻生长期土壤水分状况差异很大,大致可分两类:淹水和排干。非水稻生长期水分排干的稻田冬季或者种植旱地作物(通常为小麦、油菜和绿肥),或者休闲。冬季淹水稻田一般常年淹水,冬季休闲。

总结田间试验结果表明,非水稻生长季节淹水稻田水稻生长季节 CH_4 排放量远高于当地非水稻生长季节排水落干的稻田生态系统(蔡祖聪等,2003;Cai et al., 2000;Kang et al., 2002)。非水稻生长季节淹水维持了土壤厌氧状态,致使在两季水稻生长之间继续排放 CH_4。Yagi et al. (1998)通过模拟池试验发现常年淹水种植水稻的土壤,非水稻生长季节 CH_4 排放量相当于先前水稻生长季节 CH_4 排放量的 14%~18%。我国常年淹水稻田非水稻生长季节 CH_4 排放量远高于模拟池试验结果,甚至于比大部分非水稻生长季节排水的稻田生态系统水稻生长期 CH_4 排放量还高(Cai et al., 2003)。在重庆连续 6 年的试验结果表明,因为在时间上非水稻生长期是水稻生长期的两倍,虽然非水稻生长期平均 CH_4 排放通量远低于水稻生长期,总 CH_4 排放量($53.5 \text{ g} \cdot \text{m}^{-2}$)却接近于水稻生长期($67.2 \text{ g} \cdot \text{m}^{-2}$)(Cai et al., 2003)。所以减少中国稻田 CH_4 排放最有潜力的稻田类型为常年淹水稻田。

根据《中国水稻土》一书的数据,中国常年淹水稻田共有 $2.7 \times 10^6 \sim 4.0 \times 10^6 \text{ hm}^2$(李庆逵,1992),主要分布于华南和西南山区和丘陵区。由于地形上一般处于低洼部位，常年淹水稻田受侧渗水的浸入，排水困难；或者地下水位过高，常年渍水。所以，这类稻田土壤多为潜育性水稻土。根据第二次全国土壤普查编写的《中国土壤普查数据》(全国土壤普查办公室，1997)的不完全统计，潜育性水稻土面积为 $2.52 \times 10^6 \, hm^2$。根据 Cai et al.(2005)的统计，潜育性水稻土面积达 $2.66 \times 10^6 \, hm^2$(表7.9)。非潜育性水稻土也有可能在非水稻生长季节继续淹水，所以常年淹水稻田的总面积应大于潜育性水稻土的面积。由于常年淹水稻田占有较大的面积并且具有最大的 CH_4 减排潜力，如果必须减少稻田生态系统的 CH_4 排放量，那么就应该优先考虑常年淹水稻田的 CH_4 减排问题。

表4.6给出了同一地点非水稻生长季节排水落干和常年淹水稻田生态系统水稻生长期 CH_4 平均排放量。在表4.6中，没有对应于江苏句容的非水稻生长季节排水的稻田生态系统 CH_4 排放量数据。根据 Cai et al.(2000)发表的结果，非水稻生长季节排水落干的江苏句容稻田在水稻生长季节的 CH_4 平均排放量仅为 $1.74 \, g \cdot m^{-2}$。假定在非水稻生长季节将常年淹水稻田排干，那么该类稻田生态系统在水稻生长季节的 CH_4 排放量应该与同一地区非水稻生长排水落干的稻田生态系统相同。依据表7.9统计的潜育性水稻土面积，将全国常年淹水稻田全部排干，可以估算出在非水稻生长季节减少 CH_4 排放达到 $1.31 \, Tg \cdot yr^{-1}$。从图8.1可以看出，采取这一措施，湖南以及以东的江西、福建和浙江地区(即Ⅳ和Ⅴ区，图7.4)具有最大的 CH_4 减排潜力。

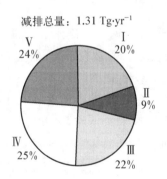

图8.1 在非水稻生长季节将全国常年淹水稻田全部排水落干，在水稻生长季节各区 CH_4 减排潜力分布

(根据表4.6、表7.9和Cai et al.，2000报道的数据估算)

常年淹水稻田生态系统在非水稻生长季节排水落干后，非水稻生长季节也将不再排放 CH_4。从表7.10可以看出，全国稻田生态系统将因此减少 CH_4 排放量平均为 $0.58 \, Tg \cdot yr^{-1}$，水稻生长季节和非水稻生长季节合计达 $1.89 \, Tg \cdot yr^{-1}$。根据表7.10的估算结果，1990~2000年全国稻田生态系统平均排放 CH_4 为 $5.35 \, Tg \cdot yr^{-1}$。以此为基准估算，采取这一项措施可以使全国稻田生态系统减少35%的 CH_4 排放量。

但是，在非水稻生长季节将全国常年淹水稻田生态系统全部排干是不现实的。常年淹水稻田处于山谷或丘陵底部，由于地形低洼或地下水位高

8.1 水分管理

实际上很难排水落干,其中一部分常年淹水稻田在很大程度上依赖降雨灌溉,如果非水稻生长季节排水落干,万一遇到春季降雨不足,就有可能不能进行耕作和种植水稻。山谷或丘陵底部的常年淹水稻田,面积很小,改善水利设施需要很大的投资,而经济上的回报率很低,因而并不是一项切实可行的措施。采用垄作方式则是比较实际的减少常年淹水稻田生态系统 CH_4 排放量的措施(详见 8.3 节)。非水稻生长季节排水落干常年淹水稻田也将促进 N_2O 排放。Jiang et al.(2006)研究表明,常年淹水稻田生态系统 N_2O 排放量很小,非水稻生长季节排水落干并种植冬小麦或油菜常年淹水稻田,N_2O 排放量增加 3.7～4.5 倍。由于常年淹水稻田生态系统 CH_4 排放占综合温室效应绝对主导地位,排水落干虽然增加 N_2O 排放,但综合温室效应仍然显著下降。

除对常年淹水稻田可以通过非水稻生长季节排水落干减少 CH_4 排放量外,对于非水稻生长季节排水的稻田也可以通过非水稻生长季节的水分管理减少水稻生长季节的 CH_4 排放量。从图 6.29 及其回归方程可以看出,在非水稻生长季节采取排水措施,避免雨后积水,尽可能降低土壤水分含量,则可以有效地降低次年水稻生长季节的 CH_4 排放量。由于非水稻生长季节土壤水分含量与次年水稻生长季节 CH_4 排放量呈指数关系,所以,对于非水稻生长季节土壤水分含量较高的南方地区稻田,开沟排水降低土壤水分含量对减少次年水稻生长季节 CH_4 排放量的作用更加明显。降低非水稻生长季节土壤水分含量对减少次年水稻生长季节 CH_4 排放量的作用不仅得到盆栽试验(如表 4.4)(Xu et al., 2002)、渗漏池试验(如表 4.8)的验证,日本在大田条件下通过地下暗管排水,也证明了非水稻生长季节降低土壤水分含量具有显著减少次年 CH_4 排放量的作用(见图 4.8)(Shiratori et al., 2007)。

在我国,除少数经济较发达地区具备地下暗管排水设施外,绝大部分地区并不具备这样的设施。因此,在非水稻生长季节通过地下暗管排水并不现实,然而,这也不失为今后改善农田水利设施的方面之一。由于农村劳动力向城市转移,忽视水稻收获后的农田管理,特别是当冬季休闲时,农田管理几乎被完全忽视,在南方地区造成雨后积水严重的现象。因而,更为现实的是要通过加强非水稻生长季节的农田管理、做好开沟排水工作,减少稻田生态系统 CH_4 排放量。由于缺少非水稻生长季节土壤水分含量及其面积数据,目前尚难以估算这一措施减少全国稻田生态系统 CH_4 排放量的潜力。非水稻生长季节避免土壤渍水,尽可能降低土壤水分含量是否会增加 N_2O 排放尚无充分的田间实际测定数据证明。

在氮源供应充足的条件下，N_2O 生成和排放在很大程度上取决于土壤水分含量的变动频率和变动程度。土壤水分含量变化越频繁，变化幅度越大，N_2O 排放量也越大。因此，非水稻生长季节降低土壤水分含量并不必然增加 N_2O 排放量。

8.2 肥料管理

施肥是农业生产中增加作物产量、提高产品质量的一项必要而且有效的措施。为了保持土壤有机质含量和土壤肥力，应提倡作物秸秆还田和多施有机肥，但一个不容忽视的事实是有机肥的施用会增加稻田的 CH_4 排放。通过选择有机肥的种类、施用方式和施用时间可以在一定程度上协调维持土壤肥力和减少 CH_4 排放的矛盾。

8.2.1 沼气发酵

施入稻田土壤的有机肥对 CH_4 排放的促进作用因其组成分不同而有很大的差异。易分解有机质，如可溶性糖类、半纤维素类含量高的有机物质，对稻田 CH_4 排放的促进作用大，木质素类物质的作用较小（刘娟等，2007）。大量研究发现，经过沼气发酵后剩余的残渣作为有机肥施用时对稻田 CH_4 排放的正效应要大大低于新鲜有机肥（陈德章等，1993；陶战等，1994；王明星等，1995；Wassmann et al.，2000）。新鲜有机物经过在沼气池中的发酵过程，可溶性糖类、半纤维素和纤维素等易分解的成分已经被分解和转化成为 CH_4、氮、磷、钾等营养成分流失较少。因此，相对于新鲜有机肥，沼渣肥施入土壤后提供的产甲烷基质较少，从而对稻田 CH_4 排放的促进作用也较小，而对养分的供应未显著减少。沼气发酵过程中产生的沼气（主成分为 CH_4）则可以被用来照明、发电、取暖等。所以，对于易分解有机物质含量高的有机废弃物，先通过沼气发酵，生产沼气并加以利用，然后将沼气渣作为有机肥施用可以减少对稻田 CH_4 排放的促进作用。但未经过干燥、堆腐的沼渣肥含大量活性产甲烷菌，施入土壤后可能使土壤中有机物加速向 CH_4 转化，因此沼渣肥施用前应经过一定时间的干燥以降低产甲烷菌活性和数量。

有机废弃物和作物秸秆经过堆沤后再施用同样具有减少对稻田 CH_4 排放的促进作用。研究发现,将秸秆预先堆沤后还田只略微增加稻田 CH_4 的排放(Corton et al.,2000;Yagi and Minami,1990)。然而,秸秆堆沤过程中,由于大量有机物质的集中堆放,形成一定程度的厌氧环境,也会导致 CH_4 的排放。

稻田施用高 C/N 比有机肥如新鲜秸秆等,微生物在有机质矿化过程中净同化无机氮,导致土壤中有效氮含量下降(Shan et al.,2008),因而减少土壤中硝化和反硝化作用强度,减少 N_2O 的产生和排放(蒋静艳等,2003;马静等,2008;Bronson et al.,1997;Zou et al.,2005)。秸秆腐解过程产生的化感物质会抑制土壤微生物活性,减少土壤 N_2O 排放(黄宗益等,1999)。因此,新鲜有机肥或作物秸秆经过沼气发酵后,再施用于土壤可能使它们的作用减弱,这就要求我们综合考虑两种气体的相互关系,寻求综合温室效应最小的有机肥施用模式。

8.2.2 秸秆还田方式

单位质量 CH_4 产生的温室效应远高于单位质量 CO_2 的温室效应(IPCC,2007a)。所以,对于有机肥料和作物秸秆,在土壤中分解时尽可能地将其转化成为 CO_2 而不是 CH_4 是减缓有机肥对稻田 CH_4 排放促进作用的有效措施。实施秸秆还田时,相对于均匀混施,秸秆表面覆盖的还田方式促进秸秆的好氧分解,减少稻田 CH_4 的排放(陈苇等,2002;肖小平等,2007;Chareonsilp et al.,2000)。然而,秸秆以表面覆盖的方式还田,可能会影响插秧和水稻生长,不易被采纳。利用小麦生长季节的墒沟,将小麦秸秆集中埋置于墒沟中或秸秆条带状覆盖可以避免上述缺点。墒沟埋草的还田方式相当于秸秆的原位堆沤。研究表明,将秸秆埋置于不同的高度(图 4.12),对 CH_4 排放产生不同的影响:将秸秆埋置于土面以下,并用土覆盖,与均匀混施相比,并不能减少稻田 CH_4 排放;如果让一部分秸秆高出土面(隆沟墒沟埋草),则使 CH_4 排放量显著下降;秸秆条状堆置于土面,也具有相同的作用,虽促进 N_2O 的排放,但仍然减少综合温室效应(表 8.4)。秸秆条带状覆盖不但可以减少稻田 CH_4 的排放,还可以节约灌溉用水、增加水稻产量(郑家国等,2006),是一种环境、经济友好的秸秆还田方式。

表 8.4 秸秆还田方式对稻田 CH_4 和 N_2O 的
排放的影响(马静,2008)

处 理	CH_4 季节排放总量 $(g \cdot m^{-2})$	N_2O 季节排放总量 $(mg\,N \cdot m^{-2})$	综合温室效应 $(g\,CO_2\text{-}eq \cdot m^{-2})$
对 照	6.9±5.0a	113±35a	225a
均匀混施	27.2±2.8b	25.1±24.1b	692b
墒沟埋草	28.1±13.6b	78.7±20.0c	739b
隆沟墒沟埋草	21.0±7.1c	91.8±10.8c	568c
秸秆条带状覆盖	18.5±10.4c	129±28a	523c

注:同一列中 a、b、c 不同字母表示处理间方差分析达显著水平($P<0.05$)。

8.2.3 秸秆还田时间

我国稻田生态系统具有界线分明的水稻生长季节和非水稻生长季节,除部分常年淹水稻田外,非水稻生长季节一般实施排水落干的水分管理措施。我国稻田生态系统的这种耕作管理制度为还田秸秆的好氧分解提供了时间保障。在排水落干的非水稻生长季节还田的有机肥和作物秸秆在淹水前有相当长的时间可以进行好氧分解,当土壤为水稻移栽或播种淹水时,易分解的有机物质已被大量分解,从而可以显著降低淹水期 CH_4 的排放(Shin et al.,1996;Xu et al.,2000;Wassmann et al.,2000)。相同数量的稻草在非水稻生长季节之初还田(处理 1),在淹水准备移栽水稻时还田(处理 2),连续两年试验结果表明(图 8.2),处理 2 水稻生长期平均 CH_4 排放通量显著高于处理 1,在排水落干的非水稻生长季节之初还田相同数量的水稻秸秆,CH_4 排放量仅为淹水前还田的 12%~25%。

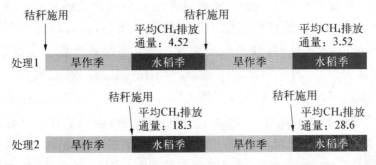

图 8.2 有机肥施用时间对稻田 CH_4 排放的影响
(单位:$mg \cdot m^{-2} \cdot h^{-1}$)(Cai and Xu,2004)

除了减少水稻生长季节 CH_4 排放外,排水落干季节施用有机物质还有其他更多的优点。譬如,在水稻移栽前施用稻草或其他有机肥,影响秧苗的正常站立;在淹水状态下,有机物质的快速分解很快耗尽土内 O_2,形成极端厌氧的土壤环境,损害水稻根系的生长。在非水稻生长季节施用则可以避免有机肥这些不良影响。因此,这是解决施用有机肥和作物秸秆还田保持土壤有机质含量和土壤肥力与促进稻田 CH_4 排放这一矛盾的有效措施,而且在我国稻田生态系统的种植制度下有实施这一措施的条件,应该鼓励和大力推广在土壤好氧季节施用有机肥和秸秆还田。在双季水稻地区,应该尽可能地避免在早稻收获后,将秸秆立即在晚稻移栽前还田。

8.2.4 无机肥管理

无机肥的种类也会影响稻田 CH_4 的排放。通常情况下,施用硫铵的稻田 CH_4 排放量低于施用尿素或碳铵的稻田(Cai et al.,1997)。Wassmann et al.(2000)总结文献发表的研究结果发现,与施用颗粒尿素作为唯一氮源相比,选用硫铵使 CH_4 排放减少了 10%～67%。但是,在还原性强烈的稻田土壤中,硫铵中的硫酸根常还原生成硫化氢,毒害水稻根系生长和呼吸,产生水稻黑根,所以在水稻生产中不常施用硫铵。

已有的研究表明,无机肥深施可以减少稻田 CH_4 的排放(Rath et al.,1999;Schütz et al.,1989)。Kimura et al.(1992)发现水稻叶面喷施氮肥可以抑制稻田 CH_4 排放。氮肥深施、与有机肥混施、少量频施、叶面喷施等施肥方式也可减少 N_2O 排放(王智平等,1998),但要考虑这些方式的实际可操作性。我国稻田无机肥施用通常采用基肥和追肥相结合的分次施肥方式。水稻基肥一般均采用与土壤混合均匀的方式施用,即使在免耕,也比较容易进行深施。除非大幅度提高水稻生产的机械化程度,否则依靠手工深施追肥是不现实的。

氮肥施用量对稻田生态系统 N_2O 排放的影响作用仅次于水分管理。根据 IPCC《国家温室气体清单指南》(IPCC,2006),氮肥的施用量是估算稻田生态系统 N_2O 排放量的关键因素。

1995 年我国肥料 N:P:K 比例为 1:0.45:0.16,与世界同期 N:P:K 比例 1:0.45:0.27 相比,钾肥比例过低(邢光熹和颜晓元,2000)。至 2010 年,我国 N:P:K 比例应调整到 1:(0.4～0.45):0.30,即减小化学氮肥相对增用量,提高钾肥施用量。我国地区间化学氮肥用量也存在很大差异,化学氮肥1/3集中在占总耕地面积不到1/5的东南沿海省区,而占全国耕地总面积37%的其余11省区(黑龙江、吉林、内蒙古、山西、宁夏、甘肃、青海、新疆、云南、贵州和西藏)化学氮肥年施用量只占总施用量的18%(邢光熹和颜晓元,2000)。调整肥料N∶P∶K比例,减小氮肥施用的地区"非平衡性",不但可以增加农作物产量,还有助于减少稻田N_2O排放以及农田NO_3^--N和NO_2^--N流失。

稻田N_2O排放随氮肥施用量增加而升高。在不降低农作物产量的前提下,适当减少施肥量可以达到N_2O减排的目的。在宜兴3年的田间试验研究发现,将氮肥施用量从当地农民平均施用量270 kg N·hm^{-2}降低到200 kg N·hm^{-2},可以减少稻田N_2O排放、CH_4和N_2O排放产生的综合温室效应,同时不影响水稻产量(Ma et al., 2007)。

氮肥的品种对稻田生态系统N_2O排放也有很大的影响,因此,选择适宜的氮肥品种可以有效地减少N_2O排放。稻田生态系统水稻生长期淹水,土壤处于还原状态,硝态氮肥施入土壤后,迅速发生反硝化作用,肥料的利用率很低,同时排放大量的N_2O(Lindau et al., 1990),所以,水稻生长季一般不施用硝态氮肥。虽然统计上差异并不显著,但多数情况下,稻田施用硫铵较施用尿素或碳铵排放更多的N_2O(Cai et al., 1997)。

为了使肥料养分释放速率与植物养分吸收速率尽量吻合,早在20世纪初农业科学家就尝试了缓释肥料的研发。简单地讲,缓释肥料是养分释放速率小于速溶性肥料释放速率的肥料;而控释肥料是指能够根据作物的需肥特性,减缓或促进养分释放,做到缓、促结合,双向调节,使其养分释放规律与作物养分需求特性相匹配的缓释肥料,是缓释肥料的高级阶段(武志杰和陈利军,2003)。缓释/控释肥料主要有包裹型、包膜型、添加抑制剂型。与速效氮肥相比,缓释/控释肥料的优势在于(张琴和张春华,2005):① 提高氮肥利用率。肥料养分采用缓慢释放的形式,改变了普通速溶肥料养分供应集中的特点,提高养分利用率,通常缓释/控释肥料利用率可比速效氮肥提高10%~30%;② 减少施肥量,节省施肥劳动力。肥料利用率提高,在目标产量相同的情况下,施用缓释/控释肥料比传统速效肥料减少10%~40%用量;肥效期长,大田作物整个生育期一次性施肥不用追肥,节省大量劳动力,提高农业劳动生产率;③ 保护环境。提高肥料利用率及减少施肥量,能减轻施肥对环境的污染,特别是能减少N_2O等温室气体的排放。与碳酸氢铵和尿素相比,长效碳酸氢铵能减少76%左右的N_2O排放,缓释尿素能减少58%左右的N_2O排放(李虎等,2007)。但是也有不同结果的报道。Yan et al.(2000)的研究表明,由于缓释肥料的缓释性,在水稻生长期烤田时，土壤中仍有较高浓度的 NH_4^+ 含量，因而，NH_4^+ 随着排水落干土壤氧化还原电位的提高而发生硝化作用，产生和排放 N_2O，当烤田结束再淹水时有较多的 NO_3^- 进行反硝化产生和排放 N_2O。在整个水稻生长季节，控释氮肥不仅不能减少 N_2O 排放，而且还增加 N_2O 排放量和排放系数（表4.19）。由此可见，控释氮肥对稻田生态系统 N_2O 排放的作用可能因控制释放的机理和包膜材料等的不同而异，能否减少稻田生态系统 N_2O 排放还需要进行更多的试验和论证。此外，由于包膜肥料价格较传统化肥高，大规模推广施用受到一定的限制。

大量研究表明，稻田麦季 N_2O 排放与降水有密切关系（黄耀等，2001；梁东丽等，2002；马静等，2006）。土壤水分是控制麦季 N_2O 排放的重要因素。土壤中即便施入了大量的氮肥，但如果缺少适合的水分条件也不会引起麦季土壤 N_2O 的大量排放。这说明，选择一个合适的施肥时间，既不影响产量，同时可减少麦季 N_2O 排放量。Wassmann et al.(2004) 总结发现，最佳氮肥施用时间可以减少麦季 N_2O 排放 $0.5\sim5$ kg N·hm^{-2}。我们的研究表明（数据未发表），将小麦追肥期调整到降雨后可以减少稻田麦季 N_2O 排放。在小麦返青拔节期间，降雨5天后追肥处理的 N_2O 平均排放通量仅为降雨1天前追肥处理的1/5，而降雨6天前追肥处理与降雨1天前追肥处理的 N_2O 平均排放通量相差不大。

8.3 农　学　措　施

种植制度和农田管理对稻田生态系统 CH_4 和 N_2O 排放量产生较大的影响。选择有利于减少 CH_4 或 N_2O 排放的水稻品种、轮作方式、耕作方式和耕作强度等也是减少稻田生态系统 CH_4 或 N_2O 排放的有效措施。耕作方式对于减少常年淹水稻田 CH_4 排放量的作用具有特殊的重要意义。

8.3.1　常年淹水稻田垄作

已如上述，绝大部分常年淹水稻田是由客观环境条件决定的，在农田水利设施未得到有效改善之前，在非水稻生长季节排水落干常年淹水稻田虽

然可以大幅度减少 CH_4 排放和综合温室效应,但不切实际。作为非水稻生长季节排水落干的替代措施,垄作也不失为减少常年淹水稻田 CH_4 排放的有效措施。

常年淹水稻田的垄作栽培方式已有 20 年的历史(谢德体,1988)。垄一般宽 30 cm 左右(图 8.3),垄的两侧用来种植水稻,相邻垄间的垄沟用来灌水。水稻生长季节垄沟灌水至水面离垄顶 0~3 cm,保持垄顶部分土壤直接暴露于空气;水稻收获后至次年水稻移栽前为休闲期,垄沟水面降至垄顶以下 5~10 cm 处。垄作栽培采用免耕方式,在水稻移栽前用垄沟中的淤泥覆盖杂草和水稻根茬,同时保持垄的形态。采取垄作方式,在非水稻生长季节保持了相当一部分水分,避免春季水稻移栽时因降雨不足而可能导致不能移栽的风险。由于垄顶一部分始终处于好氧状态,垄沟较深的水层抑制了 CH_4 的排放,所以,垄作可以有效地减少 CH_4 排放。李德波(1993)3 年的观测试验发现,与常规水稻栽培方式相比,水稻垄作方式 CH_4 排放通量减少了 31%~43%。重庆连续 6 年的观测结果表明,与平作相比,常年淹水稻田垄作,水稻生长季节和非水稻生长季节 CH_4 排放量由 67.2 g·m^{-2} 和 53.5 g·m^{-2} 降到 49.3 g·m^{-2} 和 32.0 g·m^{-2},分别减少了 26.6% 和 40.0%(Cai et al.,2003)。稻田垄作能提高土壤通透性,有效改善土壤氧化还原条件(周毅等,1994)。稻田垄作还能改良土壤结构,协调土壤中水、热、气、肥的关系,加快土壤有机质分解和养分转化,消除稻田冷、毒等障碍因素,促进水稻早生快发,具有显著的增产效果。

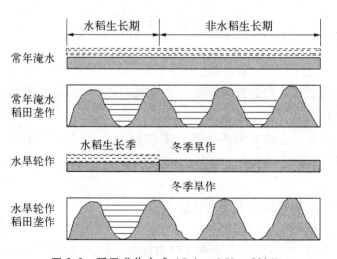

图 8.3 稻田垄作方式(Cai and Xu,2004)

8.3.2 耕作强度和轮作

耕作改变土壤的物理化学性质和土壤中微生物区系的结构和组成,从而使土壤的产 CH_4 和氧化 CH_4 的能力发生改变。一般情况下,耕作促进有机质分解,为产 CH_4 提供更多基质,而稻田土壤的 CH_4 氧化速率随着耕作强度的降低而增加。采用耕作强度低的少/免耕管理方法,可降低土壤有机质分解速率,增加土壤 CH_4 氧化能力(郝晓辉等,2005),减少稻田 CH_4 排放。稻田少/免耕属于保护性耕作,它克服了传统耕作方式费工耗时、生产成本高、破坏生态环境等缺点,是一项省工、节本、生态、环保的新型耕作方式。但是,稻田长期免耕可能导致作物秸秆和根茬在土壤表面的过量积累,影响水稻生长。

水稻免耕或少耕是否对 N_2O 排放产生影响尚无明确的结论。稻田生态系统 N_2O 排放主要发生在种植旱作物的非水稻生长季节。关于稻田生态系统非水稻生长季节耕作强度对 N_2O 排放的影响也较少研究。由于非水稻生长季节种植旱作物时与一般旱地并无显著的差别,所以,有关耕作强度对旱地生态系统 N_2O 排放影响的研究结果可作借鉴。一些研究表明,耕作土壤比免耕土壤产生和排放更多的 N_2O,土壤免耕使 N_2O 排放量减少 5.2%(李虎等,2007;鲁如坤,1998)。免耕有助于改良土壤理化性质,提高土壤养分和水分利用效率,增强土壤团聚作用,增加有机质含量,培肥地力。耕作改变了土壤的结构和通透性,影响土壤硝化和反硝化作用的相对强弱以及 N_2O 在土壤中的扩散速率。耕作影响土壤有机质分解速率,进而影响 N_2O 的产生。但不同研究者关于耕作强度对 N_2O 排放量的影响结论并不一致(Wang et al., 2005),所以,免耕或少耕是否可以作为减少稻田生态系统 N_2O 排放的措施还有待于进一步研究。

调整轮作方式以便土壤充分保持和发展好氧状态能够有效减少水稻生长季节 CH_4 排放量。从表 4.9 可以看出,在广州地区,在轮作中减少水稻种植季,增加旱作物种植,在水稻生长季节的 CH_4 排放量显著减少。水稻生长季节 CH_4 排放量随着水稻种植前旱作时间的延长而减少。上一年全年种植旱作物,早稻生长季节的 CH_4 排放量仅为早稻移栽前只在冬季种植一季旱作物处理的 8%。所以,在有条件实现水旱轮作的地区,通过水旱轮作减少连续种植水稻的面积,可以在保持相同水稻种植面积的条件下减少水稻生产排放的 CH_4。通过田块间的轮作,并不一定改变水稻和旱作物的面积,所以,这一措施可能对 N_2O 排放不产生实质性的影响。

8.3.3 种植技术

稻田 CH_4 排放量受秧苗栽插密度的影响。曹云英等(2000)指出,适当降低栽插密度不但有利于控制稻田 CH_4 排放,而且可提高水稻产量。提高水稻种植密度,稻田 CH_4 排放通量增加,其原因在于:密度较大的水稻茎叶多、叶量和根量大,加速了 CH_4 的传输和排放。为确保产量,水稻种植密度的调整范围相当有限,通过降低种植密度以减少 CH_4 排放的潜力也是有限的。

与水稻移栽相比,水稻直播可以减少稻田 CH_4 排放量约 18%;如果直播与中期烤田相结合,CH_4 的减少量可以提高到 50%(Wassmann et al.,2000)。水稻直播是不经育秧阶段和移栽过程,直接将种子播于大田的一种栽培方式,具有免翻耕、省秧地、省工节本、简便易行、劳动生产率高、保护生态平衡、高产高效等优点,目前在我国东南沿海各地正在迅速推广。

收获指数(harvest index,HI)是作物收获时经济产量(籽粒、果实等)与生物量之比,又称经济系数(coefficient of economic,CE),反映了作物同化产物在籽粒和营养器官上的分配比例。HI 是评价栽培成效和作物品种选育的重要指标。有研究表明,稻田 CH_4 排放与水稻收获指数呈负相关,提高水稻收获指数可有效减少稻田 CH_4 排放(黄耀,2006)。改善水稻栽培技术,可增加光合产物向籽粒输送、减少空瘪粒、提高结实率和千粒重,有助于提高收获指数,减少光合产物向根际土壤的输送,因而减少产甲烷基质。矮秆水稻一般具有较高的收获指数,CH_4 排放较低。选择高收获指数的水稻品种和改善种植技术提高收获指数一定程度上可以减缓稻田 CH_4 排放。

8.3.4 水稻品种

选择高产量低 CH_4 排放的水稻品种是最早被考虑的稻田 CH_4 减排措施之一。不同水稻品种对稻田 CH_4 排放影响不同,种植和选育合适的水稻品种可减排 CH_4 达 20%~30%(陶战等,1994)。Ding et al.(1999)研究发现,CH_4 排放与水稻植株高度成正比,种植高秆品种(株高 120 cm)的 CH_4 排放量是矮秆品种(株高 90 cm)的 2.9 倍。段彬伍等(1999)对早、中、晚稻三季稻田 CH_4 排放进行 24 小时监测,结果表明种植杂交稻没有明显增进稻田 CH_4 排放的作用。李晶等(1997)对稻田 CH_4 排放和水稻生物量的关系进行研究发现,一

般情况下稻田 CH_4 排放和水稻生物量成反比关系,即具有较大生物量的水稻品种 CH_4 排放量较少,且杂交稻的 CH_4 排放量比常规稻低。

水稻品种影响土壤中 CH_4 产生、氧化和传输过程,从而影响稻田 CH_4 的排放。水稻根系分泌物为产甲烷菌提供碳源和能源,促进 CH_4 的产生。选择根系分泌物少的水稻品种,有利于减少稻田 CH_4 排放(王步军和过益先,1996)。水稻植株还将大气中的 O_2 传输到植株根系以维持水稻的生长,形成根际氧化微区,促进 CH_4 氧化。不同品种水稻 CH_4 排放通量与其根系氧化能力密切相关,随着水稻根系氧化能力的增强,CH_4 排放通量有下降趋势(曹云英等,2000)。水稻植株具有较强的传输 CH_4 能力,55%~73%的稻田 CH_4 通过作物排放到大气中(上官行健等,1993b)。选择传输能力弱的水稻品种有利于减少稻田 CH_4 的排放。

我国是水稻生产大国,水稻品种繁多,具有丰富的资源以筛选优质高产且低 CH_4 排放的水稻品种。

8.4 研制和应用抑制剂

研制和应用各种 CH_4 和 N_2O 产生的抑制剂是减少稻田生态系统 CH_4 或 N_2O 排放量的又一种可能选择。对于减少稻田 N_2O 排放,研制和应用抑制剂可能具有更加重要的意义。

8.4.1 甲烷抑制剂

甲烷抑制剂通过减少产甲烷基质(如减少土壤中有机质含量)和抑制产甲烷菌活性来减少稻田 CH_4 排放量。中国农业科学院农业气象研究所研制了肥料型甲烷抑制剂和农药型甲烷抑制剂,无论何种抑制剂均以不影响水稻产量且能有效降低 CH_4 排放量为前提。一种被称为 AMI-AR2 的肥料型甲烷抑制剂,主要原料为腐殖酸,可以将有机质转化为腐殖质,增加稻谷产量的同时减少产甲烷基质,适用于中等或肥力条件较差的稻田。林而达等(1994)研究表明,AMI-AR2 可以降低稻田 CH_4 排放量的 30.5%。另一种被称为 AMI-DJ1 的农药型甲烷抑制剂,其主要成分是一种光谱灭菌剂和少量表面活性剂,不仅能抑制产甲烷菌活性从而降低稻田 CH_4 排放,同时能抑制有害病菌的发展,适用于易发生病虫害的南方稻区。林而达等(1994)研究表明,AMI-DJ1可以抑制稻田CH_4排放量的18.5%。

许多化学物质如氯仿、氯甲烷、乙炔、BES(2-bromoethane-sulfonic acid)、DDT(dichloro-diphenyl-trichloroethane)、氯啶(nitrapyrin)、双氰胺(dicyanidamide)等都具有抑制CH_4产生的作用(王步军和过益先,1996;张竹青和李义纯,2004)。肥料型的甲烷抑制剂如碳化钙胶囊能使稻田CH_4排放量降低90.8%(李玉娥和林而达,1995)。有效微生物菌剂(effective microorganisms,EM)可以抑制稻田CH_4排放达59%以上,并可替代化肥使水稻产量增加(苗曼倩等,1998)。

目前,甲烷抑制剂还未被广泛应用到我国水稻生产中,对于减少稻田生态系统CH_4排放量的作用尚需进一步验证,其生态环境效应也尚需进一步的研究。

8.4.2 脲酶抑制剂和硝化抑制剂

脲酶抑制剂和硝化抑制剂是分别用来减缓土壤中尿素酰胺态氮水解至铵态氮和NH_4^+-N氧化为NO_3^--N、减少NH_3挥发、NO_2^--N和NO_3^--N径流与淋溶、N_2O与N_2等气态损失的元素和化合物。我国97%以上的化学氮肥是尿素和碳酸氢铵等铵态氮肥,脲酶抑制剂和硝化抑制剂对于减缓稻田N_2O排放潜力巨大。将两者合理配合施用,可以使氮素转化全过程得到有效控制,提高氮肥利用率,减少稻田N_2O排放。氢醌和双氰胺是目前研究较多的脲酶/硝化抑制剂组合,与尿素混施应用于稻田生态系统可减少N_2O排放量10%~60%,并一定程度上降低CH_4排放量(Boeckx et al.,2005;Majumdar et al.,2000;Xu et al.,2000,2002)。

水稻生长期,氮肥通常分三次施用:基肥、分蘖肥和穗肥。传统的脲酶/硝化抑制剂施用方法是在作物移栽或播种前与基肥混施。间隙灌溉水分管理方式下,稻田在水稻移栽至烤田期间持续淹水,土壤硝化作用受到极大抑制,几乎没有N_2O排放,与基肥混施的硝化抑制剂基本不发挥作用。烤田及其后的干湿交替时期,土壤水分变化剧烈,硝化和反硝化作用强烈,N_2O排放明显,调节脲酶/硝化抑制剂施用时间,与分蘖肥或穗肥混施可更有效地减少稻田N_2O和CH_4排放。盆栽和大田试验表明,推迟硝化抑制剂(DCD)施入时间至与分蘖肥混施不但有效降低水稻生长期CH_4和N_2O的综合温室效应,而且显著提高水稻产量(表8.5)。

表 8.5 硝化抑制剂施入时间对稻田 CH_4 和 N_2O 排放的影响
（李香兰等，2008，部分未发表数据）

试验类型	处理	CH_4 排放通量 ($mg \cdot m^{-2} \cdot h^{-1}$)	N_2O 排放通量 ($\mu g \cdot m^{-2} \cdot h^{-1}$)	综合温室效应 ($mg\ CO_2$-eq $\cdot m^{-2} \cdot h^{-1}$)	产量 ($t \cdot hm^{-2}$)
2005 年盆栽试验	对照	0.95±0.14a	156±8a	96.6a	5.46±0.79c
	与基肥混施	0.75±0.03c	143±6b	85.8b	6.37±0.92b
	与分蘖肥混施	0.87±0.06b	109±8c	72.6c	7.10±0.56a
	与穗肥混施	0.94±0.17a	153±9a	95.3a	6.23±0.70b
2007 年大田试验	对照	1.49±0.21a	132±14a	99.0a	7.92±0.57c
	与基肥混施	0.95±0.16c	101±7b	71.0c	8.72±0.35b
	与分蘖肥混施	1.19±0.25b	58.8±5.7c	57.3d	9.36±0.96a
	与穗肥混施	1.29±0.32b	110±8b	83.5b	8.40±0.77bc

注：同一列不同字母表示 0.05 水平差异显著性（LSD 法）。

目前，市场也有将脲酶抑制剂和硝化抑制剂添加到氮肥中制成的成品化肥，但因为此类化肥价格偏高，农民习惯于购买传统化肥，而使添加脲酶抑制剂和硝化抑制剂肥料的推广应用受到阻碍。

8.5 研 究 展 望

将上述水分管理、肥料管理、农学措施和应用抑制剂对减少稻田生态系统 CH_4 或 N_2O 排放量及其综合温室效应的作用进行归纳，可以定性地做出判断（表 8.6）。无论是在水稻生长季节还是非水稻生长季节，减少淹水时间，都将极大地减少 CH_4 排放，显著促进 N_2O 排放。但是，如果由 CH_4 和 N_2O 引起的综合温室效应各占 50%，改变水分管理方式，减少 CH_4 排放量，将很可能增加综合温室效应。虽然水分管理是减少稻田生态系统 N_2O 排放量最有效的措施，但由于增加淹水时间促进 CH_4 排放和综合温室效应，所以，水稻生长期水分管理并不是减少 N_2O 排放的有效措施。非水稻生长期排水的稻田生态系统，水分管理是减少 N_2O 排放的有效措施。研制和应用脲酶抑制剂、硝化抑制剂可能是减少稻田生态系统 N_2O 排放的较为有效措施。

表 8.6　减少稻田生态系统 CH_4 和 N_2O 排放措施的减排潜力的定性判断[a]

减排措施		CH_4	N_2O	综合效应
水分管理	水稻生长季节	5+	3-	2+
	非水稻生长季节	5+	1-	4+
肥料管理	无机肥	?	3-	2+
	有机肥	3-	?	3-
农学措施		1+	?	1+
抑制剂		?	3+	3+

注：a．"+"表示正效应，减少排放；"-"表示负效应，增加排放；数字为正、负效应的可能程度。

研究稻田水生态系统 CH_4 和 N_2O 排放的目的之一是减少 CH_4 和 N_2O 排放。减少稻田生态系统 CH_4 和 N_2O 排放量都有多种可供选择的措施。明确每一项减排放措施的减排潜力、适宜应用的区域、可能的协同作用和不利效应、潜在的限制因素、经济和社会效益等是决策者选择减排措施的决策依据。由于基本数据，如不同水分管理方式的稻田类型的分布、氮肥施用量、水稻品种等，以及空间尺度扩展方法的缺乏，目前研究者还很难为决策者提供各项 CH_4 或 N_2O 减排措施的减排潜力。减排措施减排潜力的估算方法及其减排潜力估算是首先应该解决的科学问题。

在技术层面上的减排潜力并不是可以真正实现的减排潜力。各项减排措施的实施还受社会和经济因素的制约。所以，不仅应该在技术层面上研究稻田生态系统 CH_4 和 N_2O 减排潜力，而且还应该在社会和经济层面上进行研究。

稻田生态系统 CH_4 和 N_2O 排放量之间存在相互消长关系，这是客观事实，因此，必须考虑各项措施对 CH_4 和 N_2O 排放量影响的综合效应。稻田土壤又是很大的有机碳储存库，一般条件下，稻田土壤的有机碳含量高于旱地耕作土壤（Cai，1996）。虽然本章并未涉及各项 CH_4 和 N_2O 排放减排措施对稻田土壤有机碳储量的影响，但是，CH_4、N_2O 排放与土壤有机碳储量变化三者之间的关系也是必须考虑的问题，特别应该研究增加稻田土壤有机碳储量对 CH_4 和 N_2O 排放量的影响。

参考文献

蔡祖聪，谢德体，徐华，等．冬灌田影响水稻生长期甲烷排放量的因素分析[J]．应用生态学报，2003，14(5)：705-709．

蔡祖聪,徐华. 中国稻田 CH_4 排放减缓对策[M]//中国土壤学会. 面向农业与环境的土壤科学—综述篇. 北京:科学出版社,2004.

曹金留,任立涛,陈国庆,等. 水稻田烤田期间甲烷排放规律研究[J]. 农村生态环境,1998,14(4):1-4.

曹云英,朱庆森,郎有忠,等. 水稻品种及栽培措施对稻田甲烷排放的影响[J]. 江苏农业研究,2000,21(3):22-27.

陈德章,王明星,上官行健,等. 我国西南地区的稻田 CH_4 排放[J]. 地球科学进展,1993,8(5):47-54.

陈苇,卢婉芳,段彬伍,等. 稻草还田对晚稻稻田甲烷排放的影响[J]. 土壤学报,2002,39(2):170-176.

丁维新,蔡祖聪. 土壤甲烷氧化菌及水分状况对其活性的影响[J]. 中国生态农业学报,2003,11(1):94-97.

段彬伍,卢婉芳,陈苇,等. 种植杂交稻对甲烷排放及土壤产甲烷菌的影响[J]. 农业环境保护,1999,18(5):203-208.

郝晓辉,苏以荣,胡荣桂. 土壤利用管理对土壤甲烷氧化的影响[J]. 云南农业大学学报,2005,20(3):369-374.

黄宗益,张福珠,刘淑琴,等. 化感物质对土壤 N_2O 释放影响的研究[J]. 环境科学学报,1999,19(5):478-482.

黄耀,蒋静艳,宗良纲,等. 种植密度和降水对冬小麦田 N_2O 排放的影响[J]. 环境科学,2001,22(6):20-23.

黄耀. 中国的温室气体排放、减排措施与对策[J]. 第四纪研究,2006,26(5):722-732.

贾宏伟,王晓红,陈来华. 水稻节水灌溉研究综述[J]. 浙江水利科技,2007,3:19-25.

蒋静燕,黄耀,宗良纲. 水分管理与秸秆施用对稻田 CH_4 和 N_2O 排放的影响[J]. 中国环境科学,2003,23(5):552-556.

李德波. 不同农业措施对稻田甲烷排放通量的影响[J]. 农村生态环境,1993(增刊):13-18.

李虎,王立刚,邱建军. 农田土壤 N_2O 排放和减排措施的研究进展[J]. 中国土壤与肥料,2007,5:1-5.

李晶,王明星,陈德章. 水稻田甲烷的减排方法研究[J]. 中国农业气象,1997,18(6):9-14.

李晶,王明星,王跃思,等. 农田生态系统温室气体排放研究进展[J]. 大气科学,2003,27(4):740-749.

李庆逵. 中国水稻土[M]. 北京:科学出版社,1992.

李香兰,徐华,曹金留,等. 水分管理对水稻生长期 CH_4 排放的影响[J]. 土壤,2007,39(2):238-242.

李香兰,马静,徐华,等. DCD 不同施用时间对水稻生长期 CH_4 和 N_2O 排放的影响[J]. 生态学报,2008,28(8):3675-3681.

李玉娥,林而达. 减缓稻田甲烷排放的技术研究[J]. 农业环境与发展,1995,12(2):

38-40.

梁东丽,同延安,Emteryd O,等. 灌溉和降水对旱地土壤 N_2O 气态损失的影响[J]. 植物营养与肥料学报,2002,8(3):298-302.

林而达,李玉娥,饶敏杰,等. 稻田甲烷排放量估算和减缓技术研究[J]. 农村生态环境,1994,10(4):55-58.

刘娟,韩勇,蔡祖聪,等. FACE 系统处理 3 年后淹水条件下土壤 CH_4 和 CO_2 排放变化[J]. 生态学报,2007,27(6):2184-2190.

鲁如坤. 土壤—植物营养学原理和施肥[M]. 北京:化学工业出版社,1998.

马静,徐华,蔡祖聪,等. 稻季施肥管理措施对后续麦季 N_2O 排放的影响[J]. 土壤,2006,38(6):687-691.

马静,徐华,蔡祖聪,等. 焚烧麦秆对稻田 CH_4 和 N_2O 排放的影响[J]. 中国环境科学,2008,28(2):107-110.

马静. 秸秆还田和氮肥施用对稻田 CH_4 和 N_2O 排放的影响[D]. 南京:中国科学院南京土壤研究所,2008.

苗曼倩,朱超群,莫天麟,等. EM 对稻田甲烷排放抑制作用的初步研究[J]. 应用气象学报,1998,9(4):462-469.

全国土壤普查办公室. 中国土壤普查数据[M]. 北京:中国农业出版社,1997.

上官行健,王明星,陈德章,等. 稻田土壤中 CH_4 的产生[J]. 地球科学进展,1993a,8(5):1-12.

上官行健,王明星,陈德章,等. 稻田 CH_4 的传输[J]. 地球科学进展,1993b,8(5):13-21.

陶战,杜道灯,周毅,等. 稻田施用沼渣对甲烷排放通量的影响[J]. 农村生态环境,1994,10(3):1-5.

邢光熹,颜晓元. 中国农田 N_2O 排放的分析估算与减缓对策[J]. 农村生态环境,2000,16(4):1-6.

王步军,过益先. 稻田甲烷排放研究的进展与成果[J]. 作物杂志,1996,6:3-6.

王明星,上官行健,沈壬兴,等. 华中稻田甲烷排放的施肥效应及施肥策略[J]. 中国农业气象,1995,16(2):1-5.

王智平,杨永辉,张万军,等. 减缓大气温室气体的方案和措施[J]. 农业环境保护,1998,17(4):151-155.

武志杰,陈利军. 缓释/控释肥料:原理与应用[M]. 北京:科学出版社,2003.

肖小平,伍芬琳,黄风球,等. 不同稻草还田方式对稻田温室气体排放影响研究[J]. 农业现代化研究,2007,28(5):629-632.

谢德体. 稻田自然免耕提高作物产量的机制[D]. 重庆:西南农业大学,1988.

徐华,蔡祖聪,李小平. 烤田对种稻土壤甲烷排放的影响[J]. 土壤学报,2000,37(1):69-76.

张琴,张春华. 缓/控释肥为何发展缓慢[J]. 中国农村科技,2005,3:28-29.

张竹青,李义纯. 稻田甲烷排放控制方法的研究进展[J]. 山西农业大学学报,2004,

24(1): 89-92.

郑家国, 姜心禄, 朱钟麟, 等. 季节性干旱丘区的麦秸还田技术与水分利用效率研究[J]. 灌溉排水学报, 2006, 25(1): 30-33.

周毅, 陶战, 杜道灯. 控制稻田甲烷排放的农业技术选择[J]. 农村生态环境, 1994, 10(3): 6-8.

Akiyama H, Yagi K, Yan X Y. Direct N_2O emissions from rice paddy fields: Summary of available data [J]. Global Biogeochemical Cycles, 2005, 19, GB1005, doi: 10.1029/2004GB002378.

Aulakh M S, Wassmann R, Rennenberg H. Methane transport capacity of twenty-two rice cultivars from five major Asian rice-growing countries[J]. Agriculture, Ecosystems & Environment, 2002, 91: 59-71.

Boeckx P, Xu X, van Cleemput O. Mitigation of N_2O and CH_4 emission from rice and wheat cropping systems using dicyandiamide and hydroquinone[J]. Nutrient Cycling in Agroecosystems, 2005, 72(1): 41-49.

Bronson K F, Neue H U, Singh U, et al. Automated chamber measurements of methane and nitrous oxide flux in a flooded rice soil: I. Residue, nitrogen, and water management[J]. Soil Sciences Society of America Journal, 1997, 61: 981-987.

Cai Z C, Xu H, Zhang H H, et al. Estimate of methane emission from rice paddy fields in Taihu region, China[J]. Pedosphere, 1994, 4(4): 297-306.

Cai Z C. Effect of land use on organic carbon storage in soils in Eastern China[J]. Water, Air & Soil Pollution, 1996, 91: 383-393.

Cai Z C, Xing G X, Yan X Y, et al. Methane and nitrous oxide emissions from rice paddy fields as affected by nitrogen fertilizers and water management[J]. Plant and Soil, 1997, 196(1): 7-14.

Cai Z C, Tsuruta H, Minami K. Methane emission from rice fields in China: Measurements and influencing factors[J]. Journal of Geophysical Reserach, 2000, 105(D13): 17231-17242.

Cai Z C, Tsuruta H, Gao M, et al. Options for mitigating methane emission from a permanently flooded rice field[J]. Global Change Biology, 2003, 9: 37-45.

Cai Z, Xu H. Options for Mitigating CH_4 Emissions from Rice Fields in China[M]// Hayashi Y. Material Circulation through Agro-Ecosystems in East Asia and Assessment of its Environmental Impact. Japan: NIAES, 2004, 45-55.

Cai Z C, Kang G D, Tsuruta H, et al. Estimate of CH_4 emissions from year-round flooded rice fields during rice growing season in China[J]. Pedosphere, 2005, 15(1): 66-71.

Chareonsilp N, Buddhaboon C, Promnart P, et al. Methane emission from deepwater rice fields in Thailand[J]. Nutrient Cycling in Agroecosystems, 2000, 58: 121-130.

Christine K, Klaus D, Zheng X H, et al. Fluxes of methane and nitrous oxide in water-saving rice production in north China[J]. Nutrient Cycling in Agroecosystems, 2007,

77(3): 293-404

Corton T M, Bajita J B, Grospe F S, et al. Methane emission from irrigated and intensively managed rice fields in central Luzon (Philippines)[J]. Nutrient Cycling in Agroecosystems, 2000, 58: 37-53.

Ding A, Willis C R, Sass R L, et al. Methane emissions from rice fields: Effect of plant height among several rice cultivars[J]. Global Biogeochemical Cycles, 1999, 13(4): 1045-1052.

Intergovernmental Panel on Climate Change (IPCC). 2006 IPCC Guidelines for National Greenhouse Gas Inventories[M]. Japan: IGES, 2006.

Intergovernmental Panel on Climate Change (IPCC). Climate Change 2007: The Physical Science Basis [M]. Cambridge, United Kingdom and New York, NY, USA: Cambridge University Press, 2007.

Inubushi K, Hori K, Matsumoto S, et al. Anaerobic decomposition of organic carbon in paddy soil in relation to methane emission to the atmosphere[J]. Water Science & Technology, 1997, 36(6): 523-530.

Jia Z J, Cai Z C, Xu H, et al. Effect of rice plants on CH_4 production, transport, oxidation and emission in rice paddy soil[J]. Plant and Soil, 2001, 230(2): 211-221.

Jia Z J, Cai Z C, Tsuruta H. Effect of rice cultivar on CH_4 production potential of rice soil and CH_4 emission in a pot experiment[J]. Soil Science and Plant Nutrition, 2006, 52(3): 341-348.

Jiang C S, Wang Y S, Zheng X H, et al. Methane and nitrous oxide emissions from three paddy rice based cultivation systems in southwest China[J]. Advances in Atmospheric Sciences, 2006, 23(3): 415-424.

Kang G D, Cai Z C, Feng X Z. Importance of water regime during the non-rice growing period in winter in regional variation of CH_4 emissions from rice fields during following rice growing period in China[J]. Nutrient Cycling in Agroecosystems, 2002, 64: 95-100.

Khalil M A K, Rasmussen R A, Shearer M J, et al. Measurements of methane emissions from rice fields in China[J]. Journal of Geophysical Research, 1998, 103(D19): 25181-25210.

Kimura M, Asai K, Watanabe A, et al. Suppression of methane fluxes from flooded paddy soil with rice plants by foliar spray of nitrogen fertilizers[J]. Soil Science and Plant Nutrition, 1992, 38(4): 735-740.

Li C S, Frolking S, Xiao X M, et al. Modeling impacts of farming management alternatives on CO_2, CH_4, and N_2O emissions: A case study for water management of rice agriculture of China[J]. Global Biogeochemical Cycles, 2005, 19(3): GB3010, doi: 10.1029/2004GB002341.

Lindau C W, Delaune R D, Patric Jr W H, et al. Fertilizer effects on dinitrogen, nitrous oxide and methane emissions from lowland rice[J]. Soil Science Society of America Journal, 1990, 54: 1789-1794.

Lu W F, Chen W, Duan B W, et al. Methane emissions and mitigation options in irrigated rice fields in southeast China[J]. Nutrient Cycling in Agroecosystems, 2000, 58: 65-73.

Ma J, Li X L, Xu H, et al. Effects of nitrogen fertiliser and wheat straw application on CH_4 and N_2O emissions from a paddy rice field[J]. Australian Journal of Soil Research, 2007, 45(5): 359-367.

Majumdar D, Kumar S, Pathak H, et al. Reducing nitrous oxide emission from an irrigated rice field of North India with nitrification inhibitors[J]. Agriculture, Ecosystems & Environment, 2000, 81(3): 163-169.

Rath A K, Swain B, Ramakrishnan B, et al. Influence of fertilizer management and water regime on methane emission from rice fields[J]. Agriculture, Ecosystems & Environment, 1999, 76: 99-107.

Sass R L, Fisher F M, Wang Y B, et al. Methane emission from rice fields: The effect of floodwater management[J]. Global Biogeochemical Cycles, 1992, 6: 249-262.

Schütz H, Holzapfel-Pschorn A, Conrad R, et al. A 3-year continuous record on the influence of daytime, season, and fertilizer treatment on methane emission rates from an Italian rice paddy[J]. Journal of Geophysical Research, 1989, 94(D13): 16405-16416.

Shan Y H, Cai Z C, Han Y, et al. Organic acid accumulation under flooded soil conditions in relation to the incorporation of wheat and rice straws with different C: N ratios[J]. Soil Science and Plant Nutrition, 2008, 54(1): 46-56.

Shin Y K, Yun S H, Park M E, et al. Mitigation options for methane emission from rice fields in Korea[J]. Ambio, 1996, 25(4): 289-291.

Shiratori Y, Watanabe H, Furukawa Y, et al. Effectiveness of a subsurface drainage system in poorly drained paddy fields on reduction of methane emissions[J]. Soil Science and Plant Nutrition, 2007, 53(4): 387-400.

Towprayoon S, Smakgahn K, Poonkaew S. Mitigation of methane and nitrous oxide emissions from drained irrigated rice fields[J]. Chemosphere, 2005, 59(11): 1547-1556.

Wang B, Xu Y, Wang Z, et al. Methane emissions from ricefields as affected by organic amendment, water regime, crop establishment, and rice cultivar[J]. Environmental Monitoring and Assessment, 1999, 57(2): 213-228.

Wang L F, Cai Z C, Yang L F, et al. Effects of disturbance and glucose addition on nitrous oxide and carbon dioxide emissions from a paddy soil[J]. Soil & Tillage Research, 2005, 82: 185-194.

Wassmann R, Papen H, Rennenberg H. Methane emission from rice paddies and possible mitigation strategies[J]. Chemosphere, 1993, 26: 201-217.

Wassmann R, Lantin R S, Neue H U, et al. Characterization of methane emissions from rice fields in Asia. III. Mitigation options and future research needs[J]. Nutrient Cycling in Agroecosystems, 2000, 58: 23-36.

Wassmann R, Neue H U, Ladha J K, et al. Mitigating greenhouse gas emissions from rice-wheat cropping systems in Asia[J]. Environment, Development and Sustainability, 2004, 6: 65-90.

Xu H, Cai Z C, Li X P, et al. Effect of antecedent soil water regime and rice straw application time on CH_4 emission from rice cultivation[J]. Australian Journal of Soil Research, 2000, 38: 1-12.

Xu H, Cai Z C, Jia Z J. Effect of soil water contents in the non-rice growth season on CH_4 emission during the following rice-growing period[J]. Nutrient Cycling in Agroecosystems, 2002, 64: 101-110.

Xu X K, Wang Y S, Zhen X H, et al. Methane emission from a simulated rice field ecosystem as influenced by hydroquinone and dicyandiamide[J]. Science of the Total Environment, 2000, 263: 243-253.

Xu X K, Boeckx P, van Cleemput O. Urease and nitrification inhibitors to reduce emissions of CH_4 and N_2O in rice production[J]. Nutrient Cycling in Agroecosystems, 2002, 64: 203-211.

Yagi K, Minami K. Effect of organic matter application on methane emission from some Japanese paddy fields[J]. Soil Science and Plant Nutrition, 1990, 36(4): 599-610.

Yagi K, Tsuruta H, Kanda K, et al. Effect of water management on methane emission from a Japanese rice paddy field: Automated methane monitoring[J]. Global Bigeochemical Cycles, 1996, 10(2): 255-267.

Yagi K, Tsuruta H, Minami K. Possible options for mitigating methane emission from rice cultivation[J]. Nutrient Cycling in Agroecosystems, 1997, 49: 213-220.

Yagi K, Minami K, Ogawa Y. Effects of water percolation on methane emission from rice paddies: a lysimeter experiment[J]. Plant and Soil, 1998, 198(2): 193-200.

Yan X, Du L, Shi S, et al. Nitrous oxide emission from wetland rice soil as affected by the application of controlled-availability fertilizers and mid-season aeration[J]. Biology and Fertility of Soils, 2000, 32: 60-66.

Yan X Y, Cai Z C, Ohara T, et al. Methane emission from rice fields in mainland China: Amount and seasonal spatial distribution[J]. Journal of Geophysical Research, 2003, 108(D16): 4505, doi: 10.1029/2002JD003182.

Yu K W, Chen G X, Patrick Jr W H. Reduction of global warming potential contribution from a rice field by irrigation, organic matter, and fertilizer management[J]. Global Biogeochemical Cycles, 2004, 18, GB3018, dio: 10.1029/2004GB002251.

Zheng X H, Wang M X, Wang Y S, et al. Mitigation options for methane, nitrous oxide and nitric oxide emissions from agricultural ecosystems[J]. Advances in Atmospheric Sciences, 2000a, 17(1): 83 - 92.

Zheng X H, Wang M X, Wand Y S, et al. Impacts of soil moisture on nitrous oxide emission from croplands: a case study on the rice-based agro-ecosystem in Southeast China[J]. Chemosphere-Global Change Science, 2000b, 2(2): 207 - 244.

Zou J W, Huang Y, Jiang J Y, et al. A 3-year field measurement of methane and nitrous oxide emissions from rice paddies in China: Effects of water regime, crop residue, and fertilizer application[J]. Global Biogeochemical Cycles, 2005, 19, GB2021, doi: 10.1029/2004GB002401.

Zou J W, Huang Y, Zheng X H, et al. Quantifying direct N_2O emissions in paddy fields during rice growing season in mainland China: Dependence on water regime[J]. Atmospheric Environment, 2007, 41: 8030 - 8042.